ANSYS18.0
机械与结构有限元分析 实例教程

任继文 胡国良 龙 铭 编著

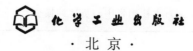
·北京·

本书以 ANSYS18.0 为例，对有限元及 ANSYS 分析的基本思想、基本步骤、应用技巧进行了详细介绍，并结合典型工程应用实例详细讲述了 ANSYS 在机械与结构工程中的应用方法。书中尽量避免烦琐的理论叙述，从实际应用出发，根据作者使用该软件的经验，结合大量实例，采用 GUI 方式对操作过程进行了讲解，为了帮助用户熟悉 ANSYS 相关操作命令，书中给出了每个例子的命令流文件，并配备了视频。

全书总共 10 章。内容包括：有限元及 ANSYS 简介、实体建模、网格划分、施加载荷及求解、通用后处理器、时间历程后处理器、结构静力分析、非线性分析、动力学分析、热分析。

本书适合 ANSYS 软件的初、中级用户以及有初步使用经验的技术人员阅读。本书可作为理工科院校相关专业的高年级本科生、研究生学习 ANSYS 软件的教材，亦可作为从事结构分析等相关行业的工程技术人员使用 ANSYS 软件的参考书。

图书在版编目（CIP）数据

ANSYS18.0 机械与结构有限元分析实例教程/任继文，胡国良，龙铭编著. —北京：化学工业出版社，2019.8
ISBN 978-7-122-34409-0

Ⅰ.①A… Ⅱ.①任…②胡…③龙… Ⅲ.①机械工程-有限元分析-应用软件-教材 Ⅳ.①TH-39

中国版本图书馆 CIP 数据核字（2019）第 082315 号

责任编辑：项　潋　　　　　　　　　　　　文字编辑：陈　喆
责任校对：张雨彤　　　　　　　　　　　　装帧设计：王晓宇

出版发行：化学工业出版社（北京市东城区青年湖南街 13 号　邮政编码 100011）
印　　装：三河市延风印装有限公司
787mm×1092mm　1/16　印张 26¼　字数 604 千字　2019 年 10 月北京第 1 版第 1 次印刷

购书咨询：010-64518888　　　　　　　　售后服务：010-64518899
网　　址：http://www.cip.com.cn
凡购买本书，如有缺损质量问题，本社销售中心负责调换。

定　　价：98.00 元　　　　　　　　　　　　　　　　　　　　版权所有　违者必究

前 言

ANSYS 是当前使用最广泛、功能最强大的有限元分析软件。在选择其作为有限元分析计算软件之前，首先需要了解它能做什么，接下来才是利用它来怎么做。本书根据作者多年来教学和科研的积累，结合 ANSYS 公司推出的新版 ANSYS 18.0 的最新特点编著而成，目的是帮助初学者及中级用户掌握和熟悉 ANSYS 18.0 的基本使用方法。

ANSYS 公司成立于 1970 年，是目前世界上 CAE 行业中最大的公司之一。ANSYS 18.0 软件有多种分析能力，包括简单线性静态分析和复杂非线性动态分析。它可用来求解结构、流体、电力、电磁场及碰撞等问题的解，包含了预处理、解题程序以及后处理和优化等模块，将有限元分析、计算机图形学和优化技术等相结合，已成为解决现代工程学问题必不可少的有力工具。

本书利用新版本 ANSYS 18.0，结合典型机械与结构工程应用实例，对有限元及 ANSYS 分析的基本原理、操作步骤、应用技巧进行了详细的介绍，全书共 10 章，第 1~6 章为基础篇，第 7~10 章为专题篇。

① 第 1 章以一个简单的例子——梯形板受拉，对有限元及 ANSYS 分析的基本思想及步骤进行了介绍，使读者能尽快地对采用有限元方法和 ANSYS 18.0 软件进行有限元分析有一个基本的认知过程；

② 第 2~6 章分别对 ANSYS 有限元分析的各个过程进行了详细的讨论，包括实体建模、网格划分、施加载荷及求解、通用后处理器和时间历程后处理器，并具体结合轴承座和汽车连杆这两个实例进行详细说明，以操作为出发点，但又不单纯地局限于操作；

③ 第 7 章介绍了结构静力分析，包括平面问题静力分析、轴对称结构静力分析、周期对称结构静力分析及任意三维结构静力分析；

④ 第 8 章介绍了非线性分析，包括几何非线性分析、材料非线性分析及状态非线性分析；

⑤ 第 9 章介绍了动力学分析，包括模态分析、谐波响应分析、瞬态动力学分析及谱分析；

⑥ 第 10 章介绍了热分析，包括稳态热分析、瞬态热分析及热应力耦合分析。

本书的特点如下。

① 全面完整的知识体系。本书包罗了机械与结构常用应用分析领域，结构分析包括静力分析、动力学分析、线性分析、非线性分析；热分析包括稳态热分析、瞬态热分析及热应力耦合分析；以及其他问题分析如电磁分析、流体分析、疲劳分析和屈曲分析等。

② 深入浅出的理论阐述。本书采用理论与实践结合的方法撰写，但简化理论，尽量避免烦琐的理论叙述，注重理论在实践中的应用，通过实例使读者对复杂的理论能够深入浅出。例如开篇通过一个简单的实例——梯形板受拉，简单介绍有限元方法的思想、步骤，然后针对该实例，介绍利用 ANSYS 解题步骤，使得读者能够快速了解有限元思想在 ANSYS 软件的具体体现以及 ANSYS 软件的使用流程和方法，而不是抽象地叙述复杂的有限元理论和罗列 ANSYS 软件功能、界面等内容。

③ 循序渐进的分析讲解。本书包括基础篇和专题篇，基础篇介绍了有限元的基本原理及操作过程，适用初学者；专题篇则介绍了针对机械工程专题应用，适用于专业技术人员及科研工作人员。即可作为理工科院校相关专业的高年级本科生、研究生学习 ANSYS 软件的教材，亦可作为从事结构分析等相关行业的工程技术人员使用 ANSYS 软件的参考书，适用读者群体较广。

④ 实用典型的实例分析。本书结合作者多年来教学和科研的工作积累，采用大量工程分析实例讲解每一章知识点，每一个知识点对应一个实例，而不是简单地罗列知识点。在讲解实例时，不是空洞地讲解如何操作，而是给读者一个具体的应用场景。考虑到学习的连贯性，对实例的设计十分讲究，对于一些相关联的知识点，通过轴承座和汽车连杆两个实例贯穿 ANSYS 操作过程整个章节，使得读者在学习案例的过程中能够串联起各个相关技术，逐渐掌握利用 ANSYS 软件完整地解决工程实际问题。

⑤ 方便使用的网上资源。本书所有实例均采用 GUI 操作讲解方式，并给出命令流文件，每一章都附有练习题并给出答案，书中实例均制作成视频，扫描相应二维码即可观看。

本书由任继文（第 1 章、第 3 章、第 7 章、第 9 章、第 10 章）、胡国良（第 2 章、第 5 章、第 8 章）、龙铭（第 4 章、第 6 章）共同编著，并由任继文负责统筹规划。

编著完稿过程中还得到了杨锦雯、顾瑞恒等同学的帮助，在此表示感谢！

由于本书涉及范围广，作者学识有限，难免会有不足之处，欢迎广大读者及业内人士予以指正。

编著者

2018 年 12 月

Source Files＋命令流（含习题）

目 录

第1章 有限元及 ANSYS 简介 / 1

1.1 有限元法简介 / 1
  1.1.1 有限元方法的基本思想 / 1
  1.1.2 有限元模型的基本构成 / 2
  1.1.3 有限元分析的基本步骤 / 3
  1.1.4 有限元分析解题步骤实例——梯形板 / 3
1.2 ANSYS18.0 简介 / 13
  1.2.1 ANSYS 软件的基本功能 / 13
  1.2.2 ANSYS18.0 的新功能 / 14
  1.2.3 ANSYS18.0 的基本操作 / 17
1.3 ANSYS18.0 的解题步骤实例——梯形板 / 20
  1.3.1 分析问题 / 20
  1.3.2 定义参数 / 20
  1.3.3 创建几何模型 / 25
  1.3.4 划分网格 / 26
  1.3.5 施加载荷 / 27
  1.3.6 求解 / 28
  1.3.7 结果分析 / 29
  1.3.8 结果比较 / 30
本章小结 / 32
练习题 / 32

第2章 实体建模 / 33

2.1 ANSYS 建模基本方法 / 33
  2.1.1 实体建模方法 / 33
  2.1.2 直接生成法建模 / 35
  2.1.3 从 CAD 图形中导入实体模型 / 35
  2.1.4 三种建模方法的优缺点 / 35
2.2 坐标系及其操作 / 36
  2.2.1 总体坐标系及其操作 / 36
  2.2.2 局部坐标系及其操作 / 37
  2.2.3 显示坐标系及其操作 / 39
  2.2.4 节点坐标系及其操作 / 41
  2.2.5 单元坐标系及其操作 / 42
  2.2.6 结果坐标系及其操作 / 43
2.3 工作平面及使用 / 43

2.3.1 显示和设置工作平面 / 43
2.3.2 定义工作平面 / 45
2.3.3 旋转和平移工作平面 / 46
2.4 自底向上建模 / 47
2.4.1 定义及操作关键点 / 47
2.4.2 选择、查看和删除关键点 / 49
2.4.3 定义及操作线 / 50
2.4.4 选择、查看和删除线 / 53
2.4.5 定义及操作面 / 53
2.4.6 选择、查看和删除面 / 55
2.4.7 定义体 / 56
2.4.8 选择、查看和删除体 / 56
2.5 自顶向下建模 / 57
2.5.1 建立矩形面原始对象 / 58
2.5.2 建立圆或环形面原始对象 / 58
2.5.3 建立正多边形面原始对象 / 60
2.5.4 建立长方体原始对象 / 61
2.5.5 建立柱体原始对象 / 61
2.5.6 建立多棱柱原始对象 / 62
2.5.7 建立球体或部分球体原始对象 / 63
2.5.8 建立锥体或圆台原始对象 / 63
2.5.9 建立环体或部分环体原始对象 / 64
2.6 布尔运算 / 64
2.6.1 交运算 / 65
2.6.2 加运算 / 69
2.6.3 减运算 / 70
2.6.4 切割运算 / 71
2.6.5 搭接运算 / 75
2.6.6 分割运算 / 76
2.6.7 黏结运算 / 77
2.7 模型修改 / 77
2.7.1 移动图元 / 77
2.7.2 复制图元 / 78
2.7.3 镜像图元 / 79
2.7.4 缩放图元 / 79
2.7.5 转换图元坐标系 / 80
2.8 运用组件 / 81
2.8.1 组件和部件的操作 / 81
2.8.2 通过组件和部件选择实体 / 82
2.9 自顶向下实体建模实例1——轴承座实体建模 / 82
2.10 自底向上实体建模实例2——汽车连杆实体建模 / 88
本章小结 / 94
练习题 / 94

第 3 章　网格划分 / 96

3.1　定义单元属性 / 96
3.1.1　定义单元类型 / 96
3.1.2　定义实常数 / 98
3.1.3　定义材料参数 / 99
3.1.4　分配单元属性 / 102

3.2　网格划分控制 / 103
3.2.1　网格划分工具 / 104
3.2.2　Smart Size 网格划分控制 / 105
3.2.3　尺寸控制 / 107
3.2.4　单元形状控制 / 110
3.2.5　网格划分器选择 / 110

3.3　实体模型网格划分 / 114
3.3.1　关键点网格划分 / 115
3.3.2　线网格划分 / 115
3.3.3　面网格划分 / 115
3.3.4　体网格划分 / 116
3.3.5　网格修改 / 118

3.4　网格检查 / 120
3.4.1　设置形状检查选项 / 120
3.4.2　设置形状限制参数 / 121
3.4.3　确定网格质量 / 121

3.5　直接法生成有限元模型 / 122
3.5.1　节点定义 / 122
3.5.2　单元定义 / 127

3.6　网格划分基本原则 / 131
3.6.1　网格数量 / 131
3.6.2　网格疏密 / 131
3.6.3　单元阶次 / 133
3.6.4　网格质量 / 134

3.7　自由网格划分实例 1——轴承座 / 134
3.8　映射网格划分实例 2——二维飞轮 / 136
3.9　扫掠网格划分实例 3——汽车连杆 / 142
3.10　混合网格划分实例 4——三维带孔飞轮 / 147

本章小结 / 153

练习题 / 154

第 4 章　施加载荷及求解 / 155

4.1　加载概述 / 155
4.1.1　载荷类型 / 155
4.1.2　载荷施加方式 / 156
4.1.3　载荷步、子步和平衡迭代 / 157
4.1.4　载荷步选项 / 158
4.1.5　载荷的显示 / 159

4.2 载荷的定义 / 159
  4.2.1 自由度约束 / 159
  4.2.2 集中载荷 / 163
  4.2.3 表面载荷 / 166
  4.2.4 体载荷 / 174
  4.2.5 特殊载荷 / 176
4.3 求解 / 177
  4.3.1 选择合适的求解器 / 177
  4.3.2 求解多步载荷 / 179
  4.3.3 求解 / 181
4.4 综合实例1——轴承座模型载荷施加及求解 / 182
4.5 综合实例2——汽车连杆模型载荷施加及求解 / 185
本章小结 / 186
练习题 / 187

第5章 通用后处理器 / 188

5.1 通用后处理器概述 / 188
  5.1.1 通用后处理器处理的结果文件 / 188
  5.1.2 结果文件读入通用后处理器 / 189
  5.1.3 浏览结果数据集信息 / 190
  5.1.4 读取结果数据集 / 190
  5.1.5 设置结果输出方式与图形显示方式 / 193
5.2 图形显示计算结果 / 193
  5.2.1 绘制变形图 / 193
  5.2.2 绘制等值线图 / 195
  5.2.3 绘制矢量图 / 197
  5.2.4 绘制粒子轨迹图 / 198
  5.2.5 绘制破碎图和压碎图 / 199
5.3 路径操作 / 200
  5.3.1 定义路径 / 200
  5.3.2 观察沿路径的结果 / 202
  5.3.3 进行沿路径的数学运算 / 203
5.4 单元表 / 204
  5.4.1 创建和修改单元表 / 204
  5.4.2 基于单元表的数学运算 / 205
  5.4.3 根据单元表绘制结果图形 / 206
5.5 载荷组合及其运算 / 207
  5.5.1 创建载荷工况 / 208
  5.5.2 载荷工况的读写 / 208
  5.5.3 载荷工况数学运算 / 209
5.6 综合实例1——桁架计算 / 209
5.7 综合实例2——轴承座及汽车连杆后处理分析 / 215
  5.7.1 轴承座后处理分析 / 215
  5.7.2 汽车连杆后处理分析 / 216

本章小结 / 217
练习题 / 217

第 6 章 时间历程后处理器 / 218
6.1 定义和存储变量 / 219
6.1.1 变量定义 / 219
6.1.2 变量存储 / 220
6.1.3 变量的导入 / 222
6.2 变量的操作 / 222
6.2.1 数学运算 / 222
6.2.2 变量与数组相互赋值 / 223
6.2.3 数据平滑 / 225
6.2.4 生成响应频谱 / 226
6.3 查看变量 / 227
6.3.1 图形显示 / 227
6.3.2 列表显示 / 229
6.4 动画技术 / 231
6.4.1 直接生成动画 / 231
6.4.2 通过动画帧显示动画 / 231
6.4.3 动画播放 / 233
6.5 综合实例——钢球淬火温度计算 / 233
6.5.1 问题描述 / 233
6.5.2 GUI 操作步骤 / 234

本章小结 / 240
练习题 / 240

第 7 章 结构静力分析 / 241
7.1 结构分析概述 / 241
7.1.1 结构分析定义 / 241
7.1.2 结构分析的类型 / 241
7.1.3 结构分析所使用的单元 / 242
7.1.4 材料模式界面 / 242
7.1.5 求解方法 / 243
7.2 结构静力分析 / 243
7.2.1 结构静力分析的定义 / 243
7.2.2 结构静力分析类型 / 243
7.2.3 结构静力分析的求解步骤 / 243
7.3 平面问题静力分析实例——钢支架 / 244
7.3.1 问题提出 / 245
7.3.2 建立模型 / 245
7.3.3 施加载荷 / 250
7.3.4 求解 / 250
7.3.5 查看结果 / 251
7.4 轴对称结构静力分析实例——二维飞轮 / 251

7.4.1 问题提出 / 251
7.4.2 调出模型 / 252
7.4.3 施加载荷 / 252
7.4.4 求解 / 253
7.4.5 查看结果 / 253
7.5 周期对称结构静力分析实例——三维带孔飞轮 / 258
7.5.1 问题提出 / 258
7.5.2 调出模型 / 259
7.5.3 施加载荷 / 259
7.5.4 求解 / 260
7.5.5 查看结果 / 260
7.6 任意三维结构静力分析实例——六角扳手 / 265
7.6.1 问题提出 / 265
7.6.2 建立模型 / 265
7.6.3 施加载荷 / 273
7.6.4 求解 / 277
7.6.5 查看结果 / 277
本章小结 / 280
练习题 / 280

第8章 非线性分析 / 282

8.1 非线性分析简介 / 282
8.1.1 结构非线性的定义 / 282
8.1.2 结构非线性的类型 / 282
8.1.3 结构非线性的基本步骤 / 283
8.2 几何非线性分析实例——悬臂梁 / 283
8.2.1 问题提出 / 283
8.2.2 建立模型 / 284
8.2.3 施加载荷 / 285
8.2.4 求解 / 286
8.2.5 查看结果 / 286
8.3 材料非线性分析实例——铆钉 / 288
8.3.1 问题提出 / 289
8.3.2 建立模型 / 289
8.3.3 施加载荷 / 292
8.3.4 求解 / 293
8.3.5 查看结果 / 294
8.4 状态非线性分析实例——齿轮接触分析 / 297
8.4.1 问题提出 / 297
8.4.2 建立模型 / 297
8.4.3 施加载荷 / 304
8.4.4 求解 / 305
8.4.5 查看结果 / 306
8.5 非线性蠕变分析实例——螺栓 / 308

         8.5.1 问题提出 / 308
         8.5.2 建立模型 / 308
         8.5.3 施加载荷 / 311
         8.5.4 求解 / 312
         8.5.5 查看结果 / 313
   本章小结 / 315

第 9 章 动力学分析 / 316
   9.1 动力学分析概述 / 316
         9.1.1 动力学分析简介 / 316
         9.1.2 动力学分析类型 / 316
   9.2 模态分析 / 317
         9.2.1 模态分析简介 / 317
         9.2.2 模态分析步骤 / 317
         9.2.3 模态分析实例——飞机机翼 / 320
   9.3 谐波响应分析 / 325
         9.3.1 谐波响应分析简介 / 325
         9.3.2 谐波响应分析步骤 / 325
         9.3.3 谐波响应分析实例——电动机工作台系统 / 326
   9.4 瞬态动力分析 / 341
         9.4.1 瞬态动力分析简介 / 341
         9.4.2 瞬态动力分析步骤 / 341
         9.4.3 瞬态动力分析实例——电动机工作台系统 / 343
   9.5 谱分析 / 349
         9.5.1 谱分析简介 / 349
         9.5.2 谱分析步骤 / 350
         9.5.3 谱分析实例——简支梁结构 / 351
   本章小结 / 361
   练习题 / 361

第 10 章 热分析 / 362
   10.1 热分析基础知识 / 362
         10.1.1 符号与单位 / 362
         10.1.2 传热学经典理论 / 363
         10.1.3 热传递方式 / 363
         10.1.4 热分析类型 / 363
   10.2 稳态热分析 / 364
         10.2.1 稳态热分析的定义 / 364
         10.2.2 热分析单元 / 364
         10.2.3 稳态热分析基本过程 / 366
   10.3 稳态热分析实例——潜水艇稳态温度分布计算 / 368
         10.3.1 问题描述 / 368
         10.3.2 建立模型 / 369
         10.3.3 施加载荷 / 371

    10.3.4　求解 / 371
    10.3.5　查看结果 / 372
  10.4　瞬态热分析 / 372
    10.4.1　瞬态热分析的定义 / 372
    10.4.2　瞬态热分析基本过程 / 372
  10.5　瞬态热分析实例——浇铸过程砂箱温度变化分析 / 375
    10.5.1　问题描述 / 375
    10.5.2　建立模型 / 376
    10.5.3　施加载荷 / 378
    10.5.4　求解 / 380
    10.5.5　查看结果 / 381
  10.6　热应力分析 / 381
    10.6.1　热应力分析的方法 / 381
    10.6.2　间接法进行热应力分析的步骤 / 381
    10.6.3　直接法进行热应力分析的步骤 / 382
  10.7　热应力分析实例——冷却栅管热应力分布计算 / 382
    10.7.1　问题描述 / 382
    10.7.2　间接法 / 383
    10.7.3　直接法 / 399
  本章小结 / 406
  练习题 / 406

参考文献 / 408

第 1 章
有限元及ANSYS简介

1.1 有限元法简介

1.1.1 有限元方法的基本思想

有限元方法是广泛应用于解决结构分析、传热学、电磁学和流体力学等工程问题的数值方法。解决工程问题的一般步骤是：首先抽象出问题的物理模型。然后根据物理模型，运用物理定律建立其数学模型。数学模型是带有相关边界条件和初值条件的微分方程组，微分方程组是通过对系统或控制体应用自然定律和原理推导出来的，这些控制微分方程代表了质量、力或能量的平衡。最后根据对数学模型即微分方程组进行求解，得到所需要的结果，对结果进行评价分析。求解的方法包括解析法和数值法。解析法是精确求解的方法，由两部分组成：一般部分和特殊部分。在许多实际工程问题中，我们一般不能得到系统的精确解，这可能是由于控制微分方程组的复杂性或边界条件和初值条件的难以确定性。为解决这个问题，我们需要借助于数值方法来近似。解析解表明了系统在任何点上的精确行为，而数值解只在称为节点的离散点上近似于解析解。任何数值解析法的第一步都是离散化。这一过程将系统分为一些子区域和节点。数值解法可以分为两大类：有限差分方法和有限元法。使用有限差分方法，需要针对每一节点写微分方程，并且用差分方程代替导数。这一过程产生一组线性方程。有限差分方法对于简单问题的求解是易于理解和应用的，但是使用该方法难以解决带有复杂几何条件和复杂边界条件的问题。对于具有各向异性的物体来说更是如此。与之相比，有限元方法是使用公式方法而不是微分方法来建立系统的代数方程组。而且，这种方法假设代表每个元素的近似函数是连续的。假设元素间的边界是连续的，通过结合各单独的解产生系统的完全解。因此，从实用性和使用范围来说，有限元法是随着计算机发展而被广泛应用的一种有效的数值计算方法。

有限元法的基本思想最早出现在 20 世纪 40 年代初期。直到 1960 年，美国的克拉夫 (Clough R. W.) 在一篇论文中首次使用"有限元法"这个名词。在 20 世纪 60 年代末 70 年代初，有限元法的理论基本上成熟，并开始陆续出现商业化的有限元分析软件。

有限元法的出现与发展有着深刻的工程背景。20 世纪 40~50 年代，美国、英国等国的制造业有了大幅度的发展。随着飞机结构的逐渐变化，准确地了解飞机的静态特性和动态特性越来越显得重要，但是传统的分析设计方法不能满足这种需求，因此工程设计人员开始寻求一种更加适合分析的方法，有限元法的思想随之应运而生。

有限元法的基本思想是：将连续的结构离散成有限个单元，并在每一个单元中设定有限个节点，将连续体看成是只在节点处相联系的一组单元的集合体，同时选定场函数的节点值作为基本未知量,并在每一单元中假设一插值函数以表示单元中场函数的分布规律,进而利用力学中的某些变分原理去建立用以求解节点未知量的有限元法方程,从而将一个连续域中的无限自由度问题转化为离散域中的有限自由度问题。一经求解就可以利用解得的节点值和设定的插值函数确定单元上以至整个集合体上的场函数。

有限元离散过程中,相邻单元在同一节点上场变量同时达到连续,但未必在单元边界上任一点连续;在把载荷转化为节点载荷的过程中,只是考虑单元总体平衡,在单元内部和边界上不用保证每点都满足控制方程。

由于单元可以设计成不同的几何形状,因此可灵活地模拟和无限逼近复杂的求解域。显然,如果插值函数满足一定要求,随着单元数目的增加,解的精度会不断提高而最终收敛于问题的精确解。从理论上来讲,无限增加单元数目使得数值分析解逐渐收敛于问题的精确解,但这却增加了计算机计算时间。在实际工程应用中,只要所得的数据能够满足工程需要就足够了。因此,有限元分析方法的基本策略就是在分析的精度和分析的时间上找到一个最佳平衡点。

1.1.2 有限元模型的基本构成

有限元模型是真实系统经网格划分离散化后的数学模型,它是由一些简单形状的单元组成,单元之间通过节点连接,并承受一定载荷和边界条件的数学模型。图1-1所示为人字梯模型,图(a)为实际系统——人字梯的几何模型,它是连续的;而图(b)为有限元模型,它是由其几何模型经过网格划分离散化后得到的有限元模型。

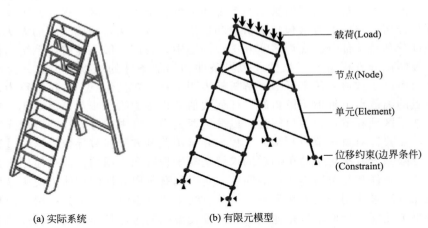

(a) 实际系统　　　　　(b) 有限元模型

图1-1　实际系统与有限元模型

(1) 单元(Element)

单元是由几何模型经网格划分得到的每一个小块,它是组成有限元模型的基础,由节点与节点相连而成,具有真实模型的物理意义。常用的有限单元有Link单元、Beam单元、Plane单元、Solid单元和Shell单元等类型。常见的单元形状包括点单元、线单元、面单元(三角形和四边形)、体单元(四面体和六面体)。通过合理选择这些单元类型,可以模拟和分析绝大多数的工程问题。

(2) 节点(Node)

节点是有限元模型的一个点的坐标位置,是构成有限元系数的基本对象,具有一定物理意义的自由度且它们之间存在相互物理作用。

(3) 自由度 (Degree of Freedom, DOF)

节点具有自由度,表示工程系统受到外力后的反应结果。不同学科方向的有限元模型应选择不同的单元,不同单元的节点具有的自由度含义也不同,如表 1-1 所示,结构分析单元节点的自由度为位移,热分析单元节点自由度为温度,电磁分析单元节点的自由度为电位和磁位,流体分析单元的自由度为流体压力等,即使是同一学科方向,如结构分析,由于有限元模型不同,选择不同的单元,其自由度也略微不同,如二维单元节点只有 UX、UY 两个方向平动位移的自由度,三维单元节点具有 UX、UY、UZ 三个方向平动位移的自由度,如果模型承受弯矩,选择的单元节点除了具有 UX、UY、UZ 三个方向平动位移的自由度外,还必须具有 ROTX、ROTY、ROTZ 转动位移自由度,如图 1-2 所示。

表 1-1 节点自由度含义

学科方向	自由度
结构	位移
热	温度
电	电位
流体	压力
磁	磁位

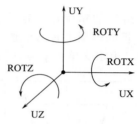

图 1-2 结构分析节点自由度

1.1.3 有限元分析的基本步骤

采用有限元法分析问题的过程包括预处理阶段、求解阶段和后处理阶段,如图 1-3 所示。其基本步骤如下。

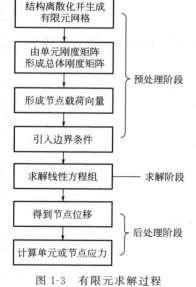

图 1-3 有限元求解过程

(1) 预处理阶段

① 建立求解域并将其离散化为有限单元,即将连续体问题分解成节点和单元等个体问题。

② 选择合适的形函数,即选择一个用单元节点解描述整个单元解的连续函数。

③ 对每个单元建立单元刚度矩阵。

④ 按照一定节点编码顺序,将各个单元刚度矩阵叠加以构造结构整体刚度矩阵。

⑤ 施加边界条件、初始条件和载荷。

(2) 求解阶段

写出以节点自由度 (DOF) 为未知量的结构整体刚度方程,求解后得到节点上的自由度值。

(3) 后处理阶段

根据节点的值和形函数,得到其他的物理量,如应力、支座反力等。

1.1.4 有限元分析解题步骤实例——梯形板

1.1.4.1 提出问题

如图 1-4 所示,梯形板一端固定,另一端承受负载 P。板的上边宽度为 w_1,板的下边

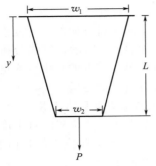

图 1-4 轴向负载下的梯形板示意图

宽度为 w_2，板的厚度为 t，长度为 L。板的弹性模量用 E 表示。求当板承受负载 P 时，沿板长度的不同点的变形位移及应力。在以下分析中，我们假设应用的负载比板的重量要大得多，因此忽略板的重量。

1.1.4.2 预处理阶段

(1) 将问题域离散成有限的单元

我们首先将问题分解成节点和单元。为了强调有限元分析中的基本步骤，我们将保持问题的简单性。因此我们将用五个节点和四个单元的模型代表梯形板，如图 1-5 所示。然而，需要说明的是，使用更多的节点和单元能增加结果的精确度，这个任务留给读者作为练习来完成（请参阅本章末尾的练习题 1）。梯形板的模型中有四个独立的分段，每个分段均有一个统一的横截面。每个单元的横截面面积，由定义单元节点处横截面的平均面积表示。

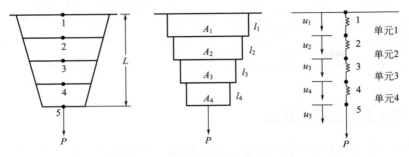

图 1-5 将梯形板分解为单元和节点

(2) 假设近似单元的近似解

为了研究典型单元的行为，考虑一个带有统一横截面 A 的实体的变形量，横截面的长度为 l，承受的外力为 F，如图 1-6 所示。

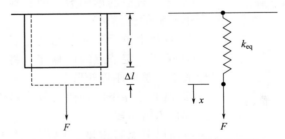

图 1-6 承受外力为 F 的统一横截面的实体

实体的平均应力由以下方程给出：

$$\sigma = \frac{F}{A} \tag{1-1}$$

实体的平均应变定义为实体每单位原始长度 l 上承受的长度变化 Δl：

$$\varepsilon = \frac{\Delta l}{l} \tag{1-2}$$

在变形区域内，应力和应变与胡克（HOOKE）定律相关，方程为：

$$\sigma = E\varepsilon \tag{1-3}$$

这里的 E 是弹性模量。结合方程式(1-1)～式(1-3)，并简化得到：

$$F = \frac{AE}{l}\Delta l \tag{1-4}$$

注意方程式(1-4)和线性弹簧的方程 $F=kx$ 很相似。因此，一个中心点集中受力且横截面相等的实体可以视为一个弹簧，其等阶的刚度为：

$$k_{eq} = \frac{AE}{l} \tag{1-5}$$

注意到板的横截面在 y 方向上是变化的。作为第一次近似，可以将板看作一系列中心点承受负载不同的断面，如图1-5所示。因此，板可以视为由四个弹簧串联起来的弹簧（单元）组成的模型，每个单元的弹性行为可以由相应的线性弹簧模型描述，有如下的方程：

$$f = k_{eq}(u_{i+1}-u_i) = \frac{A_{avg}E}{l}(u_{i+1}-u_i) = \frac{(A_{i+1}+A_i)E}{2l}(u_{i+1}-u_i) \tag{1-6}$$

这里等价的弹簧单元的刚度由下式给出：

$$k_{eq} = \frac{(A_{i+1}+A_i)E}{2l} \tag{1-7}$$

A_i 和 A_{i+1} 分别是 i 和 $i+1$ 处节点的横截面积，l 是单元的长度。运用以上模型，使我们更容易考虑施加在各个节点上的力。图1-7描述了模型中节点1～节点5的受力情况。

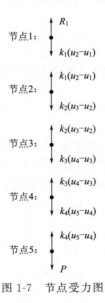

图1-7 节点受力图

静力平衡要求每个节点上的力的总和为零。这一平衡条件产生如下五个方程：

$$\begin{cases} \text{节点 1}: R_1 - k_1(u_2-u_1) = 0 \\ \text{节点 2}: k_1(u_2-u_1) - k_2(u_3-u_2) = 0 \\ \text{节点 3}: k_2(u_3-u_2) - k_3(u_4-u_3) = 0 \\ \text{节点 4}: k_3(u_4-u_3) - k_4(u_5-u_4) = 0 \\ \text{节点 5}: k_4(u_5-u_4) - P = 0 \end{cases} \tag{1-8}$$

把反作用力 R_1 和外力 P 从内力中分离出来,重组方程组(1-8),得:

$$\begin{cases} k_1 u_1 & -k_1 u_2 & & & & =-R_1 \\ -k_1 u_1 & +k_1 u_2 & +k_2 u_2 & -k_2 u_3 & & =0 \\ & & -k_2 u_2 & +k_2 u_3 & +k_3 u_3 & -k_3 u_4 & =0 \\ & & & -k_3 u_3 & +k_3 u_4 & +k_4 u_4 & -k_4 u_5 & =0 \\ & & & & -k_4 u_4 & +k_4 u_5 & =P \end{cases} \tag{1-9}$$

将方程组(1-9)表示成矩阵形式,有:

$$\begin{bmatrix} k_1 & -k_1 & 0 & 0 & 0 \\ -k_1 & k_1+k_2 & -k_2 & 0 & 0 \\ 0 & -k_2 & k_2+k_3 & -k_3 & 0 \\ 0 & 0 & -k_3 & k_3+k_4 & -k_4 \\ 0 & 0 & 0 & -k_4 & k_4 \end{bmatrix} \begin{Bmatrix} u_1 \\ u_2 \\ u_3 \\ u_4 \\ u_5 \end{Bmatrix} = \begin{Bmatrix} -R_1 \\ 0 \\ 0 \\ 0 \\ P \end{Bmatrix} \tag{1-10}$$

在负载矩阵中,将反作用力和负载区分开来是很重要的。因此,与矩阵有关的方程组(1-10)可以写为:

$$\begin{Bmatrix} -R_1 \\ 0 \\ 0 \\ 0 \\ 0 \end{Bmatrix} = \begin{bmatrix} k_1 & -k_1 & 0 & 0 & 0 \\ -k_1 & k_1+k_2 & -k_2 & 0 & 0 \\ 0 & -k_2 & k_2+k_3 & -k_3 & 0 \\ 0 & 0 & -k_3 & k_3+k_4 & -k_4 \\ 0 & 0 & 0 & -k_4 & k_4 \end{bmatrix} \begin{Bmatrix} u_1 \\ u_2 \\ u_3 \\ u_4 \\ u_5 \end{Bmatrix} - \begin{Bmatrix} 0 \\ 0 \\ 0 \\ 0 \\ P \end{Bmatrix} \tag{1-11}$$

我们能够容易地看到,在附加节点负荷和其他固定的边界条件下,方程组(1-11)给出的关系可以写成一般形式:

$$\{R\} = [K]\{u\} - \{P\} \tag{1-12}$$

即表示:

$$\{反作用力矩阵\} = [刚度矩阵]\{位移矩阵\} - \{负荷矩阵\}$$

由于板的上端是固定的,节点 1 的位移量是零。因此,系统方程组(1-10)的第一行应为 $u_1=0$。所以应用边界条件将导致如下的矩阵方程:

$$\begin{bmatrix} 1 & 0 & 0 & 0 & 0 \\ -k_1 & k_1+k_2 & -k_2 & 0 & 0 \\ 0 & -k_2 & k_2+k_3 & -k_3 & 0 \\ 0 & 0 & -k_3 & k_3+k_4 & -k_4 \\ 0 & 0 & 0 & -k_4 & k_4 \end{bmatrix} \begin{Bmatrix} u_1 \\ u_2 \\ u_3 \\ u_4 \\ u_5 \end{Bmatrix} - \begin{Bmatrix} 0 \\ 0 \\ 0 \\ 0 \\ P \end{Bmatrix} \tag{1-13}$$

求解上面的矩阵方程将得到节点的位移量。在下一节中,我们将建立一般的单元刚度矩阵,并讨论总体刚度矩阵的构造。

(3) 对单元建立方程

由于实例中每个单元有两个节点,而且每个节点对应一个位移量,因此我们需要对每个单元建立两个方程。这些方程必须和节点的位移量及单元的刚度有关。考虑单元内部传递的力 f_i 和 f_{i+1} 以及端点的位移量 u_i 和 u_{i+1},如图 1-8 所示。

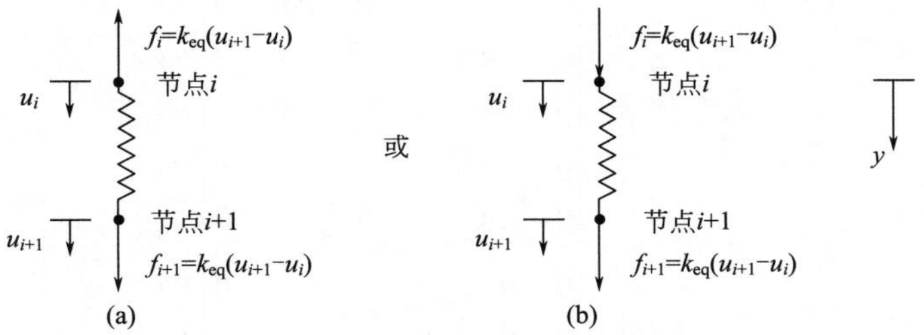

图 1-8 通过任意单元内部传递的力

静态平衡条件要求 f_i 和 f_{i+1} 的和为零。注意，不管选择图 1-8 中的何种表示方法，f_i 和 f_{i+1} 的和都为零。但为确保后面推导的一致性，我们将使用图 1-8(b) 中给出的表示方法，以便 f_i 和 f_{i+1} 在 y 的正方向给出。这样，我们可得到在节点 i 及 $i+1$ 处传递的力：

$$\begin{cases} f_i = k_{eq}(u_i - u_{i+1}) \\ f_{i+1} = k_{eq}(u_{i+1} - u_i) \end{cases} \tag{1-14}$$

方程式(1-14) 可表示为如下矩阵形式：

$$\begin{Bmatrix} f_i \\ f_{i+1} \end{Bmatrix} = \begin{Bmatrix} k_{eq} & -k_{eq} \\ -k_{eq} & k_{eq} \end{Bmatrix} \begin{Bmatrix} u_i \\ u_{i+1} \end{Bmatrix} \tag{1-15}$$

(4) 将单元组合起来表示整个问题

将方程式(1-15) 描述单元的方法应用到所有单元并把它们组合起来得到总体刚度矩阵。单元 1 的刚度矩阵为：

$$[K]^{(1)} = \begin{bmatrix} k_1 & -k_1 \\ -k_1 & k_1 \end{bmatrix}$$

它在总体刚度矩阵中的位置如下：

$$[K]^{(1G)} = \begin{bmatrix} k_1 & -k_1 & 0 & 0 & 0 \\ -k_1 & k_1 & 0 & 0 & 0 \\ 0 & 0 & 0 & 0 & 0 \\ 0 & 0 & 0 & 0 & 0 \\ 0 & 0 & 0 & 0 & 0 \end{bmatrix} \begin{matrix} u_1 \\ u_2 \\ u_3 \\ u_4 \\ u_5 \end{matrix}$$

总体刚度矩阵中节点位移矩阵在单元 1 的旁边，有助于我们观察节点对它相邻单元的影响。类似地，对于节点 2~4，我们有：

$$[K]^{(2)} = \begin{bmatrix} k_2 & -k_2 \\ -k_2 & k_2 \end{bmatrix}$$

$$[K]^{(3)} = \begin{bmatrix} k_3 & -k_3 \\ -k_3 & k_3 \end{bmatrix}$$

和

$$[K]^{(4)} = \begin{bmatrix} k_4 & -k_4 \\ -k_4 & k_4 \end{bmatrix}$$

它在总体刚度矩阵中的位置为：

$$[K]^{(2G)} = \begin{bmatrix} 0 & 0 & 0 & 0 & 0 \\ 0 & k_2 & -k_2 & 0 & 0 \\ 0 & -k_2 & k_2 & 0 & 0 \\ 0 & 0 & 0 & 0 & 0 \\ 0 & 0 & 0 & 0 & 0 \end{bmatrix} \begin{matrix} u_1 \\ u_2 \\ u_3 \\ u_4 \\ u_5 \end{matrix}$$

$$[K]^{(3G)} = \begin{bmatrix} 0 & 0 & 0 & 0 & 0 \\ 0 & 0 & 0 & 0 & 0 \\ 0 & 0 & k_3 & -k_3 & 0 \\ 0 & 0 & -k_3 & k_3 & 0 \\ 0 & 0 & 0 & 0 & 0 \end{bmatrix} \begin{matrix} u_1 \\ u_2 \\ u_3 \\ u_4 \\ u_5 \end{matrix}$$

和

$$[K]^{(4G)} = \begin{bmatrix} 0 & 0 & 0 & 0 & 0 \\ 0 & 0 & 0 & 0 & 0 \\ 0 & 0 & 0 & 0 & 0 \\ 0 & 0 & 0 & k_4 & -k_4 \\ 0 & 0 & 0 & -k_4 & k_4 \end{bmatrix} \begin{matrix} u_1 \\ u_2 \\ u_3 \\ u_4 \\ u_5 \end{matrix}$$

最终的总体刚度矩阵可以由组合或相加每个单元在总体刚度矩阵中的位置得到：

$$[K]^{(G)} = [K]^{(1G)} + [K]^{(2G)} + [K]^{(3G)} + [K]^{(4G)}$$

$$[K]^{(G)} = \begin{bmatrix} k_1 & -k_1 & 0 & 0 & 0 \\ -k_1 & k_1+k_2 & -k_2 & 0 & 0 \\ 0 & -k_2 & k_2+k_3 & -k_3 & 0 \\ 0 & 0 & -k_3 & k_3+k_4 & -k_4 \\ 0 & 0 & 0 & -k_4 & k_4 \end{bmatrix} \tag{1-16}$$

注意到方程式(1-16)中所示的应用单元描述得到的总体刚度矩阵，它和方程式(1-10)的左侧（即我们最初应用自由体图表分析节点得到的总体刚度矩阵）是完全一样的。

(5) 应用边界条件和负荷

板的顶端是固定的，即有边界条件 $u_1=0$，在节点 5 处应用外力 P。在如下的线性方程组中应用这些条件：

$$\begin{bmatrix} 1 & 0 & 0 & 0 & 0 \\ -k_1 & k_1+k_2 & -k_2 & 0 & 0 \\ 0 & -k_2 & k_2+k_3 & -k_3 & 0 \\ 0 & 0 & -k_3 & k_3+k_4 & -k_4 \\ 0 & 0 & 0 & -k_4 & k_4 \end{bmatrix} \begin{Bmatrix} u_1 \\ u_2 \\ u_3 \\ u_4 \\ u_5 \end{Bmatrix} = \begin{Bmatrix} 0 \\ 0 \\ 0 \\ 0 \\ P \end{Bmatrix} \tag{1-17}$$

再次注意方程式(1-17)中矩阵的第一行必须包含一个 1 和四个 0 以读取给定的边界条件 $u_1=0$。也要注意在固体力学的问题中，有限元公式一般会有如下的一般形式：

$$[刚度矩阵]\{位移矩阵\} = \{负荷矩阵\}$$

1.1.4.3 求解阶段

对方程式(1-17)进行求解，得到节点的位移量。我们假设 $E=10.4\times10^6\,\text{lbf/in}^2$（铝），

$w_1=2\text{in}$,$w_2=1\text{in}$,$t=0.125\text{in}$,$L=10\text{in}$,$P=1000\text{lbf}(1\text{in}=0.0254\text{m}$,$1\text{lb}=0.4536\text{kg})$。求解时可以查阅表 1-2。

表 1-2 实例中的单元属性

单元	节点		平均横截面面积/in²	长度/in	弹性模量/(lbf/in²)	单元刚度系数/(lbf/in)
1	1	2	0.234375	2.5	10.4×10^6	975×10^3
2	2	3	0.203125	2.5	10.4×10^6	845×10^3
3	3	4	0.171875	2.5	10.4×10^6	715×10^3
4	4	5	0.140625	2.5	10.4×10^6	585×10^3

板在 y 方向横截面面积的变化可以由下式来表示:

$$A(y)=\left(w_1+\frac{w_2-w_1}{L}y\right)t=\left(2+\frac{1-2}{10}y\right)\times0.125=0.25-0.0125y \tag{1-18}$$

使用方程式(1-18)可以计算出每个节点上的横截面面积:

$$A_1=0.25\text{in}^2$$
$$A_2=0.25-0.0125\times2.5=0.21875(\text{in}^2)$$
$$A_3=0.25-0.0125\times5.0=0.1875(\text{in}^2)$$
$$A_4=0.25-0.0125\times7.5=0.15625(\text{in}^2)$$
$$A_5=0.125\text{in}^2$$

接着每个单元的对等刚度系数可以由以下方程组计算出:

$$k_{eq}=\frac{(A_{i+1}+A_i)E}{2l}$$

$$k_1=\frac{(0.21875+0.25)\times(10.4\times10^6)}{2\times2.5}=975\times10^3(\text{lbf/in})$$

$$k_2=\frac{(0.1875+0.21875)\times(10.4\times10^6)}{2\times2.5}=845\times10^3(\text{lbf/in})$$

$$k_3=\frac{(0.15625+0.1875)\times(10.4\times10^6)}{2\times2.5}=715\times10^3(\text{lbf/in})$$

$$k_4=\frac{(0.125+0.15625)\times(10.4\times10^6)}{2\times2.5}=585\times10^3(\text{lbf/in})$$

并且单元矩阵为:

$$[K]^{(1)}=\begin{bmatrix}k_1 & -k_1\\-k_1 & k_1\end{bmatrix}=10^3\begin{bmatrix}975 & -975\\-975 & 975\end{bmatrix}$$

$$[K]^{(2)}=\begin{bmatrix}k_2 & -k_2\\-k_2 & k_2\end{bmatrix}=10^3\begin{bmatrix}845 & -845\\-845 & 845\end{bmatrix}$$

$$[K]^{(3)}=\begin{bmatrix}k_3 & -k_3\\-k_3 & k_3\end{bmatrix}=10^3\begin{bmatrix}715 & -715\\-715 & 715\end{bmatrix}$$

$$[K]^{(4)}=\begin{bmatrix}k_4 & -k_4\\-k_4 & k_4\end{bmatrix}=10^3\begin{bmatrix}585 & -585\\-585 & 585\end{bmatrix}$$

将单元矩阵组合在一起产生总体刚度矩阵:

$$[K]^{(G)} = 10^3 \begin{bmatrix} 975 & -975 & 0 & 0 & 0 \\ -975 & 975+845 & -845 & 0 & 0 \\ 0 & -845 & 845+715 & -715 & 0 \\ 0 & 0 & -715 & 715+585 & -585 \\ 0 & 0 & 0 & -585 & 585 \end{bmatrix}$$

应用边界条件 $u_1 = 0$ 和负荷 $P = 1000\text{lbf}$，我们得到：

$$10^3 \begin{bmatrix} 1 & 0 & 0 & 0 & 0 \\ -975 & 1820 & -845 & 0 & 0 \\ 0 & -845 & 1560 & -715 & 0 \\ 0 & 0 & -715 & 1300 & -585 \\ 0 & 0 & 0 & -585 & 585 \end{bmatrix} \begin{Bmatrix} u_1 \\ u_2 \\ u_3 \\ u_4 \\ u_5 \end{Bmatrix} = \begin{Bmatrix} 0 \\ 0 \\ 0 \\ 0 \\ 10^3 \end{Bmatrix}$$

第二行中，系数 -975 乘以 u_1 的结果为零，因此我们只须求解下面的 4×4 矩阵：

$$10^3 \begin{bmatrix} 1820 & -845 & 0 & 0 \\ -845 & 1560 & -715 & 0 \\ 0 & -715 & 1300 & -585 \\ 0 & 0 & -585 & 585 \end{bmatrix} \begin{Bmatrix} u_2 \\ u_3 \\ u_4 \\ u_5 \end{Bmatrix} = \begin{Bmatrix} 0 \\ 0 \\ 0 \\ 10^3 \end{Bmatrix}$$

位移量的解是 $u_1 = 0$，$u_2 = 0.001026\text{in}$，$u_3 = 0.002210\text{in}$，$u_4 = 0.003608\text{in}$，$u_5 = 0.005317\text{in}$。

1.1.4.4 后处理阶段

上面求出的节点位移为基本解，但我们可能对得到其他信息（如每个单元的平均应力等）感兴趣，这些可以通过应用物理定律对基本解进行后处理得到，即导出解。

(1) 单元平均应力的计算

在实例中，我们可能对得到其他信息（如每个单元的平均应力等）感兴趣。这些值可以从如下方程确定：

$$\sigma = \frac{f}{A_{\text{avg}}} = \frac{k_{\text{eq}}(u_{i+1}-u_i)}{A_{\text{avg}}} = \frac{\frac{A_{\text{avg}}E}{l}(u_{i+1}-u_i)}{A_{\text{avg}}} = E\frac{u_{i+1}-u_i}{l} \tag{1-19}$$

由于不同节点的位移量是已知的，方程式(1-19)可以直接从应力和应变的联系中得到，

$$\sigma = E\varepsilon = E\frac{u_{i+1}-u_i}{l} \tag{1-20}$$

应用方程式(1-20)，计算出每个单元的平均应力如下：

$$\sigma^{(1)} = E\frac{u_2-u_1}{l} = \frac{(10.4\times10^6)\times(0.001026-0)}{2.5} = 4268(\text{lbf/in}^2)$$

$$\sigma^{(2)} = E\frac{u_3-u_2}{l} = \frac{(10.4\times10^6)\times(0.002210-0.001026)}{2.5} = 4925(\text{lbf/in}^2)$$

$$\sigma^{(3)} = E\frac{u_4-u_3}{l} = \frac{(10.4\times10^6)\times(0.003608-0.002210)}{2.5} = 5816(\text{lbf/in}^2)$$

$$\sigma^{(4)} = E\frac{u_5-u_4}{l} = \frac{(10.4\times10^6)\times(0.005317-0.003608)}{2.5} = 7109(\text{lbf/in}^2)$$

由图1-9分析可知，对于给定的问题，无论在何处将杆截断，截面的内力均是1000lbf。因此

$$\sigma^{(1)} = \frac{f}{A_{avg}} = \frac{1000}{0.234375} = 4267 (\text{lbf/in}^2)$$

$$\sigma^{(2)} = \frac{f}{A_{avg}} = \frac{1000}{0.203125} = 4923 (\text{lbf/in}^2)$$

$$\sigma^{(3)} = \frac{f}{A_{avg}} = \frac{1000}{0.171875} = 5818 (\text{lbf/in}^2)$$

$$\sigma^{(4)} = \frac{f}{A_{avg}} = \frac{1000}{0.140625} = 7111 (\text{lbf/in}^2)$$

在允许误差的情况下，我们发现这些结果与从位移信息计算的单元应力完全相同。这个比较告诉我们问题的位移计算是有效的。

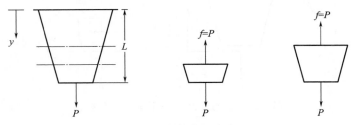

图 1-9 实例中的内力

(2) 反作用力的计算

计算反作用力的方法可以有多种。首先，考虑图 1-7，我们注意到节点 1 处静平衡要求

$$R_1 = k_1(u_2 - u_1) = 975 \times 10^3 \times (0.001026 - 0) = 1000 (\text{lbf})$$

对整个梯形板，静平衡要求

$$R_1 = P = 1000 \text{lbf}$$

我们可以从一般方程计算反作用力

$$\{R\} = [K]\{u\} - \{P\}$$

或

$$\{\text{反作用力矩阵}\} = [\text{刚度矩阵}]\{\text{位移矩阵}\} - \{\text{负荷矩阵}\}$$

因为本例是简单的问题，计算反作用力实际上不需要进行矩阵的运算。然而，作为示例，这里给出了计算过程。从一般方程，可得到：

$$\begin{Bmatrix} R_1 \\ R_2 \\ R_3 \\ R_4 \\ R_5 \end{Bmatrix} = 10^3 \begin{bmatrix} 975 & -975 & 0 & 0 & 0 \\ -975 & 1820 & -845 & 0 & 0 \\ 0 & -845 & 1560 & -715 & 0 \\ 0 & 0 & -715 & 1300 & -585 \\ 0 & 0 & 0 & -585 & 585 \end{bmatrix} \begin{Bmatrix} 0 \\ 0.001026 \\ 0.002210 \\ 0.003608 \\ 0.005317 \end{Bmatrix} - \begin{Bmatrix} 0 \\ 0 \\ 0 \\ 0 \\ 10^3 \end{Bmatrix}$$

这里 R_1、R_2、R_3、R_4 和 R_5 分别代表节点 1～节点 5 处的反作用力。进行矩阵运算，有：

$$\begin{Bmatrix} R_1 \\ R_2 \\ R_3 \\ R_4 \\ R_5 \end{Bmatrix} = \begin{Bmatrix} -1000 \\ 0 \\ 0 \\ 0 \\ 0 \end{Bmatrix}$$

R_1 的负值表示力的方向向上（我们假设指向下方的 y 方向为正）。当然，与我们预期的一样，这个结果和我们前面计算出的结果是一样的，因为以上矩阵的行代表每个节点的静平衡条件。

1.1.4.5 精确解析解与有限元数值法近似解的比较

本节中我们将对该实例推导出精确解，并将用有限元公式法解决本题的结果和精确的位移进行比较。如图 1-10 所示，静平衡条件要求 y 方向上力的和为零。这个条件产生如下关系：

$$P - \sigma_{avg} A(y) = 0 \tag{1-21}$$

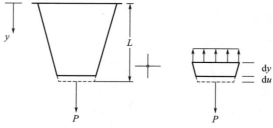

图 1-10 板的外力 P 与平均应力的关系

再次用胡克定律（$\sigma = E\varepsilon$），并根据应变替代平均应力，有：

$$P - E\varepsilon A(y) = 0 \tag{1-22}$$

应变是微分段 dy 上单位原始长度的变化量 du，因此，

$$\varepsilon = \frac{du}{dy}$$

若将这个关系式代入方程式(1-22)，则有：

$$P - EA(y)\frac{du}{dy} = 0 \tag{1-23}$$

对方程式(1-23) 进行变换，则：

$$du = \frac{P\,dy}{EA(y)} \tag{1-24}$$

对方程式(1-24) 沿板的长度进行积分，得到精确解：

$$\int_0^u du = \int_0^L \frac{P\,dy}{EA(y)}$$

$$u(y) = \int_0^y \frac{P\,dy}{EA(y)} = \int_0^y \frac{P\,dy}{E\left(w_1 + \frac{w_2 - w_1}{L}y\right)t} \tag{1-25}$$

这里面积为：

$$A(y) = \left(w_1 + \frac{w_2 - w_1}{L}y\right)t$$

通过对方程式(1-25) 进行积分，可以得到板的变形：

$$u(y) = \frac{PL}{Et(w_2 - w_1)}\left[\ln\left(w_1 + \frac{w_2 - w_1}{L}y\right) - \ln w_1\right] \tag{1-26}$$

方程式(1-26) 能够用来得到沿板方向不同点的位移精确值。现在通过和精确值进行比较，可以检查有限元法的精确度。表 1-3 给出了精确解析法和有限元数值法计算得出的节点位移。从表 1-3 可以清楚地看出两种方法结果吻合得很好。

表 1-3 精确解析法和有限元数值法位移比较的结果   in

点在板上的位置	精确解析法得到的结果	有限元数值法得到的结果
$y=0$	0	0
$y=2.5$	0.001027	0.001026
$y=5.0$	0.002213	0.002210
$y=7.5$	0.003615	0.003608
$y=10$	0.005333	0.005317

1.2 ANSYS18.0 简介

ANSYS 是集结构、流体、电磁场、声场和耦合场分析于一体的大型通用有限元分析软件。由世界上著名的有限元分析软件公司之一的美国 ANSYS 公司开发，它能与多数 CAD 软件接口，实现数据的共享和交换，如 Pro/E、NASTRAN、Alogor、I-DEAS、AutoCAD 等，是现代产品设计中的高级 CAE 工具之一。因此它可应用于以下领域：航空航天、汽车工业、生物医学、桥梁、建筑、电子产品、重型机械、微机电系统、运动器械等。

软件主要包括三个部分：前处理模块、分析计算模块和后处理模块。前处理模块提供了一个强大的实体建模及网格划分工具，用户可以方便地构造有限元模型。分析计算模块包括结构分析（可进行线性分析、非线性分析和高度非线性分析）、流体动力学分析、电磁场分析、声场分析、压电分析以及多物理场的耦合分析，可模拟多种物理介质的相互作用，具有灵敏度分析及优化分析能力。后处理模块可将计算结果以彩色等值线显示、梯度显示、矢量显示、粒子流迹显示、立体切片显示、透明及半透明显示（可看到结构内部）等图形方式显示出来，也可将计算结果以图表、曲线形式显示或输出。软件提供了 100 种以上的单元类型，用来模拟工程中的各种结构和材料。该软件有多种不同版本，可以运行在从个人机到大型机的多种计算机设备上。

ANSYS18.0 版本分 Win64 和 Linux64 两个版本，其中 Win64 版本集成了电磁仿真模块和 3D 建模模块 SpaceClaim。

1.2.1 ANSYS 软件的基本功能

ANSYS 软件功能强大，并不是其他商业软件可比拟的，其基本功能主要包括以下几个方面。

(1) 结构静力分析

用来求解外载荷引起的位移、应力和力，适合于求解惯性及阻尼对结构响应影响并不显著的问题。这种分析类型广泛应用于机械工程和结构工程。结构静力分析包括塑性、蠕变、膨胀、大变形、大应变及接触问题等。结构静力分析通常通过逐渐施加载荷完成，以获得精确解。

(2) 结构动力分析

用来求解随时间变化的载荷对结构或部件的影响。与静力分析不同的是，动力分析要考虑载荷随时间的变化及阻尼和惯性影响。这类载荷包括交变力（旋转机械）、冲击力（冲击或爆炸）、随机力（地震）及其他瞬态力（诸如桥上的运动载荷）。ANSYS 可求解下列类型的动力学分析问题，如瞬态动力、模态、谐波响应及随机振动响应分析。

(3) 结构非线性分析

结构非线性导致结构或部件的响应随外载荷不成比例变化。ANSYS 程序可求解静态和瞬态非线性问题，包括材料非线性、几何非线性和单元非线性三种。

（4）动力学分析

ANSYS可分析大型三维柔体运动。当运动的积累影响起主要作用时，可使用这些功能分析复杂结构在空间中的运动特性，并确定结构中由此产生的应力、应变和变形。

（5）热分析

程序可处理热传递的3种基本类型，即传导、对流和辐射。对这几种基本类型均可进行稳态和瞬态、线性和非线性分析。热分析还具有可以模拟材料固化和熔解过程的相变分析能力，以及模拟热与结构应力之间的热-结构耦合分析能力。

（6）电磁场分析

主要用于电磁场问题的分析，如电感、电容、磁通量密度、涡流、电场分布、磁力线分布、力、运动效应、电路和能量损失等，还可以用于螺纹管、调节器、发电机、变换器、磁体、加速器、电解槽及无损检测装置等的设计和分析。

（7）计算流体动力学分析

ANSYS流体单元能进行流体动力学分析，分析类型可为瞬态或稳态。分析结果可以是每个节点的压力和通过每个单元的流率，并可利用后处理功能产生压力、流率和温度分布的图形显示。另外，还可使用三维表面效应单元和热-流管单元模拟结构的流体绕流（包括对流换热效应）。

（8）声场分析

主要用来研究在含有流体（气体、液体等）的介质中声波的传播，或分析浸在流体中的固体结构的动态特性。这些功能可以用来确定音响话筒的频率响应，研究音乐大厅的声场强度分布，或预测水对振动船体的阻尼效应。

（9）压电分析

主要用于分析二维或三维结构对交流（AC）、直流（DC）或任意随时间变化的电流或机械载荷的响应，这种分析类型可用于换热器、振荡器、谐振器、麦克风等部件及其他电子设备的结构动态性能分析，包括静态分析、模态分析、谐波响应分析和瞬态响应分析。

（10）疲劳、断裂及复合材料分析

ANSYS程序提供了专门的单元和命令来进行和疲劳、断裂及复合材料相关的工程问题的求解分析。

1.2.2　ANSYS18.0的新功能

ANSYS18.0是一款专业的仿真软件，主要适用于各类工业的仿真操作，新版本带来了全新的产品亮点，并可以与Modelon的模型库无缝兼容。

（1）ANSYS18.0 Simplorer 系统产品亮点

ANSYS18.0Simplorer不仅采用全新的Modelica图形建模编辑器、最新降阶模型接口，还能够与Modelon的模型库无缝兼容，从而帮助用户设计完整的电气系统。其增强型互操作功能可为用户的系统工程流程提供更稳定的连接，并通过ANSYS SCADE中的嵌入式软件设计为功能模型接口（FMI）协同仿真、系统模型识别和闭环测试提供支持。在ANSYS Mechanical、Fluids、Electromagnetics和Embedded Software产品中纳入Simplorer Entry能为ANSYS物理场和软件解决方案添加系统仿真功能。

① 全新的图形建模环境能帮助用户对完整的物理系统进行仿真。采用支持业界标准Modelica语言且基于图标的全新图形建模环境，可便捷地对完整的物理系统进行建模。Simplorer可涵盖众多学科，例如流体动力、液体冷却以及机械动力学等。此外，适用于耦合机械-热行为的新型降阶模型（ROM）生成器也能帮助用户对基于3D物理场的模型进行

系统级别的分析和重复利用。

② 增强的互操作性可显著提升复杂系统的集成度。Simplorer 可针对 FMI 协同仿真、系统模型识别、系统工程流程连接以及嵌入式软件闭环测试提供全新的支持，从而能在各种仿真技术的互用性方面大幅增强自身的竞争能力。新型 Systems Engineering Gateway 可将 Simplorer 中的物理系统仿真与 ANSYS SCADE Architect 中的系统架构设计相连接，而通过全新的闭环系统测试方法则能对采用 ANSYS SCADE Suite 创建的嵌入式软件模型进行验证。

③ Simplorer Entry 能为 ANSYS 物理与嵌入式求解器添加系统仿真。ANSYS18.0 中的 ANSYS Simplorer Entry 能将多物理场分析与优化进一步扩展至系统级。现在，用户可在任何涉及 ANSYS Mechanical、Fluids、Electromagnetics 和 Embedded Software 解算的设计中包含系统分析。Simplorer Entry 能为用户提供可用于全套 Simplorer 产品的所有语言、模型库、求解器和接口，唯一的限制就是仿真的模型大小。对于 ANSYS SCADE 用户而言，Simplorer Entry 是一个功能强大的平台，既适用于在系统中对物理的工厂行为进行建模，同时也能对嵌入式控件进行测试。

(2) 流体产品亮点

ANSYS18.0 让每位工程师都能创建更全面、更准确的计算流体动力学（CFD）仿真。ANSYS AIM 不仅简单易用，而且功能还获得了显著扩展，例如可支持瞬态流程、非牛顿流体黏度（Non-Newtonian Fluid Viscosit）以及流体动量等，刚接触 CFD 的工程师将从中获益匪浅。此外，ANSYS18.0 还包含一些全新的特性功能，可帮助工程师以前所未有的精度来求解更多 CFD 问题。突破性的谐波分析可实现速度提升 100 倍的精确涡轮机械仿真。此外，ANSYS18.0 还推出了 CFD Enterprise，这是首款面向企业 CFD 专家的解决方案，能帮助他们从容应对最难解的问题。

① 采用谐波分析 CFD 以提升 100 倍的速度获得准确可靠的涡轮机械分析结果。必须对涡轮机叶片进行优化，才能实现无与伦比的卓越性能。以前，每一行中每个叶片的流程都必须煞费苦心地进行计算，这使得这项工作的代价太过高昂。为求解频域中的这些问题，ANSYS18.0 谐波分析（HA）CFD 应运而生，不但可将求解速度锐升 100 倍，同时还能显著降低硬件要求，用户仅需计算每行中的一个叶片即可获得完整的叶轮解。谐波分析不是近似法，它的结果能与完整叶轮解准确匹配。

② 使用 Overset 网格简化并加速运动部件仿真。Overset 网格不需重复进行网格划分，也不需进行平滑处理，便可简化并加速各种仿真，例如围绕单个部件的结构化网格、部件交换以及移动单元区域等。

③ ANSYS AIM 可为 ANSYS Fluent 仿真实现简便的准备及网格划分。现在，用户就能充分利用 ANSYS AIM 快速直观的工作流程为在 ANSYS Fluent 中执行求解准备几何模型并进行网格划分，这不仅可帮助用户在仿真中纳入更多高级流体物理场，而且还有助于同能验证结果的仿真分析人员进行密切协作。为了优化产品研发流程，必须在设计工程师和仿真分析人员所使用的仿真工具之间实现可靠的数据传输。

④ 采用功能强大的 ANSYS CFD Enterprise，从容应对最严峻的仿真挑战。当用户进行比较重要的 CFD 研究时，亟需找到适合当前任务的最佳工具。最新推出的 ANSYS CFD Enterprise 囊括了所有最佳的 ANSYS 世界级计算流体动力学（CFD）软件，从而让经验丰富的工程师和分析人员能在最广泛的应用领域随时获得快速、准确的高质量结果。

⑤ CFD 产品和 ANSYS CFD Enterprise。CFD 仿真应用能完善工作流程、加速获得结果，同时还能提供最佳实践。ANSYS18.0 可通过计算流体动力学进一步扩大仿真应用的使用范围。工程师可通过创建、共享和使用仿真应用改进结果，这些仿真应用不仅可提供简化

的工作流程,而且还可提供由 ANSYS 生态系统中优秀 CFD 人才创建的解决方案。

(3) ANSYS AIM 产品亮点

利用最新版 ANSYS AIM,用户不仅可通过前期仿真工作进一步加速产品设计,有效避免后期设计修改,而且还可减少成本高昂的物理原型的数量。通过前期仿真,用户能够在产品生命周期中尽早制定明智决策,从而提高工作效率,尽可能减少后期返工和重新设计的需求。AIM 将简单直观的向导式工作流程、准确的仿真结果和定制化功能,完美整合到包含各种物理场的综合仿真工具中,从而让前期仿真工作变得轻松易行。ANSYS AIM 可增强用于磁频响应和热管理的前期仿真功能,扩展设计人员和分析人员之间的协作,并提供中文版的仿真软件界面。

① 前期仿真可优化磁性频率响应和热管理。利用 18.0 版的 ANSYS AIM,用户可对变压器、转换器和汇流条等电磁设备进行磁频响应和热管理(包括感应涡电流/位移电流和感应加热等)的前期仿真。AIM 中统一的用户界面、优化的工作流程和自动自适应求解功能让用户能够轻松评估电磁设计中的磁和热性能。

② 增强设计人员和分析人员之间的协作。AIM 可使用户通过 Workbench 项目原理图连接,将仿真模型从 AIM 轻松转移到 Mechanical 或 Fluent,从而简化工程协作。用户可将模型数据快速转移到 ANSYS 旗舰产品求解器中,这有助于仿真分析人员确认结果,或在仿真中采用更高级的结构或流体物理场分析。

③ 快速定义现实世界的边界条件。ANSYS AIM 中更强大的表达式功能,让用户能使用针对流体边界条件、与解相关的表达式以及针对结构边界条件、与位置相关的表达式。利用这些最新的表达式功能,用户可快速定义真实世界的各种边界条件,轻松启动产品设计。

④ 高效仿真单向流固耦合。在 AIM 中利用结构壳单元仿真单向流固耦合已成为可能。用户现在可以用壳单元对内部或外部流体结构仿真的单向流体力传递进行建模。

⑤ 创建生动的图像和动画,分享用户的仿真结果。在仿真中获得准确的结果很重要,将结果有效地传达给同事和客户同样重要。利用 AIM 中的新型后处理工具,用户可制作出生动形象的图像和动画,从而展示定性结果。等值线图、矢量、流线和计算值以及多种仿真结果现在都能完美整合在一起显示。

⑥ 现已提供中文版用户界面。设计工程师现在能用中文版操作软件,更加方便、高效。AIM 现在提供中文版菜单、选项和文档视频,方便中国设计工程师在产品研发过程中采用前期仿真技术。

(4) 结构产品亮点

ANSYS18.0 助用户轻松满足客户对于更轻便、功能更强大、更高效产品的需求。ANSYS18.0 提供了众多新工具与新技术,可用于分析复杂材料,针对新型制造方法优化设计和形状,并确保电子组件的可靠性。利用新型并行拓扑优化技术,用户可实现结构的轻量化,方便地提取 CAD 形状,并快速确认优化后的设计;用户可轻松仿真与空间相关的各种材料,如复合材料部件、3D 打印组件以及骨骼和组织等,从而获得更准确的结果;新的频谱疲劳功能可帮助用户准确建模通孔,计算产品寿命,从而更好地检测电子组件的可靠性;新增的混凝土材料方法以及方便定义加固结构件的功能,为土木工程和核应用领域的复杂结构建模提供了极大便利。

① 快速验证优化后的拓扑,充分满足设计与性能目标。ANSYS18.0 中出色的工作流程帮助用户指定材料体积的支承结构位置与载荷。在软件找出产品最佳形状的过程中,用户可通过图表或图形观察求解器的工作进展,即质量目标(Mass Target)进展,从而观察优化形状的演变过程。

② 利用经过改进的非线性材料建模功能,深入了解复杂材料。随着工程极限的不断突破,

对于日益复杂的材料行为（自然发生或者针对具体任务而设计的结果）的了解和探索变得越来越重要。ANSYS18.0 通过改进后的材料模型、面向热机械疲劳行为的更出色建模功能以及面向混凝土结构和其他岩土力学结构的准确建模功能，帮助用户进一步了解复杂材料的行为。

③ 快速、准确地映射 PCB 迹线，并使用来自任何来源的 ECAD 文件开展 FEA 分析。了解电子系统的结构行为需要准确的模型，但印制电路板和集成电路通常包含过多的细节，以至于难以开展大多数分析。凭借 ANSYS18.0，用户将能从封装、PCB 到整个电子系统级开展更准确的建模和子建模工作。此外，用户还能使用面向整个装配体的 CAD 以及 ECAD 格式的文件，从而迅速建模详细的电路和电子封装。

1.2.3 ANSYS18.0 的基本操作

（1）ANSYS18.0 的启动方式

安装完 ANSYS，就可以正式进入 ANSYS 的使用和学习之中了。ANSYS18.0 的启动方式有两种：向导式启动和直接启动。用户在进行一个有限元分析之前，必须要定义一个工作目录（硬盘的一个物理路径），ANSYS 会把生成的分析文件全部存放在这个工作目录下，方便管理和查找。向导式启动给用户设置工作路径、产品模块等启动选项成为可能。如果用户已经设置好了这些启动选项，为了节省时间，选择开始＞程序＞ANSYS18.0＞ANSYS 命令即可按设好的选项启动 ANSYS。对于首次使用的用户，推荐使用向导式启动。

下面重点对向导式启动方式进行简要的介绍。

① 选择开始＞所有程序＞ANSYS18.0＞Mechanical APDL Product Launcher 命令，弹出图 1-11 所示的启动交互式界面，主要对工作文件的相关内容进行配置。界面最上方的【Simulation Environment】是 ANSYS 仿真环境选择，一般选第一项【ANSYS】；在【License】下拉选框中选择 ANSYS 产品，一般选择【ANSYS Multiphysics】。

② 界面中间有 3 个标签，分别为【File Management】、【Customization/Preferences】和【High Performance Computing Setup】。按如下步骤进行设置。

a. 打开【File Management】文件管理选项卡，可设定工作目录和工作文件名。ANSYS 进行有限元分析时将所需文件存于工作目录中，同时在工作目录下进行文件存储工作，建议将工作目录建在磁盘空间较大的分区；ANSYS 工作目录中文件的对应文件名即为工作文件名，所有文件都具有相同文件名，通过后缀来表示不同文件类型，程序默认为上次运行定义的工作文件名，如果是第一次运行程序默认名为"file"。

图 1-11 ANSYS18.0 启动交互界面

b. 打开【Customization/Preferences】选项卡，在【Memory】下拉选框中设置整个工作空间和数据库所占的交换空间的大小，如果不设置，ANSYS 会根据不同的计算机配置自动选择。同时选择程序语言环境，默认为【en-us】。在【Graphics Device Name】下拉选框中设置图形设备驱动，ANSYS 软件提供了三种不同的图形设备驱动，分别为 Win32、Win32c 和 3D 选项。Win32 选项适用于大多数的图形显示，在后处理过程中可以提供 9 种颜色的等值线；Win32c 选项则能提供 128 种颜色的区别；3D 选项则对三维图形的显示具有良好的效果。如果计算机配置了 3D 卡，则应选择 3D 选项。

c. 打开【High Performance Computing Setup】选项卡，可进行高性能的计算速度设置，如果不设置，可默认。

③ 设置完后，单击图 1-11 中下方的【Run】按钮，即可打开 ANSYS 程序主界面进行相关的操作分析。

(2) ANSYS18.0 的图形用户界面

GUI（graphical user interface，图形用户界面）是使用 ANSYS 软件最容易的一种方法。实际上，无论是初级用户还是高级用户都是通过 GUI 完成 ANSYS 的分析任务的。

GUI 在用户和 ANSYS 程序之间提供了一个界面，每个 GUI 功能最终都会产生一个或者多个由软件执行的 ANSYS 命令，并且这些命令将作为输入历史记录在日志文件（Jobname.log）中，它让用户不需要过多地了解 ANSYS 命令知识就能够完成某个分析过程。

在 Windows 系统中，只要启动了 ANSYS18.0，系统就会自动激活 GUI，这时可看到程序的图形用户界面（GUI），如图 1-12 所示。它的结构基本包括以下几个方面。

图 1-12 ANSYS 用户界面

① 应用菜单。ANSYS 的应用菜单窗口，包括文件（File）、选择（Select）、列表（List）、绘图（Plot）、绘图控制（PlotCtrls）、工作平面（WorkPlane）、参数（Parameters）、宏（Macro）、菜单控制（MenuCtrls）和帮助（Help）等功能。该应用菜单为下拉式结构，可直接完成某项功能或弹出菜单窗口。应用菜单中各个子菜单的详细命令可在本书后续章节中逐步熟悉，也可在操作过程中通过帮助命令搜索了解其具体含义。

> 🛠 **说明：**
>
> 本书中以"Utility Menu > × × ×"表示的菜单均指这种应用菜单，以后不再特别说明。

② 常用工具栏。ANSYS 常用工具栏中集成了几个比较常用的按钮，单击这些按钮可以高效快捷地完成诸如保存、恢复、退出等命令。

③ 工具条。ANSYS 可以将常用的命令制成工具按钮的形式，以方便调用。工具条中几个

默认的按钮分别为：SAVE＿DB（保存数据）、RESUM＿DB（恢复数据）、QUIT（退出程序）和 POWRGRPH（增强图形）。可以使用 Utility Menu＞MenuCtrl＞Edit Toolbar 菜单命令来创建工具按钮，单击此菜单后将出现图 1-13 所示的对话框。工具按钮的命令格式为：*ABBR，SAVE＿DB，SAVE。其中，*ABBR 是前缀，SAVE＿DB 是工具条中按钮的名称，SAVE 为 ANSYS 的内部命令。

④ 主菜单。主菜单是使用 GUI 模式进行有限元分析的主要操作窗口，主要包含：参数选择（Preferences）、预处理器（Preprocessor）、求解计算器或求解计算模块（Solution）、通用后处理器（General Postprocessor）和时间历程后处理器（Time Hist Postprocessor）等。

图 1-13　编辑工具按钮

> **说明：**
> 本书中以"Main Menu＞×××＞×××"表示的菜单均指此窗口中的主菜单，以后不再特别说明。

⑤ 状态栏。提示当前的输入内容，显示当前的材料号、单元号、实常数号以及坐标系统号等状态。

⑥ 输入窗口（命令窗口）。输入窗口主要是用来输入命令行命令的，输入相应的 ANSYS 内部命令，还会提示相关的参数信息。单击右边的按钮，则以前执行的命令将会出现在下拉列表中。选中某一行命令并单击，则该命令即出现在文本框中，此时可以对其进行适当的编辑。

> **说明：**
> 本书随书资料中涉及的命令流，均可在此窗口中输入，并实现相应的功能，以后不再特别说明。

⑦ 视图工具栏。视图工具栏主要功能是对图形窗口的模型进行视图的变换，如放大、缩小、平移、三维视角切换等。用户也可以选择 Utility Menu＞PlotCtrl＞Pan Zoom Rotate 菜单命令，打开一个相似的对话框，也能实现相应的操作。

⑧ 视图窗口。视图窗口用来显示由 ANSYS 创建或传递到 ANSYS 的模型以及分析结果等图形信息。关于图形显示的设置，都在应用菜单的 Plot 子菜单命令中，此菜单中可以执行重绘图形、显示关键点、线、面或体号等显示操作。

⑨ 输出窗口。和主界面一起启动的还有一个 DOS 输出窗口，如图 1-14 所示。它主要用来显示 ANSYS 的文本输出。启动后通常会在主窗口后面，当用户想要查看时，激活它就可以了。此外，ANSYS 将输出信息存放在记事本文件中，这些文件存放在 ANSYS 的工作目录下，文件名称和工程名称相同，后缀为 txt 和 err（存放错误信息）。

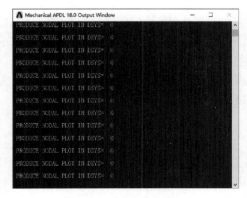

图 1-14　DOS 输出窗口

(3) ANSYS18.0 的文件格式

ANSYS 在分析过程中需要对文件进行读/写操作，所有的文件都存放在用户选择的工作目录中，文件格式为"jobname.ext"，其中，"jobname"是用户在启动设置界面设定的工作文件名，由用户定义，用于标识不同个体的差异；"ext"是由 ANSYS 定义的扩展名，用于区分文件的用途和类型，默认的工作文件名是"file"。典型的 ANSYS 文件有以下几类。

① 日志文件（Jobname.log）：当进入 ANSYS 时系统会打开日志文件，在 ANSYS 中键入的每个命令或在 GUI（图形用户界面）方式下执行的每个操作都会被拷贝到日志文件中。当退出 ANSYS 时系统会关闭该文件。使用/INPUT 命令读取日志文件可以对崩溃的系统或严重的用户错误进行恢复。

② 数据库文件（Jobname.db）：数据库文件是 ANSYS 程序中最重要的文件之一，它包含了所有的输入数据（单元、节点信息、初始条件、边界条件、载荷信息）和部分结果数据（通过 POST1 后处理器中读取）。

③ 错误文件（Jobname.err）：错误文件用于记录 ANSYS 发出的每个错误或警告信息。如果 Jobname.err 文件在启动 ANSYS 之前已经存在，那么所有新的警告和错误信息都将追加到这个文件的后面。

④ 输出文件（Jobname.out）：输出文件会将 ANSYS 给出的响应捕获至用户执行的每个命令，而且还会记录警告、错误信息和一些结果。

⑤ 结果文件（Jobname.rst、Jobname.rth、Jobname.rmg）：存储 ANSYS 计算结果的文件。其中，Jobname.rst 为结构分析结果文件；Jobname.rth 为热分析结果文件；Jobname.rmg 为电磁分析结果文件。

其他的 ANSYS 文件还包括：图形文件（Jobname.grph）和单元矩阵文件（Jobname.emat）等。

1.3 ANSYS18.0 的解题步骤实例——梯形板

在 1.1.4 节中我们通过一个实例——梯形板，介绍了有限元的原理及步骤，ANSYS 作为有限元分析的经典软件是如何实现有限元分析的呢？下面我们仍然通过这个实例介绍 ANSYS 有限元分析的过程。一个典型的 ANSYS 分析过程可分为以下 6 个步骤：①定义参数；②创建几何模型；③划分网格；④加载数据；⑤求解；⑥结果分析。

1.3.1 分析问题

在图 1-4 中，假设板弹性模量为：E（铝）$=10.4\times 10^6 \text{lbf/in}^2$（$1\text{lbf/in}^2=6894.76\text{Pa}$），板的几何尺寸为：$w_1=2\text{in}$，$w_2=1\text{in}$，$t=0.125\text{in}$，$L=10\text{in}$，板的载荷及边界条件为：下端受拉 $P=1000\text{lbf}$（$1\text{lbf}=4.448\text{N}$），上端为固定端。求其变形、应力等数据结果。

显然，这是一个典型的平面应力问题，模型生成的方法可以采用自顶向下建模方式，先生成二维实体模型，接着使用节点和单元的自动网格划分功能。

1.3.2 定义参数

在建立模型和网格划分之前，需要做一些准备工作，包括新建工作目录、更改工作目录、修改工程文件名、设定分析标题、定义单位、定义单元类型、定义单元实常数和定义材料参数等。本步骤主要是对这些前期工作进行相关操作。

(1) 新建工作目录、更改工作目录路径

① 新建工作目录。在工程问题分析文件储存位置新建一个工作目录，如"plate"。

② 更改当前工作目录。

选择 File＞Change Directory 命令，弹出对话框，选择刚才建立的工作目录，单击【OK】按钮即可。

> **说明：**
>
> 在开始创建一个新的工程时，建议不采用默认的工作目录，最好新建一个工作目录，然后设置该目录为工作目录，这样，当点击保存文件时，所有的工程文件将自动保存在该工作目录下，便于查找和管理。

(2) 定义工作文件名

① 启动 ANSYS，选择 File＞Change Jobname 命令，弹出图 1-15 所示的【Change Jobname】对话框。

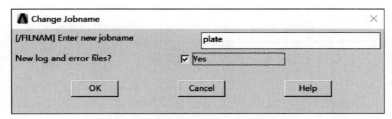

图 1-15 【Change Jobname】对话框

② 在【Enter new jobname】文本框中输入"plate"，同时把【New log and error files】中的复选框选为【Yes】，并单击【OK】按钮。

> **说明：**
>
> 每创建一个新的工程时，最好都重新定义工程名称，可以为工程命名为有意义的名称，便于记忆，也确保不被别的文件覆盖。复选框选中后，会在所建立的文件夹中生成文件后缀名为.log 的日志文件和.err 的错误文件。

(3) 设定分析标题

① 选择 File＞Change Title 菜单命令，弹出图 1-16 所示的【Change Title】对话框。

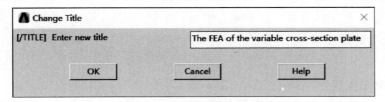

图 1-16 【Change Title】对话框

② 在【Enter new title】文本框中输入"The FEA of the variable cross-section plate"，并单击【OK】按钮。此时在视图窗口左下角会出现刚定义的标题名，如图 1-17 所示。通过该标题，可以知道 ANSYS 图形显示窗口中显示的是一个关于变截面板的有限元分析问题。

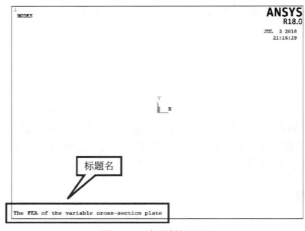

图 1-17 标题的显示

> **说明：**
>
> 针对所分析的问题设定相应的分析标题，可以做到"见名知义"，这是一种良好的分析习惯。

> **注意：**
>
> 有时单击【OK】按钮后并不马上显示标题名，这时可以单击 Utility Menu > Plot > Replot 重绘图形显示界面。与此类似，执行其他操作时如果图形窗口的内容没有发生相应的改变，也需执行这种操作。

（4）定义单位

ANSYS 软件没有为系统指定唯一的单位。除了磁场分析外，可以在工程分析中使用任意一种单位制，只是用户在使用中要注意保证所有数据使用同一单位制就可以了。因此用户可以根据自己的习惯使用国际单位制或者工程单位制。

操作方法：在 ANSYS 主界面的输入窗口中输入"/UNIT，SI"，回车即可。

> **说明：**
>
> ANSYS 中此操作只提供命令流输入模式，不提供 GUI 模式。使用/UNITS 的命令格式为/UNITS, Label。其中，Label 是用户可以定义的单元制，有 USER（用户自定义单位，默认设置）、SI（国际单位制）、BFI（以英尺为基础的单位制）等。

（5）定义单元类型

在 ANSYS 建模之前定义单元类型是必须的，因为单元类型决定了单元的自由度数和单元位于二维空间还是三维空间。ANSYS 程序的单元库中有 100 多种适合于不同问题的单元类型。每一种单元都有自己特定的编号和单元类型名，如 SOLID185、SHELL28 等。其中编号是唯一的。本例的操作方法如下。

① 选择 Main Menu > Preprocessor > Element Type > Add /Edit/Delete 命令，弹出如图 1-18 所示的【Element Types】对话框。

② 单击【Element Types】对话框中的【Add】按钮，接着弹出如图 1-19 所示的【Library of Element Types】对话框。

③ 选择左侧文本框中的【Structural Solid】选项，然后选择右侧文本框中的【Quad 8 node 183】选项，单击【OK】按钮。

④ 回到【Element Types】对话框，如图 1-20 所示。

⑤ 单击【Element Types】对话框上面的【Options】按钮，弹出如图 1-21 所示的【PLANE183 element type options】对话框。

⑥ 在【Element behavior】的下拉列表框中选择【Plane strs w/thk】选项，并单击【OK】按钮。

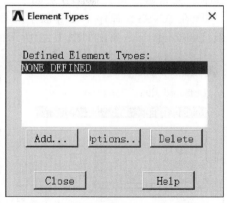

图 1-18　【Element Types】对话框

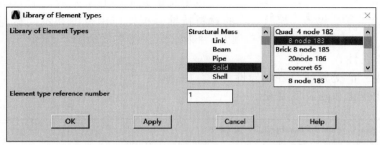

图 1-19　【Library of Element Types】对话框

图 1-20　【Element Types】对话框

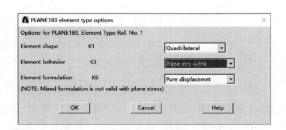

图 1-21　【PLANE183 element type options】对话框

> **说明：**
> 本例为带厚度的平面应力问题，所以要进行第⑥步的操作。

⑦ 再次回到【Element Types】对话框，单击【Close】按钮结束即可。至此，单元类型定义完毕。

(6) 定义单元实常数

单元实常数是单元类型相关的参数。是否需要定义单元实常数要根据所选的单元类型而定。不同类型的单元有不同的实常数。此例中，PLANE183 单元只需定义一个厚度

(THK) 实常数即可。操作方法如下。

① 在 ANSYS 程序主要界面中选择 Main Menu>Preprocessor>Real Constants>Add/Edit/Delete 命令，弹出如图 1-22 所示的【Real Constants】对话框。

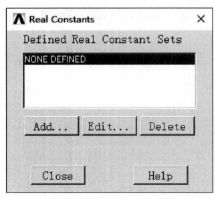

图 1-22 【Real Constants】对话框

② 单击【Real Constants】对话框中的【Add】按钮，进行下一个【Choose Element Type】对话框，选择【PLANE183】单元，然后单击【OK】按钮。

③ 接着弹出【Real Constant Set Number 1，for PLANE183】对话框，如图 1-23 所示。

④ 在【Thickness THK】文本框中输入"0.125"，定义厚度为 0.125in，然后单击【OK】按钮。

⑤ 回到【Real Constants】对话框，单击【Close】按钮。

(7) 定义材料参数

在定义单元类型和实常数之后，还需要定义结构的材料特性。根据应用范围和不同材料，材料特性有以下 3 种：

- 线性和非线性；
- 各向同性、正交异性、各向异性；
- 不随温度变化和随温度变化。

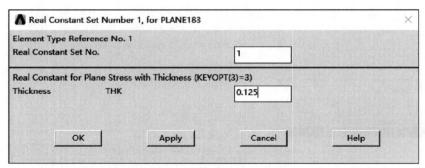

图 1-23 【Real Constant Set Number 1，for PLANE183】对话框

本例只考虑线性材料特性，主要输入的是弹性模量和泊松比，对于其他几种材料特性输入方法，请参照后面的章节。本例的操作方法如下。

① 在 ANSYS 程序主界面，选择 Main Menu>Preprocessor>Material Props>Material Models 命令，弹出如图 1-24 所示的【Define Material Model Behavior】对话框。

> **说明：**
> 在此对话框中，根据学科领域将材料的特性分为结构特性、热特性、计算流体特性、电磁特性、声学特性、流体特性、压电体特性等。每种学科对材料都有相应的要求，这在以后讲到时再详细阐述。

② 选择如图 1-24 所示对话框右侧的 Structural>Linear>Elastic>Isotropic 命令，双击【Isotropic】选项，弹出如图 1-25 所示的【Linear Isotropic Properties for Material Number 1】对话框。

③ 在【EX】文本框中输入弹性模量"10.4e6",在【PRXY】文本框中输入泊松比"0.3",然后单击【OK】按钮。

④ 回到【Define Material Model Behavior】对话框后,直接关闭对话框。至此,材料参数设置完毕。

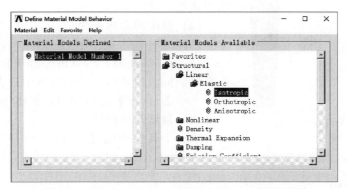

图 1-24 【Define Material Model Behavior】对话框

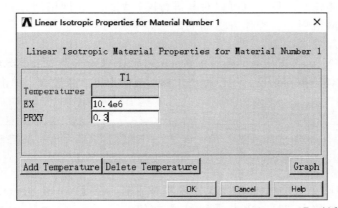

图 1-25 【Linear Isotropic Properties for Material Number 1】对话框

1.3.3 创建几何模型

定义了参数之后,下一步就可以建立所需要的几何模型。本例的几何模型为二维梯形板,建模操作方法如下。

(1) 创建关键点

选择 Main Menu>Preprocessor>Modeling>Create>Keypoints>In Active CS 命令,弹出如图 1-26 所示的【Create Keypoints in Active Coordinate System】对话框。输入关键

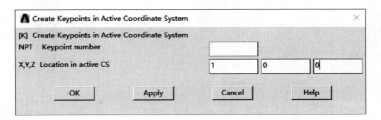

图 1-26 在活动坐标系中定义关键点

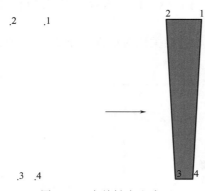

图 1-27 由关键点生成面

点的坐标，如（1,0,0），单击【Apply】按钮，则 1 号关键点被创建。继续在对话框中分别输入关键点的坐标（-1,0,0）、（-0.5,-10,0）、（0.5,-10,0），创建好梯形板的四个角点 1、2、3、4，点击【OK】按钮，退出对话框。

(2) 创建梯形板表面

选择 Main Menu＞Preprocessor＞Modeling＞Create＞Areas＞Arbitrary＞Through KPs 命令，弹出图形选取对话框，用鼠标在图形视窗中依次选择建立好的关键点，单击【OK】按钮即可，如图 1-27 所示。

(3) 存储几何模型

单击工具栏中的【SAVE_DB】按钮存盘。另外，还可选择 File＞Save as 另存备份，如命名为"plategeom"。

1.3.4 划分网格

模型的几何实体建成之后，就可以对其进行网格划分了。网格划分时，一般先设置好网格尺寸，然后进行网格划分。操作方法如下。

(1) 设置网格尺寸

① 选择 Main Menu＞Preprocessor＞Meshing＞Size Cntrls＞ManualSize＞Lines＞Picked Lines 命令，弹出实体选取对话框，用鼠标选中梯形板的上下 2 条边线，单击【OK】按钮。

🔧 说明：

如果因用户操作不当出现误选，可以单击一下鼠标右键（此时选择箭头方向朝下），然后再次用左键单击错选实体，则此实体将被取消选择。

② 接着弹出如图 1-28 所示的单元尺寸设置对话框，在【No. of element divisions】文本框中输入单元划分个数为"1"，单击【Apply】按钮。

③ 回到实体选取对话框，用鼠标选中梯形板左右 2 条边线，单击【OK】按钮。

④ 接着在【Element Sizes on Picked Lines】对话框中，将【No. of element divisions】文本框设为"4"，其他留空，单击【OK】按钮，退出单元尺寸设置对话框。

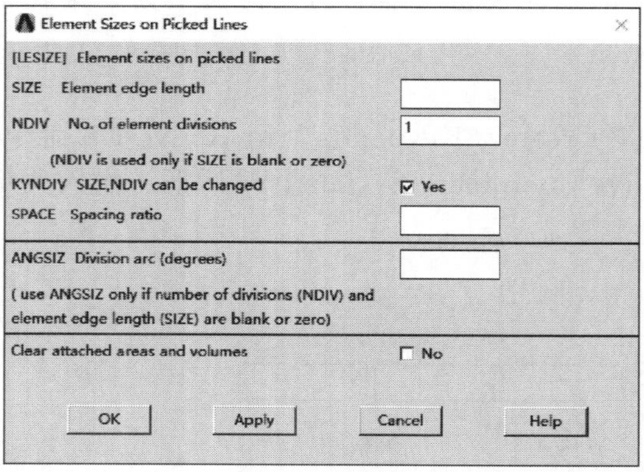

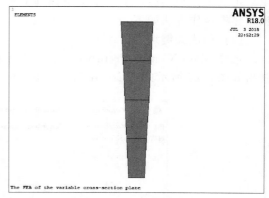

图 1-28 【Element Sizes on Picked Lines】对话框

图 1-29 网格划分结果

(2) 进行网格划分

选择 Main Menu＞Preprocessor＞Meshing＞Mesh＞Areas＞Mapped＞3 or 4 sided 命令，弹出实体选取对话框，然后单击对话框上的【Pick All】按钮，程序即开始进行网格划分。最后形成如图 1-29 所示的网格图形。

(3) 存储网格模型

单击工具栏中的【SAVE_DB】按钮存盘。另外，还可选择 File＞Save as 另存备份，如命名为"platemesh"。

1.3.5 施加载荷

划分网格之后要做的工作就是添加载荷。这里的载荷包括边界条件（约束、支撑或边界场的参数）和其他外部或内部作用载荷。这些载荷绝大多数可以施加到实体模型（关键点、线和面）或有限元模型（节点和单元）上。关于载荷类型的细节以及如何将载荷施加到模型上，将在第 4 章详细介绍。本例的操作方法如下。

(1) 施加位移约束

① 选择 Main Menu＞Preprocessor＞Loads＞Define Loads＞Apply＞Structural＞Displacement＞On Lines 命令，弹出实体选取对话框，用鼠标选中梯形板的上端线，并单击【OK】按钮。

② 接着出现如图 1-30 所示的对话框，选择约束【All DOF】选项，并设置【Displacement value】为"0"或留空，单击【OK】按钮，约束全部位移自由度。

(2) 施加集中力载荷

① 选择 Main Menu＞Solution＞Define Loads＞Apply＞Structural＞Force/Moment＞On nodes 命令，弹出图形选取对话框，用鼠标在图形视窗中选中梯形板下端中点节点 13，然后单击【OK】按钮，弹出如图 1-31 所示的对话框。

② 接着在【Direction of force/mom】下拉列表框中选择【FY】选项，在【Force/moment value】文本框中输入力的大小"－1000"，然后单击【OK】按钮即可。

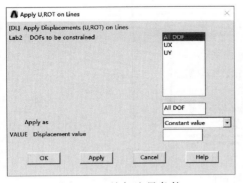

图 1-30 施加边界条件

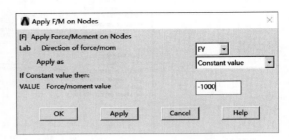

图 1-31 【Apply F/M on Nodes】对话框

> **说明：**
> 如果在【Force/moment value】文本框中输入负值，表示力的方向沿坐标轴负向。

至此，在视图窗口中就可以得到模型的约束信息了，如图 1-32 所示。

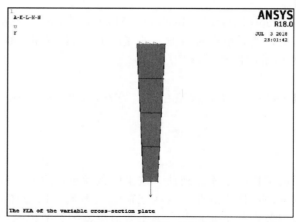

图 1-32 模型约束信息

(3) 存储有限元模型

单击工具栏中的【SAVE_DB】按钮存盘。另外，还可选择 File＞Save as 另存备份，如命名为 "plateload"。

1.3.6 求解

求解的工作主要在求解模块（Solution）中进行。其操作方法如下。

① 选择 Main Menu＞Solution＞Solve＞Current LS 命令，将弹出如图 1-33 所示的窗口。其中【/STATUS Command】窗口里面包括了所要计算模型的求解信息。

② 单击【Solve Current Load Step】对话框中的【OK】按钮，程序开始计算。

③ 计算完毕后，会出现提示信息【Solution is done】，如图 1-34 所示，单击【Close】按钮关闭即可。

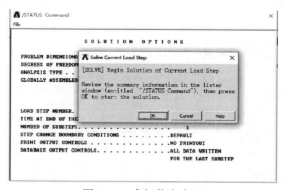

图 1-33 求解信息窗口

图 1-34 计算结束提示信息

1.3.7 结果分析

完成计算以后，可以通过 ANSYS 的后处理模块来查看计算得到的结果。经常用到的结果查看有显示变形图、显示 Von Mises 等效应力、列出模型反力值等。另外，后处理中可以查看的结果还有很多，用户可以根据自己的需要去查看。本书第 5 章和第 6 章会对后处理作详细的介绍。

(1) 显示变形图

① 选择 Main Menu＞General Postproc＞Plot Results＞Deformed Shape 命令，弹出【Plot Deformed Shape】对话框，如图 1-35 所示。

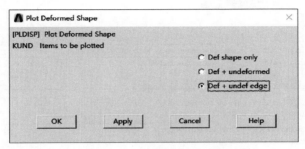

图 1-35 【Plot Deformed Shape】对话框

② 选择【Def＋undef edge】选项，单击【OK】按钮。这时出现如图 1-36 所示的最终变形图。

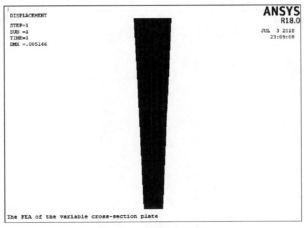

图 1-36 最终变形图

(2) 显示 Von Mises 等效应力

① 选择 Main Menu＞General Postproc＞Plot Results＞Contour Plot＞Nodal Solu 命令，弹出如图 1-37 所示的【Contour Nodal Solution Data】对话框。

② 选择 Nodal Solution＞Stress＞von Mises stress 命令，并展开【Additional Options】折叠菜单，设置【Undisplaced shape key】为【Deformed shape with undeformed edge】，设置【Number of facets per element edges】为【All applicable】，单击【OK】按钮。这时出现如图 1-38 所示的等效应力图。

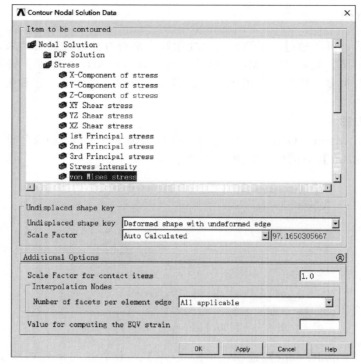

图 1-37 【Contour Nodal Solution Data】对话框

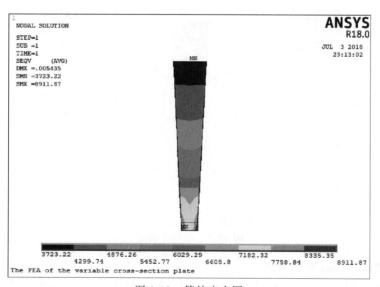

图 1-38 等效应力图

1.3.8 结果比较

(1) 节点位移的比较

① 选择 5 个关键点。选择 Utility Menu＞Select＞Entities 命令，弹出如图 1-39 所示的实体选择对话框，单击【OK】按钮，弹出如图 1-40 所示的图形选取对话框，用鼠标在视图

窗口中选取如图 1-41 所示的编号为 3、21、22、23、13 的节点即可。

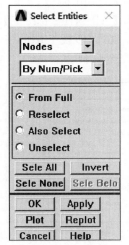

图 1-39　实体选择对话框

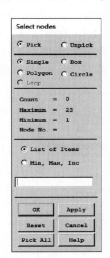

图 1-40　图形选取对话框

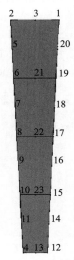

图 1-41　选取的节点

② 列表显示 5 个节点位移。选择 Main Menu＞General Postproc＞List Results＞Nodal Solution，弹出【List Nodal Solution】对话框，如图 1-42 所示。选择 Nodal Solution＞DOF Solution＞Y-Component of displacement，单击【OK】按钮，图 1-43 所示即为 ANSYS 有限元分析所选取的 5 个节点位移。

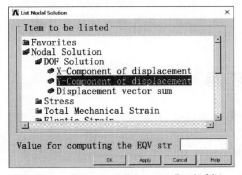

图 1-42　【List Nodal Solution】对话框

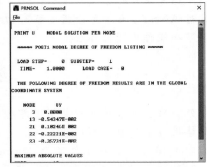

图 1-43　列表显示 5 个节点位移值

③ 结果比较。将有限元分析结果与 1.1.4 节中精确解析解进行比较，如表 1-4 所示，可以清楚地看出两种方法结果接近，但有误差，读者可以通过细分网格来提高有限元分析精度。

表 1-4　精确解析法和有限元数值法位移比较的结果　　　　　　　　　　　　　　　　　　in

点在板上的位置	精确解析法得到的结果	ANSYS 分析得到的结果
$y=0$（节点 3）	0	0
$y=2.5$（节点 21）	0.001027	0.0010246
$y=5.0$（节点 22）	0.002213	0.0022221
$y=7.5$（节点 23）	0.003615	0.0035731
$y=10$（节点 13）	0.005333	0.0054347

(2) 反作用力的比较

选择 Main Menu＞General Postproc＞List Results＞Reaction Solu 命令，弹出【List Reaction Solution】对话框，如图 1-44 所示。在对话框中选择【All struc forc F】，单击【OK】按钮，如图 1-45 所示，列表显示出梯形板上端支座反力，在梯形板上端的三个节点 1、2、3 共承受 1000lbf 的 Y 向反作用力，这与理论分析的结果完全吻合。

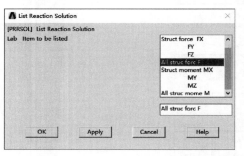

图 1-44　【List Reaction Solution】对话框

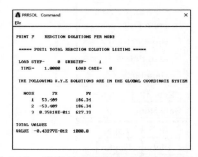

图 1-45　列表显示梯形板上端支座反力值

本章小结

本章在介绍有限元模型的基本构成、有限元分析的基本思想以及 ANSYS 基本功能、新功能及运行操作界面的基础上，通过一个简单的实例——梯形板有限元分析，详细介绍了有限元及 ANSYS 分析的原理、步骤，读者通过操作这个实例可对深奥的有限元理论更容易理解，同时对 ANSYS 有限元分析过程有初步的了解。当然具体的操作技巧需要读者在以后各章节的学习和操作中慢慢体会。

练 习 题

1. 细分网格、增加单元数量对本章梯形板实例重新进行有限元分析，将细分网格和粗分网格计算结果与精确解进行比较。

2. 如图 1-46 所示，一个厚度为 20mm 的带孔矩形板受平面内张力，左边固定，右边受载荷 $P=20\mathrm{N/mm}$ 作用，矩形板弹性模量 $E=2\times10^5\mathrm{MPa}$，泊松比 $\mu=0.3$，求其应力及变形情况。

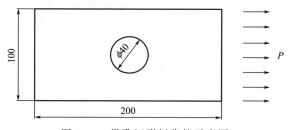

图 1-46　带孔矩形板张拉示意图

第 2 章 实体建模

第 1 章介绍了 ANSYS18.0 的基本操作和有限元分析的典型步骤。从这章开始将详细介绍有限元分析六个典型步骤的操作过程。本章主要介绍在 ANSYS18.0 中如何建立实体模型。实体建模是 ANSYS 有限元分析中一个十分重要的步骤，模型的好坏与否与是否能正确求解结果有很大关系。可以说，好的模型是正确求解的保证。本章将依次介绍建模方式、坐标系、工作平面、实体建模、布尔运算以及模型修改等基本内容及相关功能。

2.1 ANSYS 建模基本方法

ANSYS 中有两种模型：一种是实体模型，包括关键点、线、面、体等几何对象；另一种是有限元模型，包括节点和单元。

根据有限元理论，最终的有限元计算利用的是有限元模型，而人们一般能够看见的则是所要分析物体的几何形状。例如有关电机的有限元计算中，人们可以看见电机的转子或者定子的实体。

从这个角度来看，实体建模类似于其他 CAD 系统，以数学的方式表达结构的几何形状。但需注意的是，实体模型并不参与有限元计算，所有施加在几何实体边界上的载荷或约束必须最终传递到有限元模型上（节点或单元）进行求解。由于 ANSYS 把有限元模型的几何特征和边界条件的定义与有限元网格的生成分开进行，这样就减少了模型生成的难度。

实际上，在 ANSYS 中，对于复杂模型的问题，一般是先建立其实体模型，然后划分网格生成有限元模型。这样做的好处是因为实体建模所需处理的数据量相对较少，而且支持使用面和体的布尔运算，能够进行自适应网格划分，便于几何改进和单元类型的变化，所以对于三维实体模型更为适合。这样不仅可以减少数据处理的工作量，还可利用 ANSYS 提供的拖拉、拉伸、旋转和拷贝等命令减少建模的工作量。

对于简单和小型模型，采用直接设置单元和节点来生成有限元模型的直接生成法比较方便。用户可以完全控制几何形状及每个节点和单元的编号。

2.1.1 实体建模方法

实体模型是由点、线、面和体组合而成的，这些基本的点、线、面和体在 ANSYS 中通常称为图元。直接生成实体模型的方法主要有自底向上和自顶向下两种。

实体模型几何图形定义之后，可以由边界来决定网格，即每一线段要分成几个单元或单元的尺寸是多大。定义了每边单元数目或尺寸大小之后，ANSYS 程序即能自动产生网格，即自动产生节点和单元，并同时完成有限元模型。下面简单介绍一下利用实体模型快速得到有限元模型的思路。

(1) 自底向上建模

有限元模型的顶点在 ANSYS 中通常称为关键点（Keypoint），关键点是实体模型中最低级的图元。自底向上建立实体模型时，首先要定义关键点，再利用这些已有的关键点来定义较高级的图元（线、面或体），这样由点到线、由线到面、由面到体，由低级到高级，如图 2-1 所示。

(2) 自顶向下建模

和自底向上建模方式相反，ANSYS 允许用户通过汇集线、面、体等几何体的方法构造模型。当用户直接建立一个体时，ANSYS 会自动生成所有从属于该体的低级图元。这种一开始就从较高级图元开始建模的方法叫自顶向下建模，例如要建立一个圆柱，那就可以直接利用 ANSYS 提供的圆柱体创建功能来生成，如图 2-2 所示。

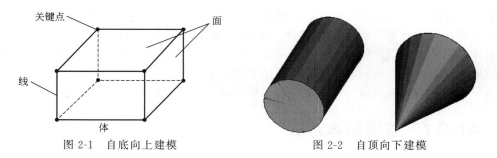

图 2-1　自底向上建模　　　　　图 2-2　自顶向下建模

(3) 使用布尔运算

不是所有遇到的实体都能够通过 ANSYS 的实体工具直接生成的。对于有些几何特征复杂的实体，可以借助强大的布尔运算操作来完成。

用户可以使用求交、相减或其他布尔运算，直接用较高级的图元生成复杂的形体。布尔运算对于自底向上或自顶向下的方法生成的图元均有效。图 2-3 即是通过布尔运算操作得到的复杂几何体，它是一个方块与一个空心球进行求交布尔运算生成的。

(4) 拖拉或旋转实体模型

布尔运算虽然很方便，但一般需要耗费较多的计算时间。故在构造实体模型时，如果采用拖拉或旋转的方法建模，往往可以节省计算时间，提高效率。图 2-4 是通过拖拉面生成的几何体。

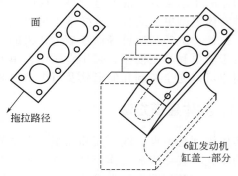

图 2-3　使用布尔运算生成的几何体　　　　　图 2-4　拖拉面生成的几何体

(5) 移动和复制实体模型

一个复杂的面或体在模型中重复出现时，用户可以利用 ANSYS 的移动和复制功能快速实现。而且可以在方便的位置生成几何体，然后将其移动到所需之处，这样往往比直接改变工作平面生成所需的体更为方便。图 2-5 显示了复制得到的图元。

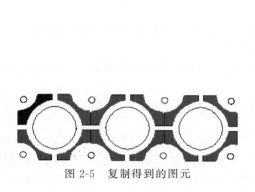

图 2-5　复制得到的图元

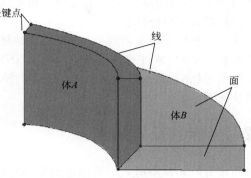

图 2-6　基本实体模型

任何一种方法构建的实体模型，都是关键点、线、面和体组成的。以图 2-6 所示模型为例，模型的顶点为关键点，边为线，表面为面，整个实体内部为体。对象的级别关系是：体以面为边界，面以线为边界，线以关键点为端点，体为最高级对象。高级对象是建立在低级对象之上的，低级对象不能删除，否则高级对象就会坍塌。

2.1.2　直接生成法建模

利用直接生成法进行建模，就是在 ANSYS 程序中直接建立节点和单元，不需要再进行网格划分。直接生成法在第 3 章会具体阐述。

2.1.3　从 CAD 图形中导入实体模型

ANSYS 除了能够利用自带的功能建立模型外，还提供了强大的与其他 CAD 系统相连的输入输出接口。这样用户就可以用自己熟悉的 CAD 系统建好模型，如利用 UG、Pro/E 等外部 CAD 软件，然后再把它导入 ANSYS 中进行分析，从而避免了重复现有 CAD 模型的劳动。

选择 Utility Menu＞File＞Import 命令，可以从 CAD 软件系统中导入实体模型。

2.1.4　三种建模方法的优缺点

（1）实体建模

优点：适用于庞大或复杂的模型，特别是三维实体模型；相对直接生成法需处理的数据量少，简单并且效率高；允许对节点和单元进行几何操作，如拖拉和旋转等；支持使用面素和体素及布尔运算等建立模型；便于使用 ANSYS 程序的优化设计功能；可以进行自适应网格划分；可以在施加载荷之后对网格进行局部网格细化处理；方便进行几何模型上的改进；方便改变单元类型，不受有限元模型的限制。

缺点：有时需要大量的 CPU 处理时间；对小型、简单的模型有时很烦琐，比直接生成方法需要更多的数据；在某些条件下可能会失败，即程序不能生成有限元网格。

（2）直接生成法建模

优点：对于小型或简单模型的建立比较方便；用户对每个节点和单元编号都可以进行完全控制，对每个单元的形状也可以完全控制。

缺点：除非是简单的模型，否则需要手工处理大量数据，令人难以忍受，并且容易出错；不能使用自适应网格划分功能；不便于进行优化设计；修改网格划分精度十分困难，不能使用 SmartSizing 等工具；需要用户留意网格划分的每一个细节，更容易出错。

（3）导入 CAD 模型

优点：避免了重复对现有 CAD 模型的建模工作，节省工作量；工程技术人员可以使用自己擅长的 CAD 软件建模，然后导入 ANSYS 中分析。

缺点：从 CAD 系统中导入 ANSYS 的模型往往不能直接进行网格划分，需要进行大量的修补完善工作。

2.2 坐标系及其操作

创建有限元模型时，需要通过坐标系对所要生成的模型进行空间定位。ANSYS 根据不同的用途，向用户提供了多种坐标系，用户可以根据具体情况选择使用，其常用的坐标系主要有以下几种。

总体坐标系（Global CS）和局部坐标系（Local CS）：用来定位几何形状参数（节点、关键点等）的空间位置。

显示坐标系（Display CS）：用于几何形状参数的列表和显示。

节点坐标系（Nodal CS）：定义每个节点的自由度方向和节点结果数据的方向。

单元坐标系（Element CS）：确定材料特性主轴和单元结果数据的方向。

结果坐标系（Results CS）：用来列表、显示或在通用后处理（POST1）操作中将节点或单元结果转换到一个特定的坐标系中。

2.2.1 总体坐标系及其操作

总体坐标系被认为是一个绝对坐标系。空间任何一点通常可用笛卡儿坐标系、圆柱坐标系或球面坐标系来表示该点的坐标位置，不管哪种坐标系都需要三个参数来表示该点的正确位置。每一坐标系都有确定的代号，它们可由坐标系号来识别。如图 2-7 所示，0 是笛卡儿坐标系、1 是柱坐标系、2 是球坐标系、5 是 Y 向柱坐标系。

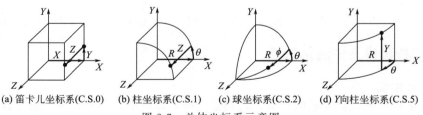

(a) 笛卡儿坐标系(C.S.0)　(b) 柱坐标系(C.S.1)　(c) 球坐标系(C.S.2)　(d) Y向柱坐标系(C.S.5)

图 2-7　总体坐标系示意图

在 ANSYS 中，用户可以定义多个坐标系，但某一时刻只能有一个坐标系处于活动状态，这个坐标系称为活动坐标系。默认情况下，总体笛卡儿坐标系是处于活动状态的。如果要将活动坐标系改为其他总体坐标系，可选择 Utility Menu＞WorkPlane＞Change Active CS to 命令，如图 2-8 所示。

选择 Utility Menu＞WorkPlane＞Change Active CS to＞Global Cartesian 命令，可以定义笛卡儿坐标系，命令为"CSYS，0"。选择其他命令还可以分别建立柱坐标系、球坐标系及 Y 向柱坐标系，命令分别为"CSYS，1""CSYS，2"和"CSYS，5"。

图 2-9 是在 ANSYS 中建立的一个圆台实体，圆台底面上显示的即为总体坐标系的坐标

轴。圆台底面位于总体笛卡儿坐标系的 X-Y 平面上，Z 轴为其对称轴，底面半径 100in，顶面半径 50in，高 300in。现在圆台的顶面边缘与 X 轴成 60°角的位置上建立一个关键点（如图 2-9 中的数字 9 的位置），若用笛卡儿坐标系显然不好表达，但用圆柱坐标系则非常方便，其圆柱坐标为（50,60,300）。具体操作步骤如下。

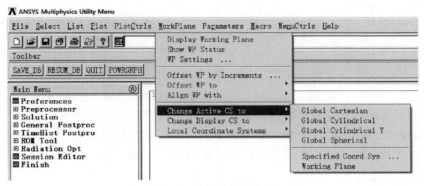

图 2-8　总体坐标系菜单

① 复制随书资料目录"SourceFiles\ch02\"中的文件到工作目录，启动 ANSYS，单击工具栏上的 按钮打开数据库文件"ex1.db"。

② 选择 Utility Menu＞WorkPlane＞Change Active CS to＞Global Cylindrical 命令，设置当前活动坐标系为总体柱坐标系。

③ 选择 Main Menu＞Preprocessor＞Modeling＞Create＞Keypoints＞In Active CS 命令，这时弹出【Create Keypoints in Active Coordinate System】对话框，如图 2-10 所示。

图 2-9　激活圆柱坐标系插入一个关键点

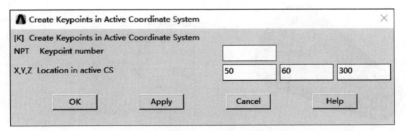

图 2-10　【Create Keypoints in Active Coordinate System】对话框

④ 在【Location in active CS】中按圆柱坐标（R,θ,Z）的格式输入"50""60"和"300"，单击【OK】按钮，关键点 9 就创建完成了。

2.2.2　局部坐标系及其操作

在某些情况下可通过辅助节点来定义局部坐标系。它是用户在特定位置定义特定几何模型时，为了方便与准确而建立的局部区域的坐标系。如图 2-11 所示，局部坐标系和总体坐标系一样，可以是笛卡儿坐标系（C.S.0）、柱坐标系（C.S.1）和球坐标系（C.S.2）中任何一种坐标系，还可以建立环形坐标系，但一般不建议在环形坐标系下进行实体建模操作，因为这样可能会生成不符合要求的面或体。

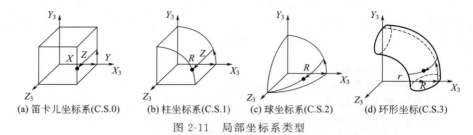

(a) 笛卡儿坐标系(C.S.0)　　(b) 柱坐标系(C.S.1)　　(c) 球坐标系(C.S.2)　　(d) 环形坐标(C.S.3)

图 2-11　局部坐标系类型

选择 Utility Menu＞WorkPlane＞Local Coordinate Systems＞Create Local CS 命令，可以按总体笛卡儿坐标定义局部坐标系，还可以通过已有节点定义局部坐标系、通过已有关键点定义局部坐标系或以当前定义的工作平面原点为中心定义局部坐标系，读者可自行尝试操作。与上述操作相关的 ANSYS 菜单操作系统如图 2-12 所示。

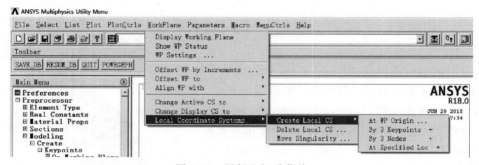

图 2-12　局部坐标系菜单

以图 2-9 所示的圆台为例，需要在圆台顶面建立一个局部坐标系，原点位于点 8 处，X 方向沿总体笛卡儿坐标系的 Y 轴正向，如图 2-13 所示。具体步骤如下。

图 2-13　建立的局部坐标系

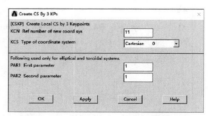

图 2-14　创建局部坐标系对话框

① 选择 Utility Menu＞WorkPlane＞Local Coordinate Systems＞Create Local CS＞By 3 Keypoints 命令。

② 接着弹出对象选取对话框，用鼠标在图 2-9 所示的圆台顶面依次选择点 8、6 和 7，单击【OK】按钮。这样点 8 就自动成为局部坐标系的原点。

③ 弹出如图 2-14 所示的【Create CS By 3 KPs】对话框，在【Ref number of new coord sys】文本框中输入局部坐标系的标识号，本例使用默认的"11"即可。在【Type of coordinate system】下拉列表框中选择所采用的局部坐标系，本例中选择【Cartesian 0】（直角坐标系），并单击【OK】按钮确认。

这样就在关键点 8 处生成了一个识别号为 11 的局部直角坐标系。如果要使用这个局部坐标系，就得把它设成当前的活动坐标系。具体操作如下。

① 选择 Utility Menu＞WorkPlane＞Change Active CS to＞Specified Coord Sys 命令，弹出如图 2-15 所示的对话框。

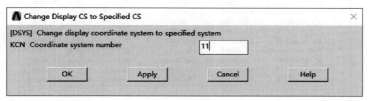

图 2-15 【Change Display CS to Specified CS】对话框

② 在【Coordinate system number】文本框中输入局部坐标系的标识号"11"，并单击【OK】按钮即可。

> **说明：**
>
> 当用户定义了一个新的局部坐标系时，这个新的局部坐标系自动处于活动状态，当前的活动坐标系标识号可以在 ANSYS 的状态栏看到，如图 2-16 所示。在 ANYSYS 程序运行的任何时候，用户都可以选择 Utility Menu＞WorkPlane＞Change Active CS to＞Specified Coord Sys 命令激活某个坐标系。

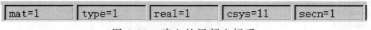

图 2-16 建立的局部坐标系

常用的局部坐标系操作还有以下几个。

• 指定总体笛卡儿坐标的一个位置作为新局部坐标系的原点，同时指定相对总体笛卡儿坐标三个坐标轴的偏转角度定义局部坐标系的方向：Utility Menu＞WorkPlane＞Local Coordinate Systems＞Create Local CS＞At Specified Loc。

• 通过已有节点定义局部坐标系：Utility Menu＞WorkPlane＞Local Coordinate Systems＞Create Local CS＞By 3 Nodes。

• 删除局部坐标系：Utility Menu＞WorkPlane＞Local Coordinate Systems＞Delete Local CS。

• 查看所有的总体坐标系和局部坐标系：Utility Menu＞List＞Other＞Local Coord Sys。

2.2.3 显示坐标系及其操作

显示坐标系是程序列表显示或者图形显示结果时所用的坐标系。在默认情况下，即使是在其他坐标系中定义的节点和关键点，其列表都显示它们的总体笛卡儿坐标。显示坐标系对列出圆柱和球节点坐标非常有用。

再来看 2.2.1 节中建立的圆台，当在柱坐标系下生成了关键点 9 之后，如果想查看关键点 9 的位置坐标，选择 Utility Menu＞List＞Keypoints＞Coordinate only 命令，将弹出如图 2-17 所示的对话框。从图中可以看出，尽管用户是在总体柱坐标系下建立关键点 9，ANSYS 列表显示的关键点 9 的坐标仍是总体笛卡儿坐标值。

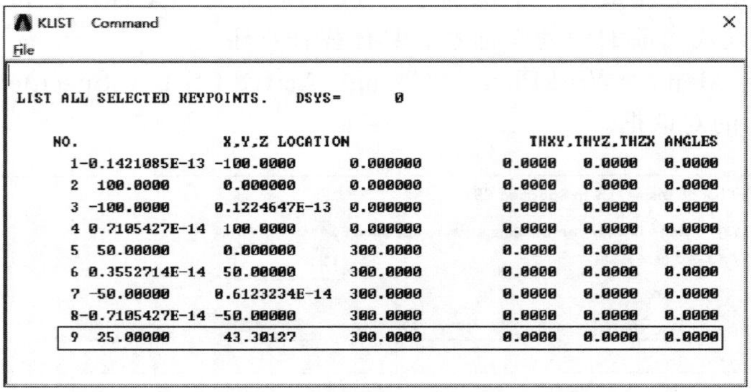

```
KLIST Command
File

LIST ALL SELECTED KEYPOINTS.   DSYS=      0

 NO.            X,Y,Z LOCATION              THXY,THYZ,THZX ANGLES
  1-0.1421085E-13 -100.0000     0.000000      0.0000   0.0000   0.0000
  2  100.0000     0.000000      0.000000      0.0000   0.0000   0.0000
  3 -100.0000     0.1224647E-13 0.000000      0.0000   0.0000   0.0000
  4  0.7105427E-14 100.0000     0.000000      0.0000   0.0000   0.0000
  5  50.00000     0.000000      300.0000      0.0000   0.0000   0.0000
  6  0.3552714E-14 50.00000     300.0000      0.0000   0.0000   0.0000
  7 -50.00000     0.6123234E-14 300.0000      0.0000   0.0000   0.0000
  8 -0.7105427E-14 -50.00000    300.0000      0.0000   0.0000   0.0000
  9  25.00000     43.30127      300.0000      0.0000   0.0000   0.0000
```

图 2-17 列出关键点的总体笛卡儿坐标系

为了查看方便，用户可以改变当前的显示坐标系，下面我们同样以 2.2.1 节中建立的模型为例，操作如下。

① 选择 Utility Menu＞WorkPlane＞Change Display CS to＞Global Cylindrical 命令，如图 2-18 所示。

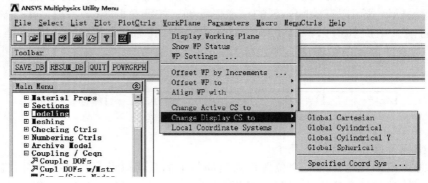

图 2-18 改变显示坐标系

② 接着会弹出关键点坐标列表，如图 2-19 所示。

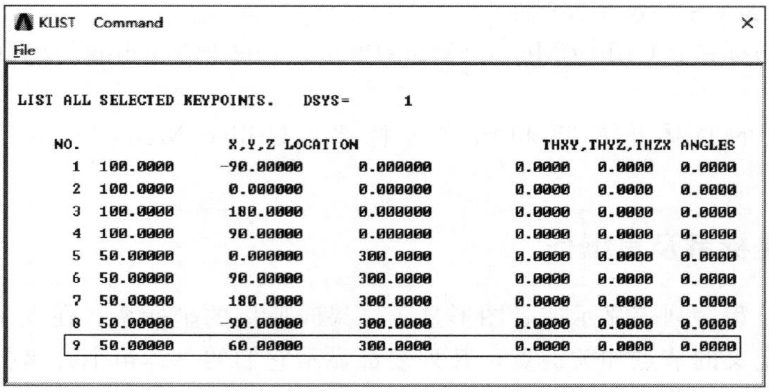

```
KLIST Command
File

LIST ALL SELECTED KEYPOINTS.   DSYS=      1

 NO.            X,Y,Z LOCATION              THXY,THYZ,THZX ANGLES
  1  100.0000    -90.00000      0.000000      0.0000   0.0000   0.0000
  2  100.0000     0.000000      0.000000      0.0000   0.0000   0.0000
  3  100.0000     180.0000      0.000000      0.0000   0.0000   0.0000
  4  100.0000     90.00000      0.000000      0.0000   0.0000   0.0000
  5  50.00000     0.000000      300.0000      0.0000   0.0000   0.0000
  6  50.00000     90.00000      300.0000      0.0000   0.0000   0.0000
  7  50.00000     180.0000      300.0000      0.0000   0.0000   0.0000
  8  50.00000    -90.00000      300.0000      0.0000   0.0000   0.0000
  9  50.00000     60.00000      300.0000      0.0000   0.0000   0.0000
```

图 2-19 列出关键点的柱坐标系

图 2-19 中显示的关键点坐标值均为总体柱坐标系下的坐标值，如果用户想切换到总体笛卡儿坐标系下来显示，选择 Utility Menu＞WorkPlane＞Change Display CS to＞Global Cartesian 命令即可。

> **注意：**
> 改变显示坐标系同样会影响图形显示。除非用户有特殊的需要，一般在以非笛卡儿坐标系列出节点坐标之后将显示坐标系恢复到总体笛卡儿坐标系，以免出现混乱。

2.2.4 节点坐标系及其操作

总体和局部坐标系用于几何全局的定位，而节点坐标系则用于定义节点自由度的方向。每一个节点都有一个附着的坐标系，称为节点坐标系。在实际应用中，有时需要给节点施加不同于坐标系主方向上的载荷或约束，这就需将节点坐标系旋转到所需要的方向，然后在节点坐标系上施加载荷或约束。

默认情况下，节点坐标系总是笛卡儿坐标系，并与总体笛卡儿坐标系平行，与定义结点的活动坐标系无关，如图 2-20 所示。节点力和节点边界条件（约束）的方向通常指的是在节点坐标系下的方向。

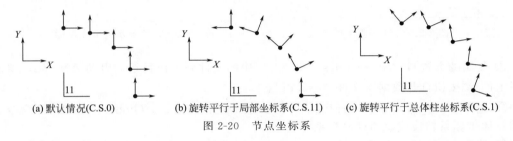

(a) 默认情况(C.S.0)　　(b) 旋转平行于局部坐标系(C.S.11)　　(c) 旋转平行于总体柱坐标系(C.S.1)

图 2-20　节点坐标系

如果要按角度旋转一个节点的坐标系，选择 Main Menu＞Preprocessor＞Modeling＞Create＞Nodes＞Rotate Node CS＞By Angles 命令，弹出对象选取对话框，选择要旋转坐标系的节点后，单击【OK】按钮。接着弹出如图 2-21 所示的对话框，其中【THXY】、【THYZ】和【THZX】分别表示绕笛卡儿坐标的 Z 轴、X 轴和 Y 轴旋转的角度。

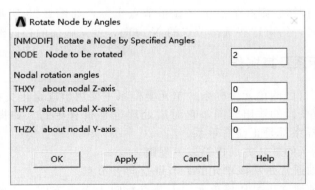

图 2-21　【Rotate Node by Angles】对话框

常用的节点坐标系操作还有以下几个。

• 将节点坐标系旋转到当前活动坐标系的方向：Main Menu＞Preprocessor＞Modeling＞Create＞Nodes＞Rotate Node CS＞To Active CS。

• 列出节点坐标系相对于总体笛卡儿坐标系的旋转角度：Utility Menu＞List＞Nodes。

> **注意：**
>
> 时间历程后处理器（POST26）中的结果数据是在节点坐标系下表达的。而同样后处理器（POST1）中的结果是按结果坐标系进行表达的。

如图 2-22 所示，为 8 个均匀排列在 1/4 圆弧上的节点建立 X 轴指向圆心的节点坐标。其具体操作如下。

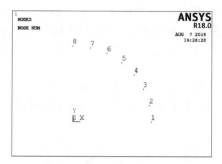
图 2-22　1/4 圆弧上的节点

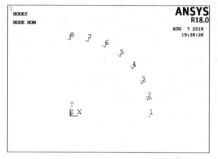
图 2-23　最终显示的节点坐标

① 复制随书资料"SourceFiles \ ch02 \ "中的文件到工作目录，启动 ANSYS，单击工具栏上的 按钮打开数据库文件"ex2.db"。

② 选择 Utility Menu＞WorkPlane＞Change Display CS to＞Global Cylindrical 命令，将当前总体坐标系转换成总体柱坐标系。

③ 选择 Main Menu＞Preprocessor＞Modeling＞Create＞Nodes＞Rotate Node CS＞To Active CS，弹出节点拾取对话框，选中所有节点，再单击【OK】按钮。此时节点坐标已经旋转完毕。

④ 单击 Utility Menu＞PlotCtrls＞Symbols，弹出【Symbols】对话框，选中【Nodal coordinate system】单选按钮。

⑤ 单击【OK】按钮，则在节点上将显示节点坐标，如图 2-23 所示。这些节点坐标系的 X 方向现在沿径向，约束这些选择节点的 X 方向，就是施加的径向约束。

2.2.5　单元坐标系及其操作

每个单元都有它自己的单元坐标系。单元坐标系主要用于规定正交材料特性的方向和面力结果（如应力和应变）的输出方向，它对后处理也是很有用的（如提取梁和壳单元的膜力）。所有的单元坐标系都是正交右手系。

大多数单元坐标系的默认方向遵循以下规则。
- 线单元的 X 轴通常是从该单元的 I 节点指向 J 节点。
- 壳单元的 X 轴通常也是从该单元的 I 节点指向 J 节点方向。Z 轴过 I 点且与壳面垂直，其正方向由单元的 I、J 和 K 节点按右手定则确定，Y 轴垂直于 X 轴和 Z 轴。
- 二维和三维实体单元的单元坐标系总是平行于总体笛卡儿坐标系。

并非所有的单元都符合上述规则，对于特定的单元坐标系的默认方向请参考 ANSYS 11.0 帮助文档中有关单元类型的详细说明。

对于面单元或体单元而言，可用下列命令将单元坐标系方向调整到已定义的局部坐标系上：Main Menu＞Preprocessor＞Modeling＞Create＞Elements＞Elem Attributes。

> **注意：**
> 有些单元可以利用关键点（KEYOPT）选项来修改单元坐标系的方向，如果既用 KEYOPT 命令又用 ESYS 命令，则 KEYOPT 命令的定义有效。对某些单元而言，通过输入角度可相对先前的方向进一步旋转。

2.2.6 结果坐标系及其操作

结果坐标系用于显示计算的结果数据（如位移、梯度、应力和应变等）。结果坐标系默认平行于笛卡儿坐标系，这意味着默认情况下，位移、应力和支座反力将按照总体笛卡儿坐标系表达，无论节点和单元坐标系如何设定。

用户可以将活动的结果旋转到另一个坐标系（如总体坐标系或某个定义的局部坐标系），当用户对这些结果数据进行列表显示时，这些数据将按结果坐标系显示。改变结果坐标系的操作方法：Main Menu＞General Postproc＞Options for Output。

> **注意：**
> 时间历程后处理器（POST26）中的结果总是以节点坐标系表达。

2.3 工作平面及使用

尽管屏幕上的光标只表示一个点，但实际上它代表的是空间中垂直于屏幕的一条直线。为了能用光标选取一个点，首先必须定义一个假想的平面，当该平面与光标所代表的垂线相交时，就能唯一地确定空间中的一个点。在 ANSYS 中把这个假想的平面叫作工作平面（Working Plane）。从另一个角度讲，工作平面就如同一个绘画板，可按用户要求进行移动和旋转，工作平面也可以不平行于屏幕，如图 2-24 所示。

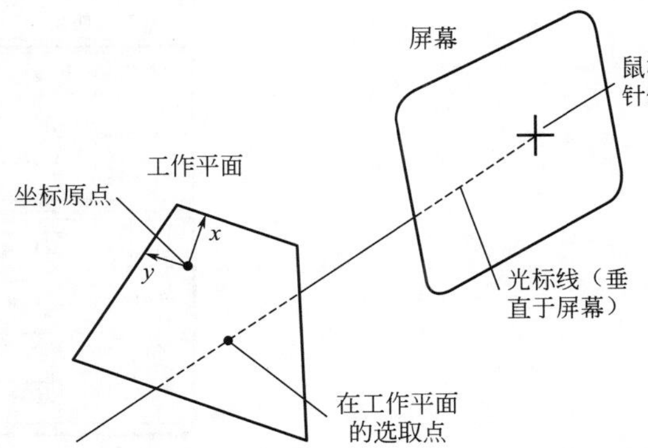

工作平面是一个无限平面，有原点、二维坐标系、捕捉增量和栅格显示。同一时刻只能定义一个工作平面，工作平面独立于坐标系，可以随意地移动和旋转。进入 ANSYS 程序后，有一个默认的工作平面——总体笛卡儿坐标系的 X-Y 平面，工作平面的 X 轴和 Y 轴分别为总体笛卡儿坐标系的 X 轴和 Y 轴。工作平面的常用操作有显示工作平面、移动工作平面、旋转工作平面、定义工作平面等。

图 2-24 屏幕、光标线、工作平面及选取点之间的关系

关于工作平面的其他高级操作，请读者参考 ANSYS 自带的帮助文档。

2.3.1 显示和设置工作平面

默认情况下，ANSYS 主界面上只显示总体笛卡儿坐标系，选择 Utility Menu＞WorkPlane＞Display Working Plane 命令，在界面上将显示工作平面坐标系，它和总体笛卡儿坐标系重合，三个坐标轴分别为"WX""WY"和"WZ"，如图 2-25 所示。

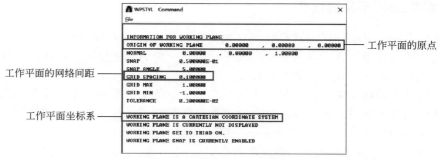

图 2-25 显示工作平面

如果需要隐藏工作平面，再次执行 Utility Menu＞WorkPlane＞Display Working Plane 命令，此时界面上显示的工作平面消失，即工作平面已经切换为隐藏状态。

单击 Utility Menu＞WorkPlane＞Show WP Status 命令，弹出状态窗口，从中可以查看当前工作平面的详细信息，包括原点、网格间距、工作平面坐标系类型等，如图 2-26 所示。

图 2-26 当前工作平面的详细信息

要设置工作平面，可单击 Utility Menu＞WorkPlane＞WP Setting 命令，弹出工作平面设置对话框，从中可以修改当前工作平面的显示信息，如图 2-27 所示。

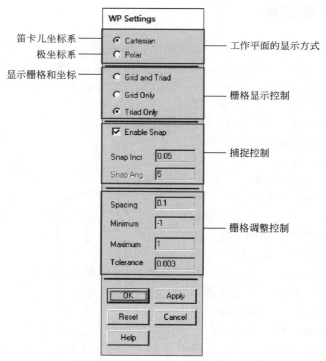

图 2-27 工作平面设置对话框

从工作平面设置对话框可以看到，有两种工作平面可供选择：笛卡儿坐标系和极坐标系工作平面。一般情况用笛卡儿坐标系工作平面，但当模型以极坐标系 (R,θ) 表示时，可能会用到极坐标系工作平面。极坐标系工作平面如图 2-28 所示。

🔧 **说明：**

要获得工作平面状态（即位置、方向和增量），可选择 Utility Menu＞List＞Status＞Working Plane。

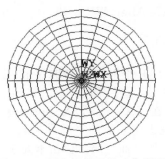

图 2-28　极坐标系下的工作平面

2.3.2　定义工作平面

移动工作平面和定义工作平面的区别在于：前者通过平移或旋转将原来的工作平面变换到指定的位置或旋转某个角度，并不直接定义坐标轴的方向；而后者通过指定某些点位或依照已有的坐标系直接定义工作平面的原点和坐标轴方向。

如图 2-29(a) 所示的正方形板，长和高均为 200in，要以其中心为原点建立工作平面，工作平面的 X 轴沿中心指向关键点 2。可以通过三个关键点来定义工作平面，操作步骤如下。

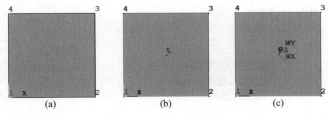

图 2-29　定义工作平面

① 复制随书资料"SourceFiles\ch02\"中的文件到工作目录，启动 ANSYS，单击工具栏上的 按钮打开数据库文件"ex3.db"。

② 选择 Main Menu＞Preprocessor＞Modeling＞Create＞Keypoints＞In Active CS 命令，输入关键点中心点的坐标（100,100,0），单击【OK】按钮，创建一个编号为 5 的关键点，如图 2-29(b) 所示。

③ 选择 Utility Menu＞WorkPlane＞Align WP with＞Keypoints 命令，弹出图形对话框，依次用鼠标选择关键点 5、2 和 3，然后单击【OK】按钮。此时，可以看到工作平面已经移到了中心点，如图 2-29(c) 所示。

用户还可以使用下列方法定义一个新的工作平面。

- 三点定义一个工作平面：Utility Menu＞WorkPlane＞Align WP with＞XYZ Locations。
- 三节点定义一个工作平面：Utility Menu＞WorkPlane＞Align WP with＞Nodes。

- 通过线上一点的垂直平面定义工作平面：Utility Menu＞WorkPlane＞Align WP with＞Plane Normal to Line。
- 通过现有坐标系的 X-Y 平面定义工作平面：
  ➢ Utility Menu＞WorkPlane＞Align WP with＞Active Coord Sys。
  ➢ Utility Menu＞WorkPlane＞Align WP with＞Global Cartesian。
  ➢ Utility Menu＞WorkPlane＞Align WP with＞Specified Coord Sys。

2.3.3 旋转和平移工作平面

ANSYS 中提供了一个专门的工作平面旋转和平移工具，选择 Utility Menu＞WorkPlane＞Offset WP by Increments 命令可以调出它，如图 2-30 所示。在【X,Y,Z Offsets】文本框中按格式输入平移增量，在【XY,YZ,ZX Angles】文本框中按格式输入旋转增量，然后单击【OK】按钮，即可实现工作平面的平移和旋转。例如，在【XY,YZ,ZX Angles】文本框中输入"90,0,0"，则工作平面将绕总体笛卡儿坐标系的 Z 轴旋转 90°。

用户还可以根据自己的需要把工作平面移动到想要的位置，假如想把工作平面原点移动到总体笛卡儿坐标系的（10,0,0）点，可以执行如下操作。

① 选择 Utility Menu＞WorkPlane＞Offset WP to＞XYZ Locations 命令，弹出如图 2-31 所示的对话框。

② 在图 2-31 所示文本框中输入"10,0,0"，表示所要移动到的坐标点，并单击【OK】按钮。这时用户可以看到，视图窗口中的总体坐标系和工作平面已经分离。

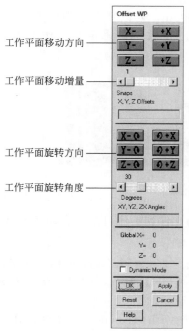
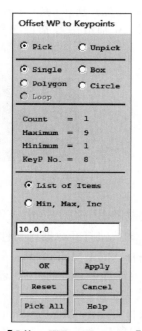

图 2-30 工作平面旋转对话框图　　　　图 2-31 【Offset WP to Keypoints】对话框

③ 选择 Utility Menu＞WorkPlane＞Offset WP to＞Global Origin 命令，可把工作平面还原到笛卡儿坐标系的原点。

其他常用的移动工作平面的操作还有以下几个。
- 将工作平面的原点移动到某关键点位置。命令为：Utility Menu＞WorkPlane＞Off-

set WP to>Keypoints。

• 将工作平面的原点移动到某节点位置。命令为：Utility Menu>WorkPlane>Offset WP to>Nodes。

2.4 自底向上建模

自底向上建模的思路是：由建立最低图元的点到最高图元的体，即先建立点，再由点连成线，然后组合成面，最后由面组合建立体。图 2-32 所示为自底向上建模的过程。

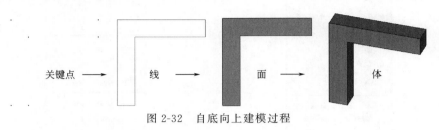

图 2-32 自底向上建模过程

2.4.1 定义及操作关键点

关键点是指在绘图区中的一个几何点，它本身不具有物理属性。实体模型建立时，关键点是最小的图元对象，关键点即为结构中一个点的坐标，点与点连接成线也可直接组合成面及体。关键点的建立按实体模型的需要而设定，但有时会建立些辅助点以帮助其他命令的执行，如圆弧的建立。在 ANSYS 中定义关键点的方法很多，下面结合实际操作来介绍一些常用方法。

（1）在活动坐标系中定义关键点

选择 Main Menu>Preprocessor>Modeling>Create>Keypoints>In Active CS 命令，弹出如图 2-33 所示的【Create Keypoints in Active Coordinate System】对话框。以当前激活坐标系为参照系并输入关键点的坐标，如（2,0,0），单击【OK】按钮，则 1 号关键点被创建。

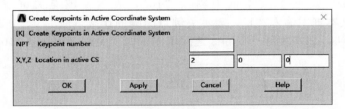

图 2-33 【Create Keypoints in Active Coordinate System】对话框

（2）在工作平面中定义关键点

选择 Main Menu>Preprocessor>Modeling>Create>Keypoints>On Working Plane 命令，弹出如图 2-34 所示的【Create KPs on WP】对话框。此时可直接在视图窗口中单击【OK】按钮，即可定义关键点。如果想准确确定关键点的位置，也可以在图 2-34 所示的对话框中选择【WP Coordinates】，然后在文本框中输入关键点在工作平面上的坐标即可，如（0,5），然后单击【OK】按钮，则 2 号关键点被创建。

（3）在已知线上给定位置定义关键点

① 以上已经定义了两个关键点，把这两个关键点连起来就生成了线。用户可以直接在

输入窗口中输入命令：L,1,2。关于线定义的 GUI 操作，将在 2.4.3 节中详细介绍。

② 选择 Main Menu＞Preprocessor＞Modeling＞Create＞Keypoints＞On Line 命令，弹出图形选取对话框。用鼠标在视图窗口中单击选中刚才生成的线，然后单击【OK】按钮。接着弹出如图 2-35 所示的对话框，此时在线上任一点单击鼠标，即可在单击的位置生成一个关键点。这个关键点的编号为 3。

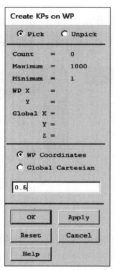 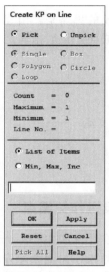

图 2-34　【Create KPs on WP】对话框　　　　图 2-35　【Create KP on Line】对话框

（4）在两关键点间填充关键点

接着上面的操作，选择 Main Menu＞Preprocessor＞Modeling＞Create＞Keypoints＞Fill between KPs 命令，弹出图形选取对话框，用鼠标在图形视窗中依次选择关键点 1 和 3，然后单击【OK】按钮，接着弹出如图 2-36 所示【Create KP by Filling between KPs】对话框。在对话框中的【No of keypoints to fill】文本框中输入 "2"，表示要填充的关键点数量；在【Starting keypoint number】文本框中输入 "100"，表示要填充关键点的起始编号；在【Inc. between filled keyps】文本框中输入 "10"，表示要填充关键点编号的增量；在【Spacing ratio】文本框中输入 "1"，表示关键点间隔的比率，应为 0～1 之间的一个数。最后单击【OK】按钮，即在关键点 1 和 3 之间填充了两个关键点 100 和 110。

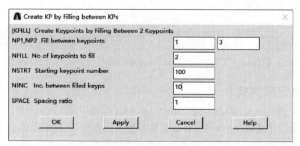

图 2-36　【Create KP by Filling between KPs】对话框

（5）由三点定义的圆弧的中心生成一个关键点

可以过三点定义的圆弧中心生成关键点，要求 3 个已知的关键点不在同一条线上，否则会弹出如图 2-37 所示的【Error】对话框。为此，可再按以上介绍的方法在笛卡儿坐标系的原点创建一个关键点 4，或直接在输入窗口输入以下命令：K,4。选择 Main Menu＞Preprocessor＞Modeling＞Create＞Keypoints＞KP at Center＞3 keypoints 命令，然后弹出图形选取对话框，用鼠标在图形视窗中依次选择关键点 4、100、110，然后单击【OK】按钮确认。这时将在关键点 4、100 和 110 所在圆弧的中心生成新的关键点 5。最后生成的关键点如图 2-38 所示。

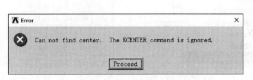

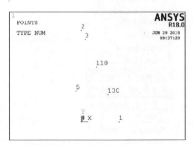

图 2-37 【Error】对话框　　　　　图 2-38 关键点的定义

注意：

此操作只能在笛卡儿坐标系下使用。

ANSYS 还提供了其他生成关键点的方法，读者可自己练习操作。

• 在已有两个关键点之间生成关键点：Main Menu＞Preprocessor＞Modeling＞Create＞Keypoints＞KP between KPs。

• 在已有节点处定义关键点：Main Menu＞Preprocessor＞Modeling＞Create＞Keypoints＞On Node。

2.4.2 选择、查看和删除关键点

（1）选择关键点

选择 Utility Menu＞Select＞Entities 命令，弹出如图 2-39 所示的实体选择对话框。在选择对象下拉列表框中选择【Keypoints】选项，在选择方式的下拉列表框中选择【By Num/Pick】选项，在选择集操作框中选择【From Full】选项，单击【OK】按钮，弹出图形选取对话框，用鼠标在视图窗口中选取要选择的关键点即可。

下面介绍一下实体选择对话框中的一些选项的功能。

• 选择对象可以是节点（Nodes）、单元（Elements）、体（Volumes）、面（Areas）、线（Lines）和关键点（Keypoints），如图 2-40 所示。

• 选择方式主要有：【By Num/Pick】（通过编号或鼠标选取）、【Attached to】（按关联方式选取）、【By Location】（按位置选取）和【By Attributes】（按属性进行选取）等，如图 2-41 所示。

• 选择集操作的方式有：【From Full】（从全体集中选取）、【Reselect】（在当前选择集中再次选取）、【Also Select】（选取对象加到当前选择集中）和【Unselect】（选择的对象将从当前选择集中移除）。

（2）查看关键点

选择一部分关键点后，以后的操作都是对当前的选择集进行操作，选择 Utility＞List＞Keypoints＞Coordinates only 命令，将列表显示选择集中的关键点信息（只有坐标信息），

如图 2-42 所示。

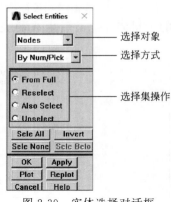

图 2-39　实体选择对话框

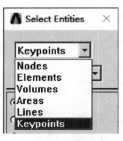

图 2-40　选择对象

图 2-41　选择方式

若要图形显示关键点，选择 Utility Menu＞Plot＞Keypoints＞Keypoints 命令即可。要显示关键点的编号，选择 Utility Menu＞PlotCtrls＞Numbering 命令，把关键点的编号打开即可，或直接输入命令："/PNUM,KP,1"。

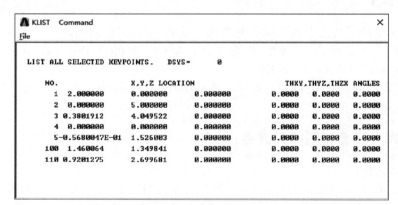

图 2-42　列表查看关键点

(3) 删除关键点

选择 Main Menu ＞ Preprocessor ＞ Modeling ＞ Delete ＞ Keypoints 命令，将弹出如图 2-43 所示的图形选取对话框。选择适当的选取方式，用鼠标在图形视窗中选择待删除的关键点即可。

选取方式相关说明：【Single】表示逐个选择；【Box】表示矩形区域框选；【Polygon】表示多边形框选；【Circle】表示圆形框选。

2.4.3　定义及操作线

连接两个或多个关键点即成一个线图元。在 ANSYS 中，线是一个向量，不仅有长度，还有方向。线可以是直线，也可以是弧线。建立实体模型时，线为面或体的边界，由点与点连接而

图 2-43　图形选取对话框

成，构成不同种类的线段，如直线、曲线、圆、圆弧等，也可直接通过建立面或体产生。线的建立与坐标系有关，直角坐标系为直线，圆柱坐标系下是曲线。

在 ANSYS 中定义线的方法很多，下面结合实际操作介绍一些常用方法。

(1) 在指定两个关键点之间生成直线或三次曲线

① 按 2.4.1 节讲的关键点的定义方法，先在工作平面内定义任意两个关键点 1 和 2。

② 选择 Main Menu>Preprocessor>Modeling>Create>Lines>In Active Coord 命令，弹出图形选取对话框，然后用鼠标依次在图形视窗中选择关键点 1 和 2 即生成一条线 L_1。

以上操作是在默认的总体笛卡儿坐标系下完成的。下面改在柱坐标系下进行同样的操作。

① 选择 Utility Menu>WorkPlane>Change Active CS to>Global Cylindrical 命令，改变当前活动坐标系为柱坐标系。

② 选择 Main Menu>Preprocessor>Modeling>Create>Lines>In Accive Coord 命令，弹出图形选取对话框，然后用鼠标依次在图形视窗中选择关键点 1 和 2，此时又生成了一条弧线 L_2，如图 2-44 所示。

ANSYS 在各种坐标系下对于"直线"的定义是不同的。在笛卡儿直角坐标系中，程序需要保证在线条方向上，dX/dL、dY/dL 和 dZ/dL 3 个量需要保持不变；在柱坐标系中，同样要保持 dR/dL、$d\theta/dL$ 和 dZ/dL 不变，这时 ANSYS 将生成一条螺旋线或弧线，如图 2-44 所示，这被认为是柱坐标系下的"直线"。

ANSYS 还提供了一个创建真正直线的方法，命令为：Main Menu>Preprocessor>Create>Lines>Lines>Straight Line。

> 🔧 **说明：**
>
> 不管当前的活动坐标系是何种坐标系，此操作都能保证生成的线为直线。

图 2-44 指定两个关键点定义线

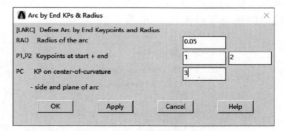

图 2-45 【Arc by End KPs & Radius】对话框

(2) 通过两个关键点外加一个半径生成弧线

选择 Main Menu>Preprocessor>Modeling>Create>Lines>Arcs>By End KPs&Rad 命令，弹出图形选取对话框，用鼠标在图形视窗中选择圆弧的起止点，再选择某关键点表明圆弧在哪一侧生成，单击【OK】按钮确认，接着弹出如图 2-45 所示的对话框。在【Radius of the arc】文本框中输入弧线的半径，单击【OK】按钮，生成如图 2-46 所示的弧线。

(3) 生成圆弧线

① 选择 Main Menu>Preprocessor>Modeling>Create>Lines>Arcs>By Cent & Radius 命令，弹出图形选取对话框，用鼠标

图 2-46 弧线的生成

在图形视窗中选择一关键点作为圆弧的圆心,再在图形视窗中任意选择一点定出圆弧的半径和起始点,然后单击【OK】按钮,将弹出如图 2-47 所示的对话框。

② 按图 2-47 所示,在【Arc length in degrees】文本框中输入圆弧的度数"180",表示半圆;在【Number of lines in arc】文本框中输入"2",表示将弧段分成两段弧线,分别编号。然后单击【OK】按钮确认,得到图 2-48 所示的弧线。

> 🔧 说明:
> 此操作产生的圆弧线为圆的一部分,依参数状况而定,与目前所在的坐标系统无关,点的编号和圆弧的线段编号会自动产生。

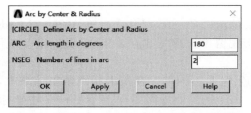

图 2-47 【Arc by Center & Radius】对话框

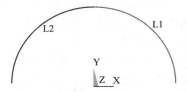

图 2-48 通过圆心和半径生成弧线

(4) 在两条线之间生成倒角线

假设用户已经建立了两条相交的线,则对其进行倒角的操作如下。

① 选择 Main Menu>Preprocessor>Modeling>Create>Lines>Line Fillet 命令,弹出图形选取对话框,选择两条相交的线,然后单击【OK】按钮,接着弹出图 2-49 所示的对话框。

② 如图 2-49 所示,在【Fillet radius】文本框中输入"0.2",表示弧段半径;在【Number to assign-】文本框中输入"10",表示在弧段中心处生成关键点的编号。然后单击【OK】按钮,得到弧线,如图 2-50 所示。

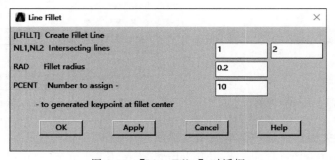

图 2-49 【Line Fillet】对话框

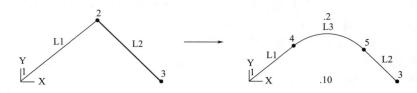

图 2-50 两线之间产生倒角

🔧 **说明：**
执行此操作的两条线必须有一个共同的交点，才能产生倒角线。

ANSYS 还提供了其他生成线的方法，读者可自己练习操作。

• 通过一系列关键点生成多义线：Main Menu＞Preprocessor＞Modeling＞Create＞Lines＞Splines＞Segmented Spline。

• 生成与一条线成一定角度的线：Main Menu＞Preprocessor＞Modeling＞Create＞Lines＞Lines＞At angle to line。

2.4.4 选择、查看和删除线

（1）选择线

和关键点类似，选择 Utility Menu＞Select＞Entities 命令，弹出实体选择对话框，如图 2-39 所示，在选择对象下拉列表中选择【Lines】选项即可。

（2）查看线

列表查看线的操作：选择 Utility Menu＞List＞Lines 命令，弹出如图 2-51 所示的对话框，选择【Attribute format】（属性格式），然后单击【OK】按钮即可。

图形显示线的操作：选择 Utility Menu＞Plot＞Lines 命令，即可将选择集中的线在图形视窗中绘出。要显示线的编号，选择 Utility Menu＞PlotCtrls＞Numbering 命令，把线的编号打开即可，或直接输入命令："/PNUM，LINE，1"。

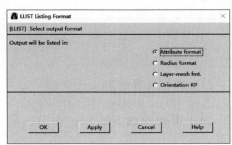

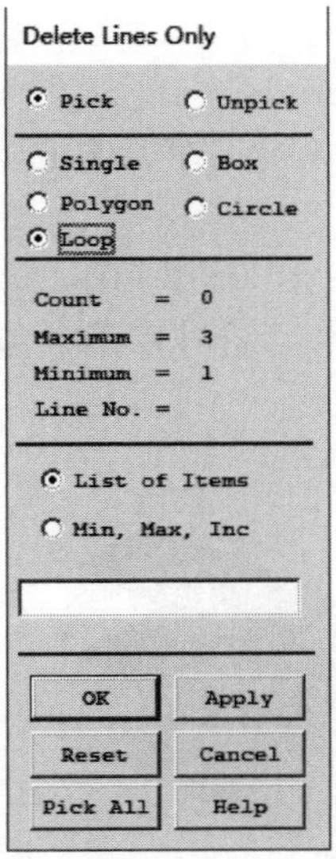

图 2-51 【LLIST Listing Format】对话框

（3）删除线

选择 Main Menu＞Preprocessor＞Modeling＞Delete Only 命令，弹出如图 2-52 所示的图形选取对话框。选择合适的选取方式，然后用鼠标在图形视窗中选择要删除的线，单击【OK】按钮即可。其中【Loop】选取方式表示以封闭路径的方式选择线。

🔧 **注意：**
此菜单删除线后仍保留线上关键点，要删除线及附着在线上的关键点，可选择 Main Menu > Preprocessor > Modeling > Delete > Line and Below 命令。

图 2-52 图形选取对话框

2.4.5 定义及操作面

实体模型建立时，面为体的边界。面的建立可由关键点直接相接或由线围接而成，并构成不同数目边的面；也可直接建构体而产生面。如要进行对应网格化，则必须将实体模型建构为四边形面的组合，最简单的面为三点连接成的面。在 ANSYS 中定义面的方法很多，下面结合实际操作介绍一些常用方法。

(1) 通过关键点生成面

选择 Main Menu＞Preprocessor＞Modeling＞Create＞Areas＞Arbitrary＞Through KPs 命令，弹出图形选取对话框，用鼠标在图形视窗中选择建立好的关键点，单击【OK】按钮即可，如图 2-53 所示。

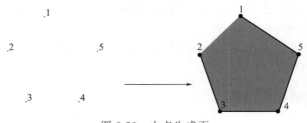

图 2-53　由点生成面

> **注意：**
>
> 以关键点围成面时，关键点必须以顺时针或逆时针输入，面的法向按点的顺序依右手定则决定。

(2) 通过边界线定义一个面

选择 Main Menu＞Preprocessor＞Modeling＞Create＞Areas＞Arbitrary＞By Line 命令，弹出图形选取对话框，在图形视窗中选择已经定义好的边界线，单击【OK】按钮即可。

(3) 沿一定路径拉伸一条（或几条）线生成面

如图 2-54 所示，$L_1 \sim L_5$ 位于默认的工作平面内，L_6 是拉伸路径，其操作如下。

① 复制随书资料"SourceFiles \ ch02 \"中的文件到工作目录，启动 ANSYS，单击工具栏上的 按钮，打开数据库文件 ex4.db。

② 选择 Main Menu＞Preprocessor＞Modeling＞Operate＞Extrude＞Lines＞Along Lines 命令，弹出图形选取对话框，先依次选择 $L_1 \sim L_3$ 作为被拉伸的对象，然后再选择 L_6 作为拉伸路径，然后单击【OK】按钮。

③ 再次选择 Main Menu＞Preprocessor＞Modeling＞Operate＞Extrude＞Lines＞Along Lines 命令，弹出图形选取对话框，依次选择 $L_4 \sim L_5$ 作为被拉伸对象，然后再选择 L_6 作为拉伸路径，单击【OK】按钮。拉伸后生成的面如图 2-55 所示。

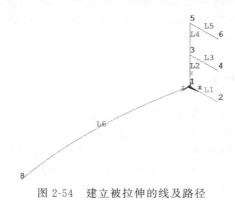

图 2-54　建立被拉伸的线及路径

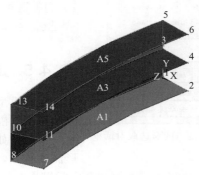

图 2-55　经拉伸生成的面

> **注意:**
> 有时拉伸操作可能会不成功,这时用户可以选择少一些拉伸对象再次拉伸。

(4)对面进行倒角

以图 2-55 生成的面为例,选择 Main Menu > Preprocessor > Modeling > Create > Areas > Area Fillet 命令,弹出图形选取对话框,选择想要倒角的两个面,然后单击【OK】按钮,弹出如图 2-56 所示的对话框。在【Fillet radius】文本框中输入弧面半径"1",单击【OK】按钮确认。生成的面如图 2-57 所示。

ANSYS 还提供了其他生成面的方法,读者可自己练习操作。

- 绕轴旋转一条线生成面:Main Menu > Preprocessor > Modeling > Operate > Extrude > Lines > About Axis。
- 通过引导线生成蒙皮似的光滑曲面:Main Menu > Preprocessor > Modeling > Create > Areas > Arbitrary > By Skinning。

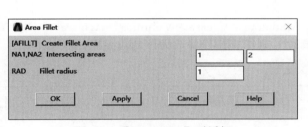
图 2-56 【Area Fillet】对话框

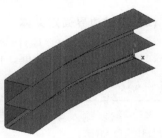
图 2-57 对相交面进行倒角

2.4.6 选择、查看和删除面

(1)选择面

和选择关键点类似,选择 Utility Menu > Select > Entities 命令,弹出如图 2-39 所示的实体选择对话框,在选择对象下拉列表框中选择【Areas】选项即可。

(2)查看面

列表查看面的操作:选择 Utility Menu > List > Areas 命令即可。

图形显示面的操作:选择 Utility Menu > Plot > Areas 命令,即可将选择集中的面在图形视窗中绘出。要显示面的编号,选择 Utility Menu > PlotCtrls > Numbering 命令,把面的编号打开即可,也可以直接输入命令:"/PNUM,AREA,1"。

(3)删除面

选择 Main Menu > Preprocessor > Modeling > Delete > Areas Only 命令,弹出图形选取对话框。选择合适的选取方式,然后用鼠标在视图窗口中选择要删除的面,单击【OK】按钮即可。

> **注意:**
> 此菜单删除面后仍保留面上的线及关键点,要删除面及附着在面上的低级图元,可选择 Main Menu > Preprocessor > Modeling > Delete > Area and Below 命令。

2.4.7 定义体

体为最高图元，最简单体定义由关键点或面组合而成。由关键点组合时，最多由8点形成六面体，8个点顺序为相应面顺时针或逆时针皆可，其所属的面、线自动产生；以面组合时，最多为10个面围成封闭体；也可由原始对象建立，如圆柱、长方体、球体等可直接建立。在ANSYS中定义体的方法很多，下面结合实际操作介绍一些常用方法。

(1) 通过关键点定义体

选择 Main Menu＞Preprocessor＞Modeling＞Create＞ Volumes＞Arbitrary＞Through KPs 命令，弹出图形选取对话框，依次选择关键点，则原有的关键点即成为体的角点。

> **说明：**
> 点的输入必须依连续的顺序，以8点而言，连接的原则为相对应面相同方向，如图2-58所示，对于左图的正六面体可以是 V, 1, 2, 3, 4, 5, 6, 7, 8 或 V, 8, 7, 3, 4, 5, 6, 2, 1。

(2) 通过边界面定义体

选择 Main Menu＞Preprocessor＞Modeling＞Create＞Volumes＞Arbitrary＞By Areas 命令，弹出图形选取对话框，依次选择面，则原有的面将成为体的边界面。

> **说明：**
> 至少需要输入4个面才能围成一个体，面编号可以是任何次序输入，只要该组面能围成封闭的体即可。

(3) 将面沿某个路径拖拉生成体

选择 Main Menu＞Preprocessor＞Operate＞Extrude＞Areas＞Along Lines 命令，弹出图形选取对话框，然后选择等拉伸的面，单击【OK】按钮，再选择拉伸路径，单击【OK】按钮确认即可，如图2-59所示。

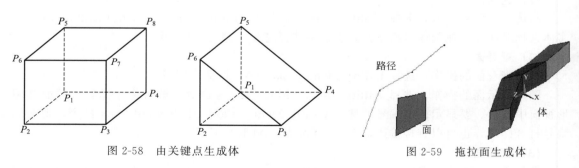

图 2-58 由关键点生成体　　　　图 2-59 拖拉面生成体

2.4.8 选择、查看和删除体

(1) 选择体

和选择关键点类似，选择 Utility Menu＞Select＞Entities 命令，弹出实体选择对话框，如图2-39所示。在选择对象下拉列表框中选择【Volumes】选项即可。

(2) 查看体

列表查看体的操作：选择 Utility Menu＞List＞Volumes 即可。

图形显示体的操作：选择 Utility Menu＞Plot＞Volumes 命令，即可将选择集中的面在图形视窗中绘出。若要显示体的编号，选择 Utility Menu＞Plotctrls＞Numbering 命令，把体的编号打开即可，或直接输入命令："/PNUM,VOLU,1"。

（3）删除体

选择 Main Menu＞Preprocessor＞Modeling＞Delete＞Volumes Only 命令，弹出图形选取对话框。选择合适的选取方式，然后用鼠标在图形视窗中选择要删除的体，单击【OK】按钮即可。

> **注意：**
> 此菜单删除体后仍保留体上的面、线和关键点，要删除体及附着在面上的低级图元，可选择 Main Menu ＞ Preprocessor ＞ Modeling ＞ Delete ＞ Volumes and Below 命令。

2.5 自顶向下建模

自顶向下建模的思路是：利用 ANSYS 内部已经存在的常用实体轮廓（ANSYS 中称为体素），如矩形面、圆形面、六面体和球体等，直接生成用户想要的模型。因为这些体素都是高级图元，当生成这些高级图元时，ANSYS 会自动生成所有必要的低级图元，包括关键点。自顶向下建模的操作如下。

- 建立面原始对象。包括矩形、圆形和正多边形，如图 2-60 所示。
- 建立体原始对象。包括长方体、圆柱、棱柱、球体、圆台和环体，如图 2-61 所示。

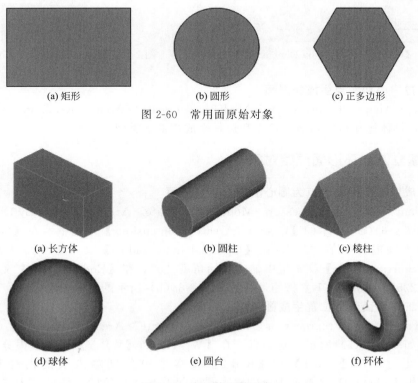

(a) 矩形　　　　　(b) 圆形　　　　　(c) 正多边形

图 2-60　常用面原始对象

(a) 长方体　　　　　(b) 圆柱　　　　　(c) 棱柱

(d) 球体　　　　　(e) 圆台　　　　　(f) 环体

图 2-61　常用体原始对象

2.5.1 建立矩形面原始对象

(1) 在工作平面上任意位置生成一个长方体面

选择 Main Menu＞Preprocessor＞Modeling＞Create＞Areas＞Rectangle＞By Dimensions 命令，弹出如图 2-62 所示的对话框。在【X-coordinates】文本框中分别输入左下角点和右上角点的 X 坐标；在【Y-coordinates】文本框中分别输入左下角点和右上角点的 Y 坐标，单击【OK】按钮。

(2) 通过定义矩形的角点与边长生成矩形面

选择 Main Menu＞Preprocessor＞Modeling＞Create＞Areas＞Rectangle＞By 2 Corners 命令，弹出如图 2-63 所示的对话框。在【WP X】和【WP Y】文本框中输入矩形某角点的 X 坐标和 Y 坐标（工作平面下）；在【Width】文本框中输入矩形的宽，在【Height】文本框中输入矩形的高，然后单击【OK】按钮即可。用户也可以直接在图形视窗用鼠标直接绘出矩形面。

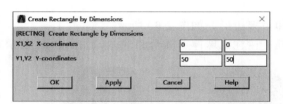

图 2-62 【Create Rectangle by Dimensions】对话框

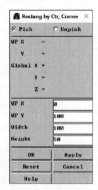

图 2-63 【Rectang by Ctr，Corner】对话框

(3) 通过中心和角点生成矩形面

选择 Main Menu＞Preprocessor＞Modeling＞Create＞Areas＞Rectangle＞By Centr ＆ Cornr 命令，具体操作步骤与通过角点和边长生成矩形面类似。

2.5.2 建立圆或环形面原始对象

(1) 生成以工作平面原点为圆心的圆（环）形面

选择 Main Menu＞Preprocessor＞Modeling＞Create＞Areas＞Circle＞By Dimensions 命令，弹出如图 2-64(a) 所示的【Circular Area by Dimensions】对话框。在【Outer radius】文本框中输入圆的外径值"50"；在【Optional inner radius】文本框中输入圆的内径值"25"；在【Starting angle】文本框中输入起始角度"0"；在【Ending angle】文本框中输入终止角度"225"。单击【OK】按钮，得到如图 2-64(b) 所示的圆环。

(2) 在工作平面任意位置生成圆（环）形面

选择 Main Menu＞Preprocessor＞Modeling＞Create＞Areas＞Circle＞Partial Annulus 命令，弹出如图 2-65(a) 所示的对话框。在【WP X】和【WP Y】文本框中分别输入圆心的 X 和 Y 坐标；在【Rad-1】和【Rad-2】文本框中分别输入圆的内径和外径；在【Theta-1】和【Theta-2】文本框中分别输入圆的起始和终止角度。然后单击【OK】按钮，生成如图 2-65(b) 所示的部分圆环。

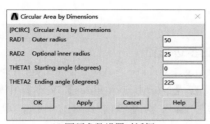

(a) 圆环参数设置对话框   (b) 所生成的圆环

图 2-64 以工作平面原点为圆心定义圆环

(a) 圆环参数设置对话框   (b) 所生成的圆环

图 2-65 在工作平面创建部分圆环

如果用户要创建整个圆环，可选择 Main Menu＞Preprocessor＞Modeling＞Create＞Areas＞Circle＞By End Points 命令，弹出如图 2-66(a) 所示的对话框。在【WP XE1】和【WP YE1】文本框中分别输入一个端点的 X 和 Y 坐标；在【WP XE2】和【WP YE2】文本框中分别输入另一个端点的 X 和 Y 坐标，则以这两点连线为直径的圆就唯一确定了，单击【OK】按钮即可，如图 2-66(b) 所示为所生成的圆。

(a) 圆参数设置对话框   (b) 所生成的圆

图 2-66 通过端点生成圆

2.5.3 建立正多边形面原始对象

(1) 以工作平面的原点为中心生成一个正多边形面

选择 Main Menu＞Preprocessor＞Modeling＞Create＞Areas＞Polygon＞By Inscribed Rad 命令，弹出如图 2-67(a) 所示的对话框。在【Number of sides】文本框中输入多边形的边数；在【Minor (inscribed) radius】文本框中输入多边形内切圆的半径，单击【OK】按钮即可，生成的多边形如图 2-67(b) 所示。

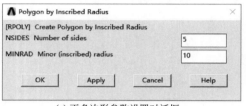

(a) 正多边形参数设置对话框　　(b) 所生成的正多边形

图 2-67　以工作平面原点为中心生成多边形面

如果用户想按多边形的外接圆半径创建多边形面，可选择 Main Menu＞Preprocessor＞Modeling＞Create＞Areas＞Polygon＞By Circumscr Rad 命令；按多边形的边长创建多边形面可选择 Main Menu＞Preprocessor＞Modeling＞Create＞Polygon＞By Side Length 命令，其操作和以上类似。

(2) 在工作平面的任意位置处生成一个正多边形面

选择 Main Menu＞Preprocessor＞Modeling＞Create＞Areas＞Polygon＞Hexagon 命令，弹出如图 2-68(a) 所示的对话框。在【WP X】和【WP Y】文本框中分别输入六边形中心的 X 和 Y 坐标；在【Radius】文本框中输入外接圆的半径；在【Theta】文本框中输入方向角，单击【OK】按钮即可生成一个中心位于 (50,0) 的正六边形，如图 2-68(b) 所示。

(a) 正六边形参数设置对话框　　(b) 所生成的正六边形

图 2-68　在工作平面任意位置创建正六边形

生成其他正多边形的方法如下。

• 选择 Main Menu＞Preprocessor＞Modeling＞Create＞Areas＞Polygon＞Octagon 命令生成正八边形。

• 选择 Main Menu＞Preprocessor＞Modeling＞Create＞Areas＞Polygon＞Pentagon 命

令生成正五边形。
- 选择 Main Menu>Preprocessor>Modeling>Create>Areas>Polygon>Septagon 命令生成正七边形。
- 选择 Main Menu>Preprocessor>Modeling>Create>Areas>Polygon>Square 命令生成正方形。
- 选择 Main Menu>Preprocessor>Modeling>Create>Areas>Polygon>Triangle 命令生成正三角形。

> **注意：**
> ① 由命令或 GUI 途径生成的面位于工作平面上，方向由工作平面坐标系而定。
> ② 所定义的面的面积必须大于 0，不能用退化面来定义线。

2.5.4 建立长方体原始对象

(1) 通过对角点生成长方体

选择 Main Menu>Preprocessor>Modeling>Create>Volumes>Block>By Dimensions 命令，弹出如图 2-69(a) 所示的对话框。在【X-coordinates】、【Y-coordinates】和【Z-coordinates】文本框中分别输入两个对角点的 X、Y 和 Z 坐标，单击【OK】按钮即可，生成的长方体如图 2-69(b) 所示。

(2) 通过底面的两个角点和高生成长方体

选择 Main Menu>Preprocessor>Modeling>Create>Volumes>Block>By 2 Corners&Z 命令，在弹出的对话框中输入一个角点的坐标和长宽高，单击【OK】按钮即可。

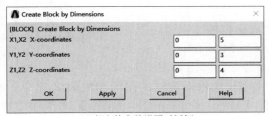 

(a) 长方体参数设置对话框　　　　　　(b) 所生成的长方体

图 2-69　通过对角点生成长方体

(3) 通过中心及角点生成长方体

选择 Main Menu>Preprocessor>Modeling>Create>Volumes>Block>By Centr, Corner, Z 命令，在弹出的对话框中输入底面中心点坐标和长、宽、高，单击【OK】按钮即可。

2.5.5 建立柱体原始对象

(1) 以工作平面原点为圆心生成圆柱体

选择 Main Menu>Preprocessor>Modeling>Create>Volumes>Cylinder>By Dimensions 命令，弹出如图 2-70(a) 所示的对话框。在【Outer radius】文本框中输入圆柱体的外径；在【Optional inner radius】文本框中输入圆柱体的内径（可选，默认为 0）；在【Z-coordinates】输入圆柱顶面与底面的 Z 坐标；在【Starting angle (degrees)】和【Ending angle（degrees）】文本框中分别输入圆柱截面的起止角度。然后单击【OK】按钮确认，生成的圆柱体如图 2-70(b) 所示。

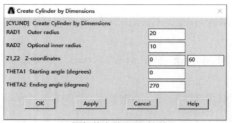
(a) 圆柱体参数设置对话框

(b) 所生成的圆柱体

图 2-70　以工作平面原点为圆心生成圆柱体

(2) 在工作平面任意处生成圆柱体

选择 Main Menu＞Preprocessor＞Modeling＞Create＞Volumes＞Cylinder＞Hollow Cylinder 命令，弹出如图 2-71 所示的对话框。在【WP X】和【WP Y】文本框中输入圆柱底面中心的 X 坐标和 Y 坐标（工作平面下）；在【Rad-1】和【Rad-2】文本框中分别输入圆柱的内外径；在【Depth】文本框中输入圆柱的高，然后单击【OK】按钮即可。

还可以选择 Main Menu＞Preprocessor＞Modeling＞Create＞Volumes＞Cylinder＞By End Pts & Z 命令，弹出图形选取对话框，选择两个端点以定义圆柱截面直径，再选择高来定义圆柱。

图 2-71　【Hollow Cylinder】对话框

2.5.6　建立多棱柱原始对象

(1) 以工作平面的原点为圆心生成正棱柱

选择 Main Menu＞Preprocessor＞Modeling＞Create＞Volumes＞Prism＞By Circumscr Rad 命令，弹出如图 2-72(a) 所示的对话框。在【Z-coordinates】文本框中输入棱柱的顶面和底面 Z 坐标；在【Number of sides】文本框中输入截面边数；在【Major (circumscr) radius】文本框中输入截面外接圆的半径。单击【OK】按钮确认即可，生成的正棱柱如图 2-72(b) 所示。

还可以选择 Main Menu＞Preprocessor＞Modeling＞Create＞Volumes＞Prism＞By Inscribed Rad 命令，按内接圆半径生成正棱柱；选择 Main Menu＞Preprocessor＞Modeling＞Create＞Volumes＞Prism＞By Side Length 命令，按截面边长生成正棱柱。

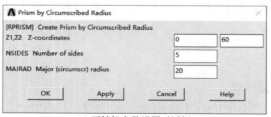
(a) 正棱柱参数设置对话框

(b) 所生成的正棱柱

图 2-72　以工作平面原点为圆心生成正棱柱

(2) 在工作平面任意位置处生成多棱柱

生成其他多棱柱的方法如下。

- 选择 Main Menu>Preprocessor>Modeling>Create>Volumes>Prism>Hexagonal 命令，生成正六棱柱。
- 选择 Main Menu>Preprocessor>Modeling>Create>Volumes>Prism>Octagonal 命令生成正八棱柱。
- 选择 Main Menu>Preprocessor>Modeling>Create>Volumes>Prism>Pentagonal 命令，生成正五棱柱。
- 选择 Main Menu>Preprocessor>Modeling>Create>Volumes>Prism>Septagonal 命令，生成正七棱柱。
- 选择 Main Menu>Preprocessor>Modeling>Create>Volumes>Prism>Square 命令，生成立方体。
- 选择 Main Menu>Preprocessor>Modeling>Create>Volumes>Prism>Triangular 命令，生成正三棱柱。

2.5.7 建立球体或部分球体原始对象

(1) 以工作平面原点为中心生成球体

选择 Main Menu>Preprocessor>Modeling>Create>Volumes>Sphere>By Dimensions 命令，弹出如图 2-73(a) 所示的对话框。在【Outer radius】文本框中输入球的外径值"20"；在【Optional inner radius】文本框中输入球的内径值"10"；在【Starting angle(degrees)】文本框中输入起始角度"45"；在【Ending angel(degrees)】文本框中输入终止角度"270"，单击【OK】按钮即可，生成的球体如图 2-73(b) 所示。

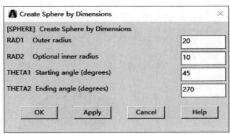
(a) 球体参数设置对话框

(b) 所生成的球体

图 2-73 以工作平面原点为中心生成球体

(2) 在工作平面任意位置生成球体

选择 Main Menu>Preprocessor>Modeling>Create>Volumes>Sphere>Hollow Sphere 命令，生成空心球体；选择 Main Menu>Preprocessor>Modeling>Create>Volumes>Sphere>Solid Sphere 命令，生成实心球体。

(3) 以直径的端点生成球体

选择 Main Menu>Preprocessor>Modeling>Create>Volumes>Sphere>By End Points 命令，弹出图形选取对话框，选择两个端点以通过定义球截面直径来生成球体。

2.5.8 建立锥体或圆台原始对象

选择 Main Menu>Preprocessor>Modeling>Create>Volumes>Cone>By Dimensions

命令，弹出如图 2-74（a）所示的对话框。在【Bottom radius】文本框中输入底面半径"20"；在【Optional top radius】文本框中输入顶面半径"10"（可选，默认为 0）；在【Z-coordinates】文本框中分别输入底面和顶面的 Z 坐标"0"和"60"；在【Starting angle（degrees）】输入圆环的起始角度"0"，在【Ending angle(degrees)】文本框中输入圆环的终止角度"360"，单击【OK】按钮确认，生成的圆台如图 2-74（b）所示。

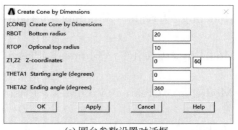

(a) 圆台参数设置对话框　　　　(b) 所生成的圆台

图 2-74　以工作平面原点为中心生成圆台

2.5.9　建立环体或部分环体原始对象

选择 Main Menu＞Preprocessor＞Modeling＞Create＞Volumes＞Torus 命令，弹出如图 2-75(a) 所示的对话框。在【Outer radius】文本框中输入圆环的外径"20"；在【Optional inner radius】文本框中输入圆环的内径"10"；在【Major radius of torus】文本框中输入圆环的主半径"60"；在【Starting angle(degrees)】输入圆环的起始角度"－90"，在【Ending angle(degrees)】文本框中输入圆环的终止角度"90"，单击【OK】按钮确认，生成的部分圆环体如图 2-75(b) 所示。

> **注意：**
>
> 上述操作定义的体都是相当于工作平面的。

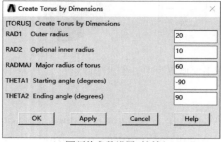

(a) 圆环体参数设置对话框　　　　(b) 所生成的圆环体

图 2-75　生成部分圆环体

2.6　布尔运算

布尔运算就是对生成的实体模型进行诸如交、并、减等逻辑运算处理。这给用户快速生成复杂实体模型提供了极大的方便。

无论是自底向上还是自顶向下建立的实体模型，在 ANSYS 中都可以对其进行布尔运算。应当注意的是,通过连接生成的图元对布尔运算无效。完成布尔运算后,紧接着就是实体模型的加载和单元属性的定义。如果用布尔运算修改了已有的模型,应当重新进行模型的单元属性和载荷的定义。

在介绍布尔运算的操作之前,有必要先了解布尔运算的相关设置。要对布尔运算进行设置,应选择 Main Menu＞Preprocessor＞Modeling＞Operate＞Booleans＞Settings 命令,弹出如图 2-76 所示的【Boolean Operation Settings】对话框。

设置说明如下。

- 【KEEP】：是否保留原始图元。
- 【NWARN】：是否弹出警告信息。
- 【VERS】：选择对布尔操作的图元进行编号时的程序版本。
- 【BTOL】：布尔操作时容许误差值。

对两个或多个图元进行布尔运算时,需要用户确定是否保留原始图元,如图 2-77 所示。在如图 2-76 所示的【Booleans Operation Settings】对话框中,选中【Keep input entities】右边的框（显示为【Yes】）即可设置为保留原始图元,取消选择（显示为【NO】）则设置为不保留。

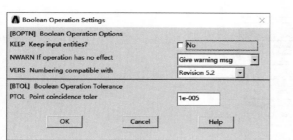

图 2-76 【Boolean Operation Settings】对话框

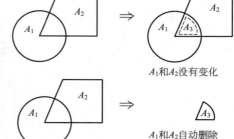

图 2-77 布尔运算的保留选项

> **注意：**
> 一般来说,对依附于高级图元的低级图元进行布尔运算是允许的；不能对已划分网格的图元进行布尔运算,如必须进行布尔运算可先将网格从实体中清除。

ANSYS 中常用的布尔运算有：交运算、加运算、减运算、切割运算、搭接运算、分割运算和黏结运算（或合并运算）。

2.6.1 交运算

交运算就是由每个初始图元的共同部分形成一个新的图元。这个新的图元可能与原始的图元有相同的维数,也可能低于原始的维数。例如,两条线的交运算可能得到的只是一个（或几个）关键点,也可能是一条（或几条）线。ANSYS 中提供的交运算主要有普通相交和两两相交。下面介绍普通相交的常用操作方法。

(1) 线与线相交（图 2-78）

GUI：Main Menu＞Preprocessor＞Modeling＞Operate＞Booleans＞Intersect＞Common Lines。

① 复制随书资料"SourceFiles \ ch02 \"中的文件到工作目录,启动 ANSYS,单击工

具栏上的 按钮，打开数据库文件 ex5.db，如图 2-79(a) 所示。

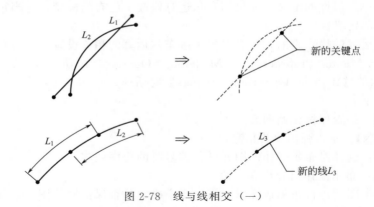

图 2-78　线与线相交（一）

② 选择 Main Menu＞Preprocessor＞Modeling＞Operate＞Booleans＞Intersect＞Common＞Lines 命令，将弹出如图 2-79(b) 所示的图形对话框，选择适当的图形选取方式，然后在图形视窗中选择要进行交运算的线，单击【OK】按钮确认。交运算的结果如图 2-79(c) 所示。

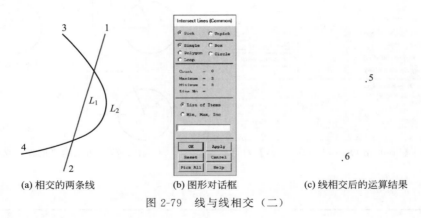

(a) 相交的两条线　　　(b) 图形对话框　　　(c) 线相交后的运算结果

图 2-79　线与线相交（二）

（2）面与面相交（图 2-80）

GUI：Main Menu＞Preprocessor＞Modeling＞Operate＞Booleans＞Intersect＞Common＞Areas。

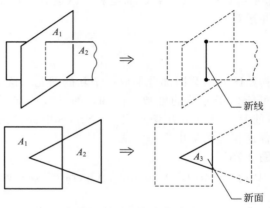

图 2-80　面与面相交

(3) 体与体相交（图 2-81）

GUI：Main Menu＞Preprocessor＞Modeling＞Operate＞Booleans＞Intersect＞Common＞Volumes。

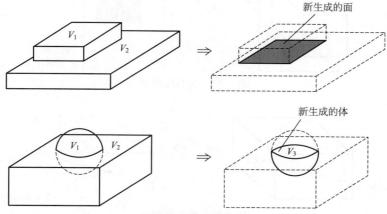

图 2-81 体与体相交

(4) 线与面相交（图 2-82）

GUI：Main Menu＞Preprocessor＞Modeling＞Operate＞Booleans＞Intersect＞Line with Area。

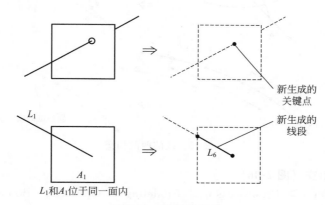

图 2-82 线与面相交

(5) 面与体相交（图 2-83）

GUI：Main Menu＞Preprocessor＞Modeling＞Operate＞Booleans＞Intersect＞Area with Volume。

(6) 线与体相交（图 2-84）

GUI：Main Menu＞Preprocessor＞Modeling＞Operate＞Booleans＞Intersect＞Line with Volume。

两两相交运算只能在同一级别的图元中进行，即只能进行线与线之间、面与面之间以及体与体之间的两两相交运算。

(7) 线的两两相交（图 2-85）

GUI：Main Menu＞Preprocessor＞Modeling＞Operate＞Booleans＞Intersect＞Pairwise＞Lines。

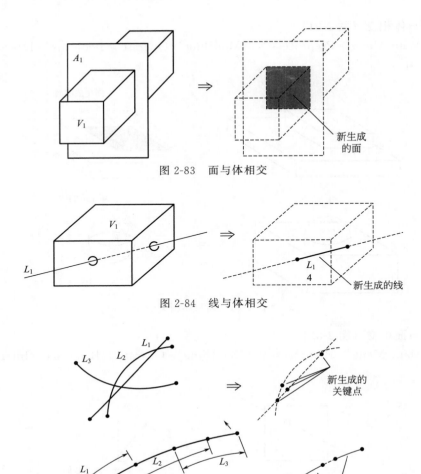

图 2-83 面与体相交

图 2-84 线与体相交

图 2-85 线的两两相交

(8) 面的两两相交(图 2-86)

GUI：Main Menu > Preprocessor > Modeling > Operate > Booleans > Intersect > Pairwise > Areas。

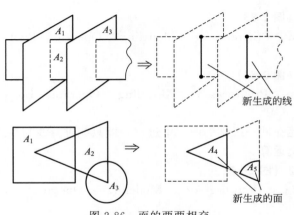

图 2-86 面的两两相交

(9) 体的两两相交（图 2-87）

GUI：Main Menu＞Preprocessor＞Modeling＞Operate＞Booleans＞Intersect＞Pairwise＞Volumes。

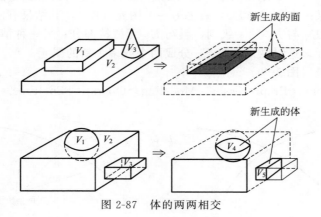

图 2-87 体的两两相交

2.6.2 加运算

加运算是将所有参加运算的实体都包含在内，这种运算也称为并或和。在 ANSYS 程序中，只能对三维实体或二维共面的面进行加运算，运算得到的实体是一个单一实体。加运算的操作方法和交运算类似，单击相应的菜单，弹出图形对话框，选择要进行加运算的图元，单击【OK】按钮即可。

(1) 面与面相加生成一个新面（图 2-88）

GUI：Main Menu＞Preprocessor＞Modeling＞Operate＞Booleans＞Add＞Areas。

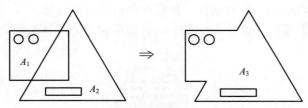

图 2-88 面与面相加

(2) 体与体相加生成一个新体（图 2-89）

GUI：Main Menu＞Preprocessor＞Modeling＞Operate＞Booleans＞Add＞Volumes。

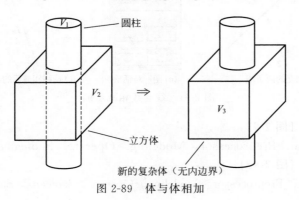

图 2-89 体与体相加

2.6.3 减运算

从一个图元去除另一个图元的重叠部分的运算叫作减运算。和其他运算相比，减运算要复杂一些。如果从某一个图元（E_1）减去另一个图元（E_2），其结果有两种可能：一是生成一个新的图元 E_3，E_3 与 E_1 同一级别，且与 E_2 无搭接部分；另一种情况是 E_1 和 E_2 的搭接部分是个低级图元，这时结果是将 E_1 分成两个或多个新的图元。

(1) 线与线相减（图 2-90）

GUI：Main Menu＞Preprocessor＞Modeling＞Operate＞Booleans＞Subtract＞Lines。

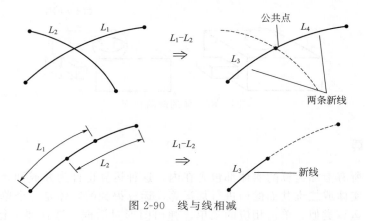

图 2-90　线与线相减

① 复制随书资料"SourceFiles \ ch02 \"中的文件到工作目录，启动 ANSYS，单击工具栏上的 按钮，打开数据库文件 ex6.db，如图 2-91(a) 所示。

② 选择 Main Menu＞Preprocessor＞Modeling＞Operate＞Booleans＞Subtract＞Lines 命令，弹出如图 2-91(b) 所示的对话框，然后在图形视窗中选择 L_1，单击【OK】按钮，再选择 L_2，单击【OK】按钮，表示 L_1 减去 L_2，最后得到的运算结果如图 2-91(c) 所示。

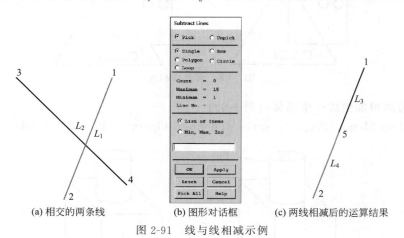

(a) 相交的两条线　　(b) 图形对话框　　(c) 两线相减后的运算结果

图 2-91　线与线相减示例

(2) 面与面相减（图 2-92）

GUI：Main Menu＞Preprocessor＞Modeling＞Operate＞Booleans＞Subtract＞Areas。

(3) 体与体相减（图 2-93）

GUI：Main Menu＞Preprocessor＞Modeling＞Operate＞Booleans＞Subtract＞Volumes。

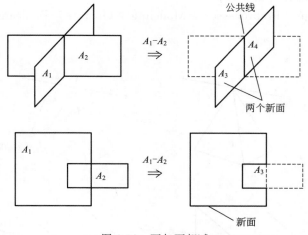

图 2-92 面与面相减

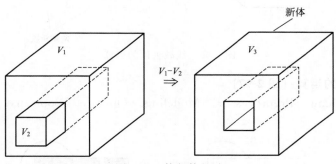

图 2-93 体与体相减

2.6.4 切割运算

切割运算是用一个图形把另一个图形分成两份或多份,它和减运算类似。单击 Main Menu＞Preprocessor＞Modeling＞Operate＞Booleans＞Divide 命令,可展开如图 2-94 所示的切割运算子菜单。

(1) 线减去面的运算 (图 2-95)

GUI:Main Menu＞Preprocessor＞Modeling＞Operate＞Booleans＞Divide＞Line by Area。

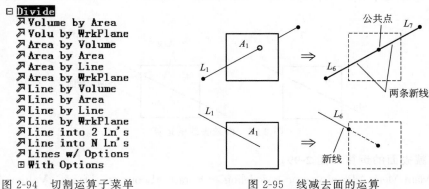

图 2-94 切割运算子菜单　　　　图 2-95 线减去面的运算

(2) 线减去体的运算（图 2-96）

GUI：Main Menu＞Preprocessor＞Modeling＞Operate＞Booleans＞Divide＞Line by Volume。

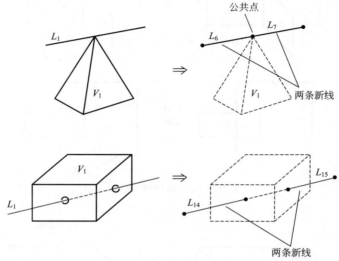

图 2-96　线减去体的运算

(3) 面减去体的运算（图 2-97）

GUI：Main Menu＞Preprocessor＞Modeling＞Operate＞Booleans＞Divide＞Area by Volume。

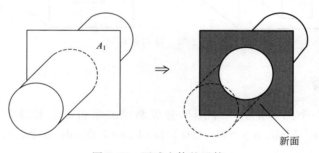

图 2-97　面减去体的运算

(4) 面减去线的运算（图 2-98）

GUI：Main Menu＞Preprocessor＞Modeling＞Operate＞Booleans＞Divide＞Area by Line。

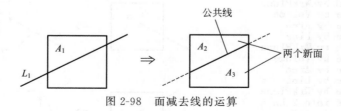

图 2-98　面减去线的运算

(5) 体减去面的运算（图 2-99）

GUI：Main Menu＞Preprocessor＞Modeling＞Operate＞Booleans＞Divide＞Volume by Area。

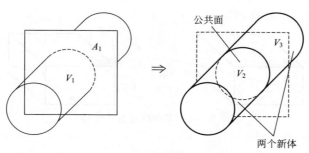

图 2-99 体减去面的运算

图元相减命令有多种输入。可以从多个图元减去一个图元，可以从一个图元减去多个图元，还可以从多个图元减去多个图元。图 2-100 ～ 图 2-107 描述了多个图元的相减。

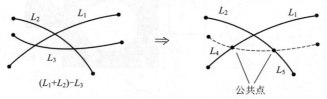

图 2-100 多条线减去一条线

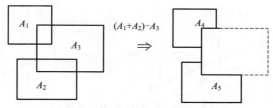

图 2-101 多个面减去一个面

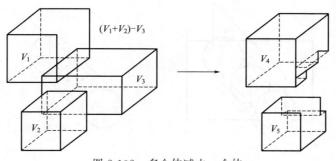

图 2-102 多个体减去一个体

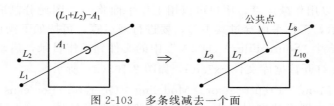

图 2-103 多条线减去一个面

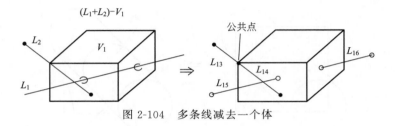

图 2-104 多条线减去一个体

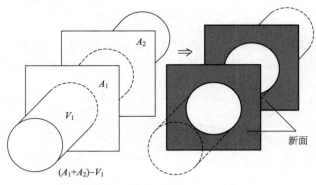

图 2-105 多个面减去一个体

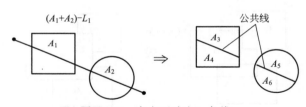

图 2-106 多个面减去一条线

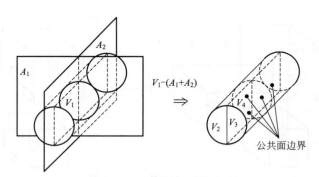

图 2-107 单个体减去多个面

工作平面也可以用作减运算,用户可以用工作平面将一个图元分割成两个或几个图元,如图 2-108(a) 所示,工作平面穿过其中部,要进行减运算,可按如下操作进行。

① 复制随书资料 "SourceFiles\ch02\" 中的文件到工作目录,启动 ANSYS,单击工具栏上的 按钮,打开数据库文件 ex7.db,如图 2-108(a) 所示。

② 选样 Main Menu＞Preprocessor＞Modeling＞Operate＞Booleans＞Divide＞Volu by WrkPlane 命令,弹出图形选取对话框,在图形视窗中选择柱体,单击【OK】按钮,即把

柱体沿工作平面切成了两个，如图 2-108(b) 所示。

> **说明：**
> 工作平面减运算通常针对还没有被划分网格的实体模型。

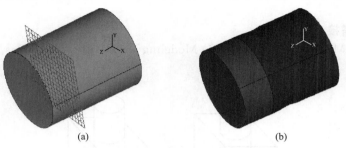

图 2-108　工作平面对体的减运算

用户还可以选择 Main Menu＞Preprocessor＞Modeling＞Operate＞Booleans＞Divide＞Line by WrkPlane 命令，用工作平面切割线，如图 2-109 所示；选择 Main Menu＞Preprocessor＞Modeling＞Operate＞Booleans＞Divide＞Area by WrkPlane 命令，用工作平面切割面，如图 2-110 所示。

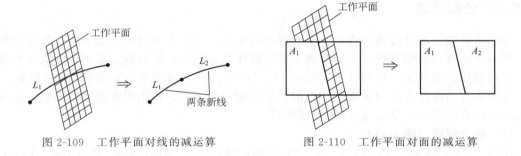

图 2-109　工作平面对线的减运算　　　　图 2-110　工作平面对面的减运算

2.6.5　搭接运算

搭接运算的功能是将两个或多个图元连接，以生成三个或者更多新的图元。搭接运算在搭接域周围与加运算非常类似，搭接运算生成的是多个相对简单的区域，而加运算生成的是一个相对复杂的区域。因此，搭接生成的图元比加运算生成的图元更容易进行网格划分。

搭接运算的操作方法和其他运算类似，单击相应的菜单，弹出图形选取对话框，选择要进行搭接运算的图元，单击【OK】按钮即可。

> **注意：**
> 搭接部分与原图元的级数必须相同，搭接运算才能生效。

（1）线与线搭接（图 2-111）
GUI：Main Menu＞Preprocessor＞Modeling＞Operate＞Booleans＞Overlap＞Lines。
（2）面与面搭接（图 2-112）
GUI：Main Menu＞Preprocessor＞Modeling＞Operate＞Booleans＞Overlap＞Areas。

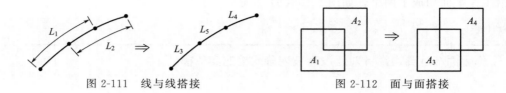

图 2-111　线与线搭接　　　　图 2-112　面与面搭接

(3) 体与体搭接（图 2-113）

GUI：Main Menu＞Preprocessor＞Modeling＞Operate＞Booleans＞Overlap＞Volumes。

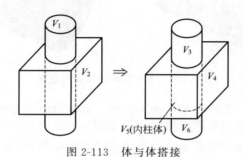

图 2-113　体与体搭接

2.6.6　分割运算

分割运算的功能是将两个或多个图元连接以生成三个或更多新的图元集合。如果分割区域与原始图元有相同的等级，那么分割结果与搭接结果相同；但分割运算不会删除与其他图元没有重叠部分的图元，如图 2-116 所示，V_3 与 V_1、V_2 并无重叠，运算后 V_3 仍保留。

分割运算的操作方法和其他运算类似，单击相应的菜单，弹出图形选取对话柜，依次选择将进行运算的图元，单击【OK】按钮即可。

(1) 线分割线（图 2-114）

GUI：Main Menu＞Preprocessor＞Modeling＞Operate＞Booleans＞Partition＞Lines。

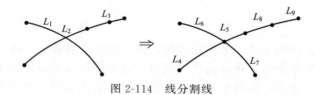

图 2-114　线分割线

(2) 面分割面（图 2-115）

GUI：Main Menu＞Preprocessor＞Modeling＞Operate＞Booleans＞Partition＞Areas。

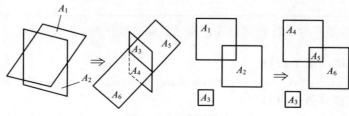

图 2-115　面分割面

(3) 体分割体 (图 2-116)

GUI：Main Menu＞Preprocessor＞Modeling＞Operate＞Booleans＞Partition＞Volumes。

2.6.7 黏结运算

黏结命令的功能与搭接类似，只是图元之间仅在公共边界处相关，且工作边界的图元等级低于原始图元。黏结运算后的图元仍然保持相互独立，只是它们在交界处共用低级图元。如线线黏结，结果是曲线在交界处共用一个关键点。

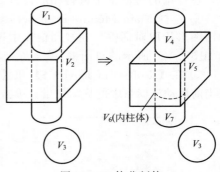

图 2-116 体分割体

黏结运算的操作方法和其他运算类似，单击相应的菜单，弹出图形选取对话框，依次选择要进行运算的图元，单击【OK】按钮即可。

(1) 黏结线 (图 2-117)

GUI：Main Menu＞Preprocessor＞Modeling＞Operate＞Booleans＞Glue＞Lines。

(2) 黏结面 (图 2-118)

GUI：Main Menu＞Preprocessor＞Modeling＞Operate＞Booleans＞Glue＞Areas。

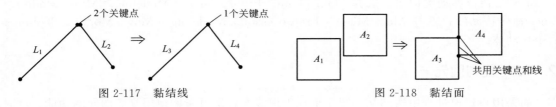

图 2-117 黏结线　　图 2-118 黏结面

(3) 黏结体 (图 2-119)

GUI：Main Menu＞Preprocessor＞Modeling＞Operate＞Booleans＞Glue＞Volumes。

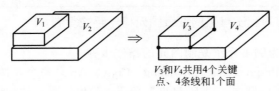

图 2-119 黏结体

2.7 模型修改

图元生成后，常常需要对其进行适当的编辑和修改。ANSYS 提供了对图元进行移动、复制、镜像和缩放等的编辑功能。这样就不需要每次都从头开始生成图元，可以在已经创建的复杂图元（如通过布尔运算得到的图元）的基础上进一步编辑。

2.7.1 移动图元

在 ANSYS 自顶向下建模过程中，有些命令只能直接在工作平面的原点处生成相应的图元。如果用户已经对图元的形体构造满意，但想把图元放到其他位置上，就可以考虑使用移动图元的操作。可以先生成模型，再将其移动到合适的位置。下面以移动一个圆面为例来介绍移动图元的操作步骤。

① 选择 Main Menu＞Preprocessor＞Modeling＞Create＞Areas＞Circle＞Solid Circle 命令，在弹出的对话框中进行相应设置，在工作平面原点处生成一个半径为 8 的圆面。

② 选择 Main Menu＞Preprocessor＞ Modeling＞Move ／Modify＞Areas＞Areas 命令，弹出图形拾取对话框，在视图窗口中选择上一步中生成的圆面，单击【OK】按钮，接着弹出如图 2-120 所示的对话框。

③ 在【X-offset in active CS】和【Y-offset in active CS】文本框中分别输入 "12"，设置面在当前活动坐标系中的移动增量。单击【OK】按钮确认。移动后的圆面如图 2-121 所示。

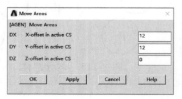

图 2-120 【Move Areas】对话框

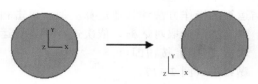

图 2-121 面的移动

用户还可以选择 Main Menu＞Preprocessor＞Modeling＞Move/Modify＞Keypoints＞Set of KPs 命令移动关键点；选择 Main Menu＞Preprocessor＞Modeling＞Move/Modify＞Lines 命令移动线；选择 Main Menu＞Preprocessor＞Modeling＞Move/Modify＞Volumes 命令移动体。

2.7.2 复制图元

如果用户建模过程中遇到某一图元重复出现多次，即可考虑使用复制图元的功能。这时只需要对重复的图元生成一次，然后在需要的位置或方向上复制即可。

🔧 说明：

复制高级图元时，附属于其上的低级图元将一起被复制。

以前面生成的圆面为例来介绍复制图元的操作步骤。

① 择 Main Menu＞Preprocessor＞Modeling＞Copy＞Areas 命令，弹出图形拾取对话框。接着在图形视窗中选择生成的圆面，单击【OK】按钮，弹出如图 2-122 所示的设置对话框。

② 在【Number of copies】文本框中输入复制的数量 "4"（包括现有的图元），在【X-offset in active CS】文本框中输入当前活动坐标系中的 X 增量 "16"，然后单击【OK】按钮确认。此时已经新生成三个圆面，位置如图 2-123 所示。

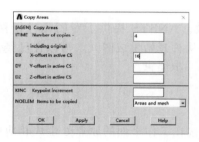

图 2-122 【Copy Areas】对话框

图 2-123 复制生成面

用户还可以选择 Main Menu＞Preprocessor＞Modeling＞Copy＞Keypoints 命令复制关键点；选择 Main Menu＞Preprocessor＞Modeling＞Copy＞Lines 命令复制线；选择 Main Menu＞Preprocessor＞Modeling＞Copy＞Volumes 命令复制体。

2.7.3 镜像图元

对于一些本身对称的模型，可以先生成一部分模型，再通过镜像功能生成模型的另一部分，这对于复杂的模型非常有用。

接着上面生成的四个圆面介绍镜像图元操作步骤。

① 选择 Main Menu＞Preprocessor＞Modeling＞Reflect＞Areas 命令，弹出图形拾取对话框，在图形视窗中选择所有的面，单击【OK】按钮确认。接着弹出如图 2-124 所示的设置对话框。

② 选择【Plane of symmetry】（对称平面）为【X-Z plane】，设置 X-Z 平面为对称平面；在【Existing areas will be】下拉列表框中选择【Copied】，然后单击【OK】按钮确认。此时新生成了四个圆面，如图 2-125 所示。

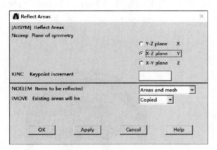

图 2-124 【Reflect Areas】对话框

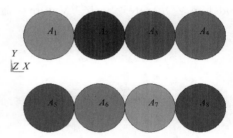

图 2-125 镜像生成面

> 说明：
>
> 在图 2-124 的对话框中，如果选择【Existing areas will be】为【Moved】，则原始的面将被删除，相当于移动镜像。

用户还可以选择 Main Menu＞Preprocessor＞Modeling＞Reflect＞Keypoints 命令镜像关键点；选择 Main Menu＞Preprocessor＞Modeling＞Reflect＞Lines 命令镜像线；选择 Main Menu＞Preprocessor＞Modeling＞Reflect＞Volumes 命令镜像体。

2.7.4 缩放图元

已生成的图元还可以进行放大和缩小。ANSYS 用当前活动坐标系的坐标轴方向来定义图元缩放的方向。如在全局笛卡儿坐标系下，则运用实体的 X、Y 和 Z 坐标；在柱坐标系下，X、Y 和 Z 坐标分别代表 R、θ 和 Z；在球坐标系下，X、Y 和 Z 则分别代表 R、θ 和 φ。

接着上面生成的圆面介绍缩放的操作步骤。

① 单击 Main Menu＞Preprocessor＞Modeling＞Operate＞Scale＞Areas 菜单，弹出图形拾取对话框，在图形视窗中选择 $A_1 \sim A_4$ 四个圆面，单击【OK】按钮，将弹出如图 2-126 所示的设置对话框。

② 在【Scale factors】三个文本框中分别输入当前坐标系所代表的 X、Y 和 Z 方向的缩放因子（取值为 0～1 之间），如"0.8"、"0.8"和"1"；在【Existing areas will be】下拉列表框中选择【Moved】，删除原来的面，然后单击【OK】按钮确认即可。缩放后的结果如图 2-127 所示。

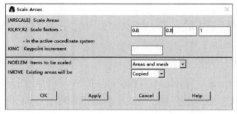

图 2-126 【Scale Areas】对话框

图 2-127 面的缩放

用户还可以选择 Main Menu＞Preprocessor＞Modeling＞Operate＞Scale＞Keypoints 命令缩放关键点，如图 2-128(a) 所示；可以选择 Main Menu＞Preprocessor＞Modeling＞Operate＞Scale＞Lines 命令缩放线，如图 2-128(b) 所示；可以选择 Main Menu＞Preprocessor＞Modeling＞Operate＞Scale＞Volumes 命令缩放体，如图 2-128(c) 所示。

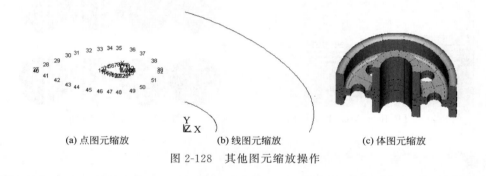

(a) 点图元缩放　　(b) 线图元缩放　　(c) 体图元缩放

图 2-128 其他图元缩放操作

2.7.5 转换图元坐标系

如果用户需要将图元从一个坐标系转换到另一个坐标系，可考虑使用此功能。下面以面为例介绍操作步骤。

① 选择 Main Menu＞Preprocessor＞Modeling＞Move/Modify＞Transfer Coord＞Areas 命令，弹出图形拾取对话框，选择要转换坐标系的面，单击【OK】按钮，将弹出如图 2-129 所示的对话框。

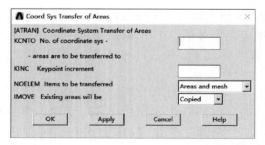

图 2-129 【Coord Sys Transfer of Areas】对话框

② 在【No. of coordinate sys】文本框中输入转换的坐标系号，如定义了编号为 11 的局部坐标系，可输入"11"。单击【OK】按钮确认即可。

用户还可以选择 Main Menu＞Preprocessor＞Modeling＞Move/Modify＞Transfer Coord＞Keypoints 命令对关键点进行坐标转换；选择 Main Menu＞Preprocessor＞Modeling＞Move/Modify＞Transfer Coord＞

Lines 命令对线进行坐标转换；选择 Main Menu＞Preprocessor＞Modeling＞Move/Modify＞Transfer Coord＞Volumes 命令对体进行坐标转换。

2.8 运用组件

组件（Components）是用于方便选择或者取消选择的一些几何实体的集合。一个实体可以是以下几种实体类型：节点、单元、关键点、线、面和体，而一个组件只能是一种实体类型。一个实体可以同时属于不同的组件。用户使用组件可以方便地在 ANSYS 的各个模块进行选择和取消选择。

组件可以进一步组合成为部件（Assemblies），也就是说部件是组件的集合。部件也是为了方便用户选择。无论是组件还是部件，当删除组件部件中的实体后，组件或部件都会自动更新。

2.8.1 组件和部件的操作

假定用户已经建立了一个体，要进行组件和部件的操作，选择 Utility Menu＞Select＞Components Manager 命令，弹出如图 2-130 所示的组件管理对话框。在这个对话框中，用户可以对组件和部件进行相应的操作，如定义组件、定义部件、删除组件或部件、选择组件或部件和取消选择组件或部件等。

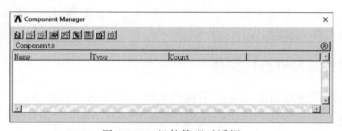

图 2-130　组件管理对话框

（1）定义组件

单击 ![btn] 按钮，弹出如图 2-131 所示的【Create Component】对话框。在【Create from】中选择定义组件的类型（体、面、线、关键点、单元或节点）；在下部文本框中输入要定义组件的名称（用户可以随意选择，易记就行如【volu＿1】）；中间的【Pick entities】为选择方式，如果选中，则会弹出图形拾取对话框，等待用户用鼠标选择相应类型的实体，如果未选中，则默认把当前选择集中的实体定义为组件。按上述操作定义了三个组件后的组件管理器如图 2-132 所示。

图 2-131　【Create Component】
　　　　对话框

（2）定义部件

首先按【SHIFT】键选中要生成部件的组件，单击 ![btn] 按钮，弹出如图 2-133 所示的【Create Assembly】对话框。在【Assembly name】文本框中输入部件名称，单击【OK】按钮即可。

（3）修改组件或部件名称

先选中要修改的组件或部件，然后单击 ![btn] 按钮，弹出如图 2-134 所示的对话框，在文本框中输入新的组件或部件名，单击【OK】按钮即可。

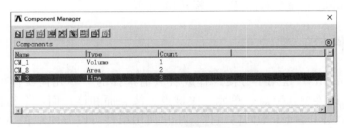

图 2-132　组件定义结果

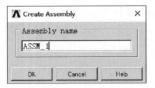　　　　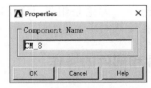

图 2-133　【Create Assembly】对话框　　　图 2-134　【Properties】对话框

（4）删除、显示组件或部件

删除组件或部件时，先选中要删除的组件或部件，单击 按钮即可。

显示组件或部件时，先选中要显示的组件或部件，单击 按钮图形显示组件或部件；单击按钮列表显示组件或部件。

2.8.2　通过组件和部件选择实体

用户定义组件或部件的目的就是为了选择方便，选择的方法如下。

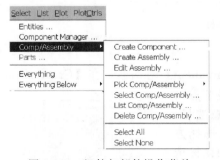

图 2-135　组件与部件操作菜单

① 选择 Utility Menu＞Select＞Components Manager 命令，打开组件管理器。

② 在列表框中选中要选择的组件或部件，然后单击按钮即可；如要从当前选择集中取消选择某个组件或部件，选中组件，单击按钮即可。

此外 ANSYS 还提供了另外一种对组件和部件选择的方式，读者可以自己试着操作。其菜单路径为 Utility Menu＞Select＞Comp/Assembly，如图 2-135 所示。

2.9　自顶向下实体建模实例 1——轴承座实体建模

对如图 2-136 所示的轴承座进行实体建模。具体练习创建实体的方法、工作平面的平移及旋转、布尔运算及模型体素的合并等。通过这个实例分析，可进一步掌握 2.1～2.6 节的主要内容。

根据轴承座的几何特点，建模的时候根据其对称性只需建立模型的一半，然后利用镜像操作完成另一半对称的模型。具体操作过程如下。

（1）定义工作文件名及工作标题

① 启动 ANSYS，单击 Utility Menu＞File＞Clear & Start New，弹出一个对话框，作

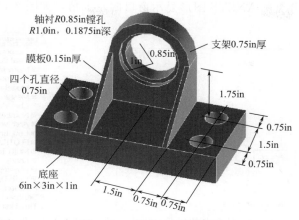

图 2-136　轴承座三维模型

用为清除当前数据库并开始新的分析，如图 2-137 所示。单击【OK】按钮，则当前数据库被清除，同时新一轮分析开始。

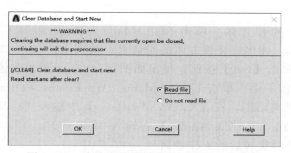

图 2-137　清除当前数据库并开始新一轮分析

② 创建工作文件名。单击 Utility Menu＞File＞Change Jobname，弹出【Change Jobname】对话框。在【Enter new jobname】文本框中输入"Bearing"作为本分析的工作文件名，同时选取【New log and error files】单选框，如图 2-138 所示，并单击【OK】按钮。则工作文件名创建完毕，并显示于 ANSYS 主界面的标题栏上，如图 2-139 所示。

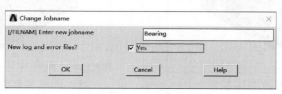

图 2-138　创建工作文件名

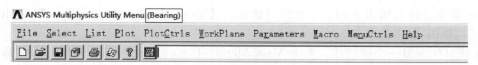

图 2-139　工作文件名的显示

③ 创建工作标题。选择 Utility Menu＞File＞Change Title 菜单命令，弹出【Change Title】对话框，在【Enter new title】文本框中输入"The support model of axle"，并单击

【OK】按钮，则标题出现在 ANSYS 图形显示窗口的左下角，如图 2-140 所示。

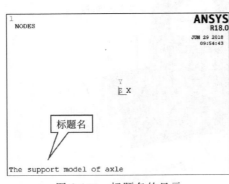
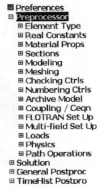

图 2-140　标题名的显示　　　　　图 2-141　展开前处理器子菜单

（2）创建基座模型

① 进入前处理模块，单击 Main Menu＞Preprocessor，进入前处理器并展开其子菜单项，如图 2-141 所示。

② 生成基座部分的长方体。单击 Main Menu＞Preprocessor＞Create＞Volumes＞Block＞By Dimensions，弹出定义长方体的对话框，输入 X1＝0，X2＝3，Y1＝0，Y2＝1，Z1＝0，Z2＝3，然后单击【OK】按钮，得出如图 2-142 所示的长方体。

③ 平移并旋转工作平面。单击 Utility Menu＞WorkPlane＞Offset WP by Increments，弹出工作平面平移旋转对话框，在【X，Y，Z Offsets】中输入 "2.25，1.25，0.75"，点击【Apply】；同时在【XY，YZ，ZX Angles】中输入 "0，－90，0"，单击【OK】按钮，得出如图 2-143 所示的平移旋转后的工作平面。

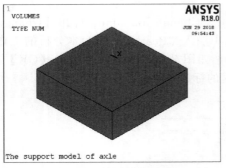
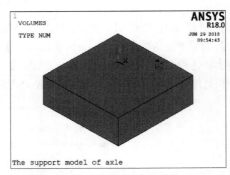

图 2-142　生成的长方体　　　　　图 2-143　平移旋转后的工作平面

④ 创建圆柱体。单击 Main Menu＞Preprocessor＞Create＞Volumes＞Cylinder＞Solid Cylinder 命令，弹出如图 2-144 所示的对话框，【Radius】输入 "0.375"，【Depth】输入 "－1.5"，单击【OK】按钮。

⑤ 拷贝生成另一个圆柱体。单击 Main Menu＞Preprocessor＞Copy＞Volume 命令，弹出如图 2-145 所示的对话框，在图形上拾取圆柱体，点击【Apply】，然后在 DZ 后面的输入栏中输入 "1.5"，单击【OK】按钮。生成的结果如图 2-146 所示。

⑥ 从长方体中减去两个圆柱体。单击 Main Menu＞Preprocessor＞Modeling＞Operate＞Booleans＞Subtract＞Volumes 命令，首先拾取被减的长方体，点击【Apply】，然后拾取要

减去的两个圆柱体,并单击【OK】按钮。生成的结果如图 2-147 所示。

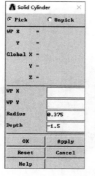

图 2-144 生成圆柱体对话框

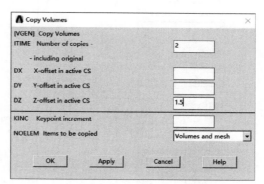

图 2-145 拷贝圆柱体对话框

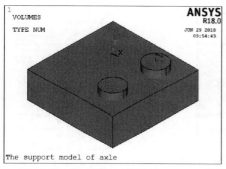

图 2-146 生成的圆柱体

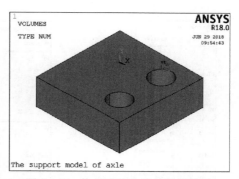

图 2-147 体相减操作后的结果显示

⑦ 使工作平面与总体笛卡儿坐标系一致。单击 Utility Menu>WorkPlane>Align WP with>Global Cartesian 命令。

(3) 生成支撑部分

① 显示工作平面。单击 Utility Menu>WorkPlane>Display Working Plane (toggle on) 命令。

② 生成块。单击 Main Menu>Preprocessor>Modeling>Create>Volumes>Block>By 2 Corners & Z 命令,弹出如图 2-148 所示的对话框,输入数据如图所示,单击【OK】按钮。生成的结果如图 2-149 所示。

③ 保存数据。单击工具栏上的【SAVE_DB】按钮。

④ 偏移工作平面到轴瓦支架的前表面。单击 Utility Menu>WorkPlane>Offset WP to>Keypoints 命令,在刚刚创建的实体块的左上角拾取关键点,然后单击【OK】按钮。

⑤ 创建轴瓦支架的上部。单击 Main Menu>Preprocessor>Modeling>Create>Volumes>Cylinder>Partial Cylinder 命令,弹出图 2-150 所示的对话框,按图示输入相应数值,然后单击【OK】按钮。

⑥ 在轴承孔的位置创建圆柱体为布尔操作生成轴孔作准备。单击 Main Menu>Preprocessor>Modeling>Create>Volumes>Cylinder>Solid Cylinder 命令。弹出一个图 2-151 所示的对话框,在其输入栏中输入相应的数值,单击【Apply】按钮,又弹出如图 2-152 所示的对话框,同样输入相应的数值,单击【OK】按钮,生成的结果如图 2-153 所示。

86 ANSYS18.0机械与结构有限元分析实例教程

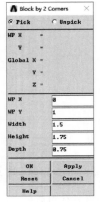

图 2-148　【Block by 2 Corners】对话框

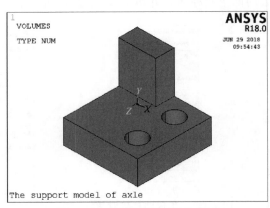

图 2-149　支撑部分长方体模型

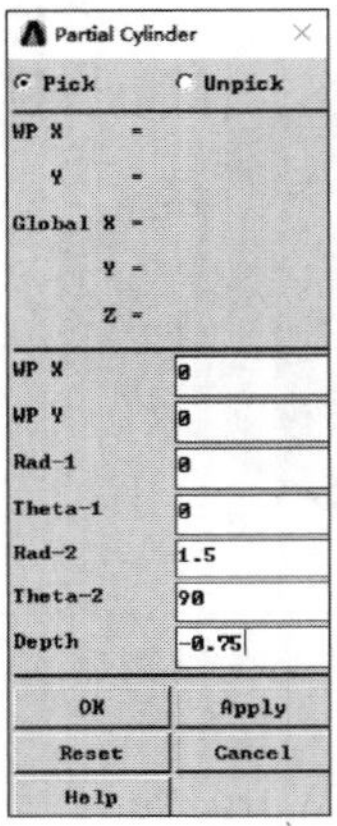

图 2-150　生成圆柱体对话框 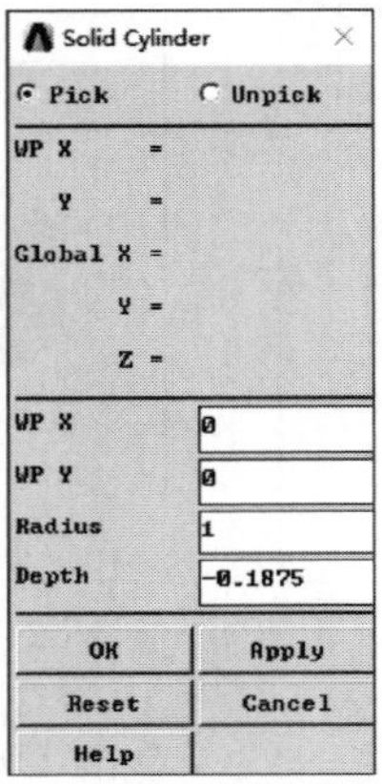　　图 2-151　生成大圆柱体对话框 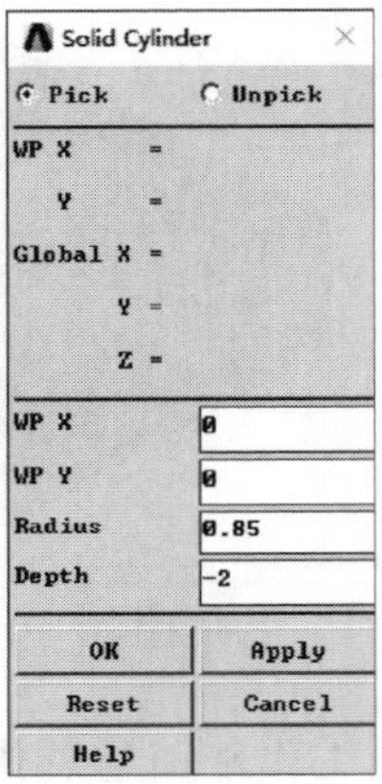　　图 2-152　生成小圆柱体对话框

⑦ 从轴瓦支架"减"去圆柱体形成轴孔。单击 Main Menu＞Preprocessor＞Modeling＞Operate＞Subtract＞Volumes 命令，拾取构成轴瓦支架的两个体，作为布尔"减"操作的母体。单击【Apply】按钮，拾取大圆柱作为"减"去的对象。单击【Apply】按钮，拾取支架中的两个体，单击【Apply】按钮，拾取小圆柱体，单击【OK】按钮，生成的结果如图 2-154 所示。

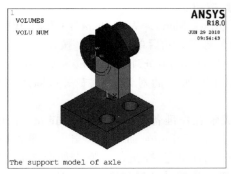

图 2-153　在轴孔位置生成的两个圆柱体模型

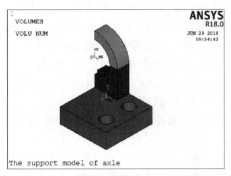

图 2-154　体相减操作后生成的轴孔

⑧ 合并重合的关键点。单击 Main Menu＞Preprocessor＞Numbering Ctrls＞Merge Items 命令，将【Label】设置为【Keypoints】，单击【OK】按钮。

⑨ 在底座的上部前面边缘线的中点创建一个关键点。单击 Main Menu＞Preprocessor＞Modeling＞Create＞Keypoints＞KP between KPs 命令，拾取底座上编号为 7、8 的两个关键点，单击【OK】按钮，弹出如图 2-155 所示的对话框，输入相应的数值，单击【OK】按钮。

(4) 生成三棱柱

① 由关键点生成面。单击 Main Menu＞Preprocessor＞Modeling＞Create＞Areas＞Arbitrary＞Through KPs 命令，弹出一个拾取框，在图形上拾取轴承孔座与整个基座的交点，拾取轴承孔上下两个体的交点，拾取基座上步建立的关键点，单击【OK】按钮完成三角形侧面的建模。

② 拉伸三角面形成一个三棱柱。单击 Main Menu＞Preprocessor＞Modeling＞Operate＞Extrude＞Areas＞Along Normal 命令，拾取三角面，单击【OK】

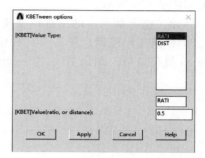

图 2-155 【KBETween options】对话框

按钮，弹出如图 2-156 所示的对话框，在【DIST】后输入"－0.15"，单击【OK】按钮。生成的结果如图 2-157 所示。

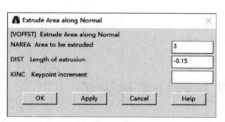

图 2-156 面拉伸对话框

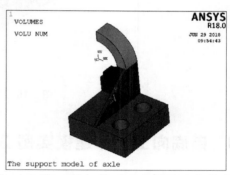

图 2-157 生成的图形显示

③ 保存数据。单击工具栏上的【SAVE_DB】按钮。

④ 镜像生成体。Main Menu＞Preprocessor＞Modeling＞Reflect＞Volumes 命令，弹出一个拾取框，单击【Pick All】按钮，又弹出如图 2-158 所示的对话框，拾取【Y-Z plane X】前的单选按钮，单击【OK】按钮。生成的结果如图 2-159 所示。

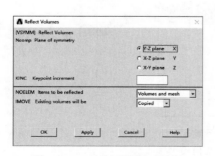

图 2-158 对称面选择对话框

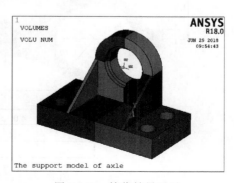

图 2-159 镜像结果显示

⑤ 关闭工作平面显示。单击 Utility Menu＞WorkPlane＞Display Working Plane（toggle off）命令。

⑥ 布尔加运算所有体生成最终模型。单击 Main Menu＞Preprocessor＞Modeling＞Operate＞Booleans＞Add＞Volumes 命令，在弹出的图形对话框中拾取【Pick All】按钮，选择所有的体，然后单击【OK】按钮，把所有的体融合到一起。生成的最终轴承座实体模型结果如图 2-160 所示。

至此，整个轴承座的三维模型便建立起来了。

⑦ 存储几何模型。单击工具栏中的【SAVE＿DB】按钮存盘。另外，还可选择 File＞Save as 另存备份，如命名为"Bearinggeom"。

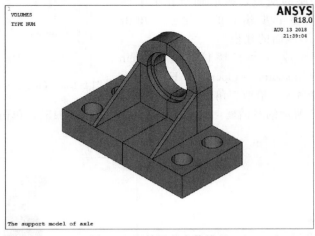

图 2-160　轴承座实体模型

2.10　自底向上实体建模实例 2——汽车连杆实体建模

对截面为如图 2-161 所示的汽车连杆进行实体建模，图中尺寸单位为 in，连杆厚度为 0.5in，要求根据对称性，建立连杆的一半模型，熟悉自底向上建模的过程。

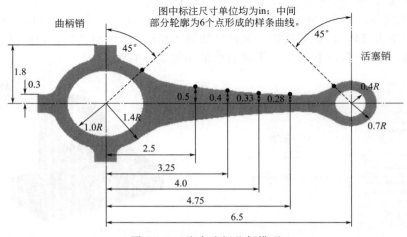

图 2-161　汽车连杆几何模型

(1) 定义工作文件名及工作标题

① 创建工作文件名。单击 Utility Menu＞File＞Change Jobname 命令，弹出【Change Jobname】对话框。在【Enter new jobname】文本框中输入"rod"作为本分析的工作文件名，同时选取【New log and error files】单选框，并单击【OK】按钮。

② 创建工作标题。选择 Utility Menu＞File＞Change Title 菜单命令，弹出【Change Title】对话框，在【Enter new title】文本框中输入"The model of rod"，并单击【OK】按钮，则标题出现在 ANSYS 图形显示窗口的左下角。

(2) 创建大头孔两个圆形面

单击 Main Menu＞Preprocessor＞Modeling＞Create＞Areas＞Circle＞By Dimensions，弹出如图 2-162 所示的对话框，在对话框中输入 RAD1=1.4，RAD2＝1，THETA1＝0，THETA2＝180，然后选择【Apply】，弹出如图 2-163 所示的对话框，在对话框中输入 RAD1＝1.4，RAD2＝1，THETA1＝45，THETA2＝180，然后选择【OK】。

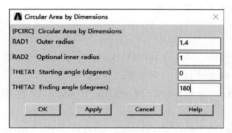
图 2-162　圆面创建对话框（一）

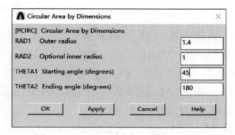
图 2-163　圆面创建对话框（二）

单击 Utility Menu＞PlotCtrls＞Numbering，设置面号为"on"，然后单击【OK】按钮。所创建的大头孔半圆面如图 2-164 所示。

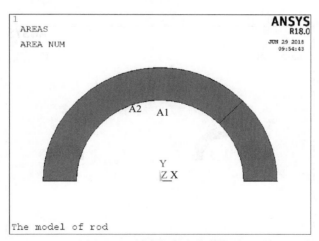
图 2-164　创建的大头孔半圆面

(3) 创建大头孔两个矩形面

选择 Main Menu＞Preprocessor＞Modeling＞Create＞Areas＞Rectangle＞By Dimensions，在弹出的对话框中输入 X1＝−0.3，X2＝0.3，Y1＝1.2，Y2＝1.8，然后选择【Apply】按钮，接着输入 X1＝−1.8，X2＝−1.2，Y1＝0，Y2＝0.3，然后单击【OK】按钮。创建的矩形面如图 2-165 所示。

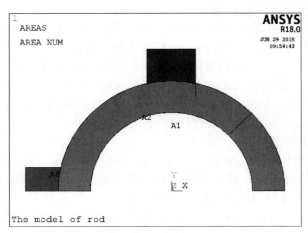

图 2-165 创建的大头孔矩形面

(4) 创建小头孔两个圆形面:

选择 Utility Menu>WorkPlane>Offset WP to>XYZ Locations +,回车后在输入窗口输入 "6.5",然后单击【OK】按钮。将工作平面移到 $X=6.5$ 的位置。

选择 Utility Menu>WorkPlane>Change Active CS to>Working Plane,设置工作平面所在的坐标系为激活坐标系。

选择 Main Menu>Preprocessor>Modeling>Create>Areas>Circle>By Dimensions,弹出如图 2-162 所示的对话框,在对话框中输入 RAD1=0.7,RAD2=0.4,THETA1=0,THETA2=180,然后选择【Apply】,弹出如图 2-163 所示的对话框,在对话框中输入 RAD1=0.7,RAD2=0.4,THETA1=0,THETA2=135,然后选择【OK】。所创建的圆面如图 2-166 所示。

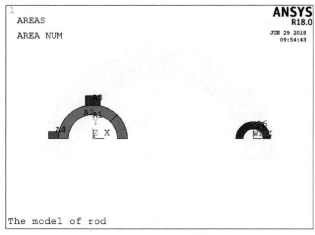

图 2-166 创建的小头孔圆面

在每一组面上分别进行面搭接布尔操作。选择 Main Menu>Preprocessor>Modeling>Operate>Booleans>Overlap>Areas,先选择左边的一组,拾取编号为 A_1、A_2、A_3 和 A_4 的面,单击【Apply】,再选择右边的一组编号为 A_5 和 A_6 的面,然后选择【OK】按钮。图 2-167 所示为经过布尔运算后的圆面。

选择 Utility Menu>WorkPlane>Change Active CS to>Global Cartesian,把当前活动

坐标系转成总体笛卡儿坐标系。

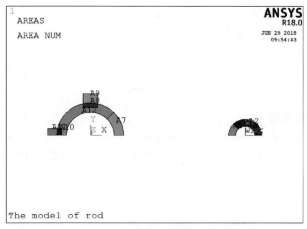

图 2-167 经过布尔运算后的圆面

(5) 创建样条曲线和直线并显示

选择 Main Menu＞Preprocessor＞Modeling＞Create＞Keypoints＞In Active CS，输入第一关键点，$X=2.5$，$Y=0.5$，然后选择【Apply】；输入第二关键点，$X=3.25$，$Y=0.4$，然后选择【Apply】；输入第三关键点，$X=4$，$Y=0.33$，然后选择【Apply】；输入第四关键点，$X=4.75$，$Y=0.28$，然后单击【OK】按钮。定义 4 个新的关键点。

选择 Utility Menu＞PlotCtrls＞Numbering，设置面号为"off"，关闭面编号控制，然后单击【OK】按钮。

选择 Main Menu＞Preprocessor＞Modeling＞Create＞Lines＞Splines＞Spline thru KPs，顺序拾取图 2-168 窗口所示的六个关键点，然后单击【OK】按钮，创建出样条曲线。

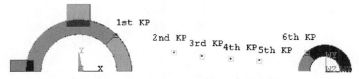

图 2-168 通过 6 个关键点创建的样条曲线

选择 Main Menu＞Preprocessor＞Modeling＞Create＞Lines＞Lines＞Straight Line，拾取图 2-169 窗口所示的两个关键点，然后单击【OK】按钮，创建出通过关键点 1 和 18 的一条直线。

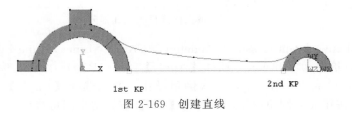

图 2-169 创建直线

选择 Utility Menu＞PlotCtrls＞Numbering...，设置 Line numbers 为"on"，然后单击【OK】按钮，打开线的编号。选择 Utility Menu＞Plot＞Lines，显示所有的线，如图 2-170 所示。

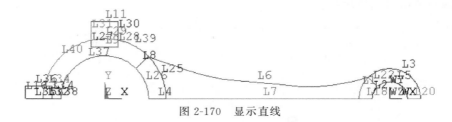

图 2-170 显示直线

(6) 创建连杆中间截面

选择 Main Menu＞Preprocessor＞Modeling＞Create＞Areas＞Arbitrary＞By Lines，按顺序依次拾取四条线（L_6、L_1、L_7 和 L_{25}），然后单击【OK】按钮。创建出如图 2-171 所示的连杆中间截面。

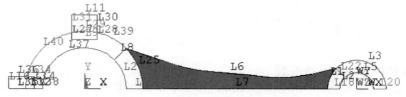

图 2-171 创建的连杆中间截面

(7) 创建连杆大头孔圆弧倒角面

选择 Utility Menu＞PlotCtrls＞Pan, Zoom, Rotate...，单击【Box Zoom】按钮，然后拾取连杆左面大头孔部分，单击完成放大操作。图 2-172 所示为放大的连杆大头孔部分。

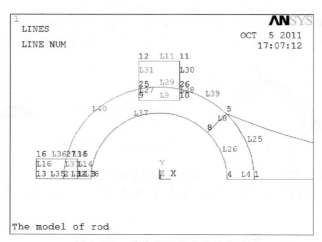

图 2-172 放大的连杆大头孔部分

选择 Main Menu＞Preprocessor＞Modeling＞Create＞Lines＞Line Fillet，对线与线相交部分进行倒角。拾取 L_{36} 和 L_{40}，选择【Apply】，输入 RAD＝0.25，完成倒角操作；接着选择【Apply】，拾取 L_{40} 和 L_{31}，完成倒角操作；继续选择【Apply】，拾取 L_{30} 和 L_{39} 后，选择【OK】按钮完成倒角操作，最后按【OK】按钮结束倒角命令。

选择 Main Menu＞Preprocessor＞Modeling＞Create＞Areas＞Arbitrary＞By Lines，通过线围成面。拾取 L_{12}、L_{10} 和 L_{13}，然后选择【Apply】；拾取 L_{17}、L_{15} 和 L_{19}，然后选择【Apply】；拾取 L_{23}、L_{21} 和 L_{24}，然后单击【OK】按钮，生成如图 2-173 所示的新面。

(8) 生成汽车连杆二维实体模型

选择 Main Menu＞Preprocessor＞Modeling＞Operate＞Booleans＞Add＞Areas，拾取所有面，把所有的面加起来。

选择 Utility Menu＞PlotCtrls＞Pan, Zoom, Rotate...，按【Fit】按钮，使整个模型充满图形窗口。

选择 Utility Menu＞PlotCtrls＞Numbering，设置线号和面号为"off"，然后单击【OK】按钮。关闭线号和面号。所生成的汽车连杆二维实体模型如图 2-174 所示。

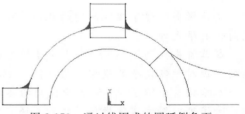

图 2-173 通过线围成的圆弧倒角面

存储二维连杆实体模型。选择 File＞Save as，输入存储的文件名为"Rod2DGeom"。

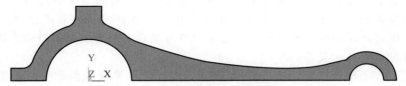

图 2-174 汽车连杆二维实体模型

(9) 生成汽车连杆三维实体模型

拉伸二维连杆模型，生成三维连杆实体模型。选择 Main Menu＞Preprocessor＞Modeling＞Operate＞Extrude＞Areas＞Along Normal 命令，弹出选取图形对话框，选择连杆，弹出如图 2-175 所示对话框。在文本框【Length of extrusion】中输入"0.5"，单击【OK】按钮。点击右侧工具栏 按钮，改变观察角度为等轴侧方向，如图 2-176 所示为最后生成的三维连杆实体模型。

存储三维连杆实体模型。选择 File＞Save as，输入存储的文件名为"Rod3DGeom"。

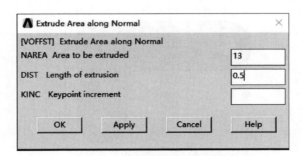

图 2-175 设置拉伸厚度及方向

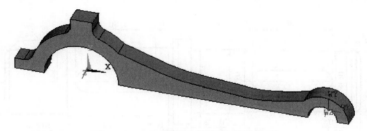

图 2-176 生成的三维连杆实体模型

本章小结

实体模型体现了实际问题的几何特征，合理地创建实体模型可以更好地反映实际问题并能简化有限元计算。

本章首先提到了 ANSYS 中实体模型创建的三种方法，虽然在 ANSYS 中可以构建很多模型，但对于较复杂的模型，用其他 CAD 软件创建并导入到 ANSYS 中则更为方便。

本章接着介绍了 ANSYS 中使用的各种坐标系以及工作平面的概念及相关操作。其中坐标系除了可以用于实体模型定位外，还在材料属性、载荷方向的定位上有重要作用。而工作平面的主要作用是用于实体模型的创建，值得指出的是 ANSYS 许多基本模型的创建都是基于工作平面上的，由于工作平面的坐标系可以完全不同于总体坐标系统或者用户自定义的坐标系，所以在创建模型时，一定要看清楚该模型是否是在工作平面上创建的。

介绍完坐标系和工作平面后，重点讲述了实体模型各级对象的相关操作。内容虽然较多，但概念都很简单，须注意的是读者一定要理解自底向上和自顶向下两种建模方法以及高级对象与低级对象之间的关系。

为了构建更为复杂的模型，ANSYS 提供了布尔运算以完成模型之间的各类组合。完成布尔运算后，各级对象的编号会发生变化。若通过编号来选择对象的话，必须知道布尔操作后的对象编号。本章最后还通过轴承座和汽车连杆的实体建模实例来进一步加深对实体建模操作方法的理解。

从总体看，本章的重点在于坐标系和布尔运算，需要读者在实际操作中慢慢熟练掌握。

练 习 题

① 采用自顶向下的实体建模方法创建如图 2-177 所示的实体模型。

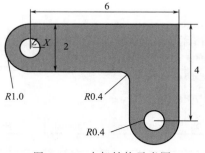

图 2-177　支架结构示意图

② 采用自底向上的实体建模方法创建如图 2-178 和图 2-179 所示的实体模型。

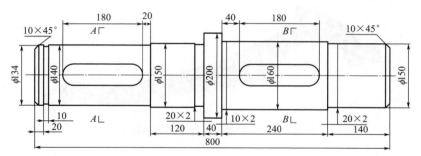

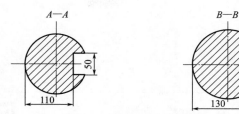

图 2-178 轴类零件的二维平面图

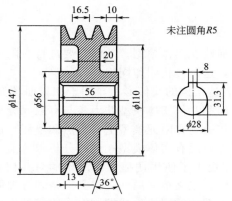

图 2-179 传动带轮的二维平面图

第 3 章
网格划分

第 2 章中主要介绍了如何建立实体模型。然而，要进行有限元分析，还需要将实体模型转化为能够直接计算的网格，这种转化叫作网格划分。

ANSYS 以数学的方式表达结构的几何形状，用于在里面填充节点和单元，还可以在几何边界上方便地施加载荷，但是几何实体模型并不参与有限元分析，所有施加在有限元边界上的载荷或约束，必须最终传递到有限元模型上（节点和单元）进行求解。

除直接生成有限元模型外，所有实体模型在进行分析求解前，必须先对其划分网格，生成有限元模型。ANSYS 程序提供了使用便捷、高质量的对几何模型进行网格划分的功能。基本的划分过程分为 3 个步骤：定义单元属性、定义网格划分控制、生成网格。其中定义网格划分控制不是必需的，因为默认的网格生成控制对多数模型生成都是合适的。

本章从网格划分的基础过程讲起，详细介绍如何进行单元、节点的生成控制，如何对不同图元进行网格划分以及如何检查和修改网格。文中还详细介绍了节点和单元的定义方法，使读者尽快地掌握直接法生成有限元模型的基本思路。最后，通过两个实例让读者进一步熟悉网格划分的基本过程。

3.1 定义单元属性

定义单元属性对于网格划分来说是必不可少的，它不仅影响到网格划分，而且对求解的精度也有很大影响。定义单元属性的操作主要包括生成单元属性表（单元类型、实常数、材料属性、单元坐标系等）和设置单元属性指针。

3.1.1 定义单元类型

有限元分析过程中，对于不同的问题，需要应用不同特性的单元。同时，每一种单元也是专门为有限元问题而设计的。因此在进行有限元分析之前，选择和定义适合自己问题的单元类型是非常必要的。单元选择不当，将直接影响到计算能否进行和结果的精度。

ANSYS 的单元库中提供的单元类型几乎能解决大部分常见的工程实际问题。每个单元都有唯一的编号，并按类型进行了分类，如 BEAM188、SHELL28 和 SOLID187 等。

> **说明：**
> 低版本的 ANSYS 中的单元类型有很多在 ANSYS18.0 中不是不推荐使用或不存在，而是通过用相应的单元类型进行了替代，如 PLANE 183 代替 PLANE 82。如读者仍需使用这些替换过的单元，可通过命令流方式添加。这点请读者注意。

关于单元类型的选择，读者可结合自己的专业知识进行选择，并可参考 ANSYS 自带的帮助文件。下面用 GUI 的方式介绍定义单元类型的常用操作步骤。

① 选择 Main Menu＞Preprocessor＞Element Type＞Add/Edit/Delete 命令，弹出如图 3-1 所示的【Element Types】对话框。此时列表框中显示【NONE DEFINED】表示没有任何单元被定义。

② 单击【Add...】按钮，弹出如图 3-2 所示的【Library of Element Types】对话框。可以看到，列表框中列出了单元库中的所有单元类型。左侧列表框中显示的是单元的分类，右侧列表框为单元的特性和编号，选择单元时应该先明确自己要定义的单元类型，如 Link、Beam、Pipe 和 Solid 等，然后就很容易从右边的列表框中找到合适的单元。

③ 在图 3-2 左侧列表框中选择【Solid】，则右侧列表框中将显示所有的 Solid 单元，如【Brick 8 node 185】，即为 SOLID185 单元。选中此单元，并在【Element type reference number】文本框中输入单元参考号，默认为"1"，单击【OK】按钮即可。

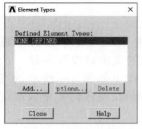
图 3-1 【Element Types】对话框

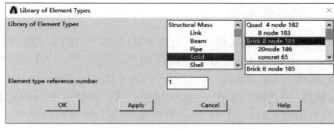
图 3-2 【Library of Element Types】对话框

④ 此时，单击【Apply】按钮，可继续添加别的单元类型，同时【Element type reference number】文本框中的数值将自动变为"2"。用户可以仿照前面介绍的方法，定义一个 PLANE182 单元，单击【OK】按钮后，返回单元类型对话框，如图 3-3 所示。

⑤ 如用户想删除单元类型，在图 3-3 所示的对话框中选中单元，单击【Delete】按钮即可。

对于不同的单元有不同的选择设置。例如刚才定义的 PLANE182 单元，在图 3-3 所示的对话框中，选中 PLANE182，单击【Options...】按钮，将弹出如图 3-4 所示的【PLANE182 element type options】对话框。PLANE182 单元只有三个选项，分别为【K1】、【K3】和【K6】，选择【K3】为【Plane strs w/thk】，选项的设置及具体含义在这里不作介绍，感兴趣的读者可查 ANSYS 帮助命令。

图 3-3 定义的单元类型

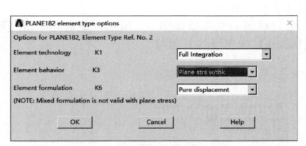
图 3-4 SOLID185 单元选项

用户还可以选择 Utility Menu＞List＞Properties＞Element Types 命令，列表显示所有定义的单元类型，如图 3-5 所示。

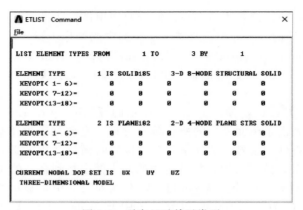

图 3-5 列表显示单元类型

3.1.2 定义实常数

实常数的设置是依赖于单元类型的，如 SHELL 单元的厚度、BEAM 单元的横截面特性设置等。下面以 PLANE182 单元为例，介绍 PLANE182 单元的实常数设置步骤。

① 选择 Main Menu>Preprocessor>Real Constants 命令，弹出如图 3-6 所示的【Real Constants】对话框。此时列表框中显示【NONE DEFINED】表示没有任何实常数被定义。

② 单击【Add...】按钮，弹出如图 3-7 所示的对话框。

图 3-6 【Real Constants】对话框

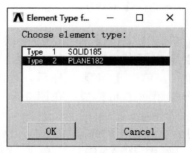

图 3-7 选中 PLANE182 单元

③ 选中【Type 2 PLANE182】，单击【OK】按钮，弹出如图 3-8 所示的【Real Constant Set Number 1，for PLANE182】对话框。在【Thickness】文本框中输入厚度为"2"，单击【OK】按钮即可。

④ 最后得到的实常数如图 3-9 所示。此时，单击【Edit...】按钮可以对其进行再编辑；单击【Delete】按钮可将其删除。

图 3-8 【Real Constant Set Number 1，for PLANE182】对话框   图 3-9 定义后的实常数

用户还可以选择 Utility Menu＞List＞Properties＞All Real Constants 命令，列表显示所有定义的实常数值，如图 3-10 所示。

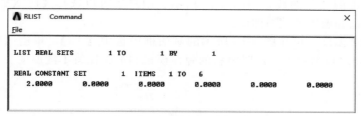

图 3-10 列表显示实常数值

3.1.3 定义材料参数

定义材料参数就是输入进行有限元分析的材料本构关系。根据分析问题的不同，材料参数可以是：线性或非线性；各向同性、正交异性或非弹性；不随温度变化或随温度变化。

下面介绍常用的线性和非线性材料参数定义方法，其他的操作与此类似。

（1）定义线性材料参数

线性材料参数可以是常数或随温度变化而变化、各向同性或正交异性。假设材料是各向同性的线弹性材料，其材料参数的定义步骤如下。

① 选择 Main Menu＞Preprocessor＞Material Props＞Material Models 命令，弹出【Define Material Model Behavior】对话框，如图 3-11 所示。在右侧列表框中依次选择 Structural＞Linear＞Elastic＞Isotropic 命令。

② 双击【Isotropic】，将弹出如图 3-12 所示的【Linear Isotropic Properties for Material Number 1】对话框。在【EX】文本框中输入弹性模量"2e11"，在【PRXY】文本框中输入泊松比"0.3"。

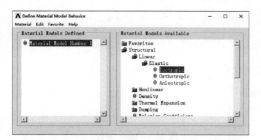

图 3-11 【Define Material Model Behavior】
对话框

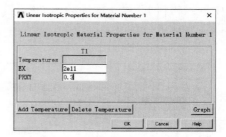

图 3-12 【Linear Isotropic Properties for
Material Number 1】对话框

> **说明：**
>
> 对于各向同性材料，仅须定义 X 方向的特征；对于各向异性材料，必须定义 X、Y、Z 三个方向的特征，否则，其他方向的特征默认与 X 方向相同。其他材料参数的默认值，例如：泊松比（PRXY）默认为 0.3，剪切模量（GXY）默认为 EX/2 (1+PRXY)，热扩散系数（EMIS）默认为 1.0。

③ 如果需要定义与温度相关的材料参数，用户可以单击【Add Temperature】按钮，继

续输入弹性模量和泊松比,如图 3-13 所示。

④ 单击【Graph】按钮,打开下拉菜单,选择【EX】选项后,将在图形视窗中显示材料弹性模量随温度的变化曲线,如图 3-14 所示。用户还可以选择【PRXY】选项,在图形视窗中显示泊松比和温度的关系曲线。

⑤ 要删除 T2 温度,可在图 3-13 所示的对话框中选中【T2】,单击【Delete Temperature】按钮即可删除该列数据。此时材料的弹性模量和泊松比将不随温度变化。

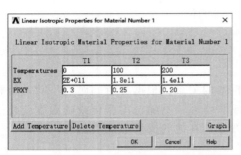

图 3-13 输入随温度变化的弹性模量和泊松比

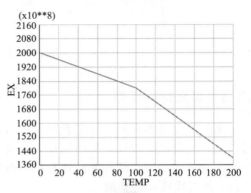

图 3-14 弹性模量随温度变化曲线

⑥ 接着单击【OK】按钮,返回【Define Material Model Behavior】对话框,如图 3-15 所示。左侧的列表框中已经出现了【Linear Isotropic】项,表示已经定义了一种各向同性线弹性材料。

> **说明:**
>
> 用户还可以在图 3-15 所示对话框中单击左上角的菜单 Material>New model,定义新的材料参数,单击后将弹出如图 3-16 所示的对话框,在【Define Material ID】文本框中输入材料 ID 号(程序会自动编号,用户也可以自己定义),单击【OK】按钮,重复以上步骤进行定义。

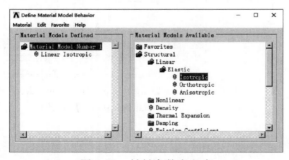

图 3-15 材料参数定义表

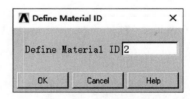

图 3-16 定义材料 ID

(2) 定义非线性材料参数

下面新建一个材料模型,定义一个较为复杂的非线性材料参数,操作如下。

① 在【Define Material Model Behavior】对话框中,单击左上角的菜单 Material>New model 选项,弹出【Define Material ID】对话框,输入材料 ID 号,单击【OK】按钮。

② 如图 3-17 所示,在选中材料 2 的基础上,依次选择 Structural>Nonlinear>Inelastic>

Rate Independent＞Isotropic Hardening Plasticity＞Mises Plasticity＞Multilinear 命令，弹出如图 3-18 所示的提示框。提示在进行非线性材料参数输入之前应先定义弹性材料属性。

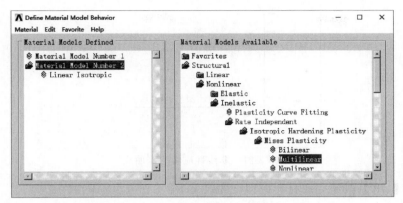

图 3-17　定义非线性材料

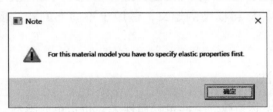

图 3-18　非线性材料定义提示

③ 单击【确定】按钮，将弹出【MultiLinear Isotropic Material Properties for Material...】对话框，仿前面的步骤输入弹性模量"2.0e11"和泊松比"0.3"，单击【OK】按钮。

④ 接着弹出如图 3-19 所示的数据点输入对话框。在【STRAIN】文本框中输入应变"0.001"，在【STRESS】文本框中输入应力"206e6"。

⑤ 单击【Add Point】按钮，依次添加如图 3-20 所示的数据点。

🔧 说明：

选择【Delete Point】按钮可以删除相应的数据点。

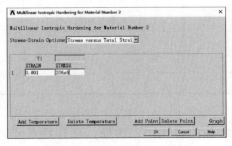

图 3-19　数据点输入对话框

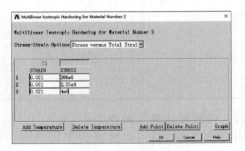

图 3-20　添加数据点

⑥ 单击【Graph】按钮，可在图形视窗中显示材料的非线性应力应变关系曲线，如图 3-21 所示。

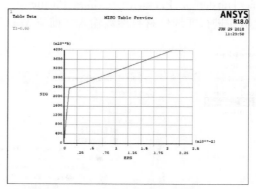

图 3-21 非线性应力应变曲线

⑦ 单击【OK】按钮完成材料模型 2 的定义。

说明：

ANSYS 提供了多种材料模型的定义，适用于不同的问题，但步骤都和以上介绍的类似。

3.1.4 分配单元属性

定义单元属性，首先必须建立一些单元属性表，包括单元类型、实常数、材料属性、单元坐标系等。一旦建立了属性表，通过指向表中合适的条目即可对模型的不同部分分配单元属性。指针就是参考号码集，包括材料号（MAT）、实常数集号（REAL）、单元类型号（TYPE）、坐标系号（ESYS）及用 BEAM188 或 BEAM189 单元对梁进行网格划分的子段号（SECNUM），如表 3-1 所示。可以直接给选择的实体模型图元分配单元属性，或定义默认的单元属性集用于随后的网格划分生成单元的操作。

表 3-1 单元属性表

参考号	单元类型	参考号	实常数	参考号	材料属性	参考号	单元坐标系	参考号	段标志
1	BEAM3	1	A_1, L_1, H_1	1	$EX_1, ALPX_1,$ 等	0	全局直角坐标	1	SECID1
2		2	A_2, L_2, H_2	2	$EX_2, ALPX_2,$ 等	1	全局柱坐标	2	SECID2
3		3	A_3, L_3, H_3	3		2	全局球坐标	3	SECID3
						11	局部坐标系		
...		...		...		12			...
						...			
m		n		p		q		s	

（1）设置默认单元属性

用户可以通过指向属性表的不同条目分配默认的属性集，这样，在开始划分网格时，ANSYS 从表中给实体模型和单元分配属性。

具体操作为：选择 Main Menu＞Preprocessor＞Meshing＞Mesh Attributes＞Default Attribs（图 3-22），出现对话框如图 3-23 所示，选择不同条目可以设置划分网格的默认单元属性。

> **说明：**
> 清除实体模型的节点和单元不会删除直接分配给图元的属性。

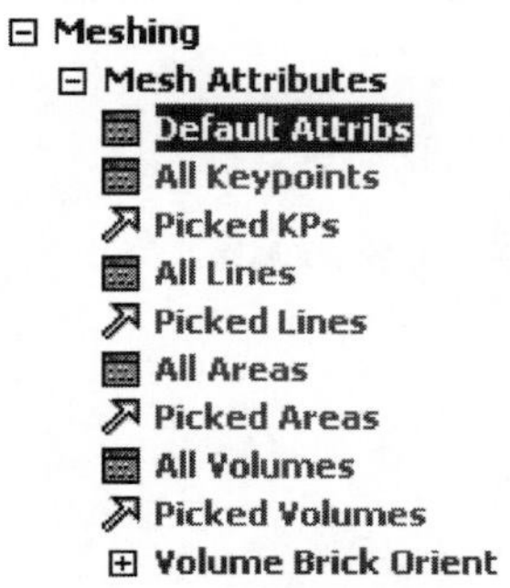

图 3-22　设置网格单元属性

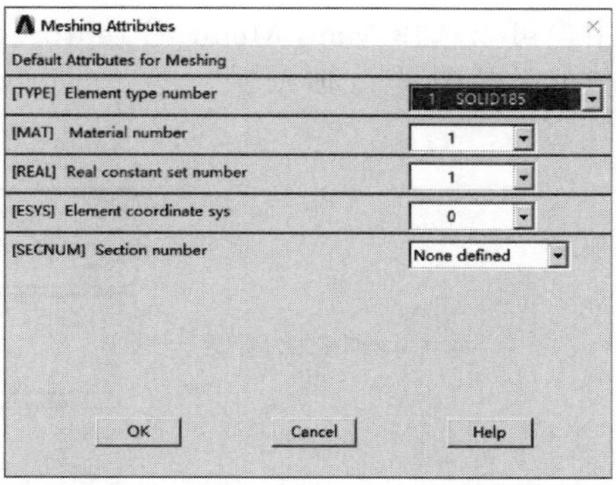

图 3-23　网格单元属性设置对话框

（2）直接给选择的实体模型图元分配单元属性

即为模型的每个区域预置单元属性，从而可以避免在网格划分过程中重置单元属性。

具体操作为：选择 Main Menu＞Preprocessor＞Meshing＞Mesh Attributes，出现如图 3-22 所示菜单，用户可以选择不同选项（点、线、面、体），弹出对话框如图 3-23 所示，可以分别对实体模型的每个区域预置单元属性。

> **说明：**
> 直接分配给实际模型图元的属性将取代默认的属性，而且，当清除实体模型图元的节点和单元时，任何通过默认属性分配的属性也将被删除。

3.2　网格划分控制

定义了单元属性，理论上就可以按 ANSYS 的默认网格控制来进行网格划分。但有时按默认的网格控制来划分会得到较差的网格，如图 3-24(a) 所示，这样的网格往往会导致计算精度的降低甚至于不能完成计算。这时用户可以使用本节讲到的网格划分控制功能得到满意的网格，如图 3-24(b) 所示。

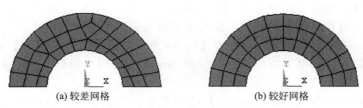

(a) 较差网格　　　　　　　　(b) 较好网格

图 3-24　同一个实体不同的网格划分

网格划分控制能建立用于实体模型划分网格的因素，如单元形状、中间节点位置、单元大尺寸控制等。这一步骤在整个分析过程中是非常重要的，对分析结果的精度和正确性有决定性影响。

3.2.1 网格划分工具

ANSYS 提供了一个强大的网格划分工具栏,包括单元属性选择、单元尺寸控制、自由划分与映射划分等网格划分可能用到的命令,使用户可以方便地进行常用的网格划分控制的参数设置。用户可以选择 Main Menu>Preprocessor>Meshing>MeshTool 命令,打开网格划分工具对话框,如图 3-25 所示。

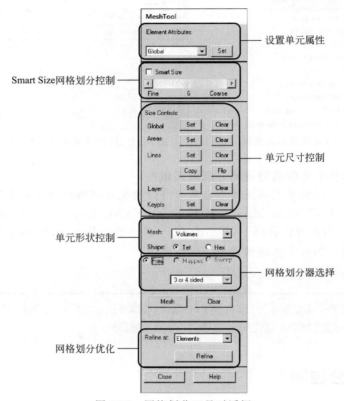

图 3-25 网格划分工具对话框

下面对该对话框的主要功能作简要介绍,具体用法会在后面结合实例讲解。

• 设置单元属性:在【Element Attributes】下拉列表框中可以选择【Global】、【Volumes】、【Areas】、【Lines】或【Keypoints】选项进行属性设置。选中【Global】,单击【Set】按钮,将弹出如图 3-26 所示的【Meshing Attributes】对话框,可在该对话框中设置对应的单元类型、材料属性、实常数、坐标系及单元截面。

• Smart Size 网格划分控制:只有当【Smart Size】复选框选中时,【Smart Size】选项才打开。用户可以通过拖动下方的滑块来设置 Smart Size 网格划分水平的大小。Smart Size 值越小,网格划分效果越好。

• 单元尺寸控制:在【Size Controls】选项组里,提供了对于【Global】、【Volumes】、【Areas】、【Lines】或【Keypoints】进行单元尺寸设置和网格清除的功能。

• 单元形状控制:在【Mesh】下拉列表框中可以选择网格划分的对象类型,如【Volumes】、【Areas】、【Lines】或【Keypoints】。当在下拉列表中选择【Areas】时,【Shape】选项组的内容将变为【Tri】(三角形)和【Quad】(四边形),可以控制用三角形还是四边形单元对面进行划分;当在下拉列表中选择【Volumes】时,【Shape】选项组的内容将变为

【Hex】(六面体)和【Tet】(四面体),可以控制用六面体还是四面体单元对体进行划分。

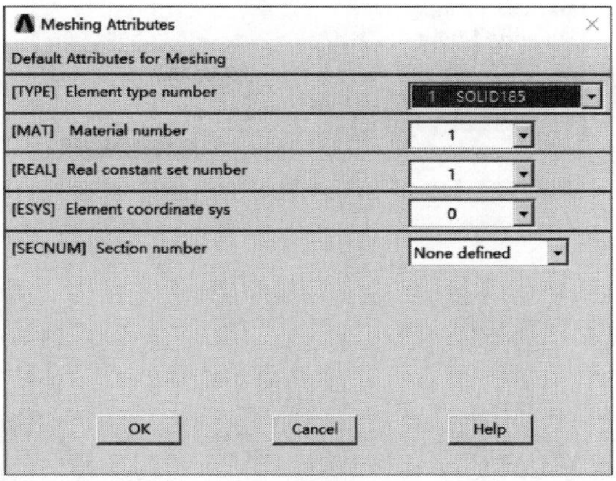

图 3-26 网格划分属性对话框

• 网格划分器选择:在此处用户可以选中【Free】(自由网格划分)或【Mapped】(映射网格划分)单选按钮以决定使用哪个网格划分器进行网格划分。

• 网格划分优化:在【Mesh Tool】对话框的最下方,用户可以在【Refine at】下拉列表框中选择【Node】、【Elements】、【Keypoints】、【Lines】、【Areas】或【All Elems】,然后单击按钮开始进行网格细化操作。

3.2.2 Smart Size 网格划分控制

Smart Size 是 ANSYS 提供的强大的自动网格划分工具,它有自己的内部计算机制,使用 Smart Size 在很多情况下更有利于在网格生成过程中生成形状合理的单元。在自由网格划分时,建议用户使用 Smart Size 控制网格的大小。

Smart Size 算法首先对待划分网格的面或体的所有线估算单元边长。然后对几何体中的弯曲近似区域的线进行细化。由于所有的线和面在网格划分开始时已经指定大小,生成网格的质量与待划分网格的面或体顺序无关。

如果用四边形单元来给面划分网格,Smart Size 尽量给每一个面平均分配线数以使全部划分为四边形。网格为四边形时,如果生成的单元形状很差或在边界出现奇异域,应该考虑使用三角形单元。

(1) Smart Size 的基本控制

基本控制是指用 Smart Size 网格划分水平值(大小为 1~10)来控制网格划分大小。程序会自动地设置一套独立的控制值来生成想要的大小,其中默认的网格划分水平是 6。用户可以按自己的需要修改。

修改方法为调节图 3-25 所示的【MeshTool】对话框下的 Smart Size 调节滑块即可。用户还可以选择 Main Menu>Preprocessor>Meshing>Size Cntrls>Smart Size>Basic 命令,将弹出如图 3-27 所示的【Basic Smart Size Settings】对话框。在【Size Level】下拉列表中 1(细)~10(粗)选择一个级别,单击【OK】按钮即可。

图 3-28 显示了不同 Smart Size 水平值下的网格划分结果,从中可以看出 Smart Size 的强大功能。

(2) Smart Size 的高级控制

当用户需要对 Smart Size 做特殊的网格划分设置时,就需要使用高级控制技术了。

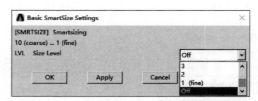

图 3-27 【Basic Smart Size Settings】对话框

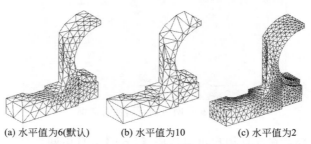

(a) 水平值为6(默认)　　(b) 水平值为10　　(c) 水平值为2

图 3-28 Smart Size 水平值的控制效果

Smart Size 的高级控制给用户提供人工控制网格质量的可能，如用户可以改变诸如小孔和小角度处的粗化选项。

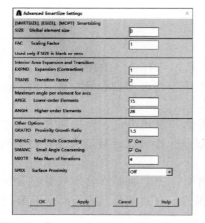

图 3-29 【Advanced Smart Size Settings】对话框

选择 Main Menu＞Preprocessor＞Meshing＞Size Cntrls＞Smart Size＞Adv Opts 命令，将弹出如图 3-29 所示的【Advanced Smart Size Settings】对话框。该对话框的参数设置如下。

• 【FAC】用于计算默认网格尺寸的比例因子。当用户没有使用类似于 ESIZE 的命令对对象划分网格做出特殊指定时，该值的设置直接影响到单元的大小，取值范围为 0.2～5。图 3-30 显示了此参数的设置效果。

• 【EXPND】网格划分胀缩因子。该值决定了面内部单元尺寸与边缘处的单元尺寸的比例关系，取值范围为 0.5～4。图 3-31 显示了此参数的设置效果。

• 【TRANS】网格划分过滤因子。该值决定了从面的边界到内部单元尺寸胀缩的速度。该值必须大于 1 而且最好小于 4。

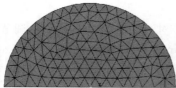 

　　FAC=0.5 EXPND=1 TRANS=2　　　　FAC=1 EXPND=1 TRANS=2

图 3-30 FAC 参数的控制效果

• 【ANGL】对于低阶单元，该值设置了每单元边界过渡中允许的最大跨越角度。ANSYS 默认的为 22.5°（Smart Size 的水平值为 6 时）。

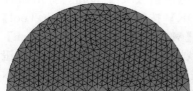

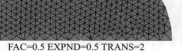

图 3-31　EXPND 参数的控制效果

其他参数如【GRATIO】、【SMHLC】、【SMANC】等，在一般情况下接受默认即可，本书不再一一介绍。

> **说明：**
>
> 　　当在【Mesh Tool】对话框中选了【Smart Size】复选框，并拖动滑块进行了 Smart Size 水平设置后，高级控制对话框中的值将自动恢复为默认值。因此，在高级控制对话框中修改了参数后，应马上进行网格划分。

3.2.3　尺寸控制

网格划分密度过于粗糙，结果可能包含严重的错误；过于细致，将花费过多的计算时间，浪费计算机资源，而且可能导致不能运行。因此，在网格划分前必须对网格尺寸进行设置。图 3-25 所示的网格划分工具提供了专门的单元尺寸控制选项，如图 3-32 所示。它可以对面、线、层和关键点的单元大小进行设置，还可以对全局单元尺寸进行设置，甚至用户无需设置，直接利用默认的网格尺寸对几何实体模型进行网格划分操作。下面举例说明如何控制网格尺寸，如图 3-33 所示的半圆环，外径和内径分别为 10in 和 5in。执行以下操作。

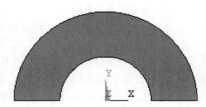

图 3-32　尺寸控制选项　　　　图 3-33　几何模型

① 复制随书资料"SourceFiles\ch03\"中的文件到工作目录，运行 ANSYS，然后单击工具栏上的 ![icon] 打开数据库文件 ex1.db，该模型已定义好两种单元类型：PLANE183 和 PLANE182。

② 直接用默认单元尺寸对模型进行网格划分。单元默认尺寸的查看，可以选择 Main Menu＞Preprocessor＞Meshing＞Size Cntrls＞Manual Size＞Global＞Size，如图 3-34 所示对话框，对于高阶单元（PLANE183），默认单元划分个数为 2；对于低阶单元（PLANE182），默认单元划分个数为 3。下面直接用默认单元尺寸进行网格划分，选择 Main Menu＞Preprocessor＞Meshing＞Mesh Tool 命令打开如图 3-25 所示的【Mesh Tool】

对话框,在【Element Attributes】下拉列表框右侧单击【Set】按钮,弹出如图 3-35 所示的对话框,选择单元类型【PLANE183】,单击【OK】按钮,回到【Mesh Tool】对话框中,定义单元形状控制为【Quad】;网格划分器选择【Mapped】。然后单击【Mesh】按钮,弹出图形选取对话框,再用鼠标在图形视窗中选择要划分的圆环,单击【OK】按钮,得到划分的网格。同理,选择单元类型【PLANE182】,进行相同的操作,如图 3-36 所示为用默认单元尺寸对 PLANE183 和 PLANE182 单元类型的半圆环进行网格划分的结果。

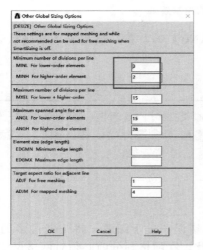

图 3-34 查看默认单元尺寸对话框

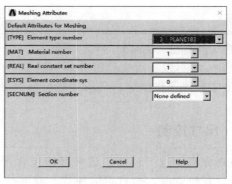

图 3-35 【Meshing Attributes】对话框

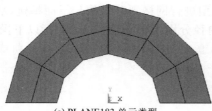

(a) PLANE183 单元类型

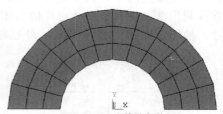

(b) PLANE182 单元类型

图 3-36 默认单元尺寸网格划分

③ 对面进行网格尺寸设置并进行网格划分。单击图 3-32 中的【Areas】右边的【Set】按钮,弹出选取图形对话框,选取半圆环后,单击【OK】按钮,弹出如图 3-37 所示的对话框,在文本框【Element edge length】输入单元尺寸为"1",单击【OK】按钮,回到【Mesh Tool】对话框。在图 3-25 所示的对话框中,定义单元形状控制为【Quad】;网格划分器选择【Mapped】。然后单击【Mesh】按钮,弹出图形选取对话框,再用鼠标在图形视窗中选择要划分的圆环,接着弹出如图 3-38 所示的提示对话框,单击【OK】按钮。得到划分的网格,如图 3-39 所示。

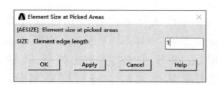

图 3-37 【Element Size at Picked Areas】对话框

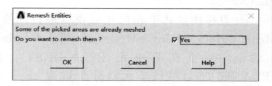

图 3-38 【Remesh Entities】对话框

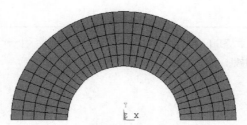

图 3-39 面控制单元尺寸网格划分

④ 设置全局单元尺寸并进行网格划分。单击图 3-32 中的【Global】右边的【Set】按钮，弹出如图 3-40 所示的对话框，在【No. of element divisions】文本框中输入全局单元划分个数为"6"，单击【OK】按钮，设置好单元尺寸，仿照上面进行网格划分，结果如图 3-41 所示。

图 3-40 全局单元尺寸设置　　　图 3-41 全局控制单元尺寸网格划分

⑤ 对线进行网格尺寸设置并进行网格划分。单击图 3-32 中的【Lines】右边的【Set】按钮，弹出选取图形对话框，选取半圆环的两条直线后，单击【Apply】按钮，弹出如图 3-42 所示的对话框，在文本框【No. of element divisions】中输入等分数为"6"，单击【Apply】按钮，继续设置线的网格划分数，同样的操作设置半圆环的两个圆弧的等分数为"12"，设置好单元尺寸，回到【Mesh Tool】对话框。仿照上面进行网格划分，结果如图 3-43 所示。

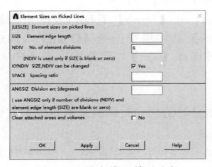
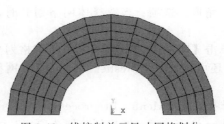

图 3-42 设定线上单元边长　　　图 3-43 线控制单元尺寸网格划分

> **说明：**
>
> 要清除全局、面、线等设置好的单元尺寸控制，只需单击图 3-32 中【Global】、【Areas】、【Lines】等右边的【Clear】按钮即可。

> **注意：**
>
> 以上叙述的所有定义尺寸的方法都可以一起使用。当使用一个以上上述命令并发生尺寸冲突时，遵循一定的级别，级别从低到高顺序如下：
> - 默认的尺寸大小；
> - 对面进行网格尺寸设置；
> - 设置全局单元尺寸；
> - 对线进行网格尺寸设置。

3.2.4 单元形状控制

同一个网格区域的面单元可以是三角形或四边形，体单元可以是六面体或四面体形状。因此在进行网格划分之前，应该决定是使用 ANSYS 对于单元形状的默认设置，还是自己指定单元形状。

当用四边形单元进行网格划分时，结果中还可能包含有三角形单元，这就是单元划分过程中产生的单元"退化"现象。比如：PLANE183 单元是二维的结构单元，具有 8 个节点（I、J、K、L、M、N、O、P），默认情况下，PLANE183 具有四边形的外形，但节点 K、L 和 O 定义为同一个节点时，原来的四边形单元则"退化"为三角形单元，如图 3-44 所示。

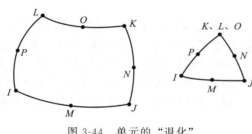

图 3-44 单元的"退化"

当在划分网格前指定单元形状时，不必考虑单元形状是默认的形式还是某一单元的退化形式。相反，可以考虑想要的单元形状本身最简单形式。用网格划分工具指定单元形状的操作如下：

① 选择 Main Menu>Preprocessor>Meshing>Mesh Tool 命令，打开如图 3-25 所示的【Mesh Tool】对话框。

② 在【Mesh】下拉列表框中选择需要划分的对象类型。当选择面网格划分时，在【Shape】选项组中选择【Quad】（四边形）或【Tri】（三角形）选项；当选择体网格划分时，可选择【Tet】（四面体）或【Hex】（六面体）选项。

③ 单击【Mesh】按钮对模型进行网格划分。

用户还可以打开【Mesher Options】（网格划分器选项）对话框进行单元形状设置，操作如下。

① 选择 Main Menu>Preprocessor>Meshing>Mesher Opts 命令，弹出如图 3-45 所示的【Mesher Options】（网格划分器选项）对话框。

② 在【Mesher Options】对话框中有【Triangle Mesher】（三角形网格划分器）、【Quad Mesher】（四边形网格划分器）和【Tet Mesher】（四面体网格划分器）等选项。选择合适的网格划分器，单击【OK】按钮即可。

3.2.5 网格划分器选择

在进行一般的网格控制之前，用户应该考虑好本模型使用自由网格划分（Free）还是映射网格划分（Mapped）。

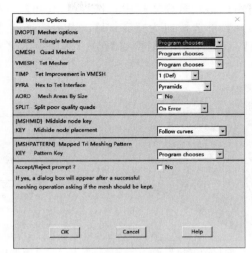

图 3-45 网格划分器选项对话框

自由网格划分对于单元没有特殊的限制，也没有指定的分布模式，而映射网格划分则不但对于单元形状有所限制，而且对单元排布模式也有要求。映射面网格只包含四边形或三角形单元，映射体网格只包含六面体单元。映射网格具有规则的形状，明显成排地规则排列。因此，如果想要这种网格类型，必须将模型生成具有一系列相当规则的体或面，才能进行映射网格划分，如图 3-46 所示。

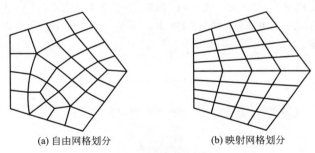

(a) 自由网格划分　　　　(b) 映射网格划分

图 3-46 网格划分

前面已经讲过，自由网格划分主要是使用 Smart Size 进行控制，要进行自由网格划分，选择 Main Menu＞Preprocessor＞Meshing＞Mesh Tool 命令打开【MeshTool】对话框，参考图 3-48，通过选择【Free】单选按钮，使用自由网格划分模式。

> **说明：**
>
> 使用【MeshTool】对话框的优点在于，用户选择了单元的形状时，ANSYS 会自动将对于此单元形状不可用的网格划分模型的相应按钮置于不可用状态。

下面以一个简单的五边形面（图 3-47）为例，介绍映射网格划分的操作。

① 复制随书资料 "SourceFiles \ ch03 \" 中的文件到工作目录，运行 ANSYS，然后单击工具栏上的 按钮，打开数据库文件 ex2.db。

② 选择 Main Menu＞Preprocessor＞Meshing＞Mesh Tool 命令，打开【Mesh Tool】对话框。

③ 在图 3-48 所示的自由网格划分模式栏中，选择【Mesh】下拉列表为【Areas】，表示对面进行划分；选择【Shape】单选按钮为【Quad】，表示选择四边形单元形状；接着选择网格划分模式为【Mapped】，表示使用映射网格划分。然后单击【Mesh】按钮。

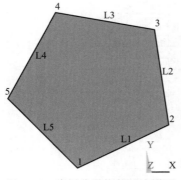

图 3-47　待划分网格的五边形面　　　　图 3-48　自由网格划分选择模式

④ 接着弹出图形选取对话框，在图形视窗中选择刚才建立的五边形面，单击【OK】按钮。此时，将弹出错误提示对话框，如图 3-49 所示。由于当前面是不规则的，不能够进行映射网格划分。造成这个错误的原因是该面的边界线的数目超过了 4。

> **注意：**
>
> 对面进行映射网格划分时，要求边的边界由 3 或 4 条线组成，当边界线数目大于 4 时可通过线的连接使其满足映射网格划分的要求。下面进行线的连接操作，使五边形面满足映射网格划分的要求。

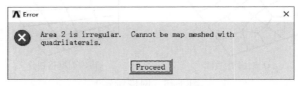

图 3-49　对五边形面进行映射网格划分时的提示

⑤ 选择 Main Menu > Preprocessor > Meshing > Concatenate > Lines 命令，弹出如图 3-50(a) 所示的线选取对话框，用鼠标在图形视窗中选择 L_4 和 L_3（参考图 3-47），然后单击【OK】按钮。连接线后得到如图 3-50(b) 所示的模型，可以看出 L_4 和 L_3 已经合并成了 L_6。

> **说明：**
>
> 当对线进行连接后，还可以选择 Main Menu > Preprocessor > Meshing > Concatenate > Del Concats > Lines 命令来取消刚才所作的连接。

⑥ 此时再在【MeshTool】对话框中选中【Mapped】单选按钮，并在该按钮下的下拉列表框选中【3 or 4 sided】选项，然后单击【Mesh】按钮，如图 3-51 所示。

⑦ 接着弹出面选取对话框，在图形视窗中选择五边形面，单击【OK】按钮即可。得到的映射网格划分结果如图 3-52 所示。

 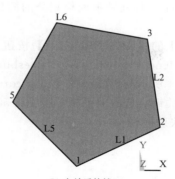

(a) 线选取对话框　　　　　　　　(b) 合并后的线

图 3-50　进行线的连接

 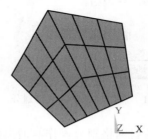

图 3-51　选择映射网格划分　　　图 3-52　五边形面映射网格划分结果

🔧 说明：

用户可以通过 3.2.4 节介绍的全局尺寸控制的方法，在图 3-53 (a) 所示的对话框中设置边界上的单元个数（当【Element edge length】文本框中输入 0 时有效），如图 3-53 (a) 所示设置后，重新用映射网格划分可得到如图 3-53 (b) 所示的网格。

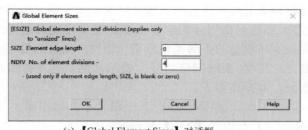

(a)【Global Element Sizes】对话框　　　　　　(b) 划分好的网格

图 3-53　全局控制单元尺寸

🔧 注意：

用户还可以用边界线来控制映射网格划分的尺寸，但应保证面一组对边上必须有相等的单元划分数或单元划分数符合过渡网格划分模式（可参考帮助文件）；如果面的边界由 3 条线组成，则各边上的单元划分数必须相等。

ANSYS 还提供了一种面映射网格划分的简化操作，可以不用对线进行连接操作，步骤如下。

① 单击工具栏上的【RESUME_DB】按钮。恢复数据库中的数据。

② 选择 Main Menu＞Preprocessor＞Meshing＞Mesh Tool 命令，打开【MeshTool】对话框。然后按图 3-54 所示的设置选择【Pick corners】选项，然后单击【Mesh】按钮。

③ 接着会弹出关键点选取对话框，按图 3-55 选取关键点 1、5、3 和 2，单击【OK】按钮即可生成相同的映射网格。

 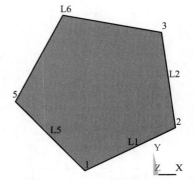

图 3-54 选择角点映射网格划分　　　图 3-55 通过角点选择进行映射网格划分

对于体的映射网格划分操作与面类似，本书不再赘述，但需注意以下几点。
- 体模型应为六面体、楔形体或棱柱体（5 个面）、四面体。
- 体模型的对边上应具有相同的单元划分数目，即使对边上的划分数目不相等但也应符合某个过渡映射模式。
- 棱柱体的棱边上具有相同的划分数，上下面的边缘具有相等的并为偶数的划分数。
- 四面体的各边上应具有相同的并为偶数的划分数。

3.3 实体模型网格划分

前两节中已经介绍了定义实体模型相关属性和进行网格划分时的相关控制（包括常用的自由网格划分和映射网格划分），这些大都是网格划分的准备工作。准备完成后就可以对实体模型进行网格划分操作了。本节将按实体模型的不同类别分别介绍网格划分的操作。

在进行网格划分前，建议用户打开"接受/拒绝网格划分"提示功能，它使得用户可以方便地放弃某个不令人满意的网格划分，其操作如下。

① 选择 Main Menu＞Preprocessor＞Meshing＞Mesher Opts 命令，弹出如图 3-56 所示的对话框，选中【Accept/Reject prompt？】右边的【Yes】复选框。

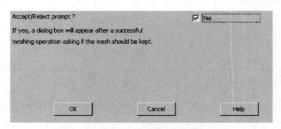

图 3-56 接受/拒绝网格划分提示

② 当用户进行网格划分操作后，将弹出如图 3-57 所示的对话框。【Accept Current Mesh?】右边【Yes】复选框被选中，表示用户接受当前的网格划分；如果不接受当前的网格划分，取消复选框的选择，单击【OK】按钮，程序将放弃刚才的网格划分操作。

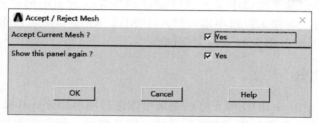

图 3-57 【Accept/Reject Mesh】对话框

3.3.1 关键点网格划分

ANSYS 中提供了质量单元，如 MASS21 等，可以用其对关键点进行网格划分。其操作步骤如下：

① 做好网格划分的准备工作，包括定义关键点、定义单元、定义实常数和定义材料参数。

② 选择 Main Menu＞Preprocessor＞Meshing＞Mesh＞Keypoints 命令，弹出图形选取对话框，用鼠标在图形视窗中选择要进行网格划分的关键点，然后单击【OK】按钮即可。

用户还可以在命令输入窗口中输入 KMESH 命令完成对关键点的网格划分。假如要对关键点 1～10 进行网格划分，在输入窗口中输入"KMESH，1，10"后回车即可。

3.3.2 线网格划分

对线进行网格划分，可以用 LINK 单元，也可以用 BEAM 梁单元。其中用 LINK 单元进行划分的操作比较简单，操作如下。

① 做好网格划分的准备操作，包括定义线、定义单元、定义实常数和定义材料参数。

② 选择 Main Menu＞Preprocessor＞Meshing＞Mesh＞Lines 命令，弹出图形选取对话框，用鼠标在图形视窗中选择要进行网格划分的线，然后单击【OK】按钮即可。

用户还可以在命令输入窗口输入 LMESH 命令完成对线的网格划分。假如要对线 1～8 进行网格划分，在输入窗口中输入"LMESH，1，8"，然后回车即可。图 3-58 所示为用 LINK180 单元划分得到的 8 个线单元。

图 3-58 线的网格划分

3.3.3 面网格划分

ANSYS 单元库中的 PLANE 单元和 SHELL 单元都可以用来对面进行网格划分。其操作方法如下。

① 做好网格划分的准备操作，包括定义面、定义单元、定义实常数和定义材料参数。

② 选择 Main Menu＞Preprocessor＞Meshing＞Mesh＞Areas＞Free 命令，弹出图形选取对话框，用鼠标在图形视窗中选择要进行网格划分的面，然后单击【OK】按钮即可。若

要使用映射网格划分,可选择 Main Menu>Preprocessor>Meshing>Mesh>Areas>Mapped>3 or 4 sided 命令(按边线映射网格划分)或选择 Main Menu>Preprocessor>Meshing>Mesh>Areas>Mapped>By Corners 命令(按角点映射网格划分)。

用户还可以在命令输入窗口中输入 AMESH 命令完成对面的网格划分。假如要对选择集中所有面进行划分,在输入窗口中输入"AMESH,ALL",然后回车即可。图 3-59 所示为用 PLANE182 单元划分得到的 6×6 个面单元。

3.3.4 体网格划分

ANSYS 单元库中的 SOLID 单元可以用来对体进行网格划分。其操作方法如下。

① 做好网格划分的准备操作,包括定义体、定义单元、定义实常数和定义材料参数。

② 选择 Main Menu>Preprocessor>Meshing>Mesh>Volumes>Free 命令,弹出图形选取对话框,用鼠标在图形视窗中选择要进行网格划分的体,然后单击【OK】按钮即可。若要使用映射网格划分,可选择 Main Menu>Preprocessor>Meshing>Mesh>Volumes>Mapped>4 or 6 sided 命令。

用户还可以在命令输入窗口中输入 VMESH 命令完成对体的网格划分。假如要对选择集中所有体进行划分,在输入窗口中输入"VMESH,ALL",然后回车即可。图 3-60 所示为用 SOLID185 单元划分得到的 6×6×6 个体单元。

图 3-59 面的网格划分

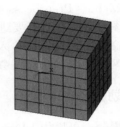
图 3-60 体的网格划分

对于体的网格划分,ANSYS 还提供了一种扫掠网格划分功能。扫掠网格划分是指从一个边界面(称为源面)网格扫掠贯穿整个体将未网格划分的体划分成规则的网格,如图 3-61 所示。如果源面网格由四边形网格组成,扫掠成的体将生成六面体单元;如果源面由角形网格组成,扫掠成的体将生成楔形单元;如果源面上既有四边形单元又有三角形单元,则扫掠后生成的体中将同时包含六面体单元和楔形单元。

下面以图 3-62 所示的实体为例,介绍扫掠网格划分的操作。

① 复制随书资料"SourceFiles\ch03\data\ex3\"中的文件到工作目录,运行 ANSYS,然后单击工具栏上的 按钮,打开数据库文件 ex3.db。

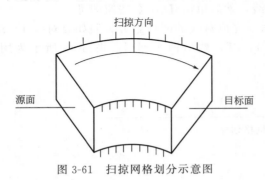
图 3-61 扫掠网格划分示意图

② 选择 Main Menu>Preprocessor>Meshing>Mesh Attributes>picked Volumes 命令,弹出图形选取对话框,在图形视窗中选择生成的体,单击【OK】按钮,弹出如图 3-63 所示的对话框。按图 3-63 对体进行属性设置。

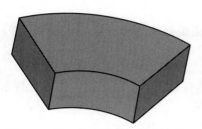

图 3-62 待扫掠网格划分的实体模型

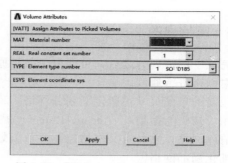

图 3-63 【Volume Attributes】对话框

③ 选择 Main Menu＞Preprocessor＞Meshing＞Mesh＞Volume Sweep＞Sweep Opts 命令，单击如图 3-64 所示的对话框。该对话框中的选项含义如下。

• 【Clear area elements after sweeping】在扫掠网格划分后将面单元清除。选中此选项。

• 【Tet mesh in nonsweepable volumes】在不可进行扫掠网格划分的体中以四面体单元填充。

• 【Auto select source and target areas】自动选择源面和目标面。在默认情况下复选框是选中的，要进行源面的预网格划分，请取消此选项。取消后，下面两个文本框才可用，在【Number of divisions in sweep direction】文本框中输入扫掠方向上的单元划分数量"8"，并单击【OK】按钮。

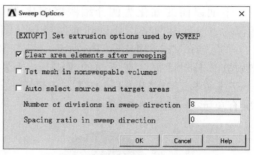

图 3-64 扫掠网格划分设置对话框

④ 对源面（A_4）进行预网格划分设置。假定要把源面划分为 4×6 的四边形网格，则分别将源面两条边界上的单元划分设置为"4"和"6"即可。选择 Main Menu＞Preprocessor＞Meshing＞Size Cntrls＞ManualSize＞Layers＞Picked Lines 命令，将弹出图形选取对话框，在图形视窗中选择 A_6 面的上边线，单击【OK】按钮后将其单元划分数目设为 6。

⑤ 重复④的操作，将面 A_6 左边线的单元划分数目设为"4"。此时的模型如图 3-65 所示。

⑥ 选择 Main Menu＞Preprocessor＞Meshing＞Mesh＞Volume Sweep＞Sweep 命令，弹出图形选取对话框，先选中图形视窗中的实体，单击【OK】按钮，再选中源面 A_4 并单击【OK】按钮，接着选中目标面 A_6 并单击【OK】按钮。最后得到的网格如图 3-66 所示。

> 🛠 说明：
>
> 本步用命令方式实现很简单，在命令输入窗口中输入"VSWEEP，1，4，6"回车即可。

图 3-65 定义源面划分设置

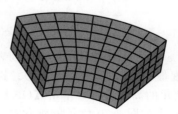

图 3-66 扫掠网格划分结果

3.3.5 网格修改

当完成了网格划分之后,可能由于某种原因还需要修改已经得到的有限元网格。可用下列方法对网格进行修改。
- 用新的单元尺寸重新定义划分网格。
- 用"接受与拒绝"(Accept/Reject)提示对话框放弃生成的网格,然后重新划分。
- 清除网格,重新定义网格控制并重新划分网格。
- 细化局部网格。
- 改进网格(只适用于四面体单元网格)。

其中,最主要的就是如何对有限元模型的局部进行网格细化。网格细化的过程实际上是将原有的单元进行了剖分,在默认情况下,细化区域内的节点会得到平滑处理(即它们的位置会被调整)以改善单元的外形。

下面以面的细化为例介绍网格细化的 GUI 操作方法。图 3-67 是默认的 Smart Size(水平值为 6)自由网格划分得到面网格划分结果,要对其进行局部细化,操作步骤如下。

① 选择 Main Menu>Preprocessor>Meshing>Mesh Tool 命令,打开如图 3-25 所示网格划分工具对话框。在下面的【Refine at】下拉列表框中可以选择【Nodes】(节点)、【Elements】(单元)、【KeyPoints】(关键点)、【Lines】(线)、【Areas】(面)和【All Elems】(所有单元),如图 3-68 所示。

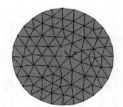
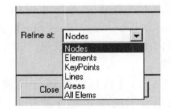

图 3-67　自由网格划分结果　　图 3-68　网格划分对象选择

② 单击工具栏上的【SAVE_DB】按钮,保存当前的自由网格划分结果供以后使用。

③ 在图 3-68 所示的对话框中选择【Refine at】下拉列表框为【Nodes】选项,单击【Refine】按钮,弹出图形选取对话框,然后在图形视窗中随意选取一个节点,单击【OK】按钮,将得到如图 3-69 所示的对话框。

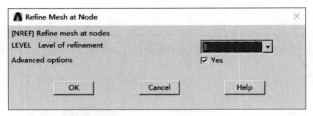

图 3-69　设置细化级别

④ 在【Level of refinement】下拉列表框中选择适当的细化级别,如 3(级别分为 1~5,1 细化程度最轻,5 细化程度最高);选择【Advanced options】右边的【Yes】复选框,表示将进行细化的高级设置;单击【OK】按钮。

⑤ 接着弹出如图 3-70 所示的细化高级设置对话框。设置参数如下:在【Depth of refinement】文本框中输入细化程度"1";在【Postprocessing】下拉列表框中选择【Cleanup+Smooth】选项,表示进行清理与平滑化操作;然后单击【OK】按钮。

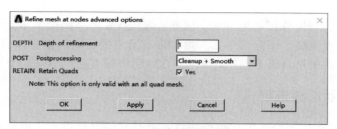

图 3-70 细化高级设置对话框

> **说明:**
>
> 细化深度是指从用户指定的实体向周围细化单元的单元层数,深度越大,细化的范围也越大。

⑥ 此时可得到节点细化的结果,如图 3-71 所示。

以上是对节点周围进行细化的操作,利用其他对象进行细化的操作与此类似,只需在第①步中选择相应的对象即可,不再详述步骤。以下是对不同对象进行细化的结果。

- 对单元周围进行细化,如图 3-72 所示。

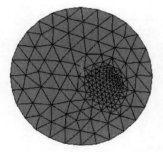   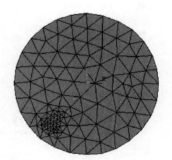

图 3-71 对某一节点进行细化   图 3-72 对单元周围进行细化

- 对关键点周围进行细化,如图 3-73 所示。
- 对线周围进行细化,如图 3-74 所示。
- 对整个面进行细化,如图 3-75 所示。

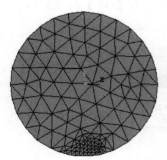   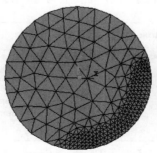   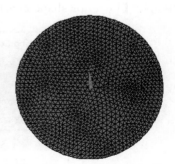

图 3-73 对关键点周围进行细化   图 3-74 对线周围进行细化   图 3-75 对整个面进行细化

3.4 网格检查

不好的单元形状会使分析结果不准。因此，ANSYS 程序提供了单元检查功能以提醒用户网格划分操作是否生成了不好的单元。由于没有通用的判断网格好坏的准则，所以单元形状的好坏最终还是由用户自己来判别，ANSYS 的网格检查功能只是一个辅助工具。

3.4.1 设置形状检查选项

ANSYS 为单元提供了许多形状检查项目，要对它们进行设置，可以选择 Main Menu＞Preprocessor＞Checking Ctrls＞Toggle Checks 命令，弹出如图 3-76 所示的【Toggle Shape Checks】对话框，单击想要打开或关闭的个别检测项目，然后单击【OK】按钮即可。其中各个形状检查选项的含义如下。

- 【Aspect Ratio Tests】纵横比检查。
- 【Shear/Twist Angl Deviation Tests】SHELL28 拐角处偏角检查。
- 【Paralled Side Tests】平行度偏差检查。
- 【Maximum Angle Tests】最大扭角检查。
- 【Jacobian Ratio Tests】Jacobian 比率检查。
- 【Warp Tests】扭曲因子检查。

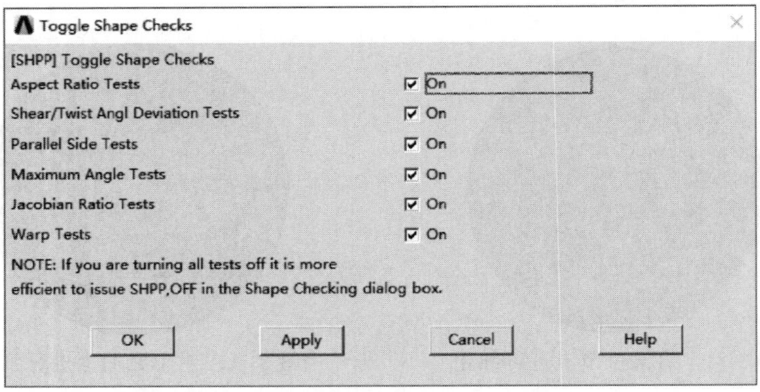

图 3-76 【Toggle Shape Checks】对话框

默认情况下上述检查项目都是打开的，如果用户想全部关闭这些项目，可选择 Main Menu＞Preprocessor＞Checking Ctrls＞Shape Checking 命令，在弹出的图 3-77 所示的对话框中选择【Level of shape checking】下拉列表框为【Off】，并单击【OK】按钮即可。

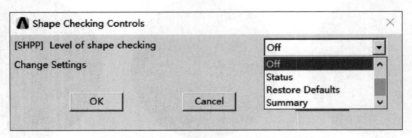

图 3-77 【Shape Checking Controls】对话框

3.4.2 设置形状限制参数

如果 ANSYS 的默认形状限制参数不适合用户的要求，可按下述操作来改变其中的一些参数。

① 选择 Main Menu＞Preprocessor＞Checking Ctrls＞Shape Checking 命令，出现如图 3-77 所示的【Shape Checking Controls】对话框。

② 选中【Change Settings】右边的【Yes】复选框，然后单击【OK】按钮，将出现改变形状限制参数对话框，如图 3-78 所示。

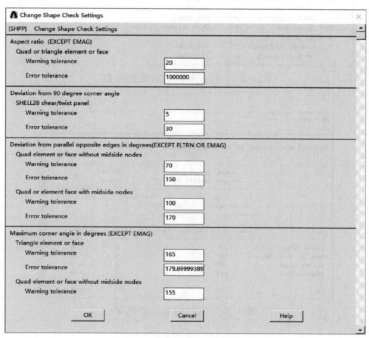

图 3-78 改变形状限制参数对话框

③ 用鼠标拖动窗口右侧的滚动条可在所列范围上下移动，改变相应的参数设置后，单击【OK】按钮即可。

> **说明：**
>
> 用户可在图 3-77 所示的对话框中选择【Level of shape checking】下拉列表框为【Status】，然后单击【OK】按钮，将列表显示当前的形状限制参数，如图 3-79 所示。

3.4.3 确定网格质量

用户设置好了形状限制参数后，程序就可以对当前生成的网格进行检查了。要查看形状结果，可选择 Main Menu＞Preprocessor＞Checking Ctrls＞Shape Checking 命令，在弹出的对话框中选择【Level of shape checking】下拉列表框的【Summary】选项，并单击【OK】按钮，接着弹出检查结果窗口，如图 3-80 所示。

```
ShppStat Command
File
ASPECT RATIO (EXCEPT FLOTRAN OR EMAG)
   QUAD OR TRIANGLE ELEMENT OR FACE
      WARNING TOLERANCE ( 1) =   20.00000
      ERROR   TOLERANCE ( 2) =  1000000.
DEVIATION FROM 90 DEGREE CORNER ANGLE
   SHELL28 SHEAR/TWIST PANEL
      WARNING TOLERANCE ( 7) =   5.000000
      ERROR   TOLERANCE ( 8) =   30.00000
DEVIATION FROM PARALLEL OPPOSITE EDGES IN DEGREES     (EXCEPT FLOTRAN OR EMAG)
   QUAD ELEMENT OR FACE WITHOUT MIDSIDE NODES
      WARNING TOLERANCE (11) =   70.00000
      ERROR   TOLERANCE (12) =   150.0000
   QUAD OR QUAD FACE WITH MIDSIDE NODES
      WARNING TOLERANCE (13) =   100.0000
      ERROR   TOLERANCE (14) =   170.0000
MAXIMUM CORNER ANGLE IN DEGREES (EXCEPT FLOTRAN OR EMAG)
   TRIANGLE ELEMENT OR FACE
      WARNING TOLERANCE (15) =   165.0000
      ERROR   TOLERANCE (16) =   179.9000
```

图 3-79 列表显示形状限制参数

```
ShppSumm Command
File
SUMMARIZE SHAPE TESTING FOR ALL SELECTED ELEMENTS

         <<<<<<       SHAPE TESTING SUMMARY       >>>>>>
         <<<<<<       FOR ALL SELECTED ELEMENTS   >>>>>>

                 ! Element count      137 PLANE182 !

Test              Number tested  Warning count  Error count  Warn+Err %

Aspect Ratio          137              0              0         0.00 %
Parallel Deviation    137              4              0         2.92 %
Maximum Angle         137              1              0         0.73 %
Jacobian Ratio        137              0              0         0.00 %

Any                   137              5              0         3.65 %
```

图 3-80 网格质量检查结果

3.5 直接法生成有限元模型

实体模型经过网格划分可以方便地生成有限元模型，除此以外，还可以用直接法建立有限元模型。有限元模型是由节点和单元连接而成，直接法建模就是通过直接定义节点和单元来建立有限元模型的方法。下面详细介绍定义节点和单元的操作。

3.5.1 节点定义

ANSYS 中对节点的相关操作主要包括：生成节点、节点的复制与填充、查看节点、删除节点、移动节点。

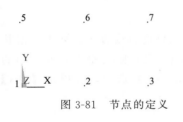

图 3-81 节点的定义

本小节将结合这些常用的节点操作生成如图 3-81 所示的 7 个节点。ANSYS 提供的其他节点操作（如计算节点间距离、读写节点数据文本文件等），读者可参考 ANSYS 自带的帮助文件。

（1）生成节点

用户可以按以下步骤在当前活动坐标系中生成

节点。

① 启动 ANSYS，选择 Main Menu＞Preprocessor＞Modeling＞Create＞Nodes＞In Active CS 命令，弹出如图 3-82 所示的【Create Nodes in Active Coordinate System】对话框。

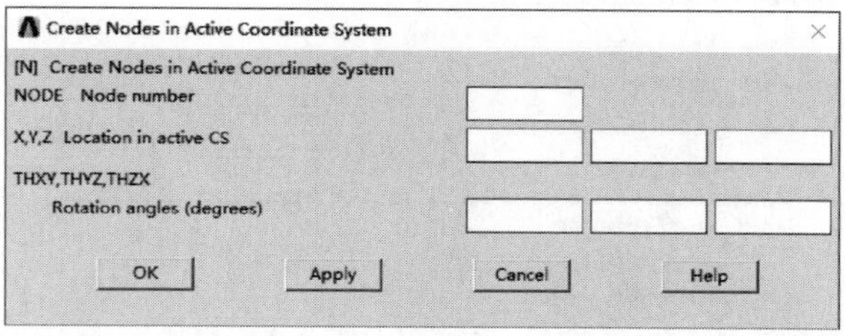

图 3-82 【Create Nodes in Active Coordinate System】对话框

② 在【Node number】文本框中输入节点号"1"，在【Location in active CS】文本框中分别输入节点 X、Y 和 Z 坐标（0,0,0）或留空，单击【Apply】按钮，即可生成所要的节点 1。

③ 重复步骤②的操作，定义节点 4 的坐标为 (30,0,0)，然后单击【OK】按钮。

图 3-83 节点 1 和节点 4

至此生成了两个节点：节点 1 和节点 4，如图 3-83 所示。

> **说明：**
>
> 若已经知道了节点坐标，直接用命令 N 生成节点有时会更加方便。对于本例，可以直接在命令行窗口输入以下命令：
> N, , 0, 0, 0
> N, 4, 30, 0, 0

ANSYS 中常用的生成节点的方法还有两种。

- 在工作平面中定义单个节点：Main Menu＞Preprocessor＞Modeling＞Create＞Nodes＞On Working Plane。
- 在已有的关键点处定义节点：Main Menu＞Preprocessor＞Modeling＞Create＞Nodes＞On Keypoint。

(2) 节点填充及复制

下面接着用节点的填充和复制功能来生成其他节点。操作步骤如下。

① 选择 Main Menu＞Preprocessor＞Modeling＞Create＞Nodes＞Fill between Nds 命令，弹出图形选取对话框，用鼠标选择节点 1 和节点 4，然后单击【OK】按钮。

② 接着弹出如图 3-84 所示的对话框，保持默认设置，单击【OK】按钮。

③ 此时可以看到图形视窗中已经在节点 1 和节点 4 之间自动生成了节点 2 和节点 3，而且等间距排列，如图 3-85 所示。

> **说明：**
>
> 节点填充可以是等间距的也可以是不等间距的，中间的间隔由图 3-84 中的【Spacing ratio】文本框中的数字控制，默认是等间距的。

④ 选择 Main Menu＞Preprocessor＞Modeling＞Copy＞Nodes＞Copy 命令，弹出图形

选取对话框，用鼠标选择所有节点，然后单击【OK】按钮。

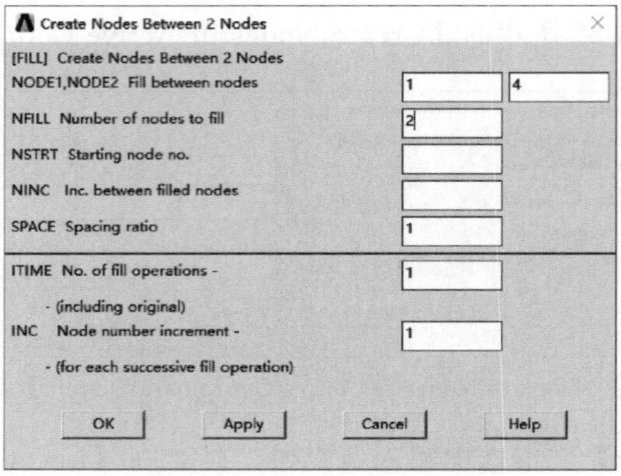

图 3-84 节点填充对话框

图 3-85 填充生成的节点

⑤ 接着弹出如图 3-86 所示的【Copy nodes】对话框，在【Total number of copies】文本框中输入"2"，在【Y-offset in active CS】文本框中输入"10"，然后单击【OK】按钮确认。

⑥ 此时可以看到图形视窗中已经自动生成了节点 5～节点 8，总共 8 个节点，如图 3-87 所示。

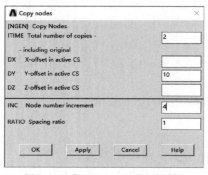

图 3-86 【Copy nodes】对话框

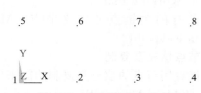

图 3-87 复制生成的节点

(3) 查看节点

ANSYS 中节点的查看主要有两种方式：列表查看和图形查看。

① 列表查看。列表查看将现有笛卡儿坐标系下节点的资料显示于一个新窗口中，使用者可检查建立的坐标点是否正确，并可将资料保存为一个文件。如欲在其他坐标系统下显示节点资料，可以先改变显示坐标系，例如圆柱坐标系统，执行命令"DSYS,1"。操作方法如下。

- Utility Menu＞List＞Nodes。
- Utility Menu＞List＞Picked Entities＞Nodes。

对于本小节的例子，选择 Utility Menu＞List＞Nodes 命令后，弹出如图 3-88 所示的对话框，选择【Coordinates only】选项，并单击【OK】按钮。

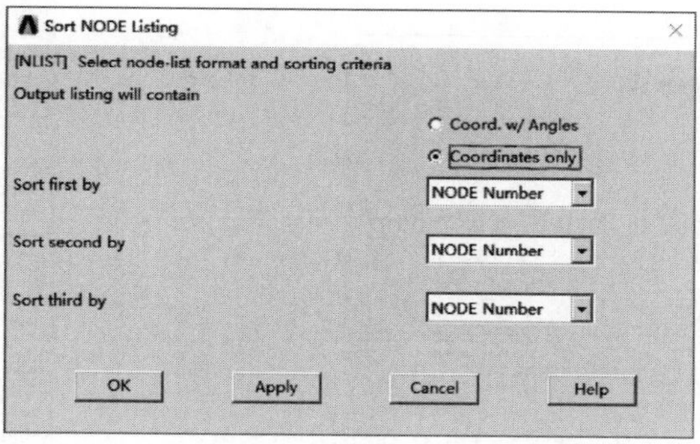

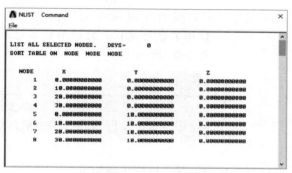

图 3-88 【Sort NODE Listing】对话框

接着弹出列表查看结果，如图 3-89 所示。

图 3-89 列表查看节点

② 图形查看。图形查看是将现有笛卡儿坐标系下节点显示在视图窗口中，以供使用者参考及查看模型的建立。模型的显示为软件的重要功能之一，以检查建立的对象是否正确。在有限元模型的建立过程中，经常会检查各个对象的正确性及相关位置，包含对象视角、对象号码等，所以图形显示为有限元模型建立过程中不可缺少的步骤。用户可以选择 Utility Menu>Plot>Nodes 命令，显示节点。无论在任何时候，如要用户显示节点编号，执行以下操作。

首先，选择 Utility Menu>PlotCtrls>Numbering 命令，弹出如图 3-90 所示的对话框。

然后，选中【Node numbers】的【On】复选框，并确认【Replot upon OK/Apply?】下拉列表框选中【Replot】选项，单击【OK】按钮，即可在视图窗口看到节点的编号。

> **说明：**
> 以上操作也可显示关键点、线、面、体以及单元的编号，只需在图 3-90 所示对话框中的相应对象后面打勾就行了。本书后面章节中所遇到此种操作不再详述。

(4) 删除节点

对于本小节开始提到的例子，节点 8 显然是不需要的，用删除节点命令把其删除即可，操作步骤如下。

① 选择 Main Menu>Preprocessor>Modeling>Delete>Nodes 命令，弹出如图 3-91 所示的图形选取对话框。

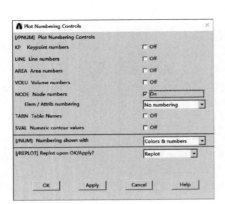
图 3-90 【Plot Numbering Controls】对话框

图 3-91 【Delete Nodes】对话框

② 在文本框中输入节点号 "8"，或者用鼠标在视图窗口中选择节点 8，然后单击【OK】按钮确认，此时节点 8 已经从模型中删除了，如图 3-92 所示。

图 3-92 删除 8 号节点

> **注意：**
> 删除节点后，定义在节点上的任何边界条件（如位移、力）及任何耦合或约束方程也都将被删除。

(5) 移动节点

下面向上移动 4 号节点到适当的位置，操作步骤如下。

① 选择 Main Menu＞Preprocessor＞Modeling＞Move/Modify＞Nodes＞Set of Nodes 命令，弹出如图 3-93 所示的图形选取对话框。

② 在文本框中输入节点号 "4"，或者用鼠标选择图形视窗中的节点 4，然后单击【OK】按钮。接着弹出如图 3-94 所示的【Move Set of Nodes】对话框。

图 3-93 图形选取对话框

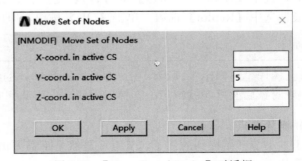
图 3-94 【Move Set of Nodes】对话框

③ 在【Y-coord. in active CS】文本框中输入节点在当前活动坐标系中的 Y 轴坐标系值

"5",单击【OK】按钮确认。至此,形成的节点模型如图 3-81 所示。

如果要移动一个节点坐标系表面的一个交点,选择 Main Menu＞Preprocessor＞Modeling＞Move/Modify＞Nodes＞To Intersect 命令即可。

3.5.2 单元定义

在 ANSYS 中单元定义一般可分为四个步骤。
① 定义单元类型。
② 定义实常数。
③ 定义材料属性。
④ 生成单元。

结合上小节节点生成的过程,本小节主要讲解单元的定义过程,采用 PLANE182 单元,最后生成的单元如图 3-95 所示。

(1) 定义单元类型

定义单元类型就是从 ANSYS 的单元库中选择某个单元,并定义该结构分析所使用的单元号码。现为上小节中定义的节点定义单元类型,其操作步骤如下。

① 复制随书资料"SourceFiles \ ch03 \ "中的文件到工作目录,启动 ANSYS,单击工具栏上的 按钮打开数据库文件 ex4.db。

② 选择 Main Menu＞Preprocessor＞Element Type＞Add/Edit/Delete 命令,弹出如图 3-96 所示的对话框。

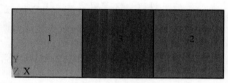

图 3-95　单元的定义

③ 单击【Add...】按钮,弹出如图 3-97 所示的对话框。
④ 在如图 3-97 所示的对话框左侧的列表中选择【Solid】,在右侧的列表框中选择【Quad 4 node 182】,单击【OK】按钮确认。

> **说明:**
>
> 图 3-97 所示的对话框左侧列表框中显示的是单元的分类,右侧列表框为单元的特性和编号,选择单元时应该先明确自己要定义的单元类型,如此例中的【Solid】,然后就很容易从右边的列表中找到合适的单元了。

图 3-96　单元类型对话框

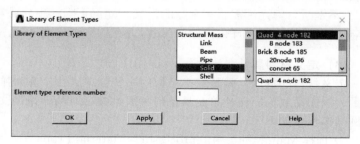

图 3-97　选择单元类型对话框

⑤ 再次回到单元类型对话框,单击【Close】按钮关闭即可。这样即设置了一个 PLANE182 的单元类型。

(2) 定义实常数

"实常数"是指某一单元的补充几何特征,如梁单元的面积、壳单元的厚度等。所带的参数必须与单元表的顺序一致。本例中定义实常数指的是定义 PLANE182 单元的厚度,具体操作如下。

① 选择 Main Menu＞Preprocessor＞Real Constants 命令,弹出如图 3-98 所示的对话框。

② 单击【Add...】按钮,弹出如图 3-99 所示的对话框,选中【Type 1 PLANE182】,单击【OK】按钮。

 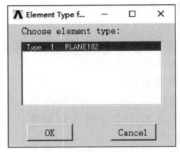

图 3-98 设置实常数对话框　　　　图 3-99 选择 SHELL28 单元对话框

③ 接着弹出如图 3-100 所示的对话框,按图进行设置,单击【OK】按钮。

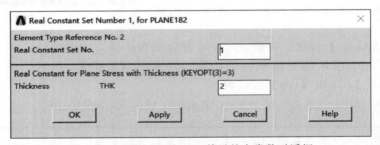

图 3-100 设置 SHELL28 单元的实常数对话框

注意:

不是所有单元都需要实常数的定义,而且不同的单元通常有不同的常数与之对应,具体一种单元应该定义什么样的实常数,请查阅 ANSYS 帮助文件。

(3) 定义材料属性

定义材料的特性,就是定义结构的一些物理属性,例如弹性模量、密度、泊松比、剪切模量、线胀系数等。何种单元具备何种属性在 ANSYS 帮助文件的单元属性表中均有说明。本例操作步骤如下。

① 选择 Main Menu＞Preprocessor＞Material Props＞Material Models 命令,弹出【Define Material Model Behavior】对话框,如图 3-101 所示。

② 依次选择 Structural＞Linear＞Elastic＞Isotropic 命令,表示将材料属性设置为各向同性的线弹性材料,最后双击【Isotropic】。

③ 接着弹出如图 3-102 所示的【Linear Isotropic Properties for Material Number 1】对

话框。在【EX】文本框中输入弹性模量"200e6",在【PRXY】文本框中输入泊松比"0.3",然后单击【OK】按钮确认。

④ 再次回到定义材料特性对话框,单击 ![X] 按钮关闭即可。

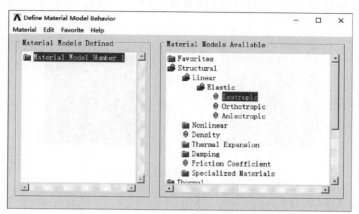

图 3-101　定义材料属性对话框

(4) 生成单元

一旦定义了必要的节点并设置好了材料特性,就可以定义单元了。可以通过确定的定义节点定义单元,此时必须输入的节点数和节点输入顺序由单元类型决定。节点输入顺序决定了单元的法向方向。例如,二维梁单元 BEAM188 要求两个节点(I、J),三维块单元 SOLID185 要求 8 个节点(第一个面 I、J、K、L 节点,对面的 M、N、O、P 节点)。

生成单元时,一定要确认单元类型属性指针、单元实常数属性指针、单元材料属性指针以及单元坐标系属性指针设置正确。用户可以选择 Main Menu＞Preprocessor＞Modeling＞Create＞Elements＞Elem Attributes 命令来设置这些指针。

当用户只定义了一种单元类型、实常数和材料属性时,程序默认将这些单一的属性赋予待定义的全部单元,如本小节中的例子,当选择 Main Menu＞Preprocessor＞Modeling＞Create＞Elements＞Elem Attributes 命令时,将弹出如图 3-103 所示的对话框。

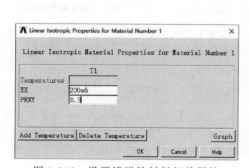

图 3-102　设置线弹性材料相关属性

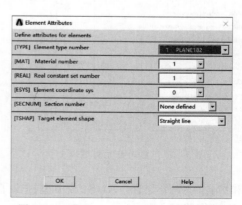

图 3-103　【Element Attributes】对话框

从图 3-103 中可以看出,ANSYS 已经默认为待定义的单元赋予了各项单元属性。接下来只要生成单元就行了,具体操作步骤如下。

① 选择 Main Menu>Preprocessor>Modeling>Create>Elements>Auto Numbered>Thru Nodes 命令，弹出图形选取对话框。

② 用鼠标在视图窗口中依次选择节点 1、2、6 和 5，然后单击【Apply】按钮即生成了单元 1；再次用鼠标在视图窗口中依次选择节点 3、4、7 和 8，然后单击【OK】按钮，即生成单元 2，如图 3-104 所示。

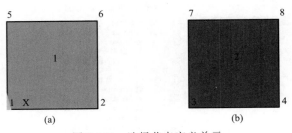

图 3-104　选择节点定义单元

③ 选择 Main Menu>Preprocessor>Modeling>Copy>Elements>Auto Numbered 命令，弹出图形选取对话框。

④ 用鼠标在视图窗口中选择单元 1，然后单击【OK】按钮，接着弹出如图 3-105 所示的对话框。

⑤ 保持默认的参数不变，单击【OK】按钮，则在单元 1 和单元 2 的中间复制了一个单元 3，它具有与单元 1 同样的各种属性。

这时所有的单元已经生成完毕，但是没有像图 3-104 所示那样显示单元的编号，如想查看单元编号，用户只需选择 Utility Menu>PlotCtrls>Numbering... 命令，弹出如图 3-106 所示的对话框。在【Elem/Attrib numbering】下拉列表中选择【Element numbers】选项，并确认【Replot upon OK/Apply】下拉列表中选中【Replot】选项，单击【OK】按钮即可。

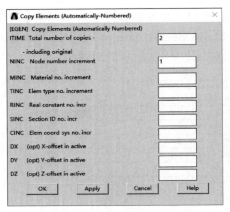

图 3-105　复制单元对话框

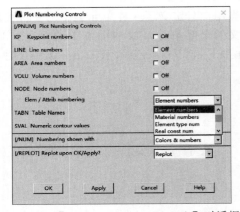

图 3-106　【Plot Numbering Controls】对话框

和节点的操作类似，ANSYS 中也提供了单元的列表查看、图形显示和删除功能，相应的 GUI 操作路径如下。

- 列表查看单元：Utility Menu>List>Elements>Attributes Only。
- 图形显示单元：Utility Menu>Plot>Elements。
- 删除单元：Main Menu>Preprocessor>Modeling>Delete>Elements。

3.6 网格划分基本原则

划分网格是建立有限元模型的一个重要环节，它要求考虑的问题较多，需要的工作量较大，所划分的网格形式对计算精度和计算规模将产生直接影响。为建立正确、合理的有限元模型，这里介绍划分网格时应考虑的一些基本原则。

3.6.1 网格数量

网格数量的多少将影响计算结果的精度和计算规模的大小。一般来讲，网格数量增加，计算精度会有所提高，但同时计算规模也会增加，所以在确定网格数量时应对两个因数综合考虑。

图 3-107 中的曲线 1 表示结构中的位移精度随网格数量的变化，曲线 2 代表计算时间随网格数量的变化。可以看出，网格较少时增加网格数量可以使计算精度明显提高，而计算时间不会有大的增加。当网格数量增加到一定程度后，如图 3-107 中 P 点，再继续增加网格时精度提高甚微，而计算时间却有大幅度增加，所以应注意增加网格的经济性。实际应用时可以比较两种网格划分的计算结果，如果两次计算结果相差较大，可以继续增加网格，相反则停止增加。

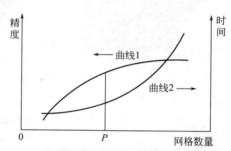

图 3-107 位移精度和计算时间随网格数量的变化

在决定网格数量时应考虑分析数据的类型。在静力分析时，如果仅仅是计算结构的变形，网格数量可以少一些；如果需要计算应力，则在精度要求相同的情况下取相对较多的网格。同样在响应计算中，计算应力响应所取的网格数应比计算位移响应多。在计算结构固有动力特性时，若仅仅是计算少数低阶模态，可以选择较少的网格，如果计算的模态阶次较高，则应选择较多的网格。在热分析中，结构内部的温度梯度不大，不需要大量的内部单元，这时可划分较少的网格。

3.6.2 网格疏密

网格疏密是指在结构不同部位采用大小不同的网格，这是为了适应计算数据的分布特点。在计算数据变化梯度较大的部位（如应力集中处），为了较好地反映数据变化规律，需要采用比较密集的网格。而在计算数据变化梯度较小的部位，为减小模型规模，则应划分相对稀疏的网格。这样，整个结构便表现出疏密不同的网格划分形式。下面通过实例给出网格疏密对计算精度的影响。

该实例是中心带圆孔方板 1/4 模型，采用三种网格划分方式：较疏网格（288 个单元）、较密网格（800 个单元）、疏密不同的网格（288 个单元），如图 3-108 所示，其中，图 3-108(a) 网格划分较疏为 A 模型，图 3-108(b) 网格划分较密为 B 模型，图 3-108(c) 采用疏密不同的网格划分为 C 模型，在圆孔附近存在应力集中，采用了比较密的网格；板的四周应力梯度较小，较密网格划分得较稀。三种模型的应力和变形计算结果如图 3-109～图 3-111 所示。表 3-2 对三种模型结果进行比较，结果显示：较密网格划分的最大应力为 4.75566，较疏网格划分的最大应力为 4.71611，而 C 模型的最大应力为 4.74807。说明：B 模型比 A

模型的应力计算精度高，C模型在模型大小与A模型相同而远小于B模型的情况下，其应力精度与B模型相差不大，因此采用疏密不同的网格划分方式，可以在节省模型开销的同时提高应力计算精度，但是注意网格数量应增加到结构的关键部位，在次要部位增加网格是不必要的，也是不经济的。表3-2还显示了三种模型的变形结果，结果显示：三种模型的计算精度没什么区别，说明网格划分对变形结果影响不大，而主要是影响应力结果，特别是有应力集中的地方。

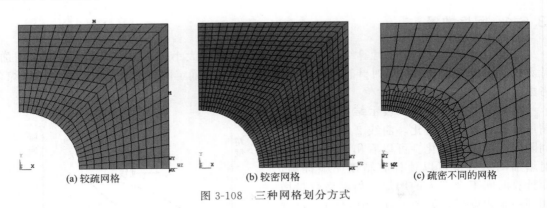

图 3-108　三种网格划分方式

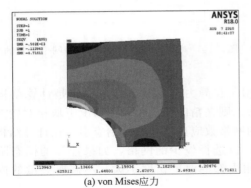 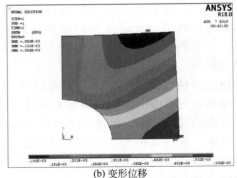

(a) von Mises应力　　　　　　　　　　　　(b) 变形位移

图 3-109　网格划分较疏的应力与变形

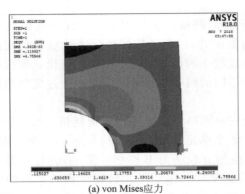 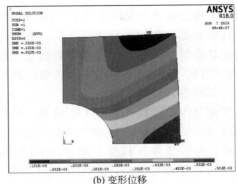

(a) von Mises应力　　　　　　　　　　　　(b) 变形位移

图 3-110　网格划分较密的应力与变形

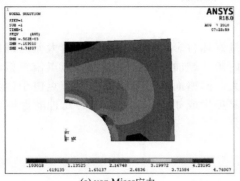
(a) von Mises应力

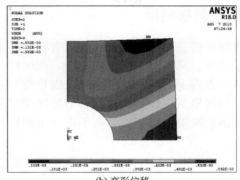
(b) 变形位移

图 3-111　网格划分疏密不同的应力与变形

表 3-2　三种模型结果比较

比较项目	A 模型（较疏）	B 模型（较密）	C 模型（疏密不同）
单元数	288	800	288
最大 von Mises 应力	4.71611	4.75566	4.74807
最大位移	0.582E−03	0.582E−03	0.582E−03

　　划分疏密不同的网格主要用于应力分析（包括静应力和动应力），而计算固有特性时则趋于采用较均匀的钢格形式。这是因为固有频率和振型主要取决于结构质量分布和刚度分布，不存在类似应力集中的现象，采用均匀网格可使结构刚度矩阵和质量矩阵的元素不致相差太大，可减小数值计算误差。同样，在结构温度场计算中也趋于采用均匀网格。

3.6.3　单元阶次

　　单元阶次与有限元的计算精度有着密切的关联。单元一般具有线性、二次和三次等形式，其中二次和三次形式的单元称为高阶单元。选用高阶单元可提高计算精度，因为高阶单元的曲线或曲面边界能够更好地逼近结构的曲线和曲面边界，且高次插值函数可更高精度地逼近复杂场函数，所以当结构形状不规则、应力分布或变形很复杂时可以选用高阶单元。但高阶单元的节点数较多，在网格数量相同的情况下由高阶单元组成的模型规模要大得多，因此在使用时应权衡考虑计算精度和时间。

　　增加网格数量和单元阶次都可以提高计算精度。因此在保证精度一定的情况下，用高阶单元离散结构时应选择适当的网格数量，太多的网格并不能明显提高计算精度，反而会使计算时间大大增加，如图 3-112 所示。

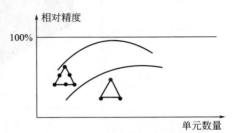
图 3-112　不同阶次单元的收敛情况

　　为了兼顾计算精度和计算量，同一结构可以采用不同阶次的单元，即精度要求高的重要部位用高阶单元，精度要求低的次要部位用低阶单元。不同阶次单元之间或采用特殊的过渡单元连接，或采用多点约束等方式连接。

3.6.4 网格质量

网格质量是指网格几何形状的合理性。质量好坏将影响计算精度。质量太差的网格甚至会中止计算。网格质量可用细长比、锥度比、内角、翘曲量、拉伸值、边节点位置偏差等指标度量，直观上看网格各边或各个内角相差不大、网格面不过分扭曲、边节点位于边界等分点附近的网格质量较好。在网格划分时应尽量避免生成如图 3-113 所示的几种畸形网格，一般尽可能用映射网格划分，而不用自由网格划分。

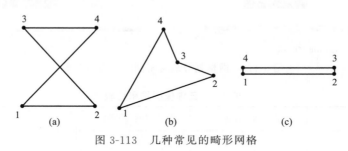

图 3-113　几种常见的畸形网格

3.7　自由网格划分实例 1——轴承座

有些实体模型比较复杂，为不规则实体，不满足映射网格划分的条件，只能采用自由网格划分的方式。对于 3D 实体模型，进行自由网格划分一般采用四面体单元，而不采用六面体单元，除非特殊情况，如 3.10 节中的混合网格划分。下面通过轴承座的网格划分实例介绍划分过程。

① 复制随书资料"SourceFiles \ ch03 \ examples \ Bearing \ "中的文件到工作目录，启动 ANSYS，单击工具栏上的 按钮打开数据库文件 Bearinggeom.db，如图 3-114 所示。

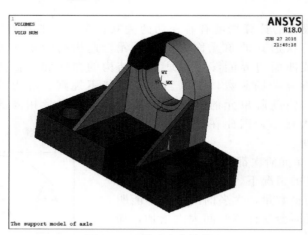

图 3-114　轴承座实体模型

② 定义单元类型 1 为 10 节点四面体实体结构单元（SOLID187）。

选择 Main Menu＞Preprocessor＞Element Type＞Add/Edit/Delete 命令，在弹出的【Element Types】对话框中单击【Add...】按钮，弹出如图 3-115 所示的对话框。在对话框左侧的列表中选择【Solid】，在右侧的列表框中选择【10Node 187】，单击【OK】按钮回

到【Element Types】对话框，如图 3-116 所示显示出建立的单元类型 SOLID187。

③ 定义材料属性。选择 Main Menu＞Preprocessor＞Material Props＞Material Models 命令，弹出【Define Material Model Behavior】对话框，如图 3-117 所示。依次选择 Structural＞Linear＞Elastic＞Isotropic 命令，表示将材料属性设置为各向同性的线弹性材料，最后双击【Isotropic】命令。接着弹出如图 3-118 所示的【Linear Isotropic Properties for Material Number 1】对话框。在【EX】文本框中输入弹性模量"30e6"，在【PRXY】文本框中输入泊松比"0.3"，然后单击【OK】按钮确认。再次回到定义材料特性对话框，单击 ✖ 按钮关闭即可。

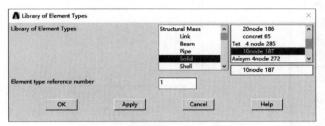

图 3-115　单元类型库对话框

图 3-116　定义的单元类型

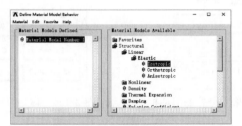

图 3-117　【Define Material Model Behavior】对话框

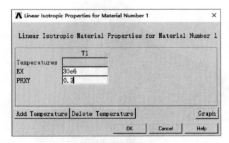

图 3-118　【Linear Isotropic Properties for Material Number 1】对话框

④ 用网格划分器【MeshTool】将几何模型划分单元。选择 Main Menu＞Preprocessor＞MeshTool，将智能网格划分器（Smart Size）设定勾选为"on"，同时将滑动码设置为"5"（如果机器速度很快，可将其设置为"4"或更小值来获得更密的网格）。确认【MeshTool】的各项为：【Volumes】、【Tet】、【Free】，如图 3-119 所示。点击【MeshTool】中的【Mesh】，在弹出的图 3-120 所示菜单中点击【Pick All】，选择好轴承座实体模型。划分好的轴承座有限元模型如图 3-121 所示。

存储轴承座网格模型。选择 File＞Save as，输入存储的文件名为"BearingMesh"。

 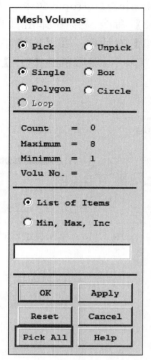

图 3-119　网格划分控制对话框　　　　图 3-120　体划分模型选取框

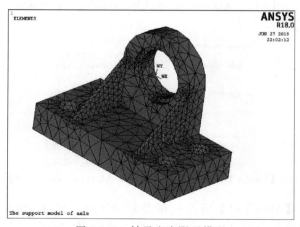

图 3-121　轴承座有限元模型

3.8　映射网格划分实例 2——二维飞轮

有些几何实体模型初看起来为不规则实体，不满足映射网格的划分条件。但可以将其分割为若干个简单的规则实体，满足映射网格划分条件以后再进行映射网格划分。下面通过一个二维飞轮网格划分的例子详细说明划分过程。

(1) 调出模型

复制随书资料 "SourceFiles \ ch03 \ examples \ Wheel2D \" 中的文件到工作目录，启动 ANSYS，单击工具栏上的 按钮打开数据库文件 Wheel2D.db，结果显示如图 3-122 所示。

(2) 定义单元类型

① 选择 Main Menu＞Preprocessor＞Element Type＞Add/Edit/Delete 命令，在弹出的【Element Types】对话框中单击【Add...】按钮，弹出如图 3-123 所示的对话框。在对话框左侧的列表中选择【Solid】，在右侧的列表框中选择【8 node 183】，单击【OK】按钮回到【Element Types】对话框，如图 3-124 所示显示出建立的单元类型 PLANE183。

② 在【Element Types】对话框中单击【Options...】按钮，弹出如图 3-125 所示对话框，设置【K3】为【Axisymmetric】，单击【OK】按钮。

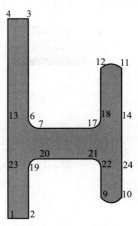

图 3-122 飞轮截面

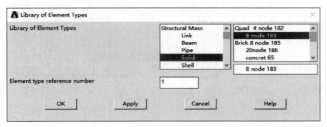

图 3-123 单元类型库对话框

图 3-124 定义的单元类型

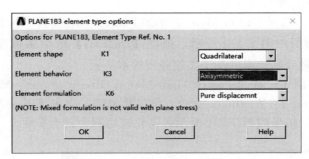

图 3-125 单元属性对话框

(3) 定义材料属性

① 定义弹性模量和泊松比。选择 Main Menu＞Preprocessor＞Material Props＞Material Models 命令，弹出【Define Material Model Behavior】对话框，如图 3-126 所示。依次选择 Structural＞Linear＞Elastic＞Isotropic 命令，表示将材料属性设置为各向同性的线弹性材料，最后双击【Isotropic】命令。接着弹出如图 3-127 所示的【Linear Isotropic Properties for Material Number 1】对话框。在【EX】文本框中输入弹性模量"3E7"，在【PRXY】文本框中输入泊松比"0.3"，单击【OK】按钮确认。

② 定义密度。回到定义材料特性对话框，如图 3-128 所示，选择 Structural＞Density，

弹出如图 3-129 所示的对话框，输入材料密度值"7.31e-4"，然后单击【OK】按钮确认。再次回到定义材料特性对话框，选择 Material>Exit 关闭对话框。

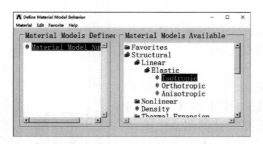

图 3-126 【Define Material Model Behavior】对话框

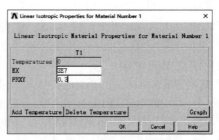

图 3-127 【Linear Isotropic Properties for Material Number 1】对话框

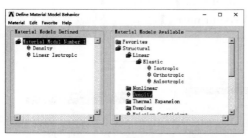

图 3-128 定义材料特性对话框

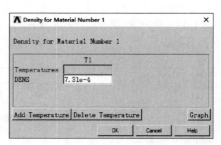

图 3-129 【Density for Material Number 1】对话框

(4) 水平切割飞轮截面

① 平移工作平面。选择 Utility Menu>WorkPlane>Offset WP to>Keypoints 命令，选择关键点 6，平移工作平面至关键点 6。

② 旋转工作平面。选择 Utility Menu>WorkPlane>Offset WP by Increments 命令，弹出【Offset WP】对话框如图 3-130 所示，拖动【Degrees】滚动条值至 90，点击 按钮，使得工作平面顺时针旋转为垂直于飞轮截面的水平面。

③ 用工作平面切割飞轮截面。选择 Main Menu>Preprocessor>Modeling>Operate>Booleans>Divide>Area by WrkPlane 命令，弹出拾取框，点击【Pick All】按钮，完成第 1 次水平切割飞轮截面，结果如图 3-131 所示，飞轮被切割为三个平面。

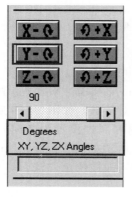

图 3-130 【Offset WP】对话框

图 3-131 切割结果

④ 平移工作平面。选择 Utility Menu＞WorkPlane＞Offset WP to＞Keypoints 命令，选择关键点 19，将工作平面依次平移到关键点 19。

⑤ 用工作平面切割飞轮截面。选择 Main Menu＞Preprocessor＞Modeling＞Operate＞Booleans＞Divide＞Area by WrkPlane 命令，弹出拾取框，点击【Pick All】按钮，完成第 2 次水平切割飞轮截面。

⑥ 平移工作平面。选择 Utility Menu＞WorkPlane＞Offset WP to＞Keypoints 命令，选择关键点 20，将工作平面依次平移到关键点 20。

⑦ 平移工作平面。选择 Utility Menu＞WorkPlane＞Offset WP by Increments 命令，弹出对话框如图 3-132 所示，在【X，Y，Z Offsets】文本框中输入"0，0，0.375"，单击【Apply】按钮。

⑧ 用工作平面切割飞轮截面。选择 Main Menu＞Preprocessor＞Modeling＞Operate＞Booleans＞Divide＞Area by WrkPlane 命令，弹出拾取框，点击【Pick All】按钮，完成第 3 次水平切割飞轮截面，结果如图 3-133 所示。

图 3-132 【Offset WP】对话框

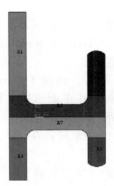
图 3-133 切割结果

(5) 垂直切割飞轮截面

① 平移工作平面。选择 Utility Menu＞WorkPlane＞Offset WP to＞Keypoints 命令，选择关键点 7，将工作平面依次平移到关键点 7。

② 旋转工作平面。选择 Utility Menu＞WorkPlane＞Offset WP by Increments 命令，弹出对话框如图 3-134 所示，拖动【Degrees】滚动条至 90，点击 Y- 按钮，使得工作平面顺时针旋转为垂直于飞轮截面的垂直面。

③ 用工作平面切割飞轮截面。选择 Main Menu＞Preprocessor＞Modeling＞Operate＞Booleans＞Divide＞Area by WrkPlane 命令，弹出拾取框，点击【Pick All】按钮，完成第 1 次垂直切割飞轮截面，结果如图 3-135 所示。

④ 平移工作平面。选择 Utility Menu＞WorkPlane＞Offset WP to＞Keypoints 命令，选择关键点 17，将工作平面依次平移到关键点 17。

⑤ 用工作平面切割飞轮截面。选择 Main Menu＞Preprocessor＞Modeling＞Operate＞Booleans＞Divide＞Area by WrkPlane 命令，弹出拾取框，点击【Pick All】按钮，完成第 2 次垂直切割飞轮截面。

⑥ 平移工作平面。选择 Utility Menu＞WorkPlane＞Offset WP to＞Keypoints 命令，选择关键点 4，将工作平面依次平移到关键点 4。

⑦ 平移工作平面。选择 Utility Menu＞WorkPlane＞Offset WP by Increments 命令，弹

出对话框如图 3-136 所示，在【X,Y,Z Offsets】文本框中输入"0,0,-0.25"，单击【Apply】按钮。

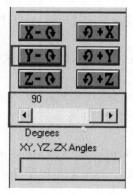

图 3-134 【Offset WP】对话框

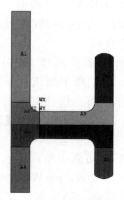

图 3-135 切割结果

⑧ 用工作平面切割飞轮截面。选择 Main Menu＞Preprocessor＞Modeling＞Operate＞Booleans＞Divide＞Area by WrkPlane 命令，弹出拾取框，点击【Pick All】按钮，完成第 3 次垂直切割飞轮截面。

⑨ 平移工作平面。选择 Utility Menu＞WorkPlane＞Offset WP to＞Keypoints 命令，选择关键点 12，将工作平面依次平移到关键点 12。

⑩ 平移工作平面。选择 Utility Menu＞WorkPlane＞Offset WP by Increments 命令，弹出对话框如图 3-136 所示，在【X,Y,Z Offsets】文本框中输入"0,0,-0.25"，单击【Apply】按钮。

⑪ 用工作平面切割飞轮截面。选择 Main Menu＞Preprocessor＞Modeling＞Operate＞Booleans＞Divide＞Area by WrkPlane 命令，弹出拾取框，点击【Pick All】按钮，完成第 4 次垂直切割飞轮截面，结果如图 3-137 所示。

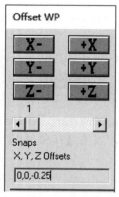

图 3-136 【Offset WP】对话框进行平移

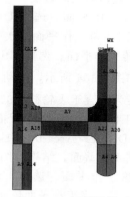

图 3-137 切割结果

(6) 对模型进行映射网格划分

① 设置线条网格尺寸。选择 Main Menu＞Preprocessor＞Meshing＞Size Cntrls＞Manual Size＞Lines＞Picked Lines，选择图 3-138 中粗线条，点击【OK】后，弹出如图 3-139 所示的对话框，在【No. of element divisions】文本框中输入单元划分个数为"3"，单击【OK】按钮。

> **注意：**
> 这一步非常关键，直接关系到后面四个拐角映射网格划分能否成功，因为映射网格划分要求对边等分数相等。

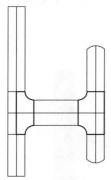

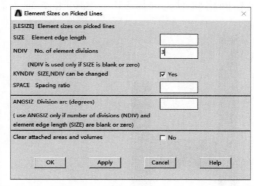

图 3-138 选择线条　　　　图 3-139 【Element Sizes on Picked Lines】对话框

② 设置单元全局尺寸。选择 Main Menu＞Preprocessor＞Meshing＞Size Cntrls＞Manual Size＞Global＞Size，弹出如图 3-140 所示的对话框，在文本框【Element edge length】输入单元尺寸为"0.1"，单击【OK】按钮。

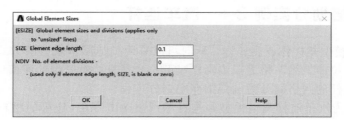

图 3-140 【Global Element Sizes】对话框

③ 对矩形区域进行映射网格划分。选择 Main Menu＞Preprocessor＞Meshing＞Mesh＞Areas＞Mapped＞3 or 4 Sided 后，弹出【Mesh Areas】对话框，依次选择如图 3-141 所示的矩形平面，点击对话框【OK】按钮，得到如图 3-142 所示的映射网格。

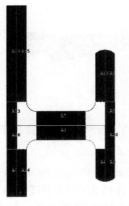
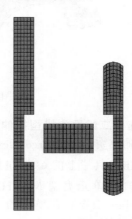

图 3-141 选择矩形区域进行映射网格划分　　　　图 3-142 网格划分结果

④ 对拐角区域进行映射网格划分。选择 Main Menu＞Preprocessor＞Meshing＞Mesh＞Aread＞Mapped＞By Corners 后，弹出【Map Mesh Areas by Area】对话框，选择五边形拐角平面 A_{17}，如图 3-143 所示，点击对话框【OK】按钮，选择四个角点 6、7、27 和 32，得到该拐角区域的映射网格。用同样的方法对其他三个五边形拐角平面区域进行映射网格划分，结果如图 3-144 所示。

存储二维飞轮网格模型。选择 File＞Save as，输入存储的文件名为"Wheel2DMesh"。

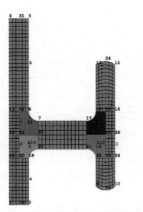 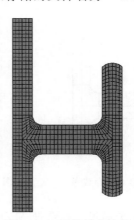

图 3-143 选择拐角区域进行映射网格划分　　图 3-144 网格划分结果

3.9 扫掠网格划分实例 3——汽车连杆

有些 3D 实体模型是柱体或旋转体，此时可以采用扫掠网格划分的方式。扫掠网格划分有两种方法：一是拉伸二维网格为三维网格模型；二是直接对三维几何模型进行扫掠网格划分。下面以汽车连杆的网格划分为例详细介绍划分过程。

图 3-145 所示为汽车连杆几何模型，连杆的厚度为 0.5in。连杆的材料属性为：弹性模量 $E=3\times10^7$ psi（1psi=6890N/m²），泊松比为 0.3。我们分别采用两种方法进行扫掠网格划分。

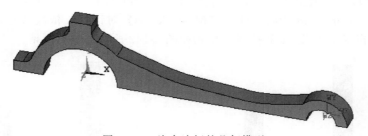

图 3-145 汽车连杆的几何模型

(1) 由连杆二维网格模型拉伸形成

① 复制随书资料"SourceFiles \ ch03 \ examples \ Rod \ "中的文件到工作目录，启动 ANSYS，单击工具栏上的 按钮打开数据库文件 Rod2DGeom.db。

② 添加二维单元类型 MESH200。选择 Main Menu＞Preprocessor＞Element Type＞Add/Edit/Delete 命令，在弹出的【Element Types】对话框中单击【Add...】按钮，弹出如图 3-146 所示的对话框。在对话框左侧的列表中选择【Not Solved】，在右侧的列表框中选

择【Mesh Facet 200】，单击【OK】按钮回到【Element Types】对话框，如图 3-147 所示显示出建立的单元类型 MESH200。在【Element Types】对话框中单击【Options...】按钮，弹出如图 3-148 所示对话框，设置【K1】为【QUAD 8-NODE】，单击【OK】按钮。

> **说明：**
> MESH200 仅用于网格划分，不用于求解，主要应用在需多步网格划分，如拉伸网格或需要由低维网格生成高维网格等的场合。

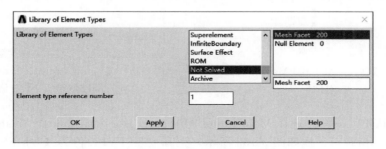

图 3-146　单元类型库对话框

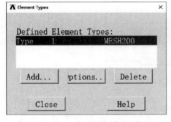

图 3-147　定义的单元类型

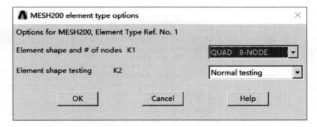

图 3-148　【MESH200 element type options】对话框

③ 添加三维单元类型 SOLID186。在【Element Types】对话框中单击【Add...】按钮，弹出如图 3-149 所示的对话框。在对话框左侧的列表中选择【Solid】，在右侧的列表框中选择【20node 186】，单击【OK】按钮，单击【Close】按钮关闭单元定义对话框。图 3-150 所示为定义好的单元类型。

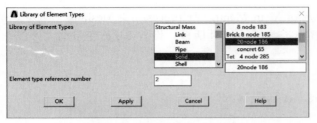

图 3-149　单元类型库对话框

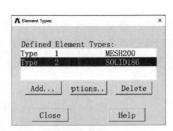

图 3-150　定义的单元类型

④ 定义材料属性。选择 Main Menu＞Preprocessor＞Material Props＞Material Models 命令，弹出【Define Material Model Behavior】对话框，如图 3-151 所示。依次选择 Structural＞Linear＞Elastic＞Isotropic 命令，表示将材料属性设置为各向同性的线弹性材料，最后双击【Isotropic】命令。接着弹出如图 3-152 所示的【Linear Isotropic Properties for Material Number 1】对话框。在【EX】文本框中输入弹性模量"3e7",在【PRXY】文本框中输入泊松比"0.3",然后单击【OK】按钮确认。再次回到定义材料特性对话框,单击 ![X] 按钮关闭即可。

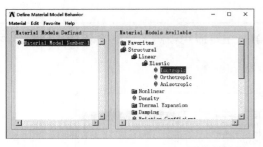

图 3-151 【Define Material Model Behavior】对话框

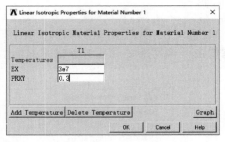

图 3-152 【Linear Isotropic Properties for Material Number 1】对话框

⑤ 设置默认单元属性。选择 Main Menu＞Preprocessor＞Meshing＞Mesh Attributes＞Default Attribs,出现对话框如图 3-153 所示,选择变量 TYPE 值为【1 MESH200】,单击【OK】按钮,关闭对话框。

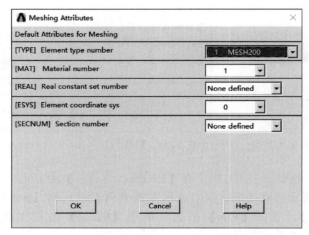

图 3-153 设置默认单元属性对话框

⑥ 对网格划分控制进行设置。选择 Main Menu＞Preprocessor＞Meshing＞ Size Cntrls＞Manual Size＞Global＞Size,弹出如图 3-154 所示的对话框,设置 SIZE 变量为"0.2",单击【OK】按钮。

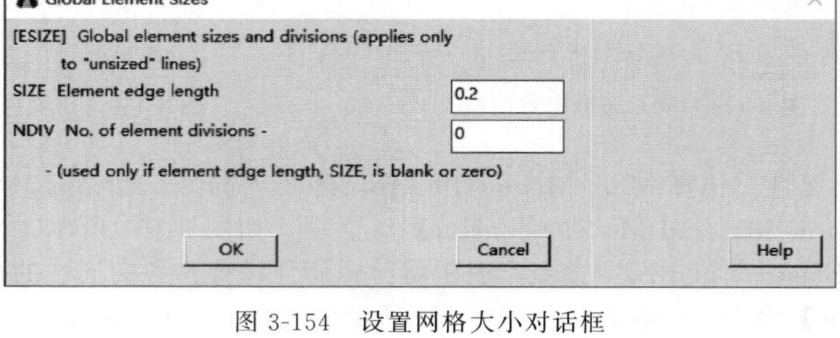

图 3-154 设置网格大小对话框

⑦ 对二维连杆进行网格划分。选择 Main Menu＞Preprocessor＞Meshing＞Mesh＞Areas＞Free 命令，弹出图形选取对话框，用鼠标在图形视窗中选择要进行网格划分的面，生成二维连杆网格模型，如图 3-155 所示。

图 3-155　生成二维连杆网格模型

⑧ 进行拉伸设置。选择 Main Menu＞Preprocessor＞Modeling＞Operate＞Extrude＞Elem Ext Opts 命令，弹出如图 3-156 所示对话框，选择【Element type number】下拉列表为【2 SOLID186】，即选择拉伸后的有限元模型单元类型为 SOLID186。设置变量 VAL1 = 3，即设置在拉伸方向的单元数。单击【OK】按钮，关闭设置对话框。

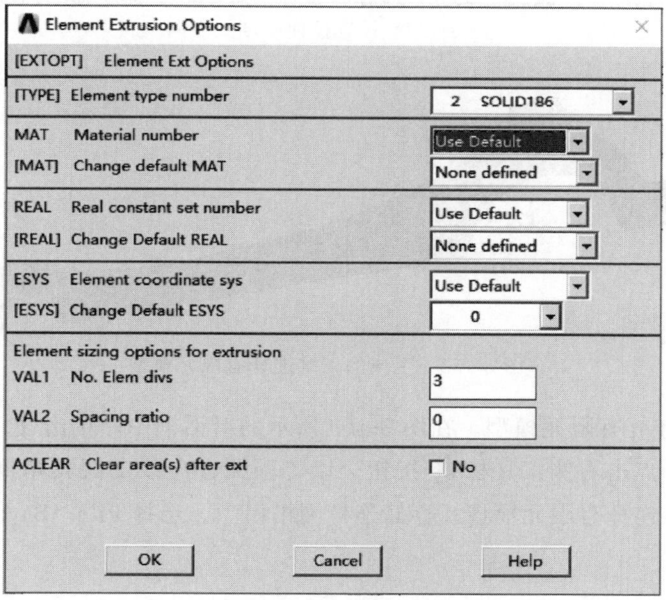

图 3-156　拉伸设置对话框

⑨ 拉伸二维连杆网格模型，生成三维连杆有限元模型。选择 Main Menu＞Preprocessor＞Modeling＞Operate＞Extrude＞Areas＞Along Normal 命令，弹出选取图形对话框，选择连杆，弹出如图 3-157 所示对话框。在文本框【Length of extrusion】中输入"0.5"，单击【OK】按钮。点击右侧工具栏 按钮，改变观察角度为等轴侧方向，图 3-158 所示为最后生成的三维连杆有限元模型。存储连杆网格模型。选择 File＞Save as，输入存储的文件名为"RodMesh"。

(2) 直接对连杆三维几何模型进行扫掠网格划分

① 复制随书资料"SourceFiles\ch03\examples\Rod\"中的文件到工作目录，启动 ANSYS，单击工具栏上的 按钮打开数据库文件 Rod3DGeom.db。

② 添加三维单元类型 SOLID186。操作步骤与方法（1）的步骤③相同。

③ 对网格划分控制进行设置。选择 Main Menu＞Preprocessor＞Meshing＞Size Cntrls＞

Manual Size>Global>Size，弹出如图 3-154 所示的对话框，设置 SIZE 变量为"0.2"，单击【OK】按钮。回到网格划分工具对话框。选择【Shape】选项组为【Hex/Wedge】，使得单选钮【Sweep】可选，并选择划分网格方式为【Sweep】，确定网格划分设置如图 3-159 所示。

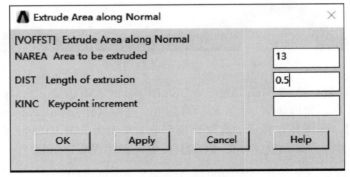

图 3-157 设置拉伸厚度及方向

图 3-158 生成的三维连杆有限元模型

④ 生成三维连杆有限元模型。在图 3-159 所示的对话框中，单击【Sweep】按钮，选择【Pick All】按钮，点击右侧工具栏 按钮，以等轴侧方向改变观察角度，如图 3-160 所示为最后生成的三维连杆有限元模型。存储连杆网格模型。选择 File>Save as，输入存储的文件名为"RodMesh"。

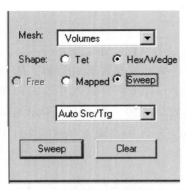

图 3-159 设置扫掠网格划分方式

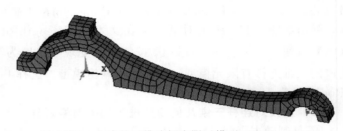

图 3-160 生成的三维连杆有限元模型（SIZE=0.2）

⑤ 改变网格大小，观察网格变化。重复以上步骤③和④，改变网格大小分别为"0.1"和"0.3"，得到的网格划分结果如图 3-161、图 3-162 所示。

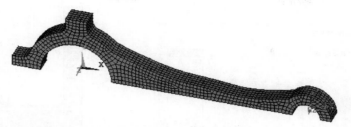

图 3-161 生成的三维连杆有限元模型（SIZE＝0.1）

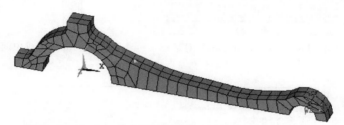

图 3-162 生成的三维连杆有限元模型（SIZE＝0.3）

3.10 混合网格划分实例 4——三维带孔飞轮

有些几何实体模型总体上看为不规则实体，不满足映射网格的划分条件。但仔细分析，模型中一部分具有一定的规则性，满足映射网格划分条件，而其他部分为不规则实体，只能采用自由网格划分。这时可将模型分别采用映射网格和自由网格划分，但要注意两种网格之间的过渡，否则会出现意想不到的错误。下面通过一个三维带孔飞轮网格划分的例子详细说明划分的过程。

（1）调出二维几何模型

复制随书资料"SourceFiles \ ch03 \ examples \ Wheel2D \ "中的文件到工作目录，启动 ANSYS，单击工具栏上的 按钮打开数据库文件 Wheel2D.db，结果显示如图 3-163 所示。

（2）建立三维几何模型

① 在已有两个关键点中间生成关键点。选择 Main Menu＞Preprocessor＞Modeling＞Create＞Keypoints＞KP between KPs，选择关键点 7 和 17，弹出如图 3-164 所示的【KBETween options】对话框，点击【OK】按钮，生成中间关键点 23，如图 3-165 所示。

② 建立旋转轴关键点。选择 Main Menu＞Preprocessor＞Modeling＞Create＞Keypoints＞In Active CS 命令，弹出如图 3-166 所示的【Create Keypoints in Active Coordinate System】对话框，输入坐标（0,0,0），单击【Apply】按钮，旋转轴一关键点被创建，继续在【Create Keypoints in Active Coordinate System】对话框输入坐标（0,5,0），如图 3-167 所示单击【OK】按钮，旋转轴另一关键点被创建。

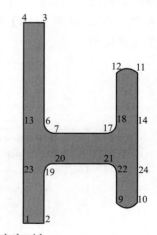

图 3-163 飞轮截面

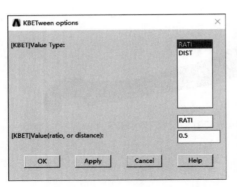
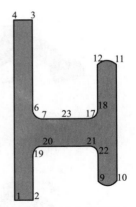

图 3-164 【KBETween options】对话框　　图 3-165 生成中间关键点 23

图 3-166 【Create Keypoints in Active Coordinate System】对话框

图 3-167 创建旋转轴另一关键点

③ 旋转拉伸为三维模型。选择 Main Menu＞Preprocessor＞Modeling＞Operate＞Extrude＞Areas＞About Axis 命令，弹出选取图形对话框，选择【Pick All】按钮，接着选择旋转轴的两个关键点，弹出如图 3-168 所示对话框。在文本框【Arc length in degrees】中输入 "22.5"，单击【OK】按钮。点击右侧工具栏 ⬢ 和 🔍 按钮，即得如图 3-169 所示的三维飞轮模型。

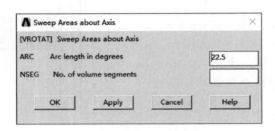

图 3-168 设置拉伸角度对话框　　图 3-169 旋转生成的三维飞轮模型

④ 平移工作平面。选择 Utility Menu＞WorkPlane＞Offset WP to＞Keypoints 命令，选择关键点 23，平移工作平面至关键点 23。

⑤ 旋转工作平面。选择 Utility Menu＞WorkPlane＞Offset WP by Increments 命令，弹出【Offset WP】对话框，拖动【Degrees】滚动条值至 90，点击 ![] 按钮，使得工作平面逆时针旋转 90°。

⑥ 生成圆柱体。选择 Main Menu＞Preprocessor＞Modeling＞Create＞Volumes＞Cylinder＞Solid Cylinder 命令，弹出如图 3-170 所示的对话框，在【Radius】文本框中输入圆柱体的直径"0.45"，在【Depth】文本框中输入圆柱的高"2"，单击【OK】按钮，生成如图 3-171 所示的圆柱体。

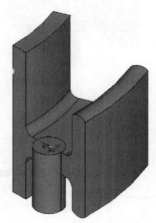

图 3-170　圆柱体参数设置对话框　　　　图 3-171　生成的圆柱体

⑦ 布尔减运算。选择 Main Menu＞Preprocessor＞Modeling＞Operate＞Booleans＞Subtract＞Volumes 命令，弹出选取图形对话框，选取编号为 1 的旋转体，单击【OK】按钮，然后选取编号为 2 的圆柱体，单击【OK】按钮，生成结果如图 3-172 所示。

⑧ 切割三维飞轮。

平移工作平面：选择 Utility Menu＞WorkPlane＞Offset WP to＞Keypoints 命令，选择关键点 6，平移工作平面至关键点 6。

切割飞轮模型：选择 Main Menu＞Preprocessor＞Modeling＞Operate＞Booleans＞Divide＞Volume by WrkPlane 命令，弹出拾取框，点击【Pick All】按钮，完成第 1 次水平切割飞轮模型。

平移工作平面：选择 Utility Menu＞WorkPlane＞Offset WP to＞Keypoints 命令，选择关键点 19，平移工作平面至关键点 196。

切割飞轮模型：选择 Main Menu＞Preprocessor＞Modeling＞Operate＞Booleans＞Divide＞Volume by WrkPlane 命令，弹出拾取框，点击【Pick All】按钮，完成第 2 次水平切割飞轮模型。结果如图 3-173 所示。

(3) 定义单元类型

选择 Main Menu＞Preprocessor＞Element Type＞Add/Edit/Delete 命令，在弹出的【Element Types】对话框中单击【Add...】按钮，弹出如图 3-174 所示的对话框。在对话框左侧的列表中选择【Solid】，在右侧的列表框中选择【Brick 8 node 185】，单击【OK】按钮回到【Element Types】对话框，完成单元类型 SOLID185 的添加。再次单击

【Add...】按钮，添加单元类型 SOLID186，如图 3-175 所示显示出建立的两个单元类型，单击【Colse】按钮，关闭对话框。

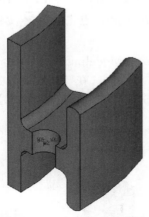
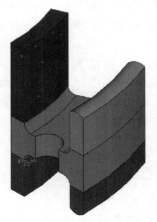

图 3-172　布尔减运算结果　　　　图 3-173　水平切割飞轮模型结果

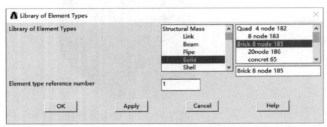

图 3-174　单元类型库对话框　　　　图 3-175　定义的单元类型

(4) 定义材料属性

① 定义弹性模量和泊松比。选择 Main Menu＞Preprocessor＞Material Props＞Material Models 命令，弹出【Define Material Model Behavior】对话框，如图 3-176 所示。依次选择 Structural＞Linear＞Elastic＞Isotropic 命令，表示将材料属性设置为各向同性的线弹性材料，最后双击【Isotropic】命令。接着弹出如图 3-177 所示的【Linear Isotropic Properties for Material Number 1】对话框。在【EX】文本框中输入弹性模量"3E7"，在【PRXY】文本框中输入泊松比"0.3"，单击【OK】按钮确认。

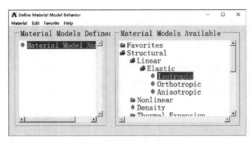
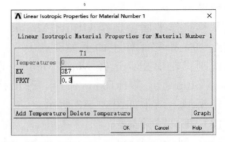

图 3-176　【Define Material Model Behavior】　　图 3-177　【Linear Isotropic Properties for
　　　　　　　　对话框　　　　　　　　　　　　　　　　　　Material Number 1】对话框

② 定义密度。回到定义材料特性对话框，如图 3-178 所示，选择 Structural＞Density，

弹出如图 3-179 所示的对话框,输入材料密度值"7.31e−4",然后单击【OK】按钮确认。再次回到定义材料特性对话框,选择 Material>Exit 关闭对话框。

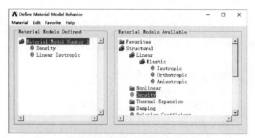

图 3-178　定义材料属性

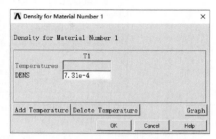

图 3-179　设置线材料密度

(5) 进行网格划分

① 设置单元尺寸。选择 Main Menu>Preprocessor>Meshing> Size Cntrls>Manual Size>Global>Size,弹出如图 3-180 所示的对话框,在文本框【Element edge length】输入单元尺寸为"0.25",单击【OK】按钮。

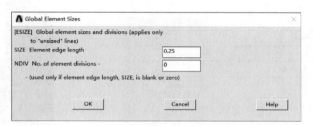

图 3-180　全局单元尺寸设置对话框

② 选择网格划分单元类型。选择 Main Menu>Preprocessor>Meshing>Mesh Attributes>Default Attribs,出现对话框如图 3-181 所示,选择单元类型为"SOLID185"。

③ 对长方体区域进行映射网格划分。选择 Main Menu>Preprocessor>Meshing>Mesh>Volumes>Mapped>3 or 4 Sided 命令后,弹出【Mesh Areas】对话框,依次选择 4 个长方体区域,点击对话框【OK】按钮,得到如图 3-182 所示的映射网格。

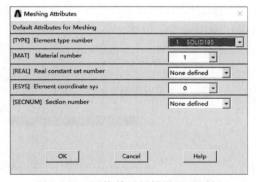

图 3-181　网格单元属性设置对话框

图 3-182　映射网格划分结果

④ 设置单元尺寸。选择 Main Menu>Preprocessor>Meshing> Size Cntrls>Manual Size>Global>Size,弹出如图 3-183 所示的对话框,在文本框【Element edge length】输入单元尺寸为"0.2",单击【OK】按钮。

图 3-183　全局单元尺寸设置对话框

⑤ 选择网格划分单元类型。选择 Main Menu＞Preprocessor＞Meshing＞Mesh Attributes＞Default Attribs，出现对话框如图 3-184 所示，选择单元类型为"SOLID186"。

⑥ 对中间不规则区域进行映射网格划分。选择 Main Menu＞Preprocessor＞Meshing＞Mesh＞Volumes＞Free 命令后，弹出【Mesh Areas】对话框，选择中间不规则区域，点击对话框【OK】按钮，得到如图 3-185 所示的自由网格。

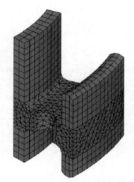

图 3-184　网格单元属性设置对话框　　　　图 3-185　自由网格划分结果

⑦ 转换单元类型。选择 Main Menu＞Preprocessor＞Modify Mesh＞Change Tets 命令，弹出如图 3-186 所示的【Change Selected Degenerate Hexes to Non-degenerate Tets】对话框，在【Change From】下拉列表框中选择【186 to 187】选项，单击【OK】按钮。选择 Main Menu＞Preprocessor＞Element Type＞Add/Edit/Delete 命令，在弹出的【Element Types】对话框中会出现 SOLID187 单元类型，如图 3-187 所示。

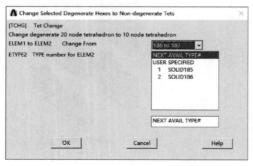 

图 3-186　转换单元类型对话框　　　　图 3-187　单元类型对话框

⑧ 显示单元。显示 SOLID186 单元：选择 Utility Menu＞Select＞Entities 命令，弹出

实体选择对话框，如图 3-188 所示。在选择对象列表框中选择【Elements】和【By Attributes】选项。选择【Elem type num】单选按钮并在【Min，Max，Inc】文本框中输入"2"，单击【OK】按钮。选择 Utility Menu＞Plot＞Elementml，视图窗口显示具有金字塔形状、在六面体映射网格与四面体自由网格中间起过渡作用的、退化的 SOLID186，如图 3-189 所示。

显示 SOLID187 单元：选择 Utility Menu＞Select＞Entities 命令，弹出实体选择对话框，在选择对象下列表框中选择【Elements】和【By Attributes】选项。选择【Elem type num】单选按钮并在【Min，Max，Inc】文本框中输入"3"，单击【OK】按钮。选择 Utility Menu＞Plot＞Elementml，视图窗口显示由六面体 SOLID186 转换为四面体单元 SOLID187，如图 3-190 所示。

存储三维飞轮网格模型：选择 File＞Save as，输入存储的文件名为"Wheel3DMesh"。

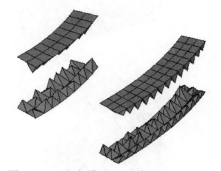

图 3-189　金字塔形过渡单元 SOLID186

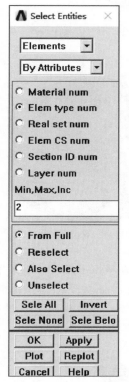

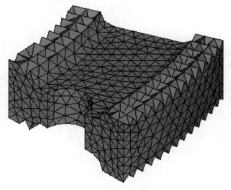

图 3-188　【Select Entities】对话框　　　　图 3-190　转换后的 SOLID187

本章小结

本章主要介绍了对实体模型进行网格划分的一些问题，包括网格划分的步骤、网格划分的控制（尺寸控制和形状控制等）、网格划分的质量检查、网格划分的原则等内容，本章同时通过轴承座、二维飞轮、汽车连杆和三维带孔飞轮等实例详细介绍了自由网格、映射网格、扫掠网格、混合网格划分的方法。

网格划分的尺寸控制是本章的重点内容，需要读者在实际操作中熟练掌握。

练 习 题

① 分别打开随书资料 "SourceFiles \ ch03 \ exercises \ " 中的 bracket.db、axis.db、gear.db 和 beltwheel.db 数据库文件,调出如图 3-191~图 3-194 所示的实体模型,对它们进行网格划分练习。要求选择合适的单元,选择不同的 Smart Size 网格划分水平进行自由划分,观察不同的网格划分水平对网格划分结果的影响。

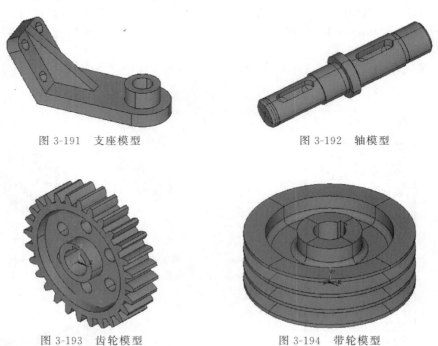

图 3-191 支座模型　　　　　　　　图 3-192 轴模型

图 3-193 齿轮模型　　　　　　　　图 3-194 带轮模型

② 打开随书资料 "SourceFiles \ ch03 \ exercises" 中的 Wheel2D.db 数据库文件,调出如图 3-195 所示轮子的 2D 轴对称模型,要求进行二维映射网格划分,然后随模型一起绕旋转轴旋转拉伸 22.5°为 3D 有限元模型,如图 3-196 所示。注:旋转轴两个点坐标为 (0,0) 和 (0,5)。

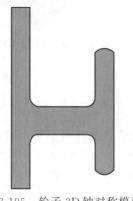 

图 3-195 轮子 2D 轴对称模型　　　　图 3-196 轮子 3D 有限元模型

第 4 章
施加载荷及求解

在建立了有限元模型之后，就可以对模型施加载荷并进行求解。施加载荷是进行有限元分析的关键一步，可以直接对实体模型施加载荷，也可以对有限元模型施加载荷。当施加载荷完毕并对模型进行了网格划分之后，就可以选择合适的求解器对问题进行求解。

4.1 加载概述

在 ANSYS 中对模型施加载荷，可以使用多种方法，而且通过载荷步选项，可以控制求解过程中如何使用载荷。

4.1.1 载荷类型

ANSYS 中载荷（Loads）包括边界条件和模型内部或外部的作用力。不同学科中的载荷如下。
- 结构分析：位移、速度、加速度、力（力矩）、压力、温度和重力。
- 热分析：温度、热流速率、对流、内部热生成率和无限表面。
- 磁场分析：磁势、磁通量、磁流段、源电流密度和无限表面。
- 电场分析：电势（电压）、电流、电荷、电荷密度和无限表面。
- 流场分析：速度和压力。

为了真实反映实际物理情况，ANSYS 将载荷分为 6 大类：自由度（DOF）约束、力（集中载荷）、表面载荷、体载荷、惯性载荷和耦合场载荷。下面分别对这六大类载荷进行简单说明。

(1) 自由度约束（DOF Constraint）

给定某一自由度一已知值。例如，结构分析中约束被指定位移和对称边界条件；热力学分析中指定为温度和热通量平行的边界条件。

结构分析中，自由度约束也可以用它的微分形式来替代，如速度约束。结构瞬态分析中，也可以采用加速度约束，它是相应自由度约束的二阶微分形式。

(2) 力（Force）

施加于模型节点的集中载荷。例如结构分析中的力和力矩；热力学分析中的热流速率；磁场分析中的电流段等。

(3) 表面载荷（Surface Loads）

施加于某个面的分布载荷。例如结构分析中的压力；热力学分析中的对流和热通量。

(4) 体载荷（Body Loads）

为体或场载荷。例如结构分析中的温度；热力学分析中的热生成速率；磁场分析中的电流密度。

(5) 惯性载荷（Inertia Loads）

由物体惯性引起的载荷。例如，重力加速度、角速度和角加速度，主要在结构分析中使用。

(6) 耦合场载荷（Coupled-Field Loads）

为以上载荷的一种特殊情况，指从一种分析得到的结果用作另一种分析的载荷。例如，在间接法进行热应力耦合分析时，将热分析中计算得到的温度场作为结构分析的体载荷。

4.1.2 载荷施加方式

ANSYS 提供了两种加载方式，即将载荷施加于实体模型（关键点、线和面）或有限元模型（节点和单元）。例如，如图 4-1 所示，可在关键点或节点施加集中力，同样，可以在线和面或在节点和单元面上施加表面载荷。无论怎样指定载荷，求解器期望所有载荷应依据有限元模型，因此，如果将载荷施加于实体模型，在开始求解时，程序会自动将这些载荷转换到所属的节点和单元上。下面分别介绍两种加载方式的优缺点。

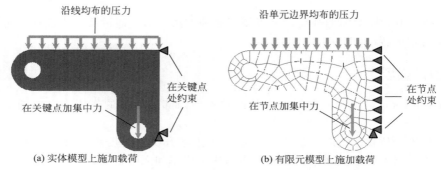

图 4-1 载荷施加方式

(1) 实体模型加载方式

① 优点：实体模型载荷独立于有限元网格。即改变单元网格而不影响施加的载荷。这使得更改网格并进行网格敏感性研究时不必每次重新施加载荷。与有限元模型相比，实体模型通常包括较少的实体。因此，选择实体模型的实体并在这些实体上施加载荷要容易得多，尤其是通过图形拾取时。

② 缺点：ANSYS 网格划分命令生成的单元处于当前激活的单元坐标系中，网格划分命令生成的节点使用全局笛卡儿坐标系。因此，实体模型和有限元模型可能具有不同的坐标系和加载方向。在简化分析中，实体模型不很方便。此时，载荷施加于主自由度（主自由度仅能在节点而不能在关键点定义）。施加关键点约束很棘手，尤其是当约束扩展选项被使用时（扩展选项允许将一约束特性扩展到通过一条直线连接的关键点之间的所有节点上），不能显示所有实体模型载荷。

> **说明：**
>
> 在开始求解时，实体模型将自动转换到有限元模型。ANSYS 程序改写任何已存在于对应的有限单元实体上的载荷。删除实体模型载荷将删除所有对应的有限元载荷。

(2）有限元模型加载方式

① 优点：在简化分析中不会产生问题，因为可将载荷直接施加于主节点。不必担心约束扩展，可简单地选择所有所需节点，并指定适当的约束。

② 缺点：任何有限元网格的修改都使载荷无效，需要删除先前的载荷并在新网格上重新施加载荷。不方便使用图形拾取施加载荷，除非仅包含几个节点或单元。

4.1.3 载荷步、子步和平衡迭代

载荷步（Load Step）是指为了获得正确计算结果而对所施加的载荷所做的相关配置。根据求解问题的难易程度，一个实际的加载过程可分为单载荷步或多载荷步。在单载荷步问题分析中，通过施加一个载荷步即可满足要求；而在多载荷步问题中，需要多次施加不同的载荷才能满足要求。

我们通过图示来解释载荷步的概念。图 4-2 所示为某次结构分析中所需要施加的集中力载荷与时间的关系图。根据分析的要求，在 $0 \sim t_1$ 时间内，集中力从 0 开始线性增加到 1kN，接着该力保持 1kN 不变持续时间为 $t_1 \sim t_2$，最后在 t_3 的时候，又逐渐线性降为零。这是一个实际问题的物理描述，在 ANSYS 中，如何正确体现这个 1kN 集中力的加载过程呢？

首先根据时间的不同，将载荷分成 3 步。$0 \sim t_1$ 为第一步加载过程，$t_1 \sim t_2$ 为第二步加载过程，$t_2 \sim t_3$ 为第三步加载过程。这其中的每一步就称为一个载荷步。一般来说，每个载荷步结束位置的确定比较重要。在图 4-2 中，用小圆圈表示每个载荷步的结束位置。

上述是通过载荷-时间历程曲线来解释载荷步的概念。在线性静态或稳态分析中，可以使用不同的载荷步施加不同的载荷组合，在第一载荷步中施加风载荷，在第二载荷步中施加重力载荷，在第三载荷步中施加风和重力载荷以及一个不同的边界条件等。在瞬态分析中，多个载荷步加到载荷历程曲线的不同区段。

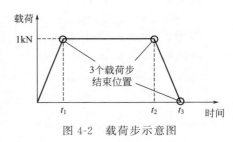

图 4-2 载荷步示意图

子步（Substep）是执行求解载荷步过程中的点。它将一个载荷步分为很多增量进行求解，在每个子步点都计算结果。不同的分析类型，子步的作用也不同。

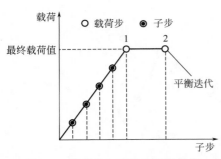

图 4-3 载荷步、子步和平衡迭代

在非线性静态或稳态分析中，使用子步逐渐施加载荷以获得精确解；在线性或非线性瞬态分析中，使用子步是为了满足瞬态时间累积法则（为获得精确解，通常规定一个最小累积时间步长）；在谐波分析中，使用子步可获得谐波频率范围内多个频率处的解。

平衡迭代是在给定子步下为了收敛而进行的附加计算。在非线性分析中，平衡迭代作为一种迭代修正，具有重要作用，迭代计算多次收敛后得到该载荷子步的解。例如，二维非线性静态磁场分析中，为了获得精确解通常可使用两个载荷步（图 4-3）：第一个载荷步将载荷逐渐加到 5~10 个子步上，每个子步仅使用一次平衡迭代；第二个载荷步中，得到最终收敛解，且仅有一个使用

15~25 次平衡迭代的子步。

4.1.4 载荷步选项

载荷步选项（Load Step Options）用于表示控制载荷应用选项（如时间、子步数、时间步及载荷阶跃或逐渐递增等）的总称。选择 Main Menu＞Solution＞Load Step Opts 命令可展开载荷步选项菜单，如图 4-4 所示。

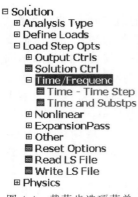

图 4-4 载荷步选项菜单

说明：

如果用户展开的载荷步选项菜单不完全，选择 Main Menu＞Solution＞Unabridged Menu 命令即可。

展开载荷步选项菜单后，选择 Main Menu＞Solution＞Load Step Opts＞Time/Frequenc＞Time-Time Step 命令，可弹出如图 4-5 所示的对话框。在【Time at end of load step】文本框中输入终止载荷步时间（如 1 或 2 等），在【Time step size】文本框中输入时间步大小，在【Stepped or ramped b. c.】单选列表框中选择逐步加载（Ramped）或阶跃加载（Stepped）模式。

如果是阶跃加载，全部载荷施加于第一个载荷子步，且在载荷步的其余部分，载荷保持不变，如图 4-6(a) 所示。

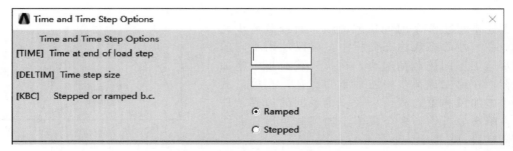

图 4-5 时间与时间步选项对话框

如果是逐步加载，在每个载荷子步中载荷将逐渐增加，且全部载荷出现在载荷步结束时，如图 4-6(b) 所示。

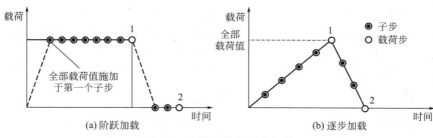

图 4-6 阶跃加载与逐步加载

载荷选项还可以控制非线性分析中的收敛公差和结构分析中的阻尼规范等，本书不再详述。

4.1.5 载荷的显示

如果用户对模型施加了载荷，可使用以下方法显示载荷。

① 选择 Utility Menu＞PlotCtrls＞Symbols 命令，将弹出如图 4-7 所示的对话框。

② 在【Boundary condition symbol】单选列表中选中【All BC＋Reaction】选项，然后单击【OK】按钮即可。

> **说明：**
>
> 在【Boundary condition symbol】单选列表中选中【None】选项，可关闭载荷显示。

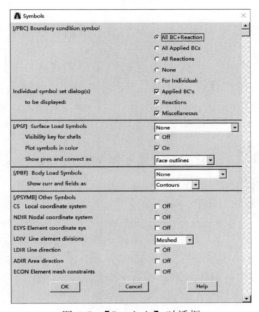

图 4-7 【Symbols】对话框

4.2 载荷的定义

4.2.1 自由度约束

自由度约束又称 DOF 约束，是对模型在空间中的自由度的约束。自由度约束可施加于节点、关键点、线和面上，用来限制对象某一方向上的自由度。

每个学科中可被约束的相应自由度不同，如表 4-1 所示。

表 4-1 不同学科中的位移约束

学科	自由度	ANSYS 标识符
结构分析	平移	UX、UY、UZ
	旋转	ROTX、ROTY、ROTZ

续表

学科	自由度	ANSYS 标识符
热分析	温度	TEMP
磁场分析	矢量势	AX、AY、AZ
	标量势	MAG
电场分析	电势	VOLT
流场分析	速度	VX、VY、VZ
	压力	PRES
	湍流功能	ENKE
	湍流扩散率	ENDS

(1) 约束操作

下面以图 4-8 所示的矩形梁为例，介绍结构分析中的位移约束的常用操作。

① 启动 ANSYS，选择 Main Menu＞Preprocessor＞Modeling＞Create＞Volumes＞Block＞By 2 Corners & Z 命令，在弹出的对话框中输入【Width】为"10",【Height】为"20",【Depth】为"50"，单击【OK】按钮，得到如图 4-8 所示的实体模型。

② 选择 Main Menu＞Preprocessor＞Element Type＞ADD/Edit/Delete 命令，按第 3 章介绍的方法定义单元类型为 SOLID65。

③ 单击工具栏上的【SAVE_DB】按钮保存当前模型，本模型数据库文件在随书资料"SourceFiles\ch04\ex 1\"目录下。

图 4-8　矩形梁

> **注意：**
> 在没有单元类型定义之前，位移约束的施加菜单为不可见状态。因此，建议读者在进行有限元分析时首先定义单元类型及实常数等属性。

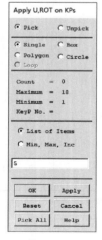

图 4-9　图形选取对话框　　　　图 4-10　【Apply U，ROT on KPs】对话框

④ 接下来对关键点 5 施加所有位移约束。选择 Main Menu＞Solution＞Define Loads＞Apply＞Structural＞Displacement＞On Keypoints 命令，弹出如图 4-9 所示的图形选取对话框。在文本框中输入"5"，或者用鼠标在图形视窗中选择关键点 5，然后单击【OK】按钮。

⑤ 接着弹出如图 4-10 所示的【Apply U, ROT on KPs】对话框。在【DOFs to be constrained】列表框中选中【All DOF】，其他保持不变，然后单击【OK】按钮，即对关键点 5 约束了各方向的自由度。

> **说明：**
>
> 在【Displacement value】文本框中需输入位移约束值，默认值为 0，因此用户置空即表示位移约束值为 0，用户还可以设置为其他值，正值表示沿笛卡儿坐标正向，负值表示沿笛卡儿坐标负向。

⑥ 重复步骤④、⑤，按图 4-11 所示进行设置，为关键点 6 约束 UY 和 UZ 方向的自由度。

> **注意：**
>
> 【DOFs to be constrained】列表框为多选列表框，可同时选中多个自由度，选中的项会自动变为深色，如图 4-11 所示。

施加完约束的模型如图 4-12 所示。

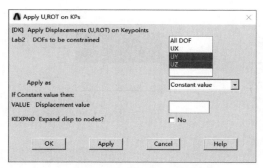

图 4-11　约束 UY 和 UZ

图 4-12　施加完约束的模型

用户可选择 Main Menu＞Solution＞Define Loads＞Delete＞Structural＞Displacement＞On Keypoints 命令来删除关键点施加的位移约束。当弹出图形选取对话框后，选中要删除约束的关键点，单击【OK】按钮，接着弹出如图 4-13 所示的【Delete KP Constraints】对话框，在【DOFs to be deleted】下拉列表框中选中要删除的约束方向，然后单击【OK】按钮即可。

> **说明：**
>
> 一般删除位移约束后，图形视窗中仍显示约束的符号，此时用户从右键菜单中选择【Replot】刷新即可，如图 4-14 所示。

用户还可以对节点、线、面施加相应的位移约束，其操作与关键点类似，不再详述。

（2）对称和反对称边界条件

如果有限元模型本身具有对称或反对称的特性，则用户可以使用对称或反对称边界条件

（约束）来简化模型。

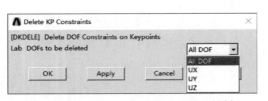 

图 4-13　【Delete KP Constraints】对话框　　图 4-14　图形视窗右键菜单

在实际问题中，很多模型和载荷往往是具有某种对称结构的，故在 ANSYS 中可以只建立 1/2 或者 1/4 模型。而所有采用这种方法建立的分析都需要在对称轴上施加合适的边界条件（即自由度约束）。

如图 4-15 所示的模型，右侧部分为在 ANSYS 中实际建模的部分，右侧部分与左侧部分（在 ANSYS 中并未建立该部分模型）关于中间对称面具有轴对称结构。假如实际的载荷压力 P 均匀施加在模型左右部分的顶边上。由于对称，对称面上的水平压力应该为零。如果只考虑 1/2 模型的话，则需要在对称面上施加对称边界条件，以模拟全模型的载荷情况。

图 4-16 所示的反对称边界条件模型，与图 4-15 所示的对称边界模型正好相反。施加在模型上半部分的载荷与施加在模型下半部分的载荷大小相等而方向相反。如果此时只建立 1/2 模型，则需要在对称面上施加反对称边界条件。

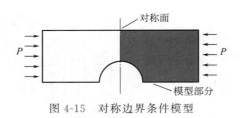 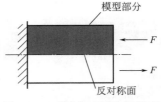

图 4-15　对称边界条件模型　　　　图 4-16　反对称边界条件模型

> **注意：**
> ① 无论对称还是反对称边界条件，其模型必须是对称的。
> ② 在模型对称的基础上，由载荷的对称情况决定是反对称边界条件还是对称边界条件。如果载荷是对称的，就可以施加对称边界条件。
> ③ 合理使用对称性，可以大大简化模型，将求解限制在整个模型的 1/2、1/4 甚至更多。尤其在 3D 分析中，其作用更为明显。
> ④ 在简化分析模型时，读者需要特别注意正确施加对称或者反对称边界条件，初学者如果不能确保正确施加，最好建立完整的模型。

对于结构分析，对称边界条件指平面外移动和平面内的旋转被设置为 0，如图 4-17(a) 所示。而反对称边界条件指平面内移动和平面外的旋转被设置为 0，如图 4-17(b) 所示。

下面以图 4-8 所示的矩形梁为例，介绍施加对称边界条件的操作方法。

① 单击工具栏上的【RESUME＿DB】按钮，恢复 Source Files \ ch04 \ ex1 \ ex1.db 模型数据库。

② 选择 Main Menu＞Solution＞Define Loads＞Apply＞Structural＞Displacement＞

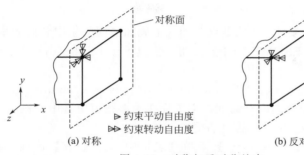
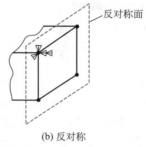

图 4-17 对称与反对称约束

Symmetry B. C. >On Areas 命令，弹出【Apply SYMM on Areas】对话框，在图形视窗中选中左侧端面。

③ 单击【OK】按钮，对称边界条件即施加完毕，如图 4-18 所示，对称边界上标有 S 标记。

> **说明：**
> 用户可选择 Main Menu > Solution > Define Loads > Apply > Structural > Displacement > Antisymm B. C. > On Areas 命令对面施加反对称边界条件。施加过反对称边界条件的边界上将标有 A 标记。

用户还可以对节点、线施加相应的对称或反对称边界条件，其操作与面类似，不再详述。

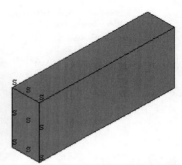

图 4-18 对面施加对称边界条件

4.2.2 集中载荷

集中载荷是将力集中到某点上，故集中载荷只能施加到节点或者关键点上。

不同分析类型中，集中载荷对应的物理量也不同。表 4-2 列出了不同学科中可用的集中载荷以及与之相对应的 ANSYS 标识符。在结构分析中，集中载荷主要包括力和力矩，相应的标识符为 FX、FY、FZ、MX、MY、MZ 及 DVOL。

表 4-2 不同学科中的集中载荷

学科	自由度	ANSYS 标识符
结构分析	力	FX、FY、FZ
	力矩	MX、MY、MZ
	流体质量流速	DVOL
热分析	热流速度	HEAT、HBOT、HE2、…、HTOP
磁场分析	电流段	CSGX、CSGY、CSGZ
	磁通量	FLUX
	电荷	CHRG
电场分析	电流	AMPS
	电荷	CHRG
流场分析	流体流动速率	FLOW

(1) 施加力和力矩

以图 4-8 所示的矩形梁为例，在关键点 7 和 8 上施加竖向的集中载荷的步骤如下。

① 单击工具栏上的【RESUME_DB】按钮，恢复 SourceFiles \ ch04 \ ex1 \ ex1.db 模型数据库。

② 选择 Main Menu＞Solution＞Define Loads＞Apply＞Structural＞Force/Moment On Keypoints 命令，弹出图形选取对话框，用鼠标在图形视窗中选中关键点 7 和 8，然后单击【OK】按钮，弹出如图 4-19 所示的对话框。

③ 接着在【Direction of force/mom】下拉列表框中选择【FY】选项，在【Force/moment value】文本框中输入力的大小"50"，然后单击【OK】按钮即可，结果如图 4-20 所示。

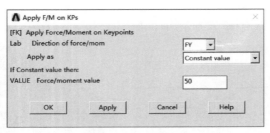 

图 4-19 对关键点施加力　　　图 4-20 施加 Y 向集中力

🔧 说明：

如果在【Force/moment value】文本框中输入负值，表示力的方向沿坐标轴负向。

(2) 重复设置力和力矩

在默认的情况下，在同一位置重新设置力或力矩，则新的设置将取代原来的设置。例如对上面的矩形梁，在关键点 7 和 8 重新设置方向向下的集中载荷"－50"，将取代原来的 FY＝50 的设置，其操作如下：

① 选择 Main Menu＞Solution＞Define Loads＞Settings＞Replace vs Add＞Forces 命令，弹出如图 4-21 所示的设置对话框。在【New force values will】下拉列表框中选中【Replace existing】选项，然后单击【OK】按钮即可，则以后进行重复设置力时新的力将替代原有的力。

🔧 说明：

【New force values will】下拉列表框中选中【Add to existing】表示新的力将累加到原来的力上；【Be ignored】表示新设置的力将被忽略。

② 选择 Main Menu＞Solution＞Define Loads＞Apply＞Structural＞Force/Moment On Keypoints 命令，重新设置关键点 7 和 8 的 FY＝－50 即可，如图 4-22 所示。

(3) 缩放力和力矩

有时用户需要对集中载荷进行缩放，其操作方法如下：

选择 Main Menu＞Solution＞Define Loads＞Operate＞Scale FE loads＞Forces 命令，弹出如图 4-23 所示的对话框。在【Forces to be scaled】列表中选择待缩放的标识，如【FY】

选项；在【RFACT Scale factor】文本框中输入缩放比例"0.5"，然后单击【OK】按钮即可。

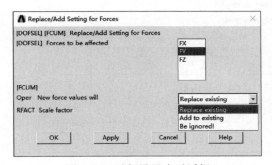

图 4-21 重新设置力对话框

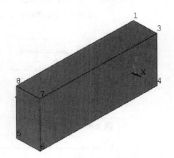

图 4-22 新施加的 Y 向集中力

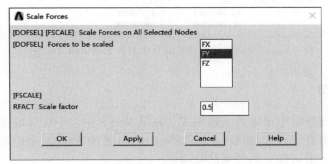

图 4-23 缩放力对话框

> **注意：**
> 只有将载荷直接加到节点上或者将载荷转换之后，比例缩放操作才起作用。

(4) 转换力和力矩

要将施加在实体模型上的力或力矩转换到有限元模型上，可执行以下操作：

① 打开图 4-22 所示的施加了载荷的实体模型，选择 Main Menu＞Preprocessor＞Meshing＞Mesh Tool 命令，弹出【MeshTool】对话框，在【Size Controls】中定义【Global】中的单元边长为"5"，在单元形状控制中选择【Volumes】、【Hex】，在网格划分器中选择【Mapped】，单击【Mesh】，选择图形视窗中的实体模型，单击【OK】按钮，对体进行网格划分。划分好的体有限元模型如图 4-24 所示。

② 选择 Main Menu＞Solution＞Define Loads＞Operate＞Transfer to FE＞Forces 命令，弹出如图 4-25 所示的对话框，单击【OK】按钮关闭对话框。

③ 选择 Main Menu＞Solution＞Define Loads＞Operate＞Scale FE loads＞Forces 命令，并按图 4-23 进行设置，单击【OK】按钮关闭对话框。

④ 选择 Utility Menu＞List＞Loads＞Forces＞On All Nodes 命令，使列表显示节点上集中载荷值，如图 4-26 所示。可以看出力的大小都缩小为原来的 0.5 倍。

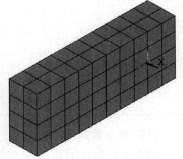

图 4-24 体有限元模型

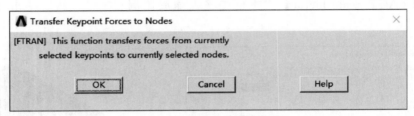

图 4-25 转换力对话框

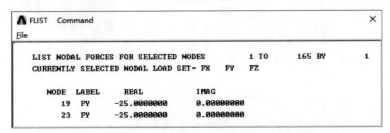

图 4-26 列表显示节点上集中载荷值

4.2.3 表面载荷

表面载荷是结构分析中常见的一种形式。在 ANSYS 中，不仅可以将表面载荷施加到线和面上，还可以施加到节点和单元上；可以施加均布载荷，也可以施加线性变化的梯度载荷，还可以施加按一定函数关系变化的载荷。

表 4-3 显示了每个学科中可用的表面载荷和相应的 ANSYS 标识符。

表 4-3 各学科中可施加的表面载荷及标识符

学科	自由度	ANSYS 标识符
结构分析	压力	PRES
热分析	对流	CONV
	热流量	HFLUX
	无限表面	INF
磁场分析	麦克斯韦表面	MXWF
	无限表面	INF
电场分析	麦克斯韦表面	MXWF
	表面电荷密度	CHRGS
	无限表面	INF
流场分析	壁粗糙度	FSI
	流体结构表面	IMPD
	阻抗	
所有学科	超级单元载荷矢量	SELV

(1) 均布载荷

以图 4-8 所示的矩形梁为例，操作如下：

① 单击工具栏上的【RESUME_DB】按钮，恢复 SourceFiles \ ch04 \ ex1 \ ex1.db 模

型数据库。

② 选择 Main Menu>Solution>Define Loads>Apply>Structural>Pressure>On Areas 命令对面施加表面载荷。选中要定义表面载荷的面，然后单击【OK】按钮，接着弹出如图 4-27 所示的【Apply PRES on areas】对话框。在【Apply PRES on areas as a】下拉列表中选择【Constant value】选项，在【Load PRES value】文本框中输入载荷值（如 "100"），单击【OK】按钮即可。

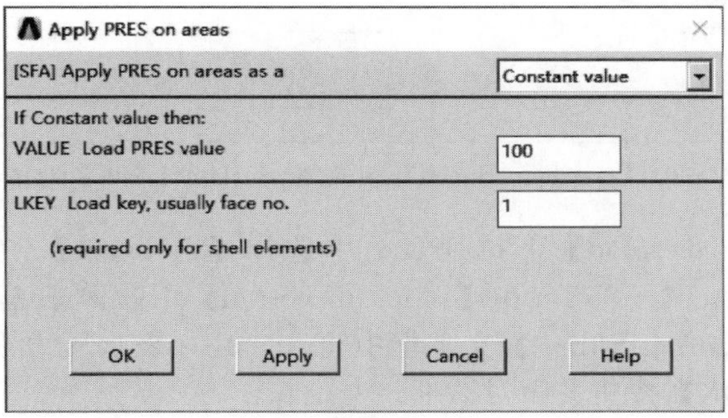

图 4-27 【Appy PRES on areas】对话框

用户还可以选择 Main Menu>Solution>Define Loads>Apply>Structural>Pressure>On Lines 命令对线施加表面载荷；选择 Main Menu>Solution>Define Loads>Apply>Structural>Pressure>On Nodes 命令对节点施加表面载荷；选择 Main Menu>Solution>Define Loads> Apply>Structural>Pressure>On Elements 命令对单元施加表面载荷。

> **注意：**
> ANSYS 程序是用单元来存储施加在节点上的面载荷。因此，如果对同一表面使用节点面载荷命令和单元面载荷命令，则最后施加的面载荷命令有效。

（2）梯度载荷

要指定线性变化的梯度载荷，可以使用指定斜率功能，用于随后施加的表面载荷。梯度载荷可以沿着直线方向线性变化（直线梯度）或沿着圆柱方向线性变化（圆柱梯度）。

① 直线梯度载荷。

例如，对图 4-28 所示浸入水中的矩形截面施加线性变化的静液压力，可在笛卡儿坐标系中 Y 方向指定其斜率。其具体操作步骤如下：

a. 重新启动 ANSYS，定义单元类型 SHELL181，并建立边长为 20 和 40 的矩形面。

b. 按图 4-28 所示进行网格划分，并打开节点号显示。

c. 单击工具栏上的【SAVE_DB】按钮保存当前模型，本章以后还要用到此模型。此模型在随书资料 "SourceFiles\ch04\ex2\" 目录中也可以找到。

d. 选择 Main Menu > Solution > Define Loads>Setting>For Surface Ld>Gradient 命令，弹出如图 4-29 所示的【Gradient Specification for Surface Loads】对话框。要创建梯度载荷，需要指定载荷类型（Lab）、斜率（SLOPE）、坐标方向（Sldir）、载荷值作用的

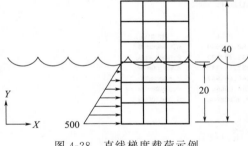

图 4-28 直线梯度载荷示例

位置（SLZER）及坐标系（SLKCN）。

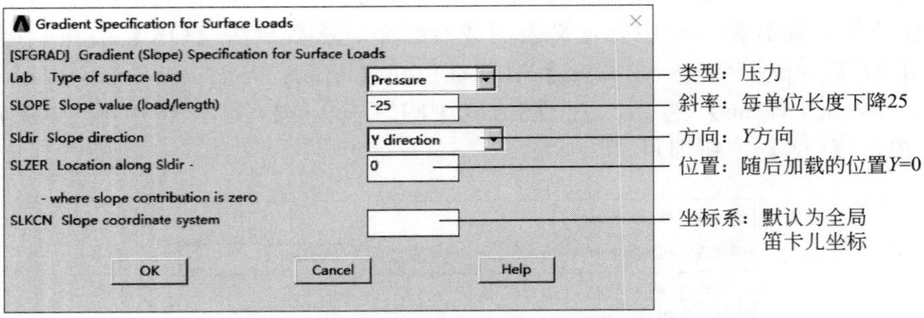

图 4-29 【Gradient Specification for Surface Loads】对话框

e. 在【Type of surface load】下拉列表框中选择【Pressure】；在【Slope value（load/length）】文本框中输入“－25”，在【Slope direction】下拉列表框中选择【Y direction】选项，并在【Location along Sldir -】文本框中输入“0”，表示压力沿 Y 的正方向每个单位长度下降 25，单击【OK】按钮关闭对话框。

f. 选择 Main Menu>Solution>Define Loads>Apply>Structural>Pressure>On Nodes 命令，弹出图形选取对话框，用鼠标在图形视窗中选取节点 1、18、17 和 16，单击【OK】按钮，弹出如图 4-30 所示的对话框。在【Load PRES value】文本框中输入“500”，单击【OK】按钮关闭对话框。

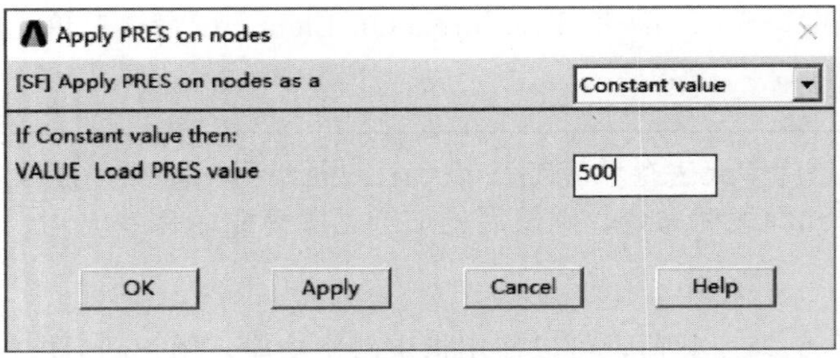

图 4-30 对节点施加载荷对话框

g. 至此线性变化的载荷已经施加完毕。选择 Utility Menu>List>Loads>Surface>On Picked Nodes 命令，依次选择节点 1、18、17 和 16，然后单击【OK】按钮即可列表显示压力载荷，如图 4-31 所示。

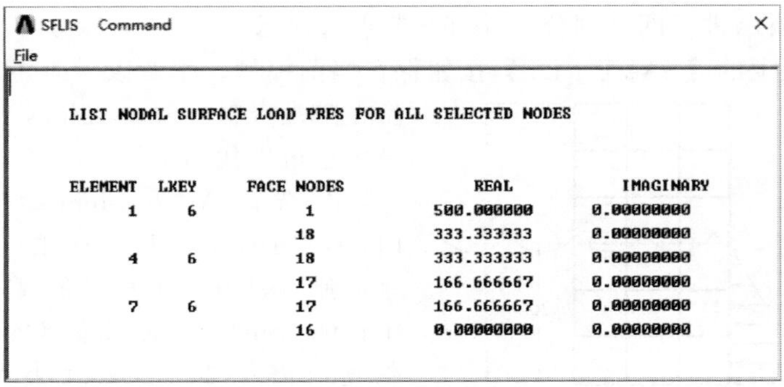

LIST NODAL SURFACE LOAD PRES FOR ALL SELECTED NODES

ELEMENT	LKEY	FACE NODES	REAL	IMAGINARY
1	6	1	500.000000	0.00000000
		18	333.333333	0.00000000
4	6	18	333.333333	0.00000000
		17	166.666667	0.00000000
7	6	17	166.666667	0.00000000
		16	0.00000000	0.00000000

图 4-31 列表显示压力载荷

> **注意：**
> 指定了斜率后，对所有随后的载荷施加都起作用。要去除指定的斜率，可在命令输入窗口中输入"SFGRAD"，然后回车即可。

② 圆柱梯度载荷。

圆柱梯度载荷沿着圆柱方向线性变化，可以在圆柱坐标系中定义梯度，此外，还应记住以下几点。

- SLZER 以度表示，SLOPE 以载荷大小/度表示。
- 操作时应遵循两个规则。

规则 1——设置奇异点，使得加载的表面不通过坐标奇异点。

规则 2——选择 SLZER（加载位置）应在奇异点之间。即当奇异点在±180°时，SLZER 应在±180°之间；当奇异点在 0°（360°）时，SLZER 应在 0°～360°之间。

下面举例说明，如图 4-32 所示，对半圆壳施加一个作用外部的楔形压力，压力从−90°位置的 400 逐渐变化到 90°位置的 580，默认情况下，奇异点位于柱坐标系的 180°，因此，壳的坐标范围为−90°～90°。

在−90°，压力值为 400（指定），以 1 个单位/度的斜率增加，在 0°位置增加到 490，在+90°位置增加到 580。

采用以下步骤进行加载。

a. 建立半圆壳模型、定义单元类型 SHELL181，划分好网格，建立局部圆柱坐标，编号为 11，该模型数据库文件为随书资料"SourceFiles \ ch04 \ ex3 \ ex3. db"。

b. 选择 Main Menu＞Solution＞Define Loads＞Setting＞For Surface Ld＞Gradient 命令，弹出如图 4-33 所示的【Gradient Specification for Surface Loads】对话框。按图中进行设置，即：使用局部圆柱坐标，默认奇异点±180°，选择加载位置（SLZER）为"−90"，加载斜率为"1"，对外圆节点加载"400"即可。

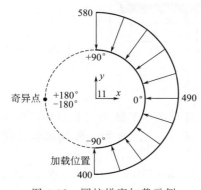

图 4-32 圆柱梯度加载示例

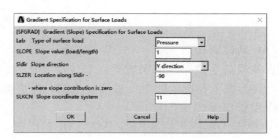

图 4-33 指定斜率对话框

对于 SLZER，可能会诱导用户使用 270°而不是−90°。这可能会导致施加的逐渐变化载荷与要求的载荷值不同。

当违背规则 2（加载位置不在奇异点间）进行加载时，即：使用局部圆柱坐标，默认奇异点±180°，选择加载位置（SLZER）为"270°"，加载斜率为"1"，加载值为"400"，如图 4-34(a) 所示。加载结果为：施加于 0°的载荷为 130，90°的载荷为 220，−90°的载荷为 40。

当违背规则 1（加载表面过奇异点）进行加载时，即：使用局部圆柱坐标，改变奇异点为 0°（360°），选择加载位置（SLZER）为"270°"，加载斜率为"1"，加载值"400"，如图 4-34(b) 所示。加载结果为：施加于 0°的载荷为 130 和 490，90°的载荷为 220，−90°的载荷为 400。

> **说明：**
>
> 改变奇异点的 GUI 操作为： Utility Menu > WorkPlane > Local Coordinate Systems > Move Singularity，弹出对话框如图 4-35 所示，用户可以设置变量 KTHET 值为 ±180°或 0°（360°）。

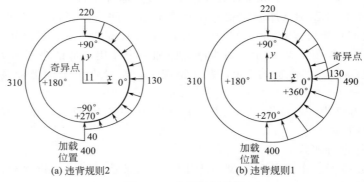

图 4-34　违背规则结果

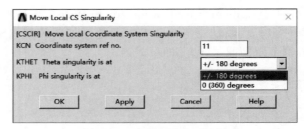

图 4-35　改变奇异点对话框

(3) 函数载荷

有些载荷是按一定的函数关系非线性变化的，对于这种载荷的施加就要用到函数加载的方法。还以图 4-8 所示的矩形板模型为例，对底部 4 个节点 1、2、3 和 4 施加函数载荷，具体操作步骤如下。

① 单击工具栏上的【RESUME_DB】按钮，恢复 SourceFiles\ch04\ex2\ex2.db 模型数据库。

② 选择 Utility Menu＞Parameters＞Array Parameters＞Define/Edit 命令，弹出如图 4-36 所示的对话框。

③ 单击【Add...】按钮，弹出如图 4-37 所示的对话框。在【Parameter name】文本框中输入数组名"pres_1"，在【No. of rows，cols，planes】文本框中分别输入"4""1"和"1"，然后单击【OK】按钮，回到图 4-36 所示的数组管理对话框。

④ 选中刚才定义的数组【pres_1】，然后单击【Edit...】按钮，弹出如图 4-38 所示的对话框，并按图所示输入四个数据。然后选择 File＞Apply/Quit 命令，关闭对话框。至此

定义了一个四维数组。

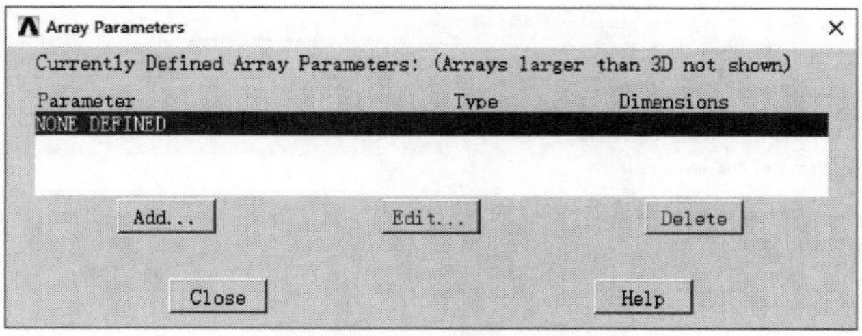

图 4-36　数组管理对话框

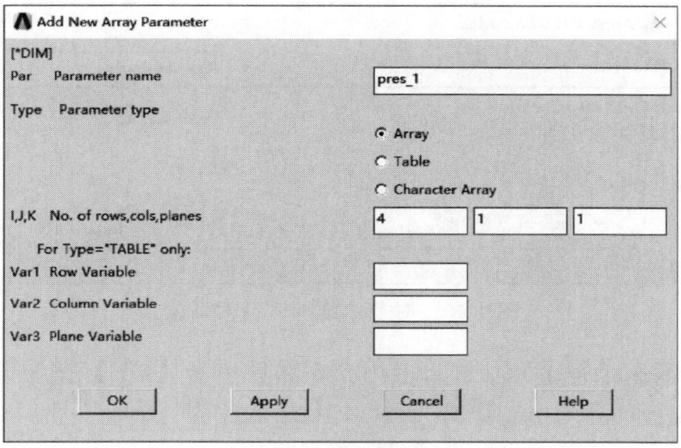

图 4-37　设置数组对话框

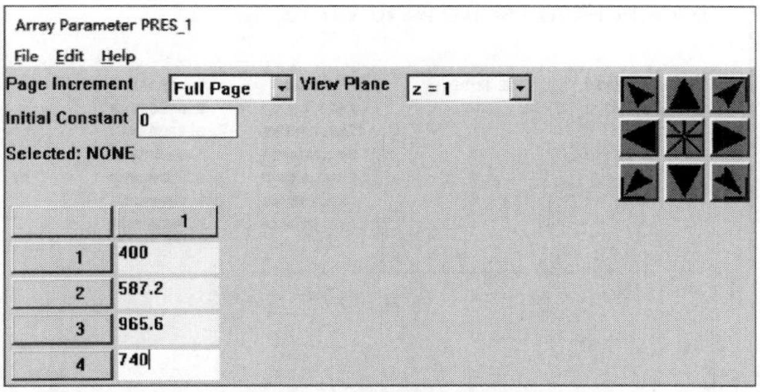

图 4-38　定义数组数据点对话框

⑤ 选择 Main Menu＞Solution＞Define Loads＞Setting＞For Surface Ld＞Node Function 命令，弹出【Function of Surface Load vs Node Number】对话框，如图 4-39 所示。

⑥ 在【Name of array parameter -】文本框中输入"pres_1（1）"，然后单击【OK】按钮确认。

⑦ 选择 Main Menu＞Solution＞Define Loads＞Apply＞Structural＞Pressure＞On Nodes 命令，弹出图形选取对话框，用鼠标在图形视窗中选择节点 1、3、4 和 2，单击【OK】按钮，弹出如图 4-40 所示的对话框。在【Load PRES value】文本框输入"100"，单击【OK】按钮关闭对话框。

⑧ 至此按函数的载荷已经施加完毕。选择 Utility Menu＞List＞Loads＞Surface Loads＞On

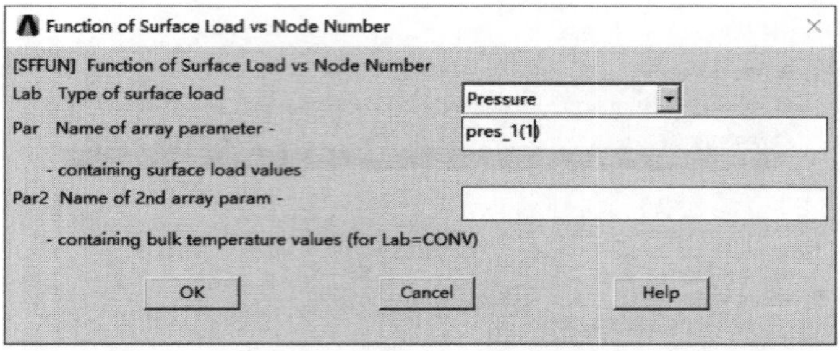

图 4-39 【Function of Surface Load vs Node Number】对话框

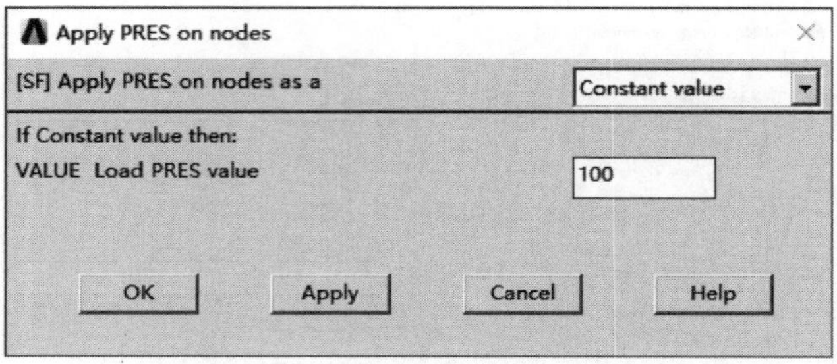

图 4-40 对节点施加载荷对话框

Picked Nodes 命令，依次选择节点 1、3、4 和 2，然后单击【OK】按钮即可列表显示压力载荷，如图 4-41 所示。

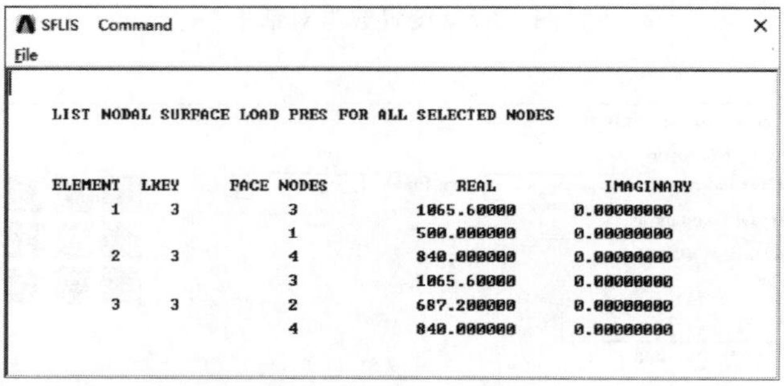
SFLIS Command

File

LIST NODAL SURFACE LOAD PRES FOR ALL SELECTED NODES

ELEMENT	LKEY	FACE NODES	REAL	IMAGINARY
1	3	3	1065.60000	0.00000000
		1	500.000000	0.00000000
2	3	4	840.000000	0.00000000
		3	1065.60000	0.00000000
3	3	2	687.200000	0.00000000
		4	840.000000	0.00000000

图 4-41 列表显示节点载荷

说明：

节点 1 上的载荷对应【pres_1（1）】的值，节点 2 上的载荷对应【pres_1（2）】的值，以此类推。

（4）梁单元上的压力载荷

梁单元是一种线单元，可以在其侧面和两端施加压力载荷。

施加侧向压力时，其大小为每单位长度的力，分别沿法向和切向。压力可以沿单元长度线性变化，可指定在单元的部分区域。如图 4-42 所示，通过将 JOFFST 设置为“−1”，还可以将压力减少为梁单元上任何位置处的力（点载荷）。

下面以简支梁为例具体介绍在梁单元上施加压力的相关操作。

① 重新启动 ANSYS，定义单元类型 BEAM188。

② 建立关键点 1 和 2，坐标分别为（0, 0）和（10, 0），并连接生成线。

③ 划分网格，把直线分成 5 段。并在梁左端节点上施加 UX 和 UY 方向的位移约束，在梁右端线点上施加 UY 方向的位移约束，如图 4-43 所示。此模型在随书资料"SourceFiles \ ch04 \ ex4"目录下也可以找到。

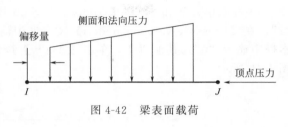

图 4-42 梁表面载荷

图 4-43 简支梁单元模型

④ 选择 Main Menu＞Solution＞Define Loads＞Apply＞Structural＞Pressure＞On Beams 命令，弹出图形选取对话框，选择单元 1，单击【Apply】按钮，弹出如图 4-44 所示的【Apply PRES on Beams】对话框。

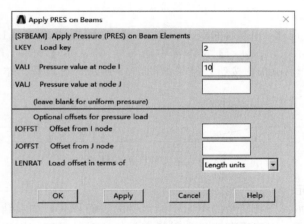

图 4-44 【Apply PRES on Beams】对话框

⑤ 在【Pressure value at node I】文本框中输入"10"，其他文本框留空，单击【Apply】按钮，则单元 1 被施加了均布载荷，如图 4-45 所示。

图 4-45 施加均布载荷

🛠 说明：

【Load key】 用于设置压力载荷的类型，设置为"1"表示从节点 I 到节点 J 的法向力，正值表示沿单元坐标系-Z 法向；设置为"2"表示从节点 I 到节点 J 的法向力，正值表示沿单元坐标系-Y 法向；设置为"3"表示从节点 I 到节点 J 的切向力，正值表示沿单元坐标系+X 切向；设置为"4"表示节点 I 端部轴向力，正值表示沿单元坐标系+X 轴向；设置为"5"表示节点 J 端部轴向力，正值表示沿单元坐标系-X 轴向。

⑥ 选取单元 2 和 3，在【Apply PRES on Beams】对话框中设置【Load key】文本框为"2"，在【Pressure value at node I】文本框中输入"10"，在【Pressure value at node J】文本框中输入"0"，其他留空，单击【Apply】按钮，则单元 2 和 3 被施加了三角形载荷，如图 4-46 所示。

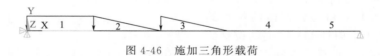

图 4-46　施加三角形载荷

⑦ 选取单元 4，在【Apply PRES on Beams】对话框中设置【Load key】文本框为"2"，在【Pressure value at node I】文本框中输入"10"，在【Offset from I node】文本框中输入"0.5"，单击【Apply】按钮，结果如图 4-47 所示。可以看出单元 4 上的载荷在"I"节点端有部分偏移。

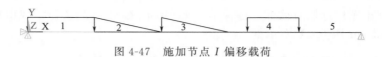

图 4-47　施加节点 I 偏移载荷

⑧ 选取单元 5，在【Apply PRES on Beams】对话框中设置【Load key】文本框为"2"，在【Pressure value at node I】文本框中输入"10"，在【Offset from J node】文本框中输入"0.5"，单击【Apply】按钮，结果如图 4-48 所示。可以看出单元 5 上的载荷在 J 节点端有部分偏移。

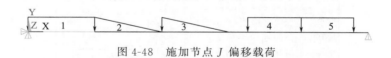

图 4-48　施加节点 J 偏移载荷

(5) 表面效应单元

有时可能需要施加一个所使用的单元不能接受的表面载荷，如在结构实体单元上施加均布切向压力，在热分析实体单元上施加辐射指定等。这时，可以使用表面单元作为媒介，即将表面单元覆盖在欲施加载荷的表面，然后将载荷施加在表面单元上。

对于二维模型，可供使用的表面单元有 SURF151 和 SURF153；对三维模型，可供使用的表面单元有 SURF152、SURF154、SURF156 和 SURF159。由于表面效应单元不太常用，本书在此不详细介绍。

4.2.4　体载荷

体载荷是作用于模型体积上的载荷。表 4-4 所示为各学科中可用到的体载荷。

表 4-4　各学科中的可用的体载荷

学科	体载荷	ANSYS 标识符
结构分析	温度	TEMP
	频率	FREQ
	能量密度	FLUE
热分析	热生成速率	HGEN

续表

学科	体载荷	ANSYS 标识符
磁场分析	温度	TEMP
	电流密度	JS
	虚位移	MVDI
	电压降	VLTG
电场分析	温度	TEMP
	体电荷密度	CHRGD
流场分析	热生成速率	HGEN
	力密度	FORC

（1）施加体载荷

对于节点施加体载荷的操作如下。

① 单击工具栏上的【RESUME_DB】按钮，恢复 4.2.3 节中保存的模型数据库。

② 选择 Main Menu＞Solution＞Define Loads＞Apply＞Structural＞Temperature＞On Nodes 命令，弹出图形选取对话框，选择适当的节点，单击【OK】按钮，弹出如图 4-49 所示的对话框。

③ 在【Temperature】文本框中输入温度值，单击【OK】按钮即可。

④ 选择 Utility Menu＞List＞Loads＞On All Nodes 命令，可列表显示节点的体载荷。

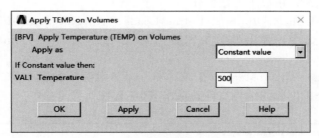

图 4-49 施加温度载荷对话框

用户可以对单元、关键点、线、面和体施加体载荷，操作类似，在此不再详述。有关体载荷的施加位置读者可参考 ANSYS 自带的帮助文档。

（2）惯性载荷

惯性载荷中最常见的是重力载荷。下面简单介绍一下重力载荷的施加步骤。

① 单击工具栏上的【RESUME_DB】按钮，恢复 4.2.3 节中保存的模型数据库。

② 建立好有限元模型后，选择 Main Menu＞Solution＞Define Loads＞Apply＞Structural＞Inertia＞Gravity＞Global 命令，弹出如图 4-50 所示的【Apply（Gravitational）Acceleration】对话框。

③ 在【Global Cartesian Y-comp】文本框中输入重力加速度"9.8"，单击【OK】按钮即可。此时图形视窗中会有一个向上的箭头表示加速度场的方向。

注意：

此命令用于对物体施加一个加速度场（非重力场），因此，要施加作用于-Y 方向的重力，应指出一个正 Y 方向的加速度；输入加速度值时应注意单位的一致性。

④ 选择 Main Menu＞Solution＞Define Loads＞Apply＞Structural＞Inertia＞Gravity＞Global 命令，弹出如图 4-51 所示的对话框，单击【OK】按钮后，将删除定义的惯性载荷。

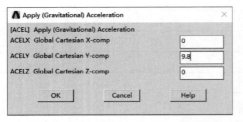

图 4-50 【Apply（Gravitational）Acceleration】对话框

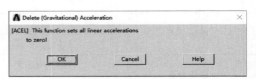

图 4-51 删除惯性载荷对话框

4.2.5 特殊载荷

除了以上介绍的常见载荷外，在 ANSYS 中还提供了一些特殊载荷的施加方法。如耦合场载荷、轴对称载荷和预应力载荷等。

(1) 耦合场载荷

在耦合场分析中，通常包括将一个分析中的结果数据施加于第二个分析并作为第二个分析的载荷。例如，可以将热力分析中计算得到的节点温度施加于结构分析中作为体载荷。要施加这样的耦合场载荷，按以下方法操作。

① 选择 Main Menu＞Solution＞Define Loads＞Apply＞Structural＞Temperature＞From Therm Analy 命令，弹出如图 4-52 所示的【Apply TEMP from Thermal Analysis】对话框。

② 在【Load step and substep no.】文本框中输入载荷步和子步数，单击【Browse...】按钮，选择热力学分析生成的结果文件，单击【OK】按钮即可。

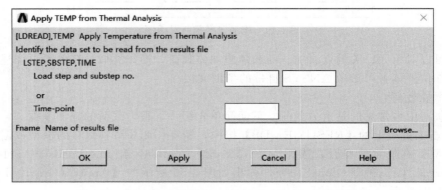

图 4-52 【Apply TEMP from Thermal Analysis】对话框

(2) 轴对称载荷

对于轴对称的协调单元，程序要求将载荷以傅里叶级数的形式施加。对这些单元，选择 Main Menu＞Solution＞Load Step Opts＞Other＞For Harmonic Ele 命令，弹出如图 4-53 所示的【Loading Term for Harmonic Elements】对话框。进行适当设置后，单击【OK】按钮。然后再用其他的载荷施加命令对模型进行施加载荷。

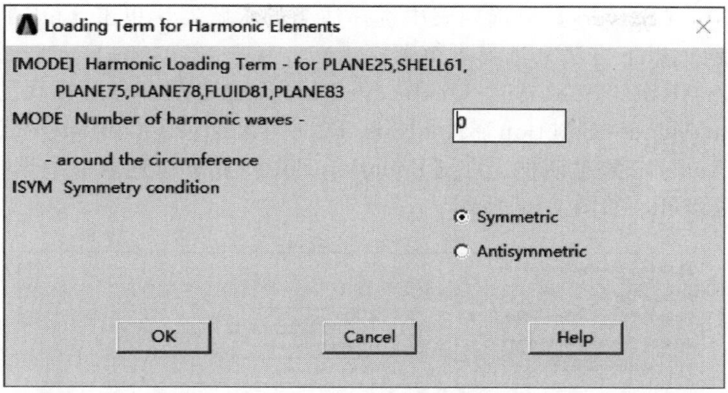

图 4-53 【Loading Term for Harmonic Elements】对话框

4.3 求解

载荷施加完成后，即可进行有限元的求解。通常有限元求解的结果为：
- 节点的自由度值——基本解。
- 原始解的导出解——单元解。

单元解通常是在单元的积分点上计算的。ANSYS 程序将结果写到数据库（只有在求解结束后，进行了保存数据库操作才能写入数据库，并且数据库只能保存一个子步的结果，因此建议不要将结果写入数据库）和结果文件（.RST,.RTH,.RMG 或.RFL）中。

4.3.1 选择合适的求解器

ANSYS 提供了多种求解有限元方程的方法：直接解法（Frontal Direct Solution）、稀疏矩阵法（Sparse Direct Solution）、雅可比共轭梯度法（Jacobi Conjugate Gradient，JGG）、不完全乔类斯基共轭梯度法（Incomplete Cholesky Conjugate Gradient，ICCG）、条件共轭梯度法（Preconditioned Conjugate Gradient，PCG）和自动迭代法（Automatic Iterative Solver，ITER）等。这就要用户在进行求解之前合理地选择适当的求解方法进行求解。

进行求解时，程序默认的求解器是直接解法，用户如果改变求解器，可按下述步骤操作。

① 选择 Main Menu>Solution>Analysis Type>Sol'n Controls 命令，弹出求解控制对话框，选择其中的【Sol'n Options】标签，如图 4-54 所示。

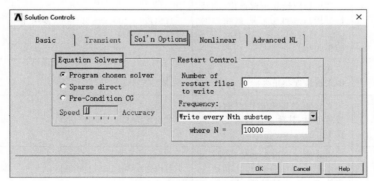

图 4-54 求解控制对话框

② 在【Equation Solvers】单选列表中选择适当的求解器，单击【OK】按钮即可。

用户还可以通过以下方法来选择求解器。

① 选择 Main Menu＞Solution＞Unabridged Menu 命令展开求解模块的隐藏菜单。

② 选择 Main Menu＞Solution＞Analysis Type＞Analysis Options 命令，弹出【Static or Steady-State Analysis】对话框。在【Equation Solver】下拉列表框中选择适当的求解器，单击【OK】按钮即可，如图 4-55 所示。

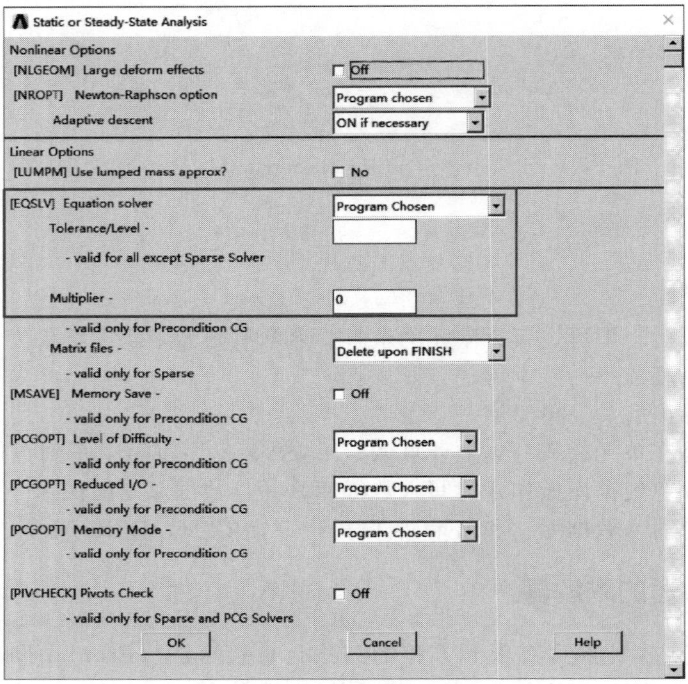

图 4-55　选择求解器

表 4-5 提供了选择求解器时的一般准则，供用户参考。

表 4-5　求解器选择准则

解法	使用场合	模型大小	内存使用	硬盘使用
直接解法	要求稳定性（非线性分析）或内存受限制	低于 50000 自由度	低	高
稀疏矩阵法	要求稳定性和求解速度（非线性分析）；线性分析收敛很慢时（尤其对病态矩阵，如形状不好的单元）	自由度为 10000～500000（多用于板壳和梁模型）	中	高
雅可比共轭梯度法	在单场问题（如热、磁、声等）中求解速度很重要时	自由度为 50000～1000000	中	低
不完全乔类斯基共轭梯度法	在多物理场模型中求解速度很重要时，其他迭代很难收敛的模型	自由度为 50000～1000000	高	低
条件共轭梯度法	当求解速度很重要的情况（大型模型的线性分析），尤其适合实体单元的大型模型	自由度为 50000～1000000	高	低

4.3.2 求解多步载荷

对于多步载荷求解，一般有如下三种方法：多次求解法、载荷步文件法和矩阵参数法。本小节主要介绍前两种常用的方法。

（1）多次求解法

多次求解方法是最直接的方法。可以在每个载荷步定义完毕后就执行 SOLVE 命令。主要的缺点是在交互使用中必须等到每一步求解结束后才能进行下一载荷步的定义，必须始终在求解环境中。其操作的命令流格式如下：

```
/SOLU              ！进入求解模块；
…
！载荷步 1
D,…
SF,…
SOLVE              ！求解载荷步 1;
！载荷步 2
F,…
SF,…
…
SOLVE              ！求解载荷步 2。
```

（2）载荷步文件法

载荷步文件法是将每一载荷步写入载荷文件中，然后通过一条命令就可以读入每个载荷步文件并获得解答，要求解多步载荷，选择 Main Menu＞Solution＞Solve＞From LS Files 命令，弹出如图 4-56 所示的对话框。在【Starting LS file number】、【Ending LS file number】和【File number increment】文本框中分别输入载荷步文件的最小序号、最大序号和序号增量，单击【OK】按钮即可。

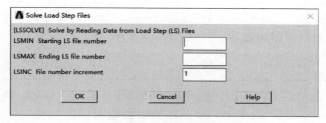

图 4-56 读入载荷步文件对话框

其操作的命令流格式如下：

```
/SOLU              ！进入求解模块；
…
！载荷步 1
D,…
SF,…
…
NSUBST,…           ！载荷步选项；
KBC,…
```

```
    OUTRES,…
    OUTPR,…
    …
    LSWRITE              ! 写载荷步文件:Jobname.s01;
!   载荷步 2
    D,…
    SF,…
    …
    NSUBST,…             ! 载荷步选项;
    KBC,…
    OUTRES,…
    OUTPR,…
    …
    LSWRITE              ! 写载荷步文件:Jobname.s02;
    …
    LSSOLIVE , 1 , 2     ! 开始求解载荷步文件 1 和 2。
```

(3) 中断和重新启动

用户可以中断正在运行的 ANSYS 求解。在一个多任务操作系统中完全中断一个非线性分析时，会产生一个放弃文件，命名为 Jobname.abt。在平衡方程迭代的开始，如果 ANSYS 程序发现在工作目录中有这样一个文件，分析过程将会停止，并能在以后重新启动。

有时在第一次运行完成后也许要重新启动分析过程，例如想将更多的载荷步加到分析中。重新启动的操作步骤如下：

① 启动 ANSYS 程序，选择 Utility Menu＞File＞Change Jobname 命令，设定一个与第一次运行时相同的工作名。

② 选择 Main Menu＞Solution 命令，进入求解模块，然后单击工具栏上的【RESUME_DB】按钮恢复数据库文件。

③ 选择 Main Menu＞Solution＞Analysis Type＞Restart 命令，指定为重新启动分析。

④ 按需要修正载荷或附加载荷。

🛠 **说明：**

新加的斜坡载荷从零开始增加，新施加的体载荷从初始值开始。删除重新加上的载荷可视为新施加的载荷，而不用调整；待删除的表面载荷和体载荷，必须减小到零或初始值，以保持 Jobname.ESAV 文件和 Jobname.OSAV 文件的数据库一致。

⑤ 选择 Main Menu＞Solution＞Load Step Opts＞Other＞Reuse LN22 Matrix 命令，弹出如图 4-57 所示的对话框，选择是否要重新使用三角化矩阵。

🛠 **说明：**

默认情况下程序重启动计算新的三角化矩阵，用户可以通过此命令使用程序原有的矩阵，这样可以节省大量计算时间。然而，仅在某些条件下才能使用 Jobname.TRI 文件，尤其当规定的自由度约束没有发生改变，且为线性分析时。

⑥ 选择 Main Menu＞Solution＞Solve＞Current LS 命令，进行重新求解。

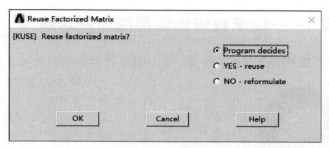

图 4-57　选择是否要重新使用 LN22 文件

4.3.3　求解

在建立模型并施加了载荷包括正确的自由度约束后，就需要进入求解过程进行运算。可以选择 Main Menu＞Solution＞Solve 命令，展开求解菜单选项，如图 4-58 所示。

图 4-58　求解菜单

选择 Main Menu＞Solution＞Solve＞Current LS 命令，会弹出【/STATUS Command】求解相关信息文本框，用户可以先查看当前的状态，例如分析类型、载荷步选项是否正确，同时弹出【Solve Current Load Step】对话框，如图 4-59 所示。若用户单击【OK】按钮，则 ANSYS 有限元求解将启动。

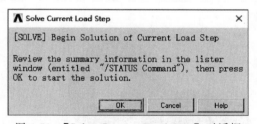

图 4-59　【Solve Current Load Step】对话框

针对多载荷步情况，ANSYS 可以自动依次读取载荷步文件并求解。选择 Main Menu＞Solution＞Solve＞From LS Files 命令，弹出【Solve Load Step Files】对话框，在此对话框中用户可以指定求解使用的起始载荷步编号（Starting LS file number）、截止载荷步编号（Ending LS file number）以及载荷步文件编号增量（File number increment），如图 4-60 所示。

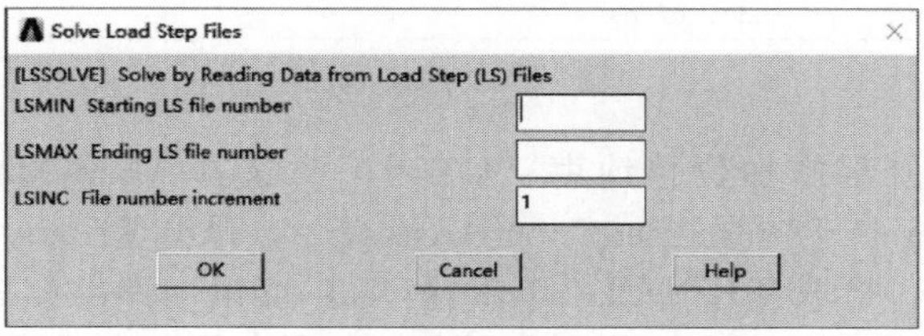

图 4-60　【Solve Load Step Files】对话框

4.4 综合实例 1——轴承座模型载荷施加及求解

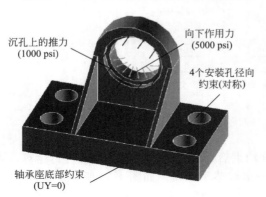

如图 4-61 所示为轴承座模型加载情况，4 个安装孔径向对称约束，底部 Y 向约束；沉孔上受到径向推力为 1000 psi，安装轴瓦的下半表面受到向下作用力 5000 psi。试对该轴承座模型进行载荷施加及求解，求解后的结果保存好供后处理分析。

① 复制随书资料 "SourceFiles \ ch04 \ examples \ Bearing" 中的文件到工作目录，启动 ANSYS，单击工具栏上的 按钮打开数据库文件 Bearingmesh.db。

② 首先约束四个安装孔。选择 Main Menu>Solution>Define Loads>Apply>Structural>Displacement>Symmetry B.C.>On Areas 命令，弹出【Apply SYMM on Areas】选取框，

图 4-61 轴承座模型加载情况

用鼠标左键依次拾取轴承座四个安装孔的 8 个柱面（每个圆柱面包括两个面）。单击【OK】按钮，结果如图 4-62 所示。

> 🔧 **说明：**
>
> 在拾取时，按住鼠标的左键便有实体增亮显示，拖动鼠标时显示的实体会随之改变，待选的实体增亮显示后，松开左键即选中此实体，单击【OK】按钮。

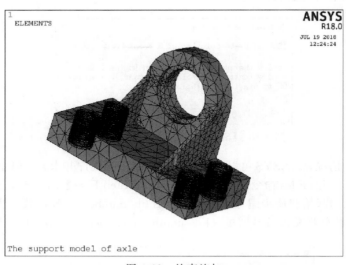

图 4-62 约束施加

③ 对整个基座的底部施加位移约束（UY＝0）。选择 Main Menu>Solution>Define Loads>Apply>Structural>Displacement>on Areas 命令，弹出【Apply U，ROT on Areas】对话框，如图 4-63 所示，拾取基座底面，单击【OK】按钮，弹出如图 4-64 所示的对话框，选择【UY】作为约束自由度，单击【OK】按钮，结果如图 4-65 所示。

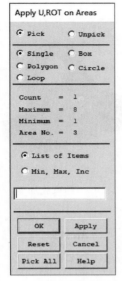
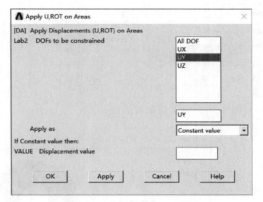

图 4-63 面选取对话框　　图 4-64 约束施加对话框

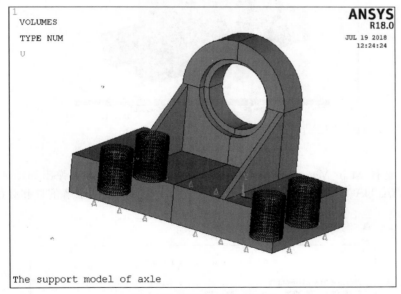

图 4-65 基座底部约束施加

④ 在轴承孔圆周上施加推力载荷。选择 Main Menu>Solution>Define Loads>Apply>Structural>Pressure>On Areas 命令，拾取轴承孔上宽度为"0.15"的所有面，共 4 个面，单击【OK】按钮，弹出【Apply PRES on areas】对话框，如图 4-66 所示，在【VALUE Load PRES value】中输入面上的压力值"1000"，单击【OK】按钮，结果如图 4-67 所示。

⑤ 在轴承孔的下半部分施加径向压力载荷，这个载荷是由于受重载的轴承受到支撑作用而产生的。选择 Main Menu>Solution>Define Loads>Apply>Structural>Pressure>On Areas 命令，拾取宽度为"0.1875"的下面两个圆柱面，单击【OK】按钮，弹出【Apply PRES on areas】对话框，在【VALUE Load PRES value】中输入面上的压力值

"5000"，单击【OK】按钮，结果如图 4-68 所示。

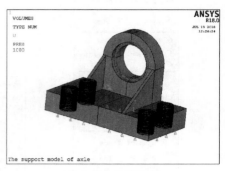

图 4-66　约束施加对话框　　　　图 4-67　约束施加

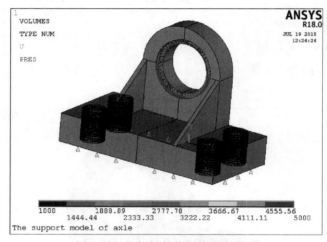

图 4-68　施加好载荷的轴承座模型

⑥ 求解。选择 Main Menu＞Solution＞Solve＞Current LS 命令，弹出如图 4-69 所示的窗口。其中【/STATUS Command】窗口里面包括了所要计算模型的求解信息和载荷步信息。

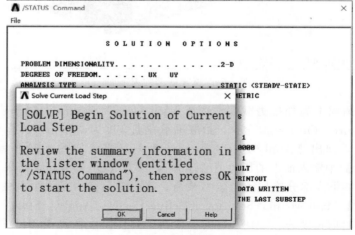

图 4-69　求解信息窗口

单击【Solve Current Load Step】对话框中的【OK】按钮，程序开始计算。

计算完毕，会出现如图 4-70 所示的提示信息【Solution is done】，单击【Close】按钮关闭即可。

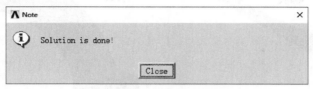

图 4-70 计算结束提示信息

⑦ 保存分析结果。执行 Utility Menu＞File＞Save as 命令，弹出【Save as】提示框，输入"bearingload"，单击【OK】按钮。

4.5 综合实例 2——汽车连杆模型载荷施加及求解

图 4-71 所示为汽车连杆模型上施加的载荷（对称的一半），加载完毕后要求采用 PCG 求解器进行求解。求解后的结果保存好供后处理分析。

① 复制随书资料"SourceFiles＼ch04＼examples＼Rod＼"中的文件到工作目录，启动 ANSYS，单击工具栏上的 ![] 按钮打开数据库文件 Rodmesh.db。

② 进入求解器，在大孔的表面施加法向约束。选择 Main Menu＞Solution＞Loads＞Apply＞Structural＞Displacement＞Symmetry B. C.＞On Areas 命令，拾取大孔的内表面（面号 19、20），单击【OK】按钮，如图 4-72 所示。

图 4-71 汽车连杆载荷施加情况　　　　图 4-72 汽车连杆大孔表面约束

③ 在 $Y=0$ 的所有表面上施加对称约束边界条件。选择 Main Menu＞Solution＞Loads＞Apply＞Structural＞Displacement＞Symmetry B. C.＞On Areas 命令，在 $Y=0$ 的平面上拾取面（面号为 18、21 和 5），单击【OK】按钮，如图 4-73 所示。

④ 为防止沿 Z 轴的刚性位移，约束节点 1518 的 Z 方向位移。选择 Main Menu＞Solution＞Loads＞Apply＞Structural＞Displacement＞On Nodes 命令，在 ANSYS 输入窗口输入"1518"并按【Enter】按钮，按【OK】，设置 Lab2＝UZ，单击【OK】按钮，如图 4-74 所示。

⑤ 在小孔周围的 11 号面上施加 1000 psi 的压力。选择 Main Menu＞Solution＞Loads＞Apply＞Structural＞Pressure＞On Area 命令，拾取 11 号面，单击【OK】按钮，设置 VALUE＝1000，单击【OK】按钮，如图 4-75 所示。

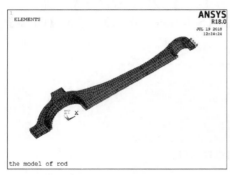
图 4-73 汽车连杆对称面约束

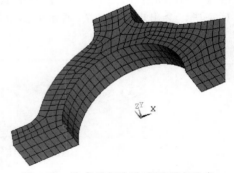
图 4-74 汽车连杆大孔表面顶点约束

图 4-75 汽车连杆小孔表面约束

⑥ 选择 PCG 求解器。选择 Main Menu＞Solution＞Analysis Type＞Sol'n Control 命令，打开【Sol'n Options】选项，选择【Pre-Condition CG】求解器，单击【OK】按钮。

⑦ 开始求解运算。执行 Main Menu＞Solution＞Solve＞Current LS 命令，弹出一个提示框，浏览后执行 File＞Close 命令，单击【OK】按钮开始求解运算，当出现一个【Solution is done】对话框时，点击【Close】按钮，完成求解运算。

⑧ 保存分析结果。执行 Utility Menu＞File＞Save as 命令，弹出【Save as】提示框，输入"Rodload"，单击【OK】按钮，如图 4-76 所示。

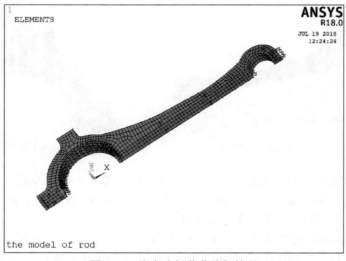
图 4-76 汽车连杆载荷施加情况

本章小结

本章主要介绍了载荷的施加和求解时的一些问题，包括载荷步和子步的概念、位移约束的施加方法、载荷的施加方法及求解等内容。该部分内容几乎适用于所有的有限元分析（结果分析、热分析等），可以对实体模型和有限元模型（节点和单元）进行施加载荷，程序在求解时会自动将实体模型上的载荷转移到节点的单元上。其中，载荷步和子步的概念以及载荷的施加方法是本章的重点内容，需要读者在理解的基础上熟练操作。本章的难点是多步载荷的求解，需要读者在实际分析中慢慢体会。

练习题

打开随书资料"SourceFiles \ ch04 \ exercises \ "中的数据库文件 hookmesh.db，模型加载示意图如图 4-77 所示。在两个螺栓孔的内圆柱表面施加全位移约束，在挂钩背板施加 Z 方向位移约束，在 36 号表面上施加向下的压力 1×10^7 lbf。加载后的模型另存为"hook-load"。

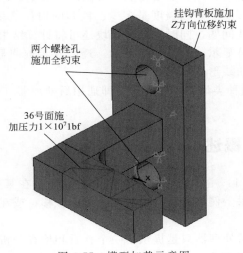

图 4-77　模型加载示意图

第 5 章
通用后处理器

有限元模型建立并求解后，用户需要得到一些问题的答案。以电磁场计算为例，需要知道整个区域的磁通密度是多少、磁场强度是多少、铁芯的损耗是多少等。ANSYS18.0 提供的后处理将回答和解决这些问题，同时后处理模块还可将计算结果以彩色等值线显示、梯度显示、矢量显示、粒子流迹显示、立体切片显示、透明及半透明显示等图形方式显示出来，也可将计算结果以图表、曲线形式显示或输出。

ANSYS18.0 提供了两种类型的后处理器，即通用后处理器（POST1）和时间历程后处理器（POST26）。

5.1 通用后处理器概述

通用后处理器（POST1）主要用来查看和检查整个模型在某一载荷步和子步（或某一特定时间点或频率）的结果。例如查看某个时刻节点的位移；或在静态结构分析中，显示某载荷步的应力分布情况等。

需要注意的是，通用后处理器只是提供了一个查看和检查分析结果的工具，要判断结果是否符合实际，还需依靠用户的专业知识以及相关经验。

5.1.1 通用后处理器处理的结果文件

通用后处理是根据有限元计算的结果来进行结果分析的。在 ANSYS 有限元求解完成后，工作目录中会生成一个结果记录文件，一般称之为结果文件。不同的分析类型，ANSYS 通过不同结果文件名的后缀来区分。例如：结构分析求解的结果文件名为 Jobname.rst，热分析求解的结果文件名为 Jobname.rth，电磁分析求解的结果文件名为 Jobname.rmg，流体分析求解的结果文件名为 Jobname.rfl。

根据有限元理论，后处理器所处理的有限元解的类型有两种。

① 基本解（Basic Solution）：是指每个节点求解所得自由度解。例如结构分析中，用于有限元计算的自由度为位移量；而磁场分析中用于有限元计算的自由度为磁势。这些结果统称为节点解。

② 派生解（Derived Solution）：是 ANSYS 根据基本解计算出来的其他结果数据。例如结构分析中，ANSYS 通过位移可计算出相应的应力及应变等；磁场分析中，ANSYS 通过基本解 AZ 的值可以计算出磁感应强度 B 等一系列值。

表 5-1 给出了常见分析的基本解和派生解。

表 5-1 基本解和派生解

分析类型	基本解	派生解
结构分析	位移	应力、应变等
热分析	温度	热流量、热梯度等
磁场分析	磁势	磁通量、磁场强度等
电场分析	标量电势	电流、电流密度等
流体分析	速度、压力	热流量等

5.1.2 结果文件读入通用后处理器

ANSYS18.0 通用后处理器菜单选项如图 5-1 所示。

进入 POST1 后，用户首先需要确定用于后处理的结果文件与结果数据。通常有以下两种方法：

① 如果用户是在依次完成模型创建、求解过程，并且中间没有退出过 ANSYS18.0 的话，可直接单击 Main Menu＞General Postproc 进入通用后处理器。命令方式为在 ANSYS18.0 的命令窗口输入"/POST1"。

② 若用户重新启动过 ANSYS18.0，想再次查看以前求解过的分析计算结果，则必须先把结果文件读入到数据库中。步骤如下。

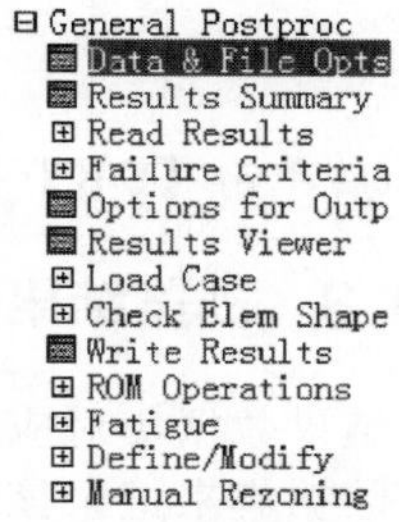

第一步：把数据库 db 文件读入数据库。方法为：Utility Menu＞File＞Resume Jobname. db 或 Utility Menu＞File＞Resume from。

图 5-1 通用后处理菜单

第二步：从已恢复的数据库中读取指定结果文件与结果数据。方法为：Main Menu＞General Postproc＞Data & File Opts。

下面举例介绍重启 ANSYS 后，将分析结果读入通用后处理器的过程。

① 将随书资料"SourceFiles \ ch05 \ ex1 \ "中的文件复制到工作目录，启动 ANSYS，单击 Utility Menu＞File＞Resume from，弹出【Resume Database】对话框，选中其中的 beam. db 数据库，如图 5-2 所示。

② 单击【OK】按钮。此时 ANSYS 图形窗口会显示该数据库中的有限元模型，包括边界条件等，如图 5-3 所示。

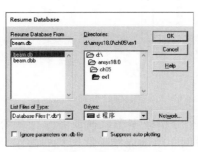

图 5-2 文件选择对话框

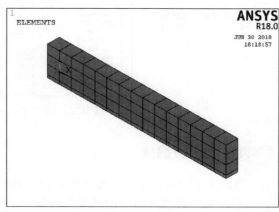

图 5-3 有限元模型

③ 单击 Main Menu＞General Postproc＞Data & File Opts，弹出【Data and File Options】对话框，如图 5-4 所示。其中【Data to be read】为结果数据指定之用。【Results file to be read】一项表示需要用户指明结果数据文件，单击 ... 可浏览计算机中的各个文件夹，用户可从中选择所需要恢复的结果数据文件，本例中所选择的是"beam.rst"文件。

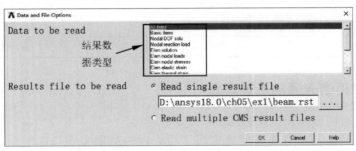

图 5-4 【Data and File Options】对话框

④ 单击【OK】按钮，完成上述步骤，用户就可重新查看或者绘制计算结果。

5.1.3 浏览结果数据集信息

结果数据集对应求解过程中的各个载荷步与子步。每个载荷步的一个子步就有一个对应结果数据集来记录该时刻或该频率点上的结果数据。ANSYS 将所有载荷步的子步按照时间或频率从小到大依次编号，就得到了结果数据集的序列号。ANSYS 用 SET 表示序列号。用户通过序列号（SET）、时间或频率、载荷步与子步这三种方式的任意一种都可以确定具体的结果数据集。

以 5.1.2 节中的 beam 为例，说明一下何谓结果数据集以及它的序列号。

完成上节步骤后，单击 Main Menu＞General Postproc＞Results Summary，弹出如图 5-5 所示的【SET, LIST Command】文本框，该文本框记录了这次分析的结果数据集编号、时间或频率、载荷步以及子步。

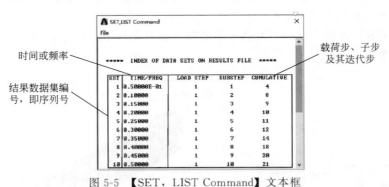

图 5-5 【SET, LIST Command】文本框

5.1.4 读取结果数据集

5.1.3 节讲述了如何浏览结果数据集信息，倘若一个分析有多个载荷或者一个载荷步有多个子步，则用户需要读入对应的结果数据集。下面举例介绍读取结果数据集的操作。

① 将随书资料"SourceFiles \ ch05 \ ex1 \"中的文件复制到工作目录，启动 ANSYS，

单击工具栏上的 ![icon] 按钮，打开数据库文件 beam.db。

② 选择 Main Menu>General Postproc>Results Summary 命令，查看计算得到的数据集情况，如图 5-6 所示。可参考此表有目的地读取某个载荷步的结果。

③ 选择 Main Menu>General Postproc>Read Results>Last Set 命令，可读入最后一子步的结果数据。接下来就可以显示最后一子步的结果数据了。

读取结果的数据菜单，如图 5-7 所示。常用的读取结果数据的菜单还有以下几个。

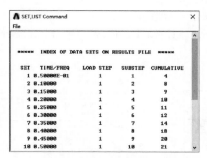
图 5-6　计算结果数据情况

图 5-7　读取数据菜单

- 【First Set】：单击此菜单，可读入第一子步的结果数据。
- 【Next Set】：单击此菜单，可读入当前子步的下一子步的结果数据。
- 【Previous Set】：单击此菜单，可读入当前子步的上一子步的结果数据。

此外，用户还可以按如下几种方式读取结果数据。

（1）选择子步直接读取（By Pick）

用户可以直接选择某一子步的数据进行读取。操作如下。

① 选择 Main Menu>General Postproc>Read Results>By Pick 命令，将弹出如图 5-8 所示的对话框。

② 选中某一子步，然后单击【Read】按钮即可把该子步数据读入数据库。

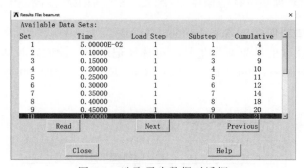
图 5-8　选取子步数据对话框

（2）按子步号读取（By Load Step）

如果用户已经知道待读取数据的子步号，可用此方法操作，操作步骤如下：

① 选择 Main Menu>General Postproc>Read Results>By Load Step 命令，弹出如图 5-9 所示的对话框。

② 在【Read results for】下拉列表框中选择读取的数据结果类型，在【Load step number】文本框中输入载荷步，在【Substep number】文本框中输入子步，单击【OK】按钮即可读入相应的结果数据。

> **说明:**
>
> 在【Read results for】下拉列表框中,【Entire model】表示读入全部结果数据;【Selected subset】表示以替换的方式读入所选择的数据;【Subset-append】表示以追加的方式读入所选择的数据。

(3) 按时间/频率读取 (By Time/Freq)

用户还可以按时间/频率来读取结果数据,操作如下:

① 选择 Main Menu>General Postproc>Read Results>By Time/Freq 命令,弹出如图 5-10 所示的对话框。

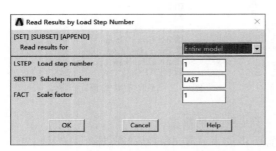
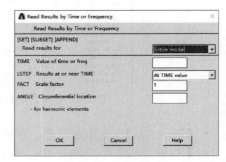

图 5-9 按载荷步号读取结果数据对话框　　图 5-10 按时间/频率读取结果数据对话框

② 在【Read results for】下拉列表框中选择读取的数据结果类型,在【Value of time or freq】文本框中输入要读入的时间或频率点,在【Results at or near TIME】下拉列表框中选择【At TIME value】,单击【OK】按钮即可。

> **说明:**
>
> 如果指定的时间或频率不在结果中,ANSYS 将采用线性插值的方法读取结果。

(4) 按结果数据集读取 (By Set Number)

如果用户知道待读取的结果数据集号,可选择记录集号读取,具体步骤如下:

① 选择 Main Menu>General Postproc>Read Results>By Set Number 命令,弹出如图 5-11 所示的对话框。

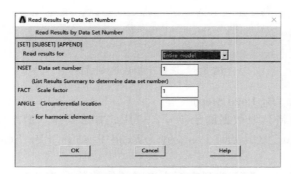

图 5-11 按数据集读取结果数据对话框

② 在【Read results for】下拉列表框中选择读取的数据结果类型,在【Data set number】文本框中输入要读取的结果数据集号，然后单击【OK】按钮即可。

5.1.5 设置结果输出方式与图形显示方式

上几小节讲述了如何将结果文件和结果数据读入到通用后处理器中。有了结果文件和结果数据后，就应考虑如何输出结果以及如何显示图形了。ANSYS 允许用户根据需要设置结果输出方式以及图形显示方式。具体操作如下：

选择 Main Menu＞General Postproc＞Options for Outp 命令，弹出如图 5-12 所示的【Options for Output】结果输出设置对话框。其中，【RSYS】用来设置结果显示坐标的命令；【AVPRIN】选项用于选择主应力计算方式；【AVRES】选项用来设置 ANSYS 图形显示方式 Power Graph 的结果平均处理方式，设置为【All but Mat Prop】（默认选项）表示在除材料不连续位置之外的所有网格节点上进行结果平均处理；【/EFACET】选项用来打开 Power Graph 图形显示方式时每个单元边界上小平面的数目，设置为【1 facet/edge】表示每个单元显示为 1 个片段，该选项一般交给 ANSYS 程序自动处理；【SHELL】选项用来选择壳单元输出结果的面，可选择上表面（默认）、中面、下表面。

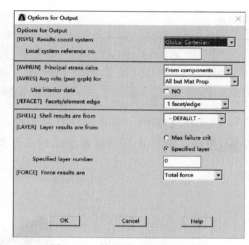

图 5-12　结果输出设置对话框

5.2 图形显示计算结果

把所需的结果读到数据库中后，就可通过图形显示功能直观地查看求解结果，通用后处理器提供了以下几种图形显示：
- 变形图。
- 等值线图。
- 矢量图。
- 粒子轨迹图。
- 破裂和压碎图。

选择 Main Menu＞General Postproc＞Plot Results 命令可展开图形绘制菜单，如图 5-13 所示。下面将分别介绍各种图形显示的操作方法。

5.2.1 绘制变形图

① 将随书资料"SourceFiles \ ch05 \ ex1 \ "中的文件复制到工作目录，启动 ANSYS，单击工具栏上的 按钮，打开数据库文件 beam.db。

② 选择 Main Menu＞General Postproc＞Read Results＞First Set 命令，读取第一个子步结果。

③ 选择 Main Menu＞General Postproc＞Plot Results＞Deformed Shape 命令，弹出如图 5-14 所示的【Plot Deformed Shape】绘制变形图对话框。

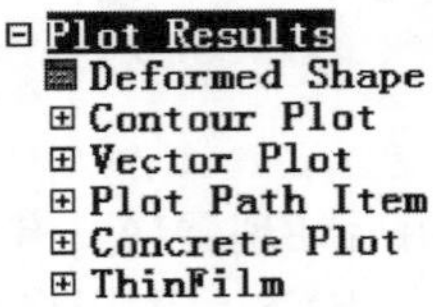

```
□ Plot Results
  ■ Deformed Shape
  ⊞ Contour Plot
  ⊞ Vector Plot
  ⊞ Plot Path Item
  ⊞ Concrete Plot
  ⊞ ThinFilm
```

图 5-13　图形绘制菜单

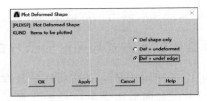

图 5-14　绘制变形图对话框

> 🔧 **说明：**
>
> 【Def shape only】单选按钮表示仅显示变形后的结构，不显示未变形的结构；【Def+ undeformed】单选按钮表示变形后和未变形的结构同时显示；【Def+ undef edge】单选按钮表示显示变形后的结构和未变形时的结构边界。

④ 选择【Def+undef edge】单元框。单击【OK】按钮，然后单击显示控制工具栏中的 ▣ 按钮，即可在图形视窗中绘制变形图，如图 5-15 所示。

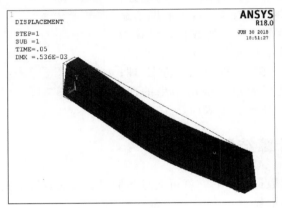

图 5-15　绘制的变形图

当计算得到的变形过小时，程序会自动对变形进行放大以显示变形的趋势。用户可以通过以下操作来显示实际变形的比例。

① 选择 Utility Menu＞PlotCtrls＞Style＞Displacement Scaling 命令，弹出如图 5-16 所示的对话框。

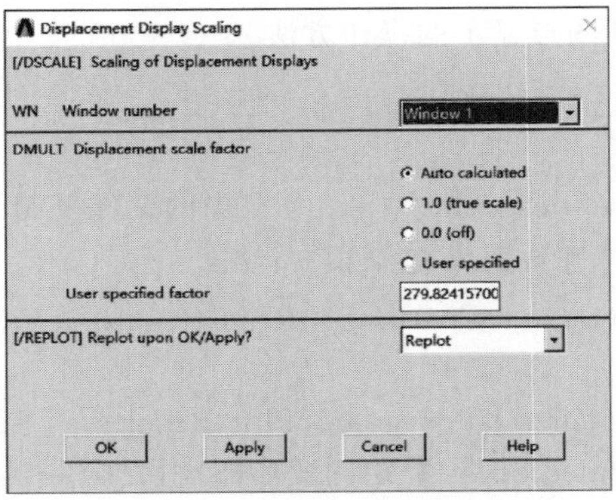

图 5-16　控制变形缩放比例对话框

② 在【Displacement scale factor】单选列表中选中【1.0（ture scale）】选项，确保【Replot upon OK/Apply?】下拉列表框选中【Replot】选项，然后单击【OK】按钮即可显示结构的实际变形，如图 5-17 所示。

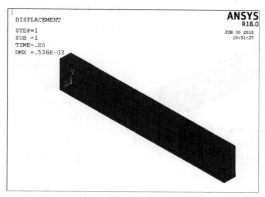

图 5-17　按实际变形比例显示变形图

> 🛠 说明：
>
> 在图 5-16 所示的对话框中选中【User specified】单选按钮，并在【User specified factor】文本框中输入缩放比例，可实现自定义比例显示变形图。

5.2.2　绘制等值线图

等值线图非常适合表示应力、温度等结果在模型上的分布情况。在 ANSYS 中节点结果、单元结果、单元表等都可以用等值线图的形式显示，下面介绍一下用等值线图显示节点结果和单元结果的常用操作步骤，关于单元表的显示将在 5.4 节详细介绍。

（1）图形显示节点结果

① 选择 Main Menu＞General Postproc＞Plot Results＞Contour Plot＞Nodal Solu 命令，弹出【Contour Nodal Solution Data】对话框，如图 5-18 所示。

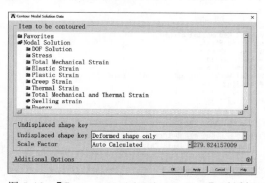

图 5-18　【Contour Nodal Solution Date】对话框

> 🛠 说明：
>
> 单击按钮，可展开和隐藏附加的选项。

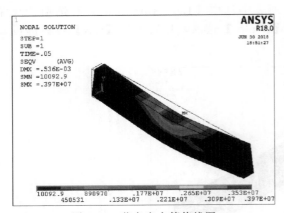

图 5-19 节点应力等值线图

② 在【Item to be contoured】列表框中依次选择 Nodal Solution＞Stress＞von Mises stress 命令，其他保持不变，单击【OK】按钮即可显示节点 Mises 应力的等值线图，如图 5-19 所示。

图 5-18 中其他选项的说明如下：

【Undisplaced shape key】下拉列表有如下三个选项：

• 【Deformed shape only】：只显示变形后的结构。

• 【Deformed shape with undeformed model】：显示变形后的等值线图及未变形的结构。

• 【Deformed shape with undeformed edge】：显示变形后的等值线图及未变形的结构边界。

【Scale Factor】下拉列表框用于设置显示变形比例因子，和显示变形图时的控制类似。

【Interpolation Nodes】下拉列表框中有以下三个选项：

• 【Corner only】：将单元边界设成 1 段，不显示中间节点。

• 【Corner + midside】：将单元边界设成 2 段，显示中间节点。

• 【All applicable】：将单元边界设成 4 段。

【Value for computing the EQV strain】文本框用于设置矢量的平均算法，默认为 0，即先计算节点的值，然后对单元进行平均；如果取 1，则反过来，先求单元的值，再对节点平均。

(2) 图形显示单元结果

① 选择 Main Menu＞General Postproc＞Plot Results＞Contour Plot＞Element Solu 命令，弹出【Contour Element Solution Data】对话框，如图 5-20 所示。

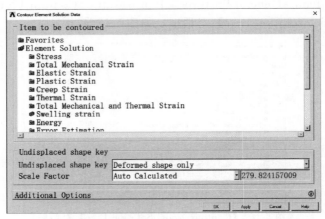

图 5-20 【Contour Element Solution Data】对话框

② 在【Item to be Contoured】列表框中依次选择 Element Solution＞Stress＞von Mises stress 命令，其他保持不变，单击【OK】按钮即可绘制出单元 Mises 应力的等值线图，如图 5-21 所示。

图 5-20 中其他选项的意义和图 5-18 相类似，不再赘述。

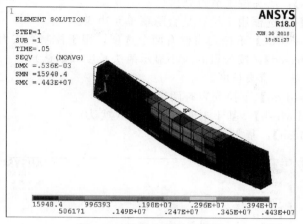

图 5-21　单元应力等值线图

5.2.3　绘制矢量图

矢量图用箭头显示模型中某个结果的大小和方向变化。绘制矢量图可按以下步骤操作。

① 选择 Main Menu＞General Postproc＞Plot Results＞Vector Plot＞Predefined 命令，弹出如图 5-22 所示的【Vector Plot of Predefined Vectors】对话框。

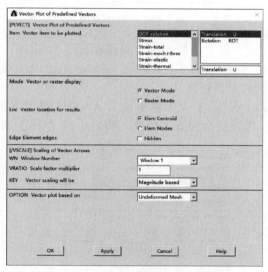

图 5-22　【Vector Plot of Predefined Vectors】对话框

② 在【Vector item to be plotted】列表框中选择要输出的矢量，如【Translation U】（位移矢量），其他保持不变，单击【OK】按钮即可绘制出位移矢量图，如图 5-23 所示。

图 5-22 所示的对话框中的其他选项说明如下。

【Vector or raster display】栏有两个单选按钮：
- 【Vector Mode】：矢量模式（默认）。
- 【Raster Mode】：光栅模式。

【Vector location for results】栏有两个单选按钮：

- 【Elem Centroid】：箭头位于单元质心（默认）。
- 【Elem Nodes】：箭头位于节点处。

【Element edges】复选框用于设置是否隐藏单元边缘。

【Vector scaling will be】下拉列表框有两个选项，用于控制箭头大小：
- 【Magnitude based】：按矢量的大小显示箭头长度（默认）。
- 【Uniform】：统一箭头长度。

【Vector Plot based on】下拉列表有两个选项：
- 【Undeformed Mesh】：基于未变形的网络（默认）。
- 【deformed Mesh】：基于变形的网络。

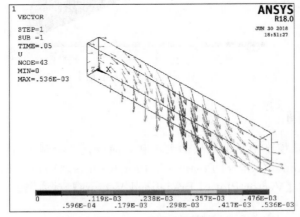

图 5-23　位移矢量图

此外，用户还可以生成自定义的矢量图，其操作如下：

① 选择 Main Menu＞General Postproc＞Plot Results＞Vector Plot＞User-defined 命令，弹出入如图 5-24 所示的对话框。

② 在【I-component of vector】文本框中输入 ANSYS 预定义的矢量（如【U】）或用户自定义矢量 I 的分量，选择适当的显示模式，然后单击【OK】按钮确认。

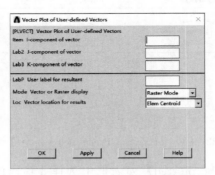

图 5-24　自定义矢量图选项对话框

5.2.4　绘制粒子轨迹图

粒子轨迹图用于显示流体粒子的运行情况。由于流体分析不是本书的重点，在此仅简单介绍一下绘制粒子轨迹图常用的菜单路径。

- 在轨迹上定义一点。

GUI：Main Menu>General Postproc>Plot Results>Defi Trace Pt。

- 在单元上显示流动轨迹。

GUI：Main Menu>General Postproc>Plot Results>Plot Flow Tra。

- 列出轨迹点。

GUI：Main Menu>General Postproc>Plot Results>List Trace Pt。

- 生成粒子流动画序列。

GUI：Main Menu>PlotCtrls>Animate>Particle Flow。

5.2.5 绘制破碎图和压碎图

破碎图和压碎图是 SQLID65（混凝土）单元专有的。本章的例子即是用 SQLID65 单元得到的，要绘制破碎图和压碎图，可按以下步骤操作。

① 选择 Main Menu>General Postproc>Plot Results>Concrete Plot>Crack/Crush 命令，弹出如图 5-25 所示的对话框。

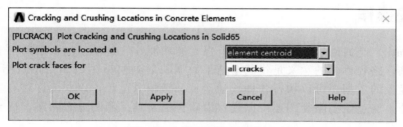

图 5-25 显示混凝土压碎图

② 在【Plot symbols are located at】下拉列表框中选择【element centroid】，然后单击【OK】按钮。

③ 此时如看不出压碎情况，可选择 Utility Menu>PlotCtrls>Device Options 命令，在弹出的【Device Options】对话框中，设置【Vector mode（wireframe）】后面的复选框为【On】，如图 5-26 所示。

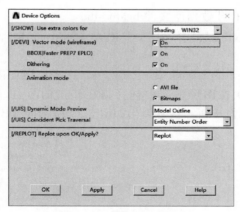

图 5-26 设置显示模式

④ 设置完成后，单击【OK】按钮即可看到如图 5-27 所示的压碎图，其中小圆圈表示破碎区域。

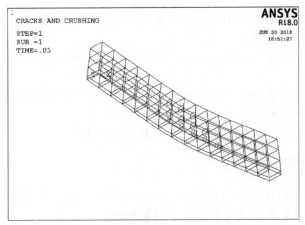

图 5-27 混凝土压碎图

5.3 路径操作

路径（Path）是通用后处理器的又一个强大的功能，它是模型上一系列由节点或坐标位置定义的轨迹。路径操作的意义是将某个结果数据映射到模型中一条由用户指定的路径上。对映射到路径上的数据还可以执行各种数学运算和微积分运算，以获取许多有工程意义的计算结果。另外，通过绘制路径图还可以观察沿路径上某结果项的分布状态，研究结果数据的分布规律等。

5.3.1 定义路径

要察看某结果项沿路径的变化情况，首先要定义路径，可以通过在工作平面上选择节点、位置或填写特定的坐标位置表来定义路径。图 5-28 是通过节点定义的一条路径 PATH1，其操作步骤如下。

① 将随书资料"SourceFiles\ch05\ex1\"中的文件复制到工作目录，启动 ANSYS，单击工具栏上的 按钮，打开数据库文件 beam.db。

② 选择 Main Menu＞General Postproc＞Read Results＞First Set 命令，读取第一个子步结果。

③ 选择 Main Menu＞Preprocessor＞Path Operations＞Define Path＞By Nodes 命令，弹出图形选取对话框，依次在图形视窗中选择路径经过的节点（如选取节点 10、25、99、100、75），然后单击【OK】按钮，接着弹出如图 5-29 所示的【By Nodes】对话框。

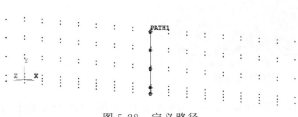

图 5-28 定义路径

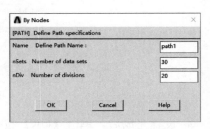

图 5-29 【By Nodes】对话框

④ 在【Define Path Name】文本框中输入路径名"path1",然后单击【OK】按钮。

> **说明:**
>
> 在【Number of data sets】文本框中选择要映射到该路径上的数据组数(默认为 30,最小为 4,无最大值);在【Number of divisions】文本框中应输入相邻点的子分数(默认为 30,无最大值)

⑤ 选择 Main Menu>General Postproc>Path Operations>Map onto Path 命令,弹出如图 5-30 所示的【Map Result Items onto Path】对话框。

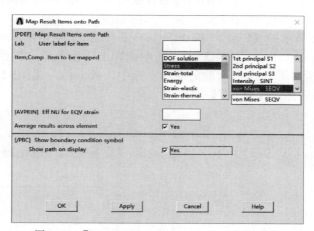

图 5-30 【Map Result Items onto Path】对话框

⑥ 在【Item to be mapped】列表框中选择要映射的结果项,如【von Mises SEQV】,然后选择【Show path on display】后面的复选框为【Yes】,再单击【OK】按钮即可显示定义的路径,如图 5-28 所示。

> **说明:**
>
> 如果路径不再显示,用户可选择 Main Menu > Preprocessor > Path Operations > Plot Paths 命令重新显示。

用户还可以通过工作平面、位置等定义路径,在此不再详述,其菜单位置如图 5-31 所示。

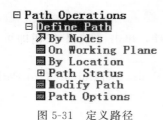

图 5-31 定义路径

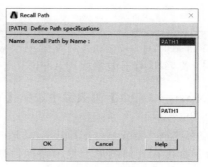

图 5-32 改变当前路径

> **注意：**
>
> 一个模型中可以定义多个路径，但一次只有一个路径为当前路径，选择 Main Menu > General Postproc > Path Operations > Recall Paths 命令可以改变当前路径，如图 5-32 所示。

5.3.2 观察沿路径的结果

可以通过图形和列表的方式显示沿路径的数据结果。图形显示沿路径结果的操作如下：

① 选择 Main Menu＞General Postproc＞Path Operations＞Plot Path Item＞On Graph 命令，弹出如图 5-33 所示的【Plot of Path Items on Graph】对话框。

② 在【Path items to be graphed】列表框中选择上一小节中定义的【SEQV】，然后单击【OK】按钮，得到如图 5-34 所示的曲线图。其中，横坐标为【DIST】，也就是距起始路径点的路径长度；纵坐标为【SEQV】结果项。

> **说明：**
>
> 【XG】、【YG】、【ZG】和【S】为默认定义的 4 个几何量。

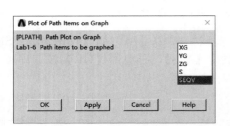

图 5-33 【Plot of Path Items on Graph】对话框

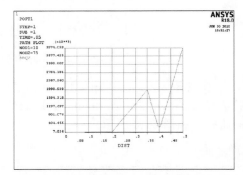

图 5-34 图形显示路径数据

用户还可以改变横坐标的数据项，例如要用【YG】项作为横坐标，其操作步骤如下：

① 选择 Main Menu＞General Postproc＞Path Operations＞Plot Path Item＞Path Range 命令，弹出如图 5-35 所示的【Path Range for Lists and Plots】对话框。

> **说明：**
>
> 【Path distance range】文本框用于设置横坐标的起止范围；【Interpolation pt increment】文本框用于设置增量步的大小，默认为 1。

② 在【X-axis variable】列表框中选择【YG】选项，单击【OK】按钮即可。得到的数据曲线如图 5-36 所示。

另外用户可选择 Main Menu＞General Postproc＞Path Operations＞Plot Path Item＞On Geometry 命令直接在几何图形上显示路径数据，如图 5-37 所示。

列表显示路径结果的操作如下：

① 选择 Main Menu＞General Postproc＞Path Operations＞Plot Path Item＞List Path

Items 命令，弹出如图 5-38 所示的对话框。

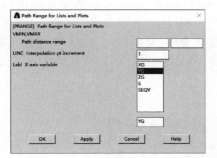

图 5-35 【Path Range for Lists and Plots】对话框

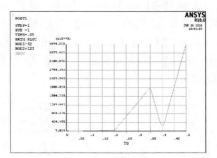

图 5-36 改变横坐标数据项

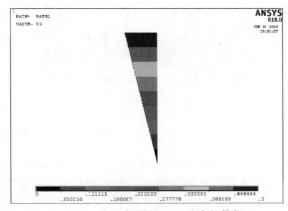

图 5-37 在几何图形上显示路径数据

② 在【Path items to be listed】列表框中选择要显示的结果项，如【YG】和【SEQV】，然后单击【OK】按钮列表即可显示路径结果，如图 5-39 所示。

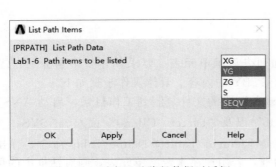

图 5-38 列表显示路径数据对话框

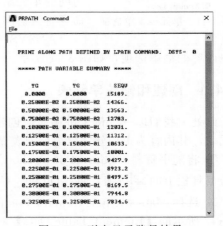

图 5-39 列表显示路径结果

5.3.3 进行沿路径的数学运算

可对路径数据项进行相应的数据运算。下面以求正弦运算为例介绍其操作步骤，其他运算类似,不再详述。

① 选择 Main Menu>General Postproc>Path Operations>Sine 命令,弹出如图 5-40 所示的【Sine of Path Items】对话框。

② 在【User label for result】文本框中输入新生成的路径数据项名称,如 sin;在【Path item】下拉列表框中选择【SEQV】选项;然后单击【OK】按钮即生成了新的路径数据项 SIN。

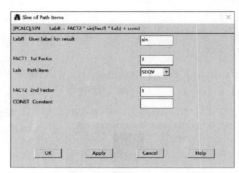

图 5-40 【Sine of Path Items】对话框

5.4 单元表

ANSYS18.0 中的单元表(Element Table)意思是一系列单元数据组成的数据集,形式类似数组,其中表的每一行代表一单元,每一列则是该单元某个数据的计算结果。

单元表是 ANSYS 中察看计算结果的一个很有用的辅助工具。它主要有两个功能:第一,它可以对结果数据进行适当的数学运算,这点类似于路径数据;第二,它可以访问一些其他方法无法访问的单元结果数据,例如:一维杆单元派生的数据就不能通过命令直接访问。

图 5-41 单元表菜单选项

ANSYS18.0 的通用后处理器 POST1 专门提供了一个涉及单元表内容的菜单选项,如图 5-41 所示。

5.4.1 创建和修改单元表

此处,我们以一个例子讲述如何创建和列表显示单元表。要求创建一个名为 ETBY 的单元表,其内容为 BY 分量,最后列表显示 ETBY 的内容。具体操作步骤如下。

① 将随书资料 "SourceFiles\ch05\ex2\" 中的文件复制到工作目录,启动 ANSYS,单击工具栏上的 按钮,将 "Direct_CP.db" 以及 "Direct_CP.rst" 读入 ANSYS。

② 选择 Main Menu>General Postproc>Element Table>Define Table 命令,弹出如图 5-42 所示的【Element Table Data】对话框,若用户还未定义单元表,则对话框中的可选单元表中显示为 "NONE DEFINED"。

③ 单击【Add...】按钮,弹出【Define Additional Element Table Items】对话框,我们定义新建的单元表名字为 "ETBY",并输入到【Lab】一栏中。【Results data item】一栏选择【Flux & gradient】和【BY】,表明为磁通密度 Y 分量,如图 5-43 所示。

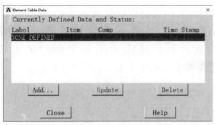
图 5-42 【Element Table Data】对话框

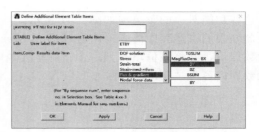
图 5-43 定义单元表

> **说明：**
> 【User label for Item】列表框中的输出项目很多，而且对于不同的单元输出项目可能会不同，因此建议在定义单元表之前，最好查阅 ANSYS 的帮助文档确认要定义的单元输出项存在。

④ 单击【OK】按钮，则单元表定义完毕。此时回到单元表选择对话框，其中已经列举出刚定义的单元表【ETBY】及其相关信息，如图 5-44 所示。

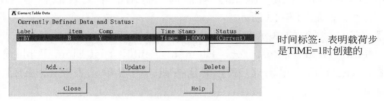
图 5-44 已定义的单元表

⑤ 单击 Main Menu＞General Postproc＞Element Table＞List Elem Table 命令，查看已经定义的单元表数据内容，选择【ETBY】，如图 5-45 所示。

⑥ 单击【OK】按钮，弹出如图 5-46 所示的【PRETAB Command】文本框，其中列举出 ETBY 中单元及其对应的单元计算数据，此文本框就是单元表最直观的表示方法，左侧为单元，右侧为单元计算数据。

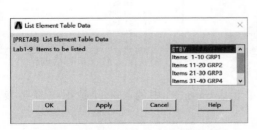
图 5-45 列表显示单元表选择对话框

图 5-46 列表显示单元表数据

5.4.2 基于单元表的数学运算

用户可以对单元表中的数据进行多种数学运算，例如绝对值、求和、求积、点乘、叉乘等。这些功能对应的菜单项如图 5-47 所示。

此处我们讲述其中的一项内容【Find Maximum】,也就是查找两个单元表中对应项的最大数据值,并将该值填充到一个新的单元表中。为此,我们还需定义一个新的单元表,其单元数据内容为"BX",名称为 ETBX。ETBX 单元表中部分内容如图 5-48 所示。

图 5-47 单元表的运算功能

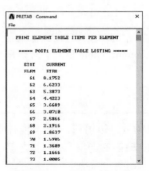

图 5-48 ETBX 的内容

单击 Main Menu＞General Postproc＞Element Table＞Find Maximum 命令,弹出【Find Maximum of Element Table Items】对话框,将新的单元表命名为"maxEB",并将【FACT2】修改为"2",如图 5-49 所示。

单击【OK】按钮,则新的单元表【maxEB】定义完毕。

单击 Main Menu＞General Postproc＞Element Table＞List Elem Table 命令,在弹出的对话框中选择【maxEB】后,单击【OK】确定按钮,查看单元表【maxEB】中的数据。其结果如图 5-50 所示。

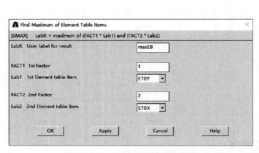

图 5-49 Max 运算对话框

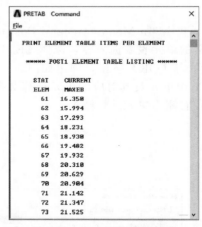

图 5-50 Max 运算后的结果

对比图 5-48 和图 5-50,可发现新的单元表 maxEB 中的各单元数据已经替换成 ETBY 和 2×ETBX 中的最大值。

5.4.3 根据单元表绘制结果图形

单元表可以用等值线图的形式显示,也可以列表显示。图形显示的操作如下。

① 选择 Main Menu＞General Postproc＞Element Table＞Plot Elem Table 命令,弹出如图 5-51 所示的【Contour Plot of Element Table Data】对话框。

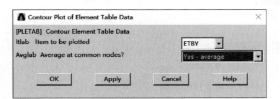

图 5-51 【Contour Plot of Element Table Data】对话框

② 在【Item to be plotted】下拉列表框中选择要显示的单元表名称,如【ETBY】;在【Average at common nodes】下拉列表框中选择【Yes-average】选项,表示在公共节点处平均结果。然后单击【OK】按钮即可图形显示单元表数据,如图 5-52 所示。

最后,简单介绍一下如何删除单元表,ANSYS18.0 通用后处理器提供了一个快捷选项可以一次性删除所有已定义的单元表。

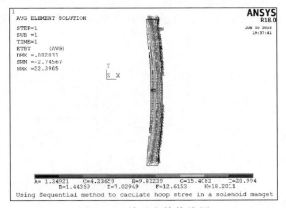

图 5-52 单元表等值线图

单击 Main Menu>General Postproc>Element Table>Erase Table 命令,弹出【Erase Entire Element Table】对话框,单击【OK】按钮,则所有已定义的单元表都被删除,如图 5-53 所示。

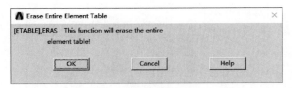

图 5-53 删除单元表

5.5 载荷组合及其运算

在典型的后处理中,每次只能读入一组数据结果(如载荷步 1)进行处理,读入新的数据将更新数据库中原有的数据结果。如果要在两组数据之间执行操作,则需要用到载荷工况功能。

载荷工况是一组赋予任意参考号的结果数据。例如,可以将载荷步 3、子步 4 的一组数据定义为载荷工况 1,将时间为 1.5s 时的一组数据定义为载荷工况 2。ANSYS18.0 最多可定义 99 个载荷工况,且在数据库中一次只能存储一个载荷工况。

5.5.1 创建载荷工况

创建载荷工况的操作步骤如下。

① 选择 Main Menu>General Postproc>Load Case>Create Load Case 命令,弹出如图 5-54 所示的【Create Load Case】对话框。

> 🔧 说明:
>
> 【Load case file】 单选按钮表示从载荷工况文件中定义载荷工况,需要生成载荷工况文件。

② 选择【Results file】单选按钮,表示从结果文件中定义载荷工况,单击【OK】按钮,弹出如图 5-55 所示的【Create Load Case from Results File】对话框。

③ 在【Ref. no. for load case】文本框中输入载荷工况参考号,可以是 1～99 之间的整数;在【Load step + substep nos. -】文本框中分别输入载荷步号和子步号,单击【OK】按钮即可。

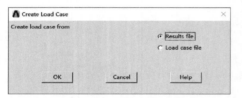
图 5-54 【Create Load Case】对话框

图 5-55 【Create Load Case from Results File】对话框

5.5.2 载荷工况的读写

定义了载荷工况后,就可以对载荷工况进行读取操作。读取载荷工况的操作如下。

① 选择 Main Menu>General Postproc>Load Case>Read Load Case 命令,弹出如图 5-56 所示的【Read Load Case】对话框。

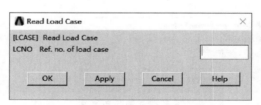
图 5-56 【Read Load Case】对话框

② 在【Ref. no. of load case】文本框中输入载荷工况的参考号,单击【OK】按钮可读取相应的载荷工况。

如果要将当前的载荷工况写入载荷工况文件中,可按以下步骤操作:

① 选择 Main Menu>General Postproc>Load Case>Write Load Case 命令,弹出如图 5-57 所示的【Write Load Case from Database to Load Case File】对话框。

② 在【Ref. no. for load case】文本框中输入载荷工况的参考号,在【Load case file】文本框中输入载荷工况文件名。单击【OK】按钮即将当前载荷工况写入到一个新的载荷工况文件中。

第 5 章 通用后处理器

图 5-57 【Write Load Case from Database to Load Case File】对话框

5.5.3 载荷工况数学运算

两个载荷工况之间同样可以进行一系列数学运算，从而产生新的数学结果。ANSYS 中提供了求和（Add）、求差（Subtract）、求平方（Square）、求平方根（Square Root）等运算操作，下面以求差运算为例，介绍其操作方法，其他不再详述。

① 假设已经读入了载荷工况 2。选择 Main Menu＞General Postproc＞Load Case＞Subtract 命令，弹出如图 5-58 所示的【Subtract Load Cases】对话框。

② 在【1st Load case】文本框中输入载荷工况参考号 1，其他设置不变，表示从当前数据库中减去载荷工况 1 的数据，单击【OK】按钮即可。

> **说明：**
>
> 进行过数学运算后，可以将当前的数据写入一个新的载荷工况文件中。

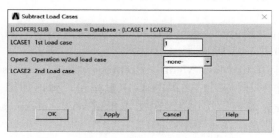

图 5-58 【Subtract Load Cases】对话框

5.6 综合实例 1——桁架计算

本节以结构分析中常见的桁架计算为例，其建模和网格划分较简单，故在此重点介绍如何正确使用通用后处理器进行后处理分析。

桁架的基本尺寸如图 5-59 所示。所有的杆件均为圆柱形钢管，截面为 80mm×10mm。桁架两端为简支，桁架中间上弦节点作用有 10kN 的集中力。

各弦节点坐标位置如表 5-2 所示。

表 5-2 各弦节点坐标位置

弦节点编号	坐标 X	坐标 Y	弦节点编号	坐标 X	坐标 Y
1	0	0	4	1.5	−1
2	3	0	5	4.5	−1
3	6	0			

其中，中间上弦节点的 10kN 是随着时间采用斜坡方式加载上去的，分为 10 个子步，每个子步加载 1kN 的力，到第 10 步（对应时间为 10s）的时候，所有 10kN 的力都加载上去。加载过程如图 5-60 所示，仅列举 $t=5\mathrm{s}(\mathrm{Substep}=5)$ 和 $t=10\mathrm{s}(\mathrm{Substep}=10\mathrm{s})$ 的加载情况。

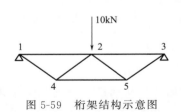

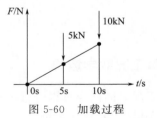

图 5-59　桁架结构示意图　　　　图 5-60　加载过程

目的：绘制位移形变图，创建单元列表显示轴应力和剪切力，并将二者最大值存入 SCMAX 的单元列表中。对所有节点的 UY 值进行升序排列并列表显示。

> **说明：**
> 读者学习本书到这个程度，应该很熟悉 ANSYS 有限元分析的流程和部分操作了。这个例子的难度很低，读者用它来练习操作以及熟悉后处理的内容即可。

使用 GUI 操作实现桁架计算的具体操作步骤如下。

① 清除当前分析开始新一轮的分析。然后修改工作名为"Truss"，并定义标题名为"Truss"。

② 单击 Main Menu＞Preprocessor＞Element Type＞Add/Edit/Delete，从单元库中选择单元"PIPE288"，如图 5-61 所示。

③ 定义截面属性。单击 Main Menu＞Preprocessor＞Sections＞Pipe＞Add，弹出如图 5-62 所示对话框，输入 ID 为"1"，单击【OK】按钮，弹出如图 5-63 所示的对话框，在文本框【Pipe diameter】输入"0.08"，在文本框【Wall thickness】输入"0.01"，单击【OK】按钮，完成截面设置。

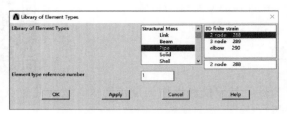

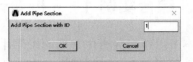

图 5-61　定义单元类型　　　　　　图 5-62　定义截面号对话框

④ 单击 Main Menu＞Preprocessor＞Material Props＞Material Models，定义材料的弹性模量和泊松比参数，结果如图 5-64 所示。

⑤ 建模。单击 Main Menu＞Preprocessor＞Modeling＞Create＞Keypoint＞In Active CS，首先建立关键点，为每个关键点输入编号以及坐标。其中第 5 个关键点的坐标输入如图 5-65 所示。

⑥ 接着定义杆，也就是将关键点连接起来，单击 Main Menu＞Preprocessor＞Modeling＞Create＞Lines＞Lines＞In Active Coord，弹出关键点拾取对话框，按图 5-59 选择对应关键点以生成线。最终模型如图 5-66 所示。

图 5-63 定义截面属性对话框

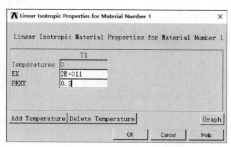

图 5-64 定义材料参数

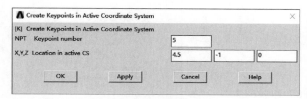

图 5-65 建立关键点

⑦ 为实体模型分配单元属性。采用默认方法。单击 Main Menu＞Preprocessor＞Meshing＞Meshing Attributes＞Default Attributes，结果如图 5-67 所示。

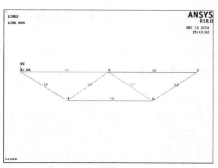

图 5-66 最终模型

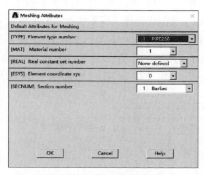

图 5-67 分配单元属性

⑧ 设置智能划分水平以及划分网格。单击 Main Menu＞Preprocessor＞Meshing＞Mesh Tool，在弹出的【Mesh Tool】对话框中，勾选【Smart Size】复选框，将智能划分水平设为 "2"，如图 5-68 所示。然后单击【Mesh】按钮，则实体模型网格划分完毕。

⑨ 施加约束。桁架的 1 和 3 节点施加全约束，单击 Main Menu＞Solution＞Define Loads＞Apply＞Structural＞Displacement＞On Keypoints，选择 1 和 3 两个关键点，如图 5-70 所示，单击【OK】按钮，弹出设置位移约束对话框，选择【All DOF】，单击【OK】按钮。

⑩ 施加集中载荷。单击 Main Menu＞Solution＞Define Loads＞Apply＞Structural＞Force/Moment＞On Keypoints，选择关键点 2，弹出【Apply F/M on KPs】对话框，按要求输入参数即可，如图 5-71 所示。单击【OK】按钮，载荷加载完毕。

⑪ 定义分析类型。单击 Main Menu＞Solution＞Analysis Type＞New Analysis，选择【Static】，如图 5-69 所示。单击【OK】按钮，完成分析类型的定义。

图 5-68　智能划分水平设置

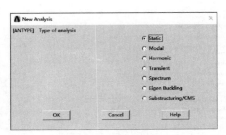
图 5-69　选择分析类型

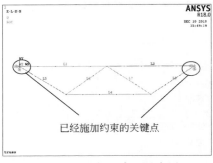
图 5-70　施加约束后示意图

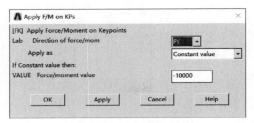
图 5-71　施加载荷

⑫ 设置结果选项。单击 Main Menu＞Solution＞Load Step Opts＞OutPut Ctrls＞DB/Results File，弹出如图 5-72 所示的对话框，选择【Every substep】，表示每一次子步计算结果都保存到结果文件，单击【OK】按钮，完成设置。

⑬ 设置结果输出项。单击 Main Menu＞Solution＞Analysis Type＞Sol'n Controls，按图 5-73 设置，表示每个子步都输出计算结果。单击【OK】按钮，完成设置。

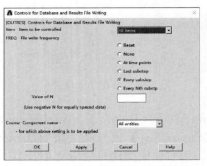
图 5-72　设置结果选项对话框

图 5-73　结果输出设置

⑭ 求解。单击 Main Menu＞Solution＞Solve＞Current LS，弹出【Solve Current Load Step】对话框和【Status】列表框，单击【OK】按钮，求解即开始。求解完毕后弹出一对话框提示用户求解完毕。

⑮ 进入后处理器，查看位移变形图。首先查看加载力为 2kN 时的变形图。先读取结果序列，单击 Main Menu＞General Postproc＞Read Results＞By Pick。弹出对话框，选择第 2 个子载荷步，如图 5-74 所示。单击【Read】按钮后，再单击【Close】按钮。

⑯ 单击 Main Menu＞General Postproc＞Plot Results＞Deformed Shape，查看位移变形

图,选择显示变形后图形以及未变形的轮廓,结果如图 5-75(a) 所示。

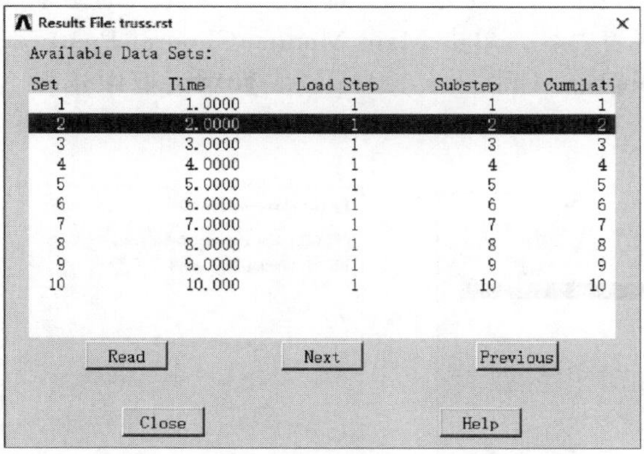

图 5-74 选择结果序列

作为对比,我们读入最后一个载荷步,然后查看其变形图,如图 5-75(b) 所示。读者请注意此图左上角的一些信息。对比左上角的信息,可发现加载力为 2kN 时的变形值比加载力为 10kN 时的要小。

(a) 加载力2kN (b) 加载力10kN

图 5-75 变形结果图

⑰ 创建主轴应力和剪切力的单元列表。单击 Main Menu>General Postproc>Element Table>Defines Table,弹出【Define Additional Element Table Items】对话框,首先为主轴应力创建单元表,其名字为"SMISC1",选择【By sequence num】,再选择右侧菜单中的【SMISC,】,如图 5-76 所示。

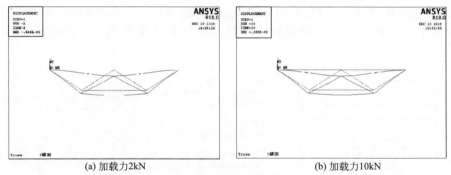

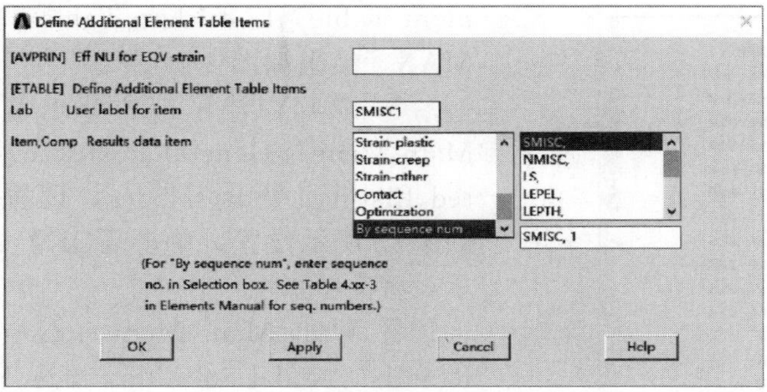

图 5-76 创建单元表

⑱ 单击【OK】按钮，则主轴应力单元表定义完毕。为剪切应力定义单元表时，只需将名字改为"SMISC2"，并把"1"改为"2"即可。定义完后的结果如图 5-77 所示。

⑲ 查看单元数据列表内容。单击 Main Menu＞General Postproc＞Element Table＞List Elem Table，在弹出的【List Element Table Data】对话框中选择 SMISC1 和 SMISC2，如图 5-78 所示。

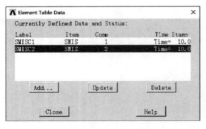

图 5-77　已经定义的单元表

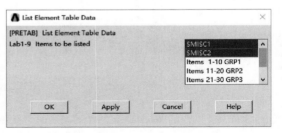

图 5-78　单元表内容

⑳ 单击【OK】按钮，则列表显示单元表的内容，也就是主轴应力和剪切力，如图 5-79 所示。

㉑ 比较两个单元表的内容，取最大值存在一个新的单元表。单击 Main Menu＞General Postproc＞Element Table＞Find Maximum，弹出【Find Maximum of Element Table Items】对话框，按图 5-80 所示设置对应内容。单击【OK】按钮，新的单元表 SCMAX 运算完毕。

图 5-79　单元表结果列表显示

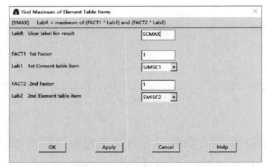

图 5-80　最大值操作

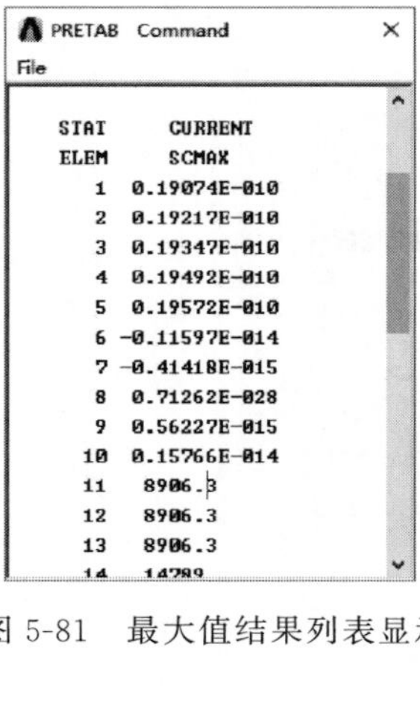

㉒ 单击 Main Menu＞General Postproc＞Element Table＞List Elem Table，查看新的单元表 SCMAX，结果如图 5-81 所示。

㉓ 按 UY 升序排列节点值并列表显示。单击 Main Menu＞General Postproc＞List Results＞Sorted Listing＞Sort Nodes，设置节点排列顺序。按图 5-82 所示设置，单击【OK】按钮，则节点排序显示设置完毕。

㉔ 单击 Main Menu＞General Postproc＞List Results＞Nodal Solution，显示节点计算内容，其显示顺序为按 UY 大小升序排列，结果如图 5-83 所示。

图 5-81　最大值结果列表显示

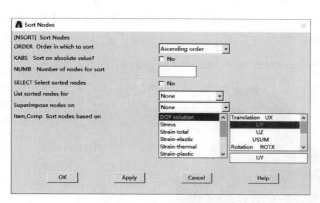
图 5-82　设置节点排序

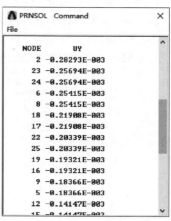
图 5-83　升序列表显示 UY

5.7　综合实例 2——轴承座及汽车连杆后处理分析

5.7.1　轴承座后处理分析

① 复制随书资料"SourceFiles\ch05\examples\bearing\"中的文件到工作目录，启动 ANSYS，单击工具栏上的 按钮打开数据库文件 bearingload.db。

② 选择 Main Menu>General Postproc>Data & File Opts 命令，弹出【Data and File Options】对话框，单击 ... 从中选择结果数据文件 bearingload.rst。

③ 选择 Main Menu>General Postproc>Read Results>First Set 命令，读取第一个子步结果。

④ 选择 Main Menu>General Postproc>Plot Results>Deformed Shape 命令，弹出【Plot Deformed Shape】对话框，选择【Def+undef edge】单元框。单击【OK】按钮，然后单击显示控制工具栏中的 按钮，即可在图形视窗中绘制变形图，如图 5-84 所示。

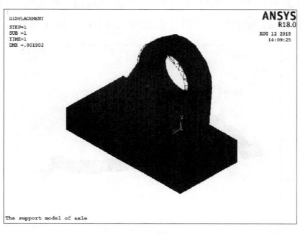
图 5-84　绘制的变形图

⑤ 选择 Main Menu>General Postproc>Plot Results>Contour Plot>Nodal Solu 命令，弹出【Contour Nodal Solution Data】对话框，在【Item to be contoured】列表框中依次选择 Nodal Solution>Stress>von Mises stress 命令，其他保持不变，单击【OK】按钮即可显示节点 Mises 应力的等值线图，如图 5-85 所示。

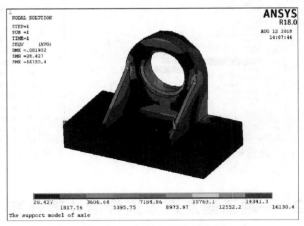

图 5-85　节点应力等值线图

5.7.2　汽车连杆后处理分析

① 复制随书资料"SourceFiles \ ch05 \ examples \ Rod \ "中的文件到工作目录，启动 ANSYS，单击工具栏上的 按钮打开数据库文件 Rodload. db。

② 选择 Main Menu>General Postproc>Data & File Opts 命令，弹出【Data and File Options】对话框，单击 ... 从中选择结果数据文件 Rodload. rst。

③ 选择 Main Menu>General Postproc>Read Results>First Set 命令，读取第一个子步结果。

④ 选择 Main Menu>General Postproc>Plot Results>Deformed Shape 命令，弹出【Plot Deformed Shape】对话框，选择【Def+undef edge】单元框。单击【OK】按钮，然后单击显示控制工具栏中的 按钮，即可在图形视窗中绘制变形图，如图 5-86 所示。

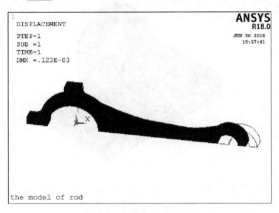

图 5-86　绘制的变形图

⑤ 选择 Main Menu>General Postproc>Plot Results>Contour Plot>Nodal Solu 命令，弹出【Contour Nodal Solution Data】对话框，在【Item to be contoured】列表框中依次选择 Nodal Solution>Stress>von Mises stress 命令，其他保持不变，单击【OK】按钮即可显示节点 Mises 应力的等值线图，如图 5-87 所示。

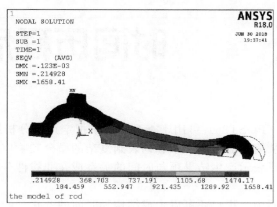

图 5-87　节点应力等值线图

本章小结

本章主要介绍了通用后处理器（POST1）的使用，包括读取结果数据、图形显示计算结果、路径操作、单元表的使用以及载荷工况组合及其运算等基本概念内容。同时通过桁架计算、轴承座及汽车连杆后处理这三个实例详细说明了通用后处理器（POST1）的操作使用过程。该部分内容适用于大部分的有限元分析，但不能分析随时间变化的有限元结果。其中，读取数据结果和等值线图的绘制是本章的重点内容，需要读者熟练掌握。本章的难点是路径操作以及单元表的定义和显示，需要读者在实际的分析操作中逐渐熟悉。

练 习 题

打开随书资料"SourceFiles \ ch05 \ exercises \ "中的数据库文件 hookload.db。求解后在通用后处理器中绘制结构变形图和 Mises 等效应力等值线图。

第6章
时间历程后处理器

时间历程后处理器（POST26）可用于查看模型中指定点的分析结果随时间、频率等的变化关系。它可以完成从简单的图形显示和列表到复杂的微分和响应频谱的生成等操作。例如，在瞬态分析中以图形表示产生结果项与时间的关系或在非线性分析中以图形显示载荷和位移的关系。

在时间历程后处理器中，用户还可以生成结构随时间的变化动画。本章将从基本的变量定义与操作讲起，详细介绍时间历程后处理器的使用。本章大部分操作都是以随书资料"SourceFiles \ ch06 \ ex1 \ "中的混凝土梁分析为基础进行的。该分析考虑了混凝土材料的非线性因素，外载荷使用20个子步逐步施加，使用时间历程后处理器可以得到梁体任何一点的载荷-位移曲线等。因此建议读者在学习本章时先将结果文件读入到数据库中。具体操作如下。

① 将随书资料"Source Files \ ch06 \ ex1 \ "中的文件复制到用户工作目录。
② 按用户工作目录启动 ANSYS。
③ 单击工具栏上的 ![按钮]按钮，找到数据库文件 beam.db，并打开它，得到如图 6-1 所示的有限元分析模型。
④ 选择 Main Menu＞General Postproc＞Results Summary 命令，将列表显示非线性分析的结果信息，如图 6-2 所示。可以看出，在一个载荷步中共分了 20 个子步进行计算，共迭代了 51 次。

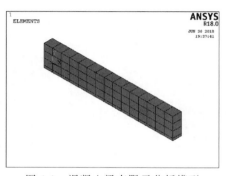

图 6-1 混凝土梁有限元分析模型   图 6-2 混凝土梁有限元分析结果信息

6.1 定义和存储变量

时间历程后处理器的大部分操作都是对变量而言的，变量是结果数据与时间（或频率）一一对应的简表。这些结果数据可以是某节点处的位移、力、单元应力或单元热流量等。因此要在时间历程后处理器中查看结果，第一步是定义所需的变量，第二步是存储变量。

6.1.1 变量定义

用户可以对定义的变量指定一个大于或等于 2 的参考号，参考号 1 用于时间（或频率）。下面以混凝土梁分析为例，介绍定义变量的基本操作。

① 选择 Main Menu＞TimeHist Postpro 命令，弹出如图 6-3 所示的【Time History Variables】对话框。对变量的定义、存储、数学运算及显示等操作都可以在此对话框中操作，因此建议用户熟悉此对话框的操作。

> 说明：
>
> 如果无意中关闭【Time History Variables】对话框，选择 Main Menu＞TimeHist Postpro＞Variable Viewer 命令可重新打开。

② 单击【Time History Variables】对话框中的 ![] 按钮，将弹出如图 6-4 所示的【Add Time-History Variable】对话框。

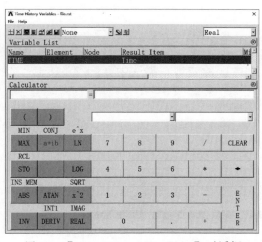
图 6-3 【Time History Variables】对话框

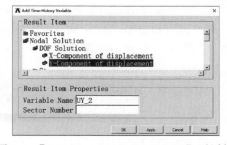
图 6-4 【Add Time-History Variable】对话框

③ 在【Result Item】列表框中选择要查看的结果项目，如 Nodal Solution＞DOF Solution＞Y-Component of displacement。接着在【Result Item Properties】选项组中将出现一个文本框，其中程序已自动为变量定义了一个名字"UY_2"，如无需修改，单击【OK】按钮确认。

④ 接着会弹出如图 6-5 所示的图形选取对话框。在文本框中输入要查看的节点编号或者直接用鼠标在图形视窗中选择节点，然后单击【OK】确认。

注意：

当用鼠标选取节点时，【Time History Variables】对话框可能会挡住图形视窗中的模型，这时把【Time History Variables】移开即可，不要关闭此对话框，否则定义变量将会失败。

⑤ 接着回到如图 6-6 所示的【Time History Variables】对话框。从【Variable List】列表框中可以看到已经定义了一个新的变量 UY_2，其中存储的是节点 41 的 Y 方向位移。重复以上步骤可以继续定义变量，默认情况下可定义 10 个变量。

图 6-5　图形选取对话框

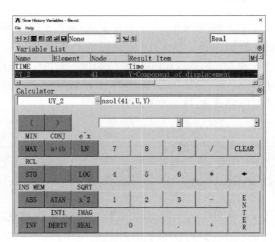

图 6-6　定义生成的变量

说明：

要在【Time History Variables】对话框中删除变量，需选中要删除的变量，然后单击 ✕ 按钮即可。

用户还可以选择 Main Menu＞TimeHist Postpro＞Define Variables 命令来定义变量，如图 6-7 所示，在此不再详述。

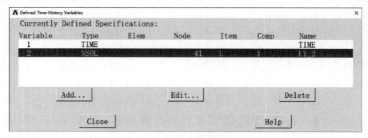

图 6-7　定义变量对话框

6.1.2　变量存储

定义完变量后，有时为了对变量数据进行进一步的处理，需要将变量数据存储为一个单独的文件或者数组。接着 6.1.1 节中的操作，可对 6.1.1 节中定义的变量【UY_2】进行如下的存储操作。

① 在图 6-6 的【Time History Variables】对话框中，选中变量【UY_2】，然后单击 按钮，将弹出如图 6-8 所示的对话框。

② 在【Export Variables】对话框中有 3 种存储变量的方式。

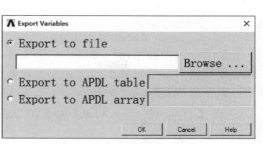

图 6-8　存储变量对话框

a. 存储为文件：选中【Export to file】选项，然后在文本框中输入要保存的文件名，文件的扩展名可以是 *.csv（可用 EXCEL 打开）或 *.prn（可用记事本打开），单击【OK】即可。

b. 存储为 APDL 表：选中【Export to APDL table】选项，然后在文本框中输入表名，单击【OK】按钮即可。

> 🔧 说明：
>
> 存储完成后选择 Utility Menu > Parameters > Array Parameters > Define/Edit 命令，选中生成的表，单击【Edit...】按钮，可查看存储的 APDL 表，它以时间或频率为索引，如图 6-9 所示。

c. 存储为 APDL 数组：选中【Export to APDL array】选项，然后在文本框中输入数组名，单击【OK】按钮即可。

> 🔧 说明：
>
> 存储完成后选择 Utility Menu > Parameters > Array Parameters > Define/Edit 命令，选中生成的数组，单击【Edit...】按钮，可查看存储的 APDL 表，它以 1、2、3 等为索引，如图 6-10 所示。

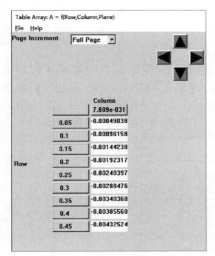

图 6-9　生成的 APDL 表

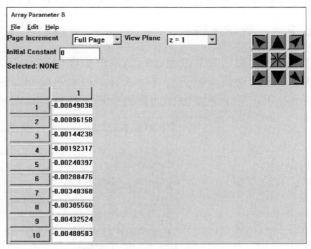

图 6-10　生成的 APDL 数组

6.1.3 变量的导入

变量的导入功能使用户可以从结果文件读取数据集到时间历程变量中。如果用户导入了试验结果数据，就可以显示和比较实验数据与相应的 ANSYS 分析结果数据之间的差异。可以通过以下操作实现变量的导入。

① 在【Time History Variables】对话框中单击 按钮，弹出如图 6-11 所示的【Import Data】对话框。

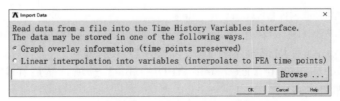

图 6-11 【Import Data】对话框

② 单击【Browse...】按钮，选择变量文件（*.csv 或 *.prn）路径，然后单击【OK】按钮即可。

> **说明：**
>
> 在导入变量文件时，选择【Linear interpolation into variables】，则程序会对文件中的数据进行线性插值，从而计算得到在 ANSYS 时间或频率点上的结果数据，然后把该结果数据作为一个时间历程变量存储，并添加到时间变量列表框中。

6.2 变量的操作

时间历程后处理器还可以对定义好的变量进行一系列的操作，主要包括数据运算、变量与数组的相互赋值、数据平滑及生成响应频谱等。

6.2.1 数学运算

有时，对定义的变量进行适当的数学运算是必要的。例如，在瞬态分析时定义了位移变量后，可以对该变量进行时间求导，得到速度和加速度等。【Time History Variables】对话框中提供了一个非常方便的数据运算工具集，如图 6-12 所示。

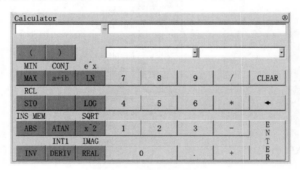

图 6-12 数学运算工具

下面假设已经定义了两个位移变量 UY_2 和 UY_3，要通过数学运算得到一个新的变量 alpha=({UY_3}−{UY_2})/1.5。其操作步骤如下：

① 在变量名输入框中输入"alpha"，在表达式输入框中输入"(−)/1.5"。

② 把活动光标移到"−"前面，然后下拉列表框中选择【UY_3】选项，再把光标移到"−"后面，在变量下拉列表框选择【UY_2】选项，最后得到表达式，如图 6-13 所示。

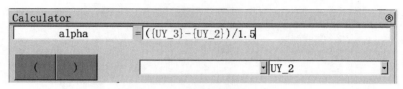

图 6-13　数学运算表达式

③ 单击【ENTER】按钮或直接按回车键即可生产新的变量 alpha，如图 6-14 所示。此外，还可以选择 Main Menu＞TimeHist Postpro＞Math Operations 命令，完成同样的数学运算，该菜单如图 6-15 所示，用法不再详述。

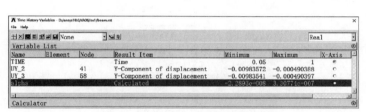

图 6-14　数学运算生成新的变量

图 6-15　数学运算菜单项

6.2.2　变量与数组相互赋值

在时间历程后处理器中，变量可以保存到数组中，也可以将数组中的数据输入到变量中。将变量保存到数组中的操作如下。

① 首先定义一个空的数组。选择 Utility Menu＞Parameters＞Array Parameters＞Define/Edit 命令，弹出如图 6-16 所示的对话框。

② 单击【Add...】按钮，弹出如图 6-17 所示的对话框。在【Parameter name】文本框中输入数组名"arr1"，再在【No. of rows, cols, planes】文本框中分别输入"50""1"和"1"，然后单击【OK】按钮。至此已经定义了一名为 arr1 的空数组。

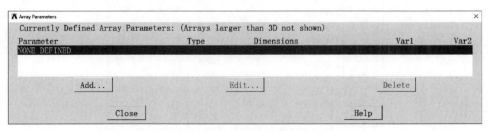

图 6-16　定义数组对话框

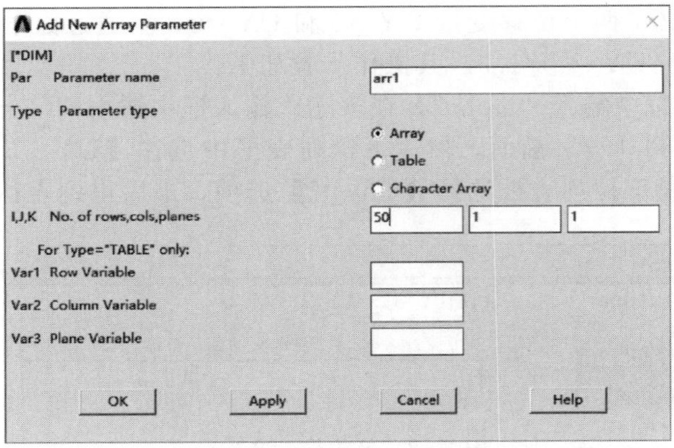

图 6-17 设置数组对话框

③ 选择 Main Menu＞TimeHist Postpro＞Table Operations＞Variable to Par 命令，弹出如图 6-18 所示的【Move a Variable into an Array Parameter】对话框。

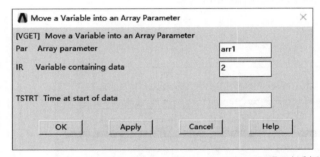

图 6-18 【Move a Variable into an Array Parameter】对话框

④ 在【Array parameter】文本框中输入刚才定义的数组名"arr1"；在【Variable containing data】文本框中输入变量的参考号"2（即【Time History Variables】对话框中变量列表框的第 2 个变量）"；在 Main Menu＞TimeHist Postpro＞Table Operations＞Variable to Par 命令文本框中输入变量的起始时间"0"。然后单击【OK】按钮。

⑤ 再次选择 Utility Menu＞Parameters＞Array Parameters＞Define/Edit 命令，选中【arr1】数组并单击【Edit...】按钮，可查看数组中的数据，如图 6-19 所示。

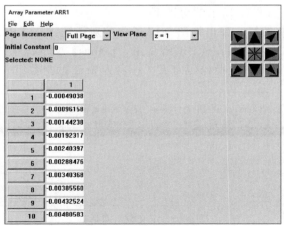

图 6-19 arr1 数组

将数组中的数据输入变量的操作如下。

① 选中 Main Menu>TimeHist Postpro>Table Operations>Parameter to Var 命令，弹出如图 6-20 所示的【Move an Array Parameter into a Variable】对话框。

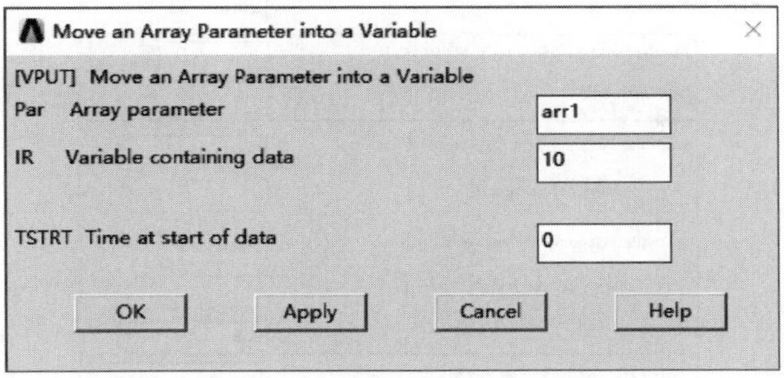

图 6-20　【Move an Array Parameter into a Variable】对话框

② 在【Array parameter】文本框中输入数组名"arr1"；在【Variable containing data】文本框中输入要生成的变量参考号"10"；在【Time at start of data】文本框中输入起始时间点"0"。然后单击【OK】按钮。

注意:

如果变量参考号与已定义的变量重复，则原来的变量数据将被覆盖。

③ 选择 Main Menu>TimeHist Postpro>Variable Viewer 命令可查看新生成的变量，如图 6-21 所示。

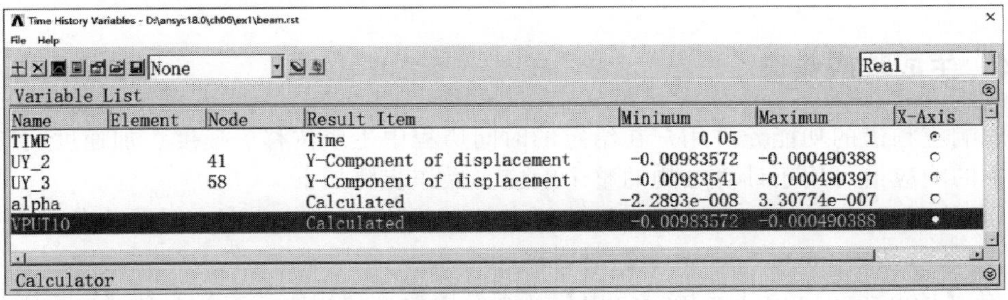

图 6-21　生成的 VPUT10 变量

6.2.3　数据平滑

若进行一个会产生很多噪声数据的分析，如动态分析，则通常需要平滑响应数据。通过消除一些局部的波动，保持响应的整体特征使得用户更好地理解和观察响应。具体操作步骤如下。

① 选择 Main Menu>TimeHist Postpro>Smooth Data 命令，弹出如图 6-22 所示的【Smoothing of Noisy Data】对话框。

② 在【Noisy independent data vector】和【Noisy dependent data vector】下拉列表框中分别选择独立变量（数组）和受约束变量（数组）；在【Number of data points to fit】文本框中输入平滑数据点的数目，留空表示平滑所有数据点；在【Fitting curve order】文本框中输入平滑函数的最高阶数，默认的阶数为数据点数目的一半，然后单击【OK】按钮即可。

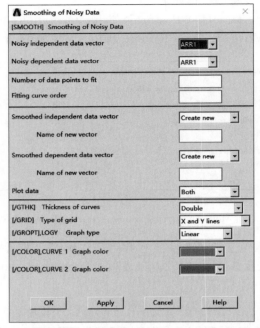

图 6-22 【Smoothing of Noisy Data】对话框

> 🔧 说明：
>
> 该操作仅适合静态或瞬态分析的结构数据，并不适合对复变量进行操作。

6.2.4 生成响应频谱

生成响应频谱的功能允许用户在给定的时间历程中生成位移、速度、加速度响应谱。频谱分析中的响应谱可用于计算结构的整个响应。操作步骤如下：

① 选择 Main Menu＞TimeHist Postpro＞Generate Spectrm 命令，弹出如图 6-23 所示的【Generate a Response Spectrum】对话框。

② 在【Reference number for result】文本框中输入结构的参考号；在【Freq table vari-

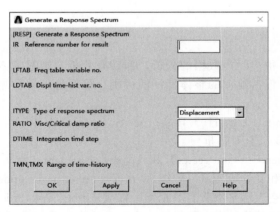

图 6-23 【Generate a Response Spectrum】对话框

able no.】文本框中输入响应谱频率变量编号;在【Displ time-hist var. no.】文本框中输入位移时间历程变量编号;在【Type of response spectrum】下拉列表框中选择响应谱的类型;在【Range of time-history】文本框中输入时间历程的范围,然后单击【OK】按钮即可。

6.3 查看变量

时间历程处理器中同样有两种方式查看变量:图形显示和列表显示。本节将分别介绍。

6.3.1 图形显示

下面对 6.1 和 6.2 节中定义的变量进行图形显示操作。显示操作步骤如下。

① 选择 Main Menu>TimeHist Postpro>Variable Viewer 命令,弹出【Time History Variables】对话框。

② 在【Time History Variables】对话框中,选中要显示的变量(如【UY_2】),然后单击 按钮,即可在图形视窗中显示变量的变化曲线,如图 6-24 所示。其中,X 轴为时间变量【TIME】,Y 轴为显示的变量数据。

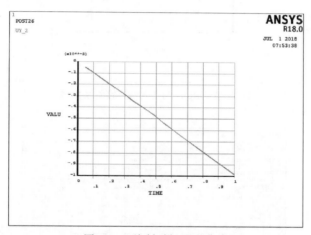

图 6-24 绘制时间历程曲线

> **说明:**
> 在【Time History Variables】对话框中按住 Ctrl 键可同时选中多个变量,单击 按钮即可在图形视窗中同时显示多条曲线。

如果想以定义的变量为 X 轴,可按以下步骤操作。

① 选择 Main Menu>TimeHist Postpro>Variable Viewer 命令,弹出如图 6-25 所示的【Time History Variables】对话框。

② 在【Variable List】列表框中,选中变量【UY_3】中【X-Axis】列的单选按钮,接着选中【alpha】变量,并单击 按钮,将得到如图 6-26 所示的关系曲线。可以看出,坐标轴标签并没有改变。下面的操作将修改坐标轴标签。

③ 选择 Utility Menu>PlotCtrls>Style>Graphs>Modify Axes 命令，弹出如图 6-27 所示的【Axes Modifications for Graph Plots】对话框。

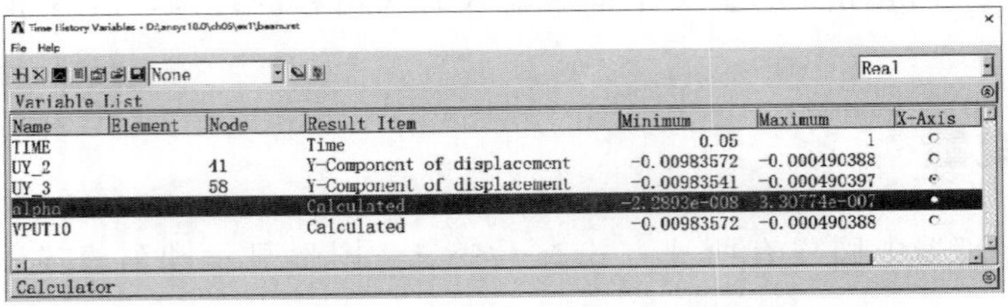

图 6-25 【Time History Variables】对话框

图 6-26 alpha 与 UY_3 的关系曲线

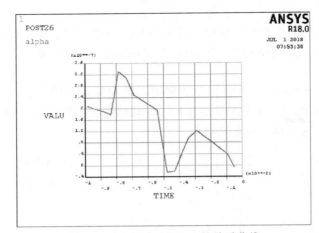

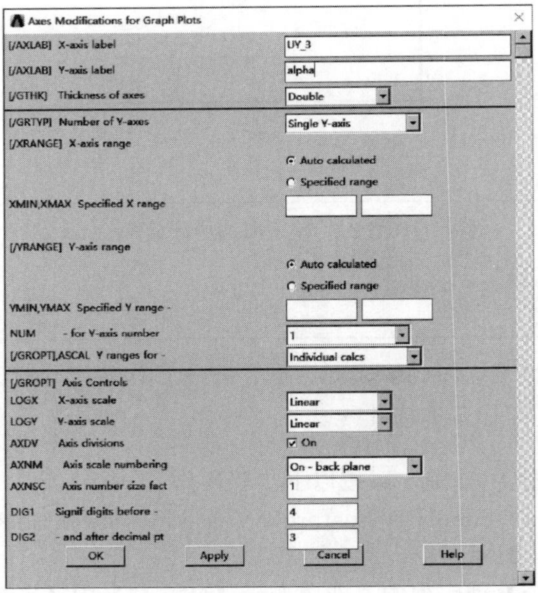

图 6-27 【Axes Modifications for Graph Plots】对话框

④ 选择【X-axis label】文本框，输入 X 轴标签为 "UY_3"；选择【Y-axis label】文

本框，输入 Y 轴标签为"alpha"，然后单击【OK】按钮关闭对话框。

⑤ 在图形视窗中单击鼠标右键，选择【Replot】菜单，将重新绘制关系曲线，如图 6-28 所示。可以看出，此时坐标轴标签已经修改过来了。

此外，用户还可以选择 Main Menu＞TimeHist Postpro＞Graph Variables 命令来以图形显示变量。单击该菜单，将弹出如图 6-29 所示的对话框。在文本框中输入变量，单击【OK】按钮即可。一次最多输入 10 个变量。

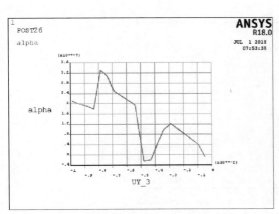

图 6-28　修改后的坐标轴标签

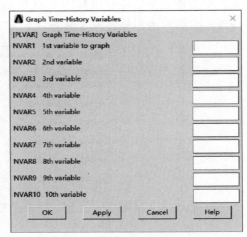

图 6-29　图形显示变量对话框

6.3.2　列表显示

变量的列表显示操作如下。

① 选择 Main Menu＞TimeHist Postpro＞Variable Viewer 命令，弹出【Time History Variables】对话框。

② 在【Time History Variables】对话框中，选中要显示的变量，然后单击 按钮，即可列表显示相应变量，如图 6-30 所示。

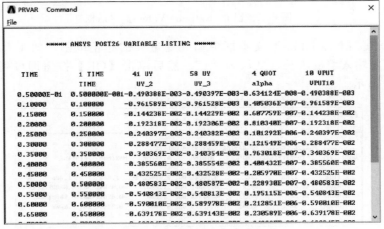

图 6-30　列表显示变量数据

说明：

在【Time History Variables】对话框中按住 Ctrl 键可同时选中多个变量，单击按钮可同时显示多个变量。

此外，还可以选择 Main Menu>TimeHist Postpro>List Variables 命令，来列表显示变量。单击该菜单，将弹出如图 6-31 所示的对话框。在文本框中输入变量，单击【OK】按钮即可。一次最多可输入 6 个变量。

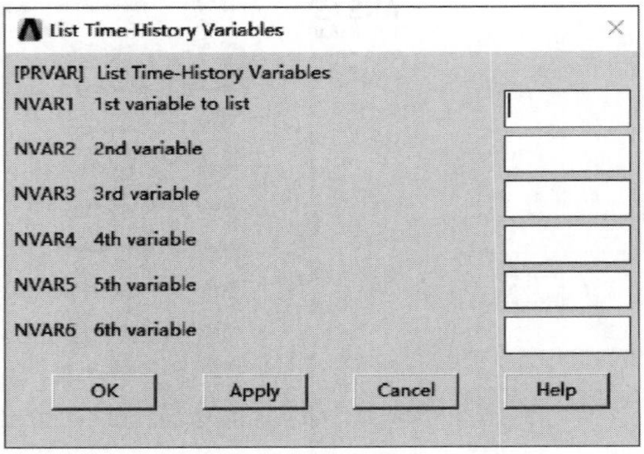

图 6-31 列表显示变量对话框

用户还可以列表显示变量的极值。操作如下。

① 选择 Main Menu>TimeHist Postpro>List Extremes 命令，弹出如图 6-32 所示的【List Extreme Values】对话框。

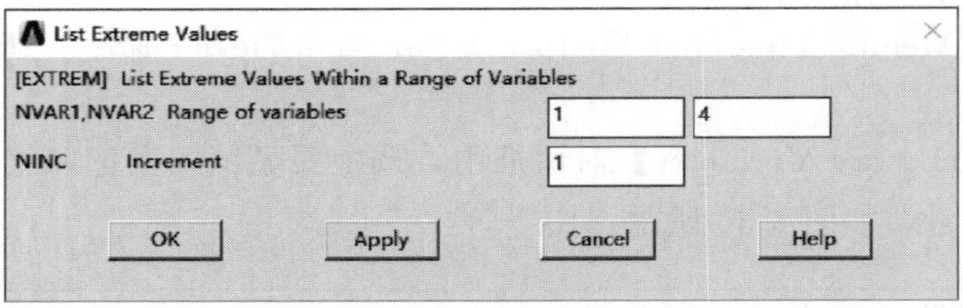

图 6-32 【List Extreme Values】对话框

② 在【Range of variables】文本框中输入变量号的起止范围，如 1 和 4；在【Increment】文本框中输入增量步长，默认为“1”。然后单击【OK】按钮即可列表显示变量极值，如图 6-33 所示。

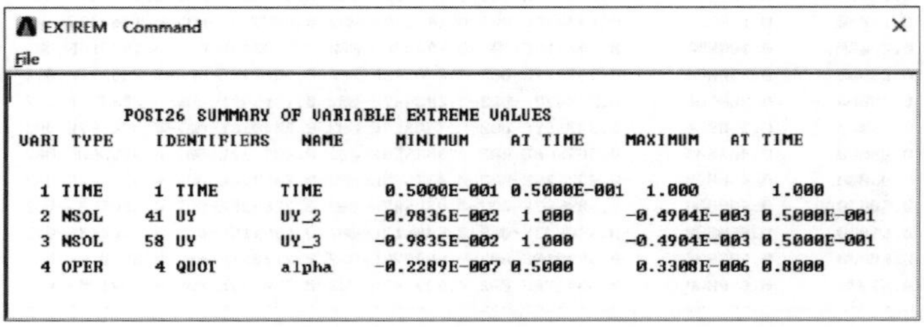


```
          POST26 SUMMARY OF VARIABLE EXTREME VALUES
VARI TYPE    IDENTIFIERS   NAME      MINIMUM    AT TIME     MAXIMUM    AT TIME

  1 TIME      1 TIME       TIME     0.5000E-001 0.5000E-001  1.000       1.000
  2 NSOL     41 UY         UY_2    -0.9836E-002  1.000      -0.4904E-003 0.5000E-001
  3 NSOL     58 UY         UY_3    -0.9835E-002  1.000      -0.4904E-003 0.5000E-001
  4 OPER      4 QUOT       alpha   -0.2289E-007 0.5000       0.3308E-006 0.8000
```

图 6-33 显示变量极值

6.4 动画技术

ANSYS 后处理的另一个强大功能就是动画技术，它可以动态地显示模型随时间的变化情况，多用于非线性或与时间有关的分析中。

6.4.1 直接生成动画

① 选择 Utility Menu＞PlotCtrls＞Redirect Plots＞To Segment Memory 命令，弹出如图 6-34 所示的【Redirect Plots to Animation File（NT Specific）】对话框。

② 选择【Store multiple】选项，然后在【Name of animation file】文本框中输入动画文件的名称（默认为工作文件名，扩展名为 *.avi），在【Time delay during anim】文本框中输入时间间隔（默认为 0.015s）。单击【OK】按钮后，ANSYS 会自动记录用户在通用后处理器（POST1）和时间历程后处理器（POST26）中的图形操作，并保存在动画文件中。

③ 要停止动画录制，再次选择 Utility Menu＞PlotCtrls＞Redirect Plots＞To Segment Memory 命令，在图 6-34 所示的对话框中选择【Stop storing】选项即可。

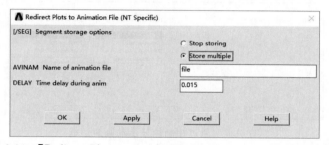

图 6-34 【Redirect Plots to Animation File（NT Specific）】对话框

6.4.2 通过动画帧显示动画

ANSYS 还提供了一个专门在图形显示动画的菜单，它的路径是 Utility Menu＞PlotCtrls＞Animate，子菜单如图 6-35 所示。

下面以结果等值线动画为例介绍显示动画的操作。

① 选择 Main Menu＞General Postproc＞Read Results＞First Set 命令，读入结果数据文件。在显示动画之前，必须先读入结果数据文件。如果不进行此步的操作，可能会弹出如图 6-36 所示的提示对话框。

② 选择 Utility Menu＞PlotCtrls＞Animate＞Over Time 命令，弹出如图 6-37 所示的对话框。

③ 在【Number of animation frames】文本框中输入动画帧数"10"；在【Model result data】单选列表项中选择【Current Load Stp】选项，表示显示当前载荷步动画；在【Animation time delay (sec)】文本框中输入帧时间间隔"0.5"；在【Contour data for animation】列表框中选择要图形显示的结果项【von Mises SEQV】。单击【OK】按钮，即可在图形窗中显示动画，如图 6-38 和图 6-39 所示。

图 6-35 Animate 子菜单

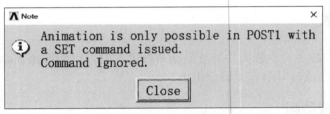

图 6-36 读取数据提示对话框

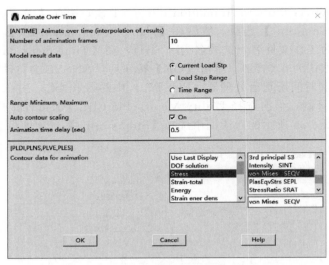

图 6-37 通过控制帧显示动画对话框

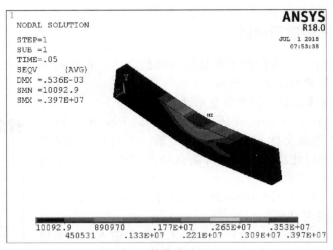

图 6-38 等值线动画（1）

 说明：

当前显示的动画会自动保存在工作目录下，文件名与工作文件名相同。

其他 Animate 子菜单的功能如下。
- 【Mode Shape】显示变形模式下动画。
- 【Cyc Traveling Wave】显示循环动画。
- 【Deformed Shape】显示模型变形动画。
- 【Time-harmonic】显示谐波分析动画。
- 【Over Results】显示结果数据的等值线动画。
- 【Q-Slice Contours】和【Q-Slice Vectors】显示模型剖切面等值线或矢量图动画。
- 【Isosurfaces】显示模型的变形等值面动画。
- 【Particle Flow】显示粒子流或者带电粒子运动动画。

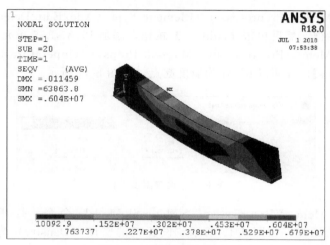

图 6-39　等值线动画（2）

6.4.3　动画播放

图 6-40　动画控制窗口

再次播放动画，可按以下步骤操作。

① 选择 Utility Menu＞PlotCtrls＞Animate＞Replay Animation 命令，显示动画的同时会伴随一个控制窗口，如图 6-40 所示。

> 🛠 说明：
>
> 其中，【Forward/Backward】选项表示循环播放；【Forward Only】选项表示仅向前播放。

② 单击【Stop】按钮停止动画播放，单击【Close】按钮关闭对话框。

6.5　综合实例——钢球淬火温度计算

6.5.1　问题描述

有一个钢球，其半径为 0.15m，球的初始温度为 900℃，将其突然置于温度为 20℃且对流换热系数为 100W/(m² · ℃) 的流体介质中，放置时间为 50s。钢球热物理属性为：密度

$7800 \mathrm{kg/m^3}$,热导率 $k=70\mathrm{W/(m \cdot ℃)}$,比热容 $c=448\mathrm{J/(kg \cdot ℃)}$。

计算①第 10s 时候的整个钢球的温度分布。②钢球外表任意一点的温度在 20s 内的变化。

6.5.2 GUI 操作步骤

① 选择 Utility Menu＞File＞Change Jobname 命令,修改工作文件名为"SteelBall-hardening"。

② 选择 Utility Menu＞File＞Change Title 命令,输入分析题目"Transient thermal analyse"。

③ 选择 Main Menu＞Preprocessor＞Element Type＞Add/Edit/Delete 命令,打开【Element Types】对话框,然后单击【Add...】按钮,添加 PLANE55 单元。

④ 选择 Main Menu＞Preprocessor＞Material Props＞Temperature Units,在弹出的对话框中选择【Celsius】,表明以 0℃ 作为温度起点,如图 6-41 所示。

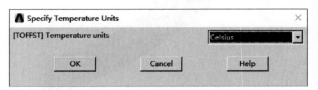

图 6-41　设置温度单位

⑤ 选择 Main Menu＞Preprocessor＞Material Models 命令,打开【Define Material Model Behavior】对话框,如图 6-42 所示,设置钢的密度(Density)为"7800",比热容(Specific Heat)为"448",热导率(Conductivity)为"70"。

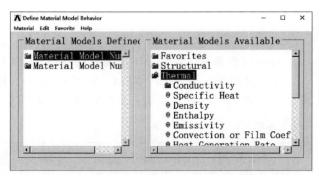

图 6-42　【Define Material Model Behavior】对话框

⑥ 建立钢球的二维圆模型。选择 Main Menu＞Preprocessor＞Modeling＞Create＞Areas＞Circle＞By Dimensions 命令,弹出如图 6-43 所示的对话框,按图中输入尺寸。

⑦ 单击【OK】按钮,生成如图 6-44 所示的钢球模型二维图形。

⑧ 为面对象分配单元属性。选择 Main Menu＞Preprocessor＞Meshing＞Mesh Attributes＞All Areas,在弹出的对话框中单击【OK】按钮,即完成单元属性分配。

⑨ 设置智能网格划分水平。选择 Main Menu＞Preprocessor＞Meshing＞MeshTool,激活网格划分工具,选中【Smart Size】复选框,并将智能划分水平调节为"1",如图 6-45 所示。

⑩ 在网格划分工具中选择网格划分器为自由网格划分(Free),如图 6-46 所示。

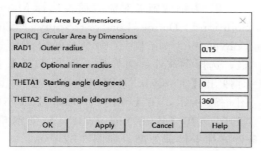
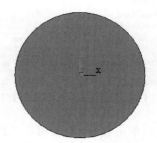

图 6-43　模型几何参数对话框　　　　　图 6-44　建立的实体模型

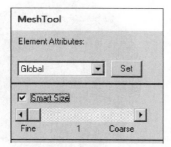

图 6-45　设置智能网格划分水平图　　　图 6-46　选择自由划分方式

⑪ 单击图 6-46 所示的【Mesh】按钮，弹出面对象拾取对话框，单击拾取对话框中的【Pick All】按钮，网格划分结果如图 6-47 所示。

⑫ 单击工具栏中的【SAVE_DB】按钮，保存模型。

⑬ 设置分析类型。选择 Main Menu＞Solution＞Analysis Type＞New Analysis，弹出【New Analysis】对话框，如图 6-48 所示，选择【Transient】单选按钮，单击【OK】按钮确认。接着弹出如图 6-49 所示的对话框，保持默认即可。

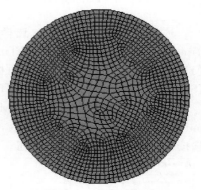

图 6-47　有限元模型

⑭ 设置钢球的初始温度。选择 Main Menu＞Solution＞Define Loads＞Apply＞Initial Condit'n＞Define 命令，弹出图形选取对话框，单击【Pick All】按钮，弹出如图 6-50 所示的【Define Initial Conditions】对话框，在对话框中设置初始温度为"900"，单击【OK】按钮。

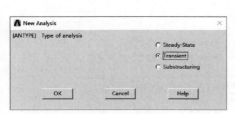
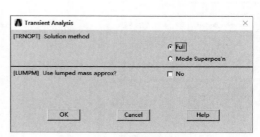

图 6-48　选择分析类型图　　　　　　图 6-49　瞬态分析相关设置

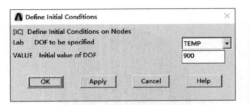

⑮ 为钢球施加对流载荷。选择 Main Menu＞Solution＞Define Loads＞Apply＞Thermal＞Convection＞On Lines 命令，弹出图形选取对话框，选择钢球外部边界后，单击【OK】按钮。此时弹出【Apply CONV on Lines】对话框，如图 6-51 所示，在【Film coefficient】文本框中输入"100"，在【Bulk temperature】文本框中输入

图 6-50 【Define Initial Conditions】对话框

"20"，然后单击【OK】按钮，对流边界条件施加于钢球外部，如图 6-52 所示。

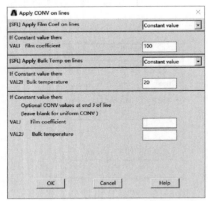
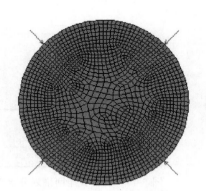

图 6-51 【Apply CONV on Lines】对话框　　　图 6-52 对流边界条件设置完毕

⑯ 设置时间和载荷步。选择 Main Menu＞Solution＞Load Step Opts＞Time/Frequenc＞Time-Time Step 命令，弹出【Time and Time Step Options】对话框，如图 6-53 所示。在【Time at end of load step】文本框中输入"50"，在【Time step size】文本框中输入"1"，选择【Stepped】单元按钮，然后单击【OK】按钮。

⑰ 设置结果输出项。选择 Main Menu＞Preprocessor＞Loads＞Load Step Opts＞Output Ctrls＞DB/Results File 命令，弹出如图 6-54 所示的对话框。选择【Every substep】单选按钮，然后单击【OK】按钮。

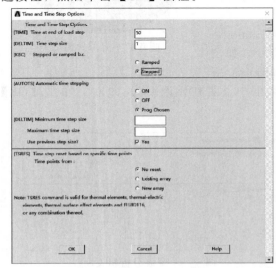
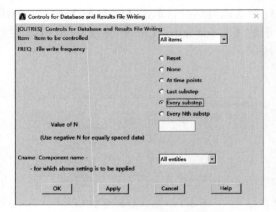

图 6-53 【Time and Time Step Options】对话框　　　图 6-54 结果输出设置对话框

⑱ 求解。选择 Main Menu＞Solution＞Solve＞Current LS 命令，进行求解。

⑲ 进入通用后处理器，选择第 10s 的计算结果。选择 Main Menu＞General Postproc＞Read Results＞By Pick 命令，将弹出如图 6-55 所示的对话框，选择时间为 10 的一项，单击按钮【Read】后，则第 10s 的结果被读入通用后处理器，点击【Close】关闭对话框。

⑳ 绘制第 10s 时的钢球温度分布。选择 Main Menu＞General Postproc＞Plot Results＞Contour Plot＞Nodal Solu 命令，弹出【Contour Nodal Solution Data】对话框，如图 6-56 所示。

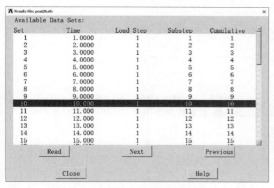

图 6-55　选择结果对话框

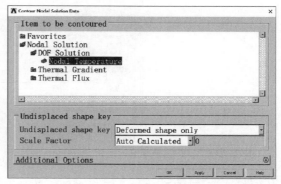

图 6-56　【Contour Nodal Solution Data】对话框

㉑ 在【Item to be contoured】列表框中依次选择 Nodal Solution＞DOF Solution＞Nodal Temperature 命令，其他保持不变，单击【OK】按钮即可显示第 10s 钢球温度分布图，如图 6-57 所示。

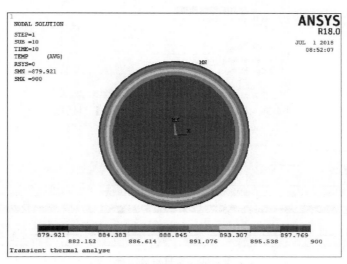

图 6-57　第 10s 的钢球温度分布

㉒ 进入时间历程后处理器，定义变量。选择 Main Menu＞TimeHist Postpro 命令，弹出【Time History Variables】对话框，如图 6-58 所示。

㉓ 单击【Time History Variables】对话框中的 ➕ 按钮，将弹出如图 6-59 所示的【Add Time-History Variable】对话框。在【Result Item】列表框中依次选择 Nodal Solution＞DOF Solution＞Nodal Temperature 命令，其他保持不变，单击【OK】按钮。弹出节点拾取对话框，移开【Time History Variables】对话框，选中模型边界上任意一个节点，单击

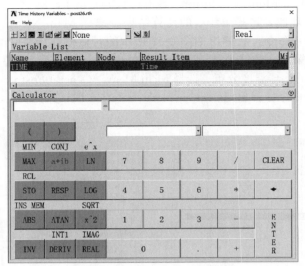

图 6-58 【Time History Variables】对话框

拾取对话框【OK】按钮,回到变量定义对话框,此时显示出已经定义的变量 TEMP_2 和 TIME 的信息,如图 6-60 所示,单击【Close】按钮,关闭对话框。

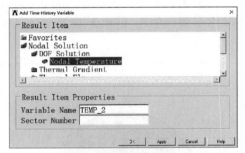

图 6-59 【Add Time-History Variable】对话框

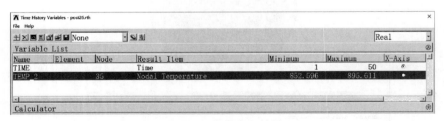

图 6-60 变量定义结果

㉔ 设置显示时间为 0~20s。选择 Main Menu>TimeHist Postpro>Settings>Graph 命令,弹出【Graph Settings】对话框,将【TMAX】一栏改为"20",表明时间坐标轴最大值为 20,如图 6-61 所示。

㉕ 显示 0~20s 内,钢球外部边界温度随时间变化图形。选择 Main Menu>TimeHist Postpro>Graph Variables,弹出变量对话框,如图 6-62 所示,在第一栏中输入变量 TEMP_2 的编号 2,单击【OK】按钮,则屏幕显示该变量随时间变化的温度曲线,如图 6-63 所示。

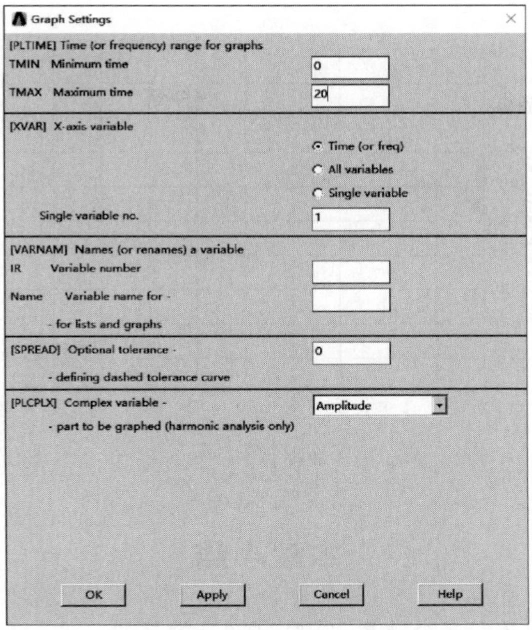

图 6-61 【Graph Settings】对话框

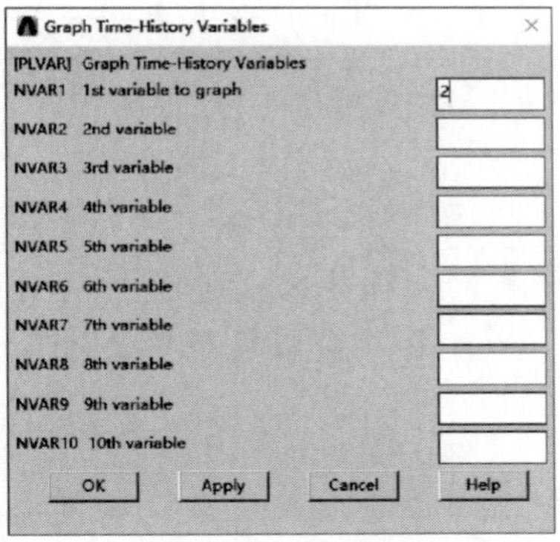

图 6-62 选择变量对话框

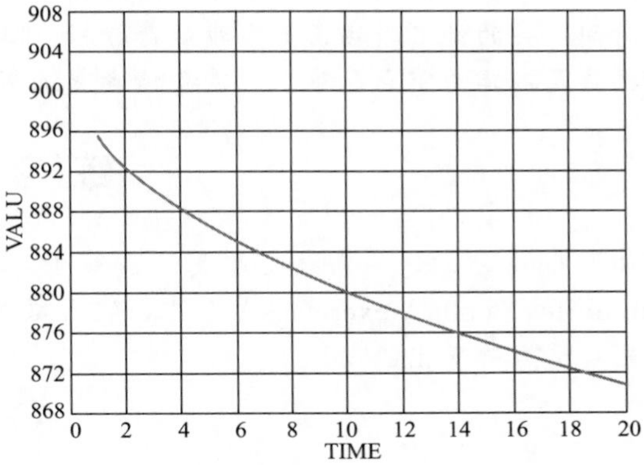

图 6-63 20s 内的温度-时间曲线

㉖ 修改坐标轴标签。选择 Utility Menu＞PlotCtrls＞Style＞Graphs＞Modify Axes 命令，弹出如图 6-64 所示的【Axes Modifications for Graph Plots】对话框。选择【Y-axis label】，输入"TEMPERATURE"，然后单击【OK】按钮，关闭对话框。在图形视窗中单击鼠标右键，选择【Replot】菜单，将重新绘制关系曲线，如图 6-65 所示。可以看出，此时

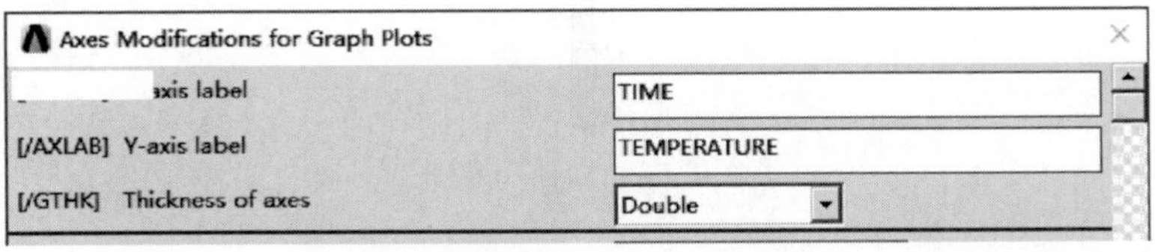

图 6-64 【Axes Modifications for Graph Plots】对话框

坐标轴标签已经修改过来。

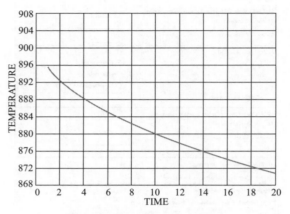

图 6-65　修改后的坐标轴标签

本章小结

本章主要介绍了时间历程后处理器（POST26）的使用，包括变量的定义和存储、变量的操作运算、变量的图形显示、列表显示和变形过程的动画显示等内容。本章同时通过钢球温度计算这个典型实例详细说明了时间历程后处理的相关操作过程。该部分内容主要用于处理和时间有关的结果数据，如多步载荷分析、瞬态动力分析等。其中，变量的定义、运算和显示操作是本章的重点和难点，需要读者熟练掌握。

练 习 题

如图 6-66 所示，一立柱上端受一载荷 P 作用，其有限元分析数据文件位于随书资料"SourceFiles \ ch06 \ exercises \ "中，打开数据库文件 pillar.db，绘制模型的上端竖向位移随底端反力的变化曲线。

图 6-66　立柱示意图

第 7 章 结构静力分析

7.1 结构分析概述

7.1.1 结构分析定义

结构分析是有限元分析中最常用的一个应用领域。在这里"结构（Structural or Structure）"是一个广义的概念，它不仅包含桥梁、建筑物等土木工程结构，而且包括车身骨架等汽车结构、船舶等海洋结构、飞机机身等航空结构以及机械零部件，如活塞、传动轴等。

7.1.2 结构分析的类型

在 ANSYS 产品家族中有 7 种结构分析。结构分析中计算得出的基本未知量（节点自由度）是位移，其他的一些未知量，如应变、应力和反力可通过节点位移导出。

包含结构分析功能的 ANSYS 产品有 ANSYS Multiphysics、ANSYS Mechanical、ANSYS Structural 和 ANSYS Professional。下面简单列出了这七种类型的结构分析。

① 结构静力分析（Structural Static Analysis）——用于求解静力载荷作用下结构的位移和应力等，包括线性分析和非线性分析。其中，非线性分析涉及塑性、应力刚化、大变形、大应变、超弹性、接触面和蠕变等。

② 模态分析（Modal Analysis）——用于计算结构的固有频率和模态，提供了不同的模态提取方法。

③ 谐波响应分析（Harmonic Response Analysis）——用于确定结构在随时间正弦变化的载荷作用下的响应。

④ 瞬态动力学分析（Transient Dynamic Analysis）——用于计算结构在随时间任意变化的载荷作用下的响应，并且可以涉及上述静力分析中所有的非线性性质。

⑤ 谱分析（Spectrum Analysis）——模态分析的扩展，用于计算由于响应谱或 PSD 输入（随机振动）引起的应力和应变。

⑥ 屈曲分析（Buckling Analysis）——用于计算屈曲载荷和确定屈曲模态。ANSYS 可进行线性（特征值）屈曲和非线性屈曲分析。

⑦ 显式动力学分析（Explicit Dynamic Analysis）——这种类型的结构分析包含在 ANSYS 的 LS-DYNA 程序中，ANSYS LS-DYNA 提供了一个到 LS-DYNA 显式有限元程序的接口。显式动力学分析可用于计算大变形动力学和复杂接触问题的快速解。

此外，除前面提到的 7 种分析类型外，还可以进行如下的特殊分析：断裂力学（Fracture Mechanics）；复合材料（Composites）；疲劳分析（Fatigue Analysis）；p 方法（p-method）；梁分析（Beam Analysis）。

7.1.3 结构分析所使用的单元

绝大多数的 ANSYS 单元类型都可用于结构分析。单元类型可从简单的杆单元和梁单元，一直到较为复杂的层壳（Layered Shells）单元和大应变实体单元。表 7-1 为常用的结构单元类型。

表 7-1 常用的结构单元类型

分类	单元名
杆	LINK180
梁	BEAM188，BEAM189
管	PIPE288，PIPE289，ELBOW290
2D 实体	PLANE25，PLANE83，PLANE182，PLANE183
3D 实体	SOLID65，SOLID185，SOLID186，SOLID187，SOLID272，SOLID273，SOLID285
壳	SHELL28，SHELL41，SHELL61，SHELL181，SHELL208，SHELL281
实体—壳	SOLSH190
界面	INTER192，INTER193，INTER194，INTER195
接触	TARGE169，TARGE170，CONTA171，CONTA172，CONTA173，CONTA174，CONTA175，CONTA176，CONTA177，CONTA178
耦合场	SOLID5，PLANE13，FLUID29，FLUID30，FLUID38，SOLID62，FLUID79，FLUID80，FLUID81，SOLID98，FLUID129，INFIN110，INFIN111，FLUID116，FLUID130
特殊	LINK11，COMBIN14，MASS21，MATRIX27，COMBIN37，COMBIN39，COMBIN40，MATRIX50，SURF153，SURF154，SURF156，SURF159，REINF264，REINF265，
显式动力学	LINK160，BEAM161，PLANE162，SHELL163，SOLID164，COMBI165，MASS166，LINK167，SOLID168

🔧 说明：

显式动力学分析只能采用显式动力单元，包括 LINK160、BEAM161、PLANE162、SHELL163、SOLID164、COMBI165、MASS166、LINK167 和 SOLID168。

7.1.4 材料模式界面

对于本书中的分析，如果采用 GUI 交互式操作，用户可以通过直观的"材料模式交互界面"来定义材料特性。这种方法采用树状结构的材料分类，使用户在分析中选择合适的材料模式变得更加简单。具体方法见 ANSYS 18.0 的帮助命令"ANSYS Basic Analysis Guide"。对于显式动力分析（ANSYS/LS-DYNA），材料定义见 ANSYS 18.0 的帮助命令《ANSYS/LS-DYNA User's Guide》。

7.1.5 求解方法

在 ANSYS 产品中，求解结构问题有两种方法：h 方法和 p 方法。h 方法可用于任何类型的结构分析，而 p 方法只能用于线性结构静力分析。根据所求的问题，h 方法通常需要比 p 方法更密的网格。p 方法在应用较粗糙的网格时，提供了求得适当精度的一种很好的途径。

h 方法和 p 方法是两种处理有限元单元的方法，p 是英文 polynomial 的简称，即多项式。h 指什么有不同的说法，因为它不是从某个英文单词来的，一般认为是指单元的大小（尺寸）。简单地说，它们之间的区别主要反映在提高计算精度的办法上，h 方法是用简单的单元，但减小单元尺寸，即增加单元数（细化网格）来实现，而 p 方法则采用复杂的单元，如增加个体单元的节点，形成非线性单元，但保持单元尺寸不变（即不用细化）来提高计算精度。

p-method 是通过提高形函数阶次来提高计算精度的，h-method 则通过减小单元尺寸来提高精度。两种方法都可以达到根据计算误差调整单元阶次或网格尺寸，实现自适应分析的目的。目前，h-method 相对成熟一些。

7.2 结构静力分析

7.2.1 结构静力分析的定义

静力分析计算在固定不变载荷作用下结构的响应，它不考虑惯性和阻尼的影响，如结构受随时间变化的载荷时的情况。但是，静力分析可以计算那些固定不变的惯性载荷对结构的影响（如重力和离心力），以及那些可以近似为等价静力的随时间变化载荷（如通常在许多建筑规范中所定义的等价静力风载荷和地震载荷）的作用。

静力分析用于计算那些不包括惯性和阻尼效应的载荷作用于结构或部件上引起的位移、应力、应变和力。这里，固定不变的载荷和响应只是一种假设，即假设载荷和结构响应随时间的变化非常缓慢。

7.2.2 结构静力分析类型

静力分析可分为线性静力分析和非线性静力分析，静力分析既可以是线性的也可以是非线性的。非线性静力分析包括所有的非线性类型：大变形、塑性、蠕变、应力钢化、接触（间隙）单元、超弹性单元等。本章主要讨论线性静力分析，非线性静力分析在下一章介绍。

从结构的几何特点来说，无论是线性的还是非线性的静力分析都可以分为平面问题、轴对称问题、周期对称问题及任意三维结构问题。

7.2.3 结构静力分析的求解步骤

ANSYS 求解结构静力分析的主要步骤包括建立有限元模型、施加载荷和边界条件以及求解和结果评价分析三个步骤。

(1) 建立有限元模型

在建立模型之前要定义工作文件名，制定分析标题。然后进入/PERP7 处理器建立有限元模型，主要包括：定义单元类型、单元实常数、材料属性、建立几何模型、网格划分。

要做好结构静力分析，必须注意以下几点：
① 单元类型必须指定为线性或非线性机构单元类型；
② 材料属性可为线性或非线性、各向同性或正交、各向异性常量或与温度相关的量等；
③ 必须定义弹性模量和泊松比；
④ 对于诸如重力等惯性载荷，必须定义能计算出质量的参数，如密度等；
⑤ 对热载荷，必须定义线胀系数；
⑥ 对应力、应变感兴趣的区域，网格划分比仅对位移感兴趣的区域要密；
⑦ 如果分析中包含非线性因素，网格应划分到能捕捉非线性因素影响的程度。

（2）施加载荷和边界条件

结构静力分析施加的载荷和边界条件类型包括：
① 约束条件（Constraints）：直线位移（UX、UY、UZ）和转动位移（ROTX、ROTY、ROTZ）；
② 集中力（Force）：力（FX、FY、FZ）和力矩（MX、MY、MZ）；
③ 面载荷（Surface Loads）：压力（Pressure）；
④ 体载荷（Body Loads）：温度（Temperature）和流通量（Fluence）；
⑤ 惯性载荷（Inertia Loads）：重力（Gravity）、角速度（Angular Velocity）和角加速度（Angular Acceleration）等。

（3）求解

求解前需要指定分析类型、分析选项以及输出控制选项。
① 指定分析类型为静态分析。进入/Solution模块，选择anlysis Type＞New Analysis命令，在弹出的【New Analysis】对话框中选择【Static】单选按钮即可；
② 根据需要指定一些分析选项。如Equation Solver（方程求解器的选择）、Large Deformation Effects（大变形或大应变选项）、Stress Stiffening Effects（应力钢化效应）等；
③ 指定输出控制选项。输出控制选项主要控制计算结果数据写入相应文件，如OUTPR命令和OUTRES命令用于控制计算结果数据写入输出文件和结果文件；
④ 开始计算求解。执行SOLVE命令进行求解计算。

（4）结果评价和分析

静力分析的结果将写入结果文件Jobname.rst，这些数据包括以下两部分。
① 基本数据：节点位移（UX、UY、UZ、ROTX、ROTY、ROTZ）；
② 到处数据：节点单元应力、节点单元应变、单元集中力、节点反力等。

可以用POST1或POST26检查结果。POST1可以检查整个模型的指定子步（时间点）的结果；POST26用于跟踪指定结果与施加载荷历程的关系。

7.3 平面问题静力分析实例——钢支架

平面问题是对实际结构在特殊情况下的一种简化，在实际问题中，任何一个物体严格地说都是空间物体，它所受的载荷一般都是空间的。但是，当工程问题中某些结构或机械零件的形状和载荷情况具有一定特点时，只要经过适当的简化和抽象化处理，就可以归结为平面问题。这种问题的特点为，将一切现象都看作是在一个平面内发生的。平面问题的模型可以大大简化而不失精度。平面问题分为平面应力问题和平面应变问题。它们的区别只是单元的行为方式选择设置不同而已，平面应力要求选择的是Plane Stress，而平面应变问题选择Plane Strain。

本节通过对一个钢支架进行线性静力分析，来介绍ANSYS平面问题的分析过程。

7.3.1 问题提出

如图 7-1 所示，对一个书架上常用的钢支架进行结构静力分析。假定支架在厚度方向上无应力（即平面应力问题），选用 8 节点的平面应力单元；支架厚度为 3.125mm；材料为普通钢材，弹性模量取 $E=200$GPa；支架左边界固定；顶面上作用一个 2625N/m^2 均布载荷。

> **说明：**
> ANSYS 不需设置单位，各物理量单位自行统一即可。本实例模型尺寸为 mm，考虑建模方便，三个基本单位质量/长度/时间采用 g/mm/ms，则其他数据由这三个基本单位导出，其中，弹性模量单位为 g/(mm)(ms)^2 = 10^6kg/ms^2 = MPa，故取 $E = 200$GPa = 2×10^5MPa；均布载荷压力单位 N/mm^2 = 10^6N/m^2，故取 $P = 2625$N/m^2 = 2.625×10^{-3}N/mm^2，计算结果应力单位为 MPa，位移单位为 mm。

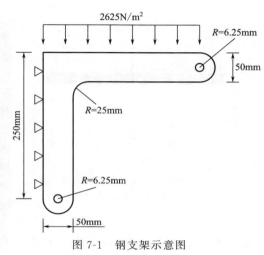

图 7-1 钢支架示意图

7.3.2 建立模型

建立模型包括建立并设置工作目录，设定分析作业名和标题；定义单元类型和实常数；定义材料属性；建立几何模型；网格划分。具体求解步骤（GUI 方式）如下。

(1) 建立并设置工作目录，设定分析文件名和标题

① 建立并设置工作目录。新建工程文件夹"SteelSupport"，选择 Utility Menu＞File＞Change Directory 设置新建的文件夹为当前工程目录；

② 设定分析文件名。选择 File＞Change Jobname 命令，弹出如图 7-2 所示的【Change Jobname】对话框。

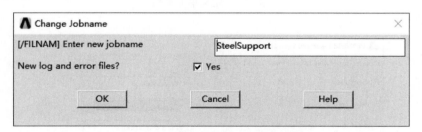

图 7-2 【Change Jobname】对话框

③ 设定分析标题。选择 File＞Change Title 菜单命令，弹出如图 7-3 所示的【Change Title】对话框。在【Enter new title】文本框中输入"Static analysis of steel support"，并单击【OK】按钮。

(2) 定义单元类型和实常数

① 定义单元类型。选择 Main Menu＞Preprocessor＞Element Type＞Add/Edit/Delete

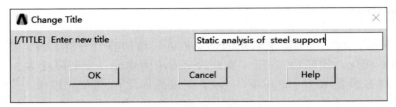

图 7-3 【Change Title】对话框

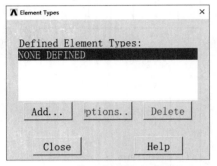

图 7-4 单元类型管理对话框

命令,弹出如图 7-4 所示的【Element Types】对话框。

② 单击【Add...】按钮,按如图 7-5 所示选中 8 节点平面应力单元,然后单击【OK】按钮,关闭对话框。

③ 回到如图 7-4 所示的单元类型管理对话框,选中定义的单元,然后单击【Options...】按钮,弹出如图 7-6 所示的对话框。在【K3】下拉列表框中选择【Plane strs w/thk】选项,然后单击【OK】按钮。

④ 定义实常数。选择 Main Menu＞Preprocessor＞Real Constants＞Add/Edit/Delete 命令,弹出如图 7-7 所示的【Real Constants】对话框。

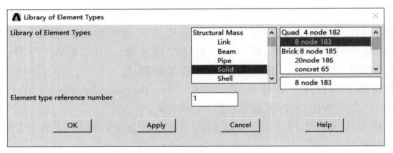

图 7-5 定义单元类型

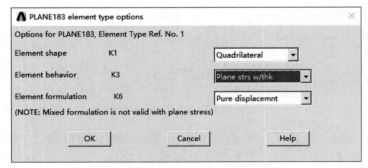

图 7-6 单元选项对话框

⑤ 单击【Add...】按钮,选中【PLANE 183】单元,然后按图 7-8 所示输入实数值 "3.125",单击【OK】按钮确认。

图 7-7 【Real Constants】
对话框

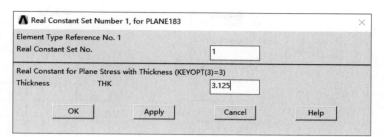

图 7-8 定义实常数

(3) 定义材料属性

① 输入材料参数。选择 Main Menu＞Preprocessor＞Material Props＞Material Models 命令，弹出如图 7-9 所示的【Define Material Model Behavior】对话框。

② 选择 Structral＞Linear＞Elastic＞Isotropic 命令，弹出如图 7-10 所示的对话框。在【EX】文本框中输入弹性模量"2e5"，在【PRXY】文本框中输入泊松比"0.3"，然后单击【OK】按钮。

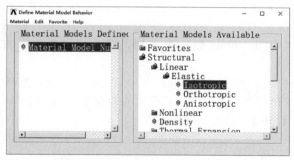

图 7-9 【Define Material Model Behavior】对话框

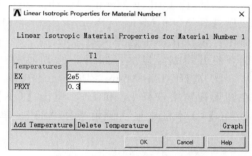

图 7-10 定义材料参数对话框

> 🔧 说明：
>
> 这是在定义材料序号为 1 的参数，完成后将在【Define Material Model Behavior】对话框中左侧显示材料序号。

(4) 建立几何模型

① 建立几何模型。选择 Utility Menu＞Workplane＞WP Settings 命令，按如图 7-11 所示进行工作平面设置，然后单击【OK】按钮。接着选择 Utility Menu＞Workplane＞WP Settings 命令，显示工作平面栅格。

② 选择 Main Menu＞Preprocessor＞Modeling＞Create＞Keypoints＞On Working Plane 命令用鼠标在图形视窗中按图 7-12 的位置定义 6 个关键点，勾出支架的轮廓，然后单击【OK】按钮。

> 🔧 说明：
>
> 打开工作平面栅格的目的是为了能用鼠标在图形视窗中准备定义关键点。工作平面栅格具有自动吸附功能，读者可以自己体会。

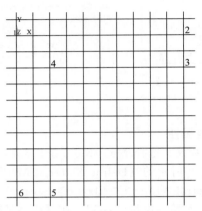

图 7-11　设置工作平面　　　　图 7-12　生成关键点

③ 选择 Utility Menu＞Workplane＞Display Working Plane 命令，显示工作平面栅格。然后选择 Main Menu＞Preprocessor＞Modeling＞Create＞Areas＞Arbitrary＞TroughKPS 命令，依次在图中选择关键点 1、2、3、6、5 和 4，单击【OK】按钮，即生成了直角形的面，打开线编号显示，如图 7-13 所示。

④ 选择 Main Menu＞Preprocessor＞Modeling＞Create＞Lines＞Line Fillet 命令，然后在图形视窗中选择 L_3 和 L_4，单击【OK】按钮，弹出如图 7-14 所示的对话框，在【Fillet radius】文本框中输入倒角半径"25"，单击【OK】按钮。

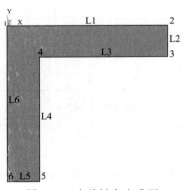
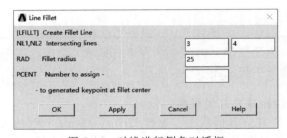

图 7-13　由关键点生成面　　　　图 7-14　对线进行倒角对话框

⑤ 选择 Main Menu＞Preprocessor＞Modeling＞Create＞Areas＞Arbitrary＞By Lines 命令，选择倒角位置边线，单击【OK】按钮，把倒角填充成面，如图 7-15 所示。

⑥ 选择 Main Menu＞Preprocessor＞Modeling＞Create＞Areas＞Circle＞Solid Circle 命令，在模型中画两个圆，圆心位于支持边中点，直径等于支持边长，如图 7-16 所示。

说明：

可以打开工作平面栅格辅助操作。

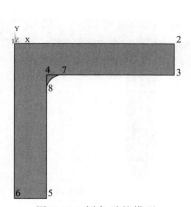
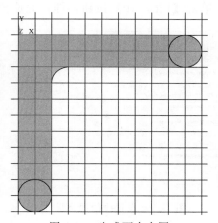

图 7-15　倒角后的模型　　　　　图 7-16　生成两个大圆

⑦ 选择 Main Menu＞Preprocessor＞Modeling＞Operate＞Booleans＞Add＞Areas 命令，在弹出的对话框中，单击【Pick All】按钮，所有的面将通过布尔加运算变为一个面。

⑧ 选择 Main Menu＞Preprocessor＞Modeling＞Create＞Areas＞Circle＞Solid Circle 命令，在模型中生成两个半径为 6.25 的小圆，圆心与大圆圆心重合，如图 7-17 所示。

⑨ 选择 Main Menu＞Preprocessor＞Modeling＞Operate＞Booleans＞Subtract＞Areas 命令，弹出图形选取对话框，选择 A_5，单击【OK】按钮，接着选择 A_1 和 A_2，然后单击【OK】按钮，将得到图 7-18 所示的最终几何模型。

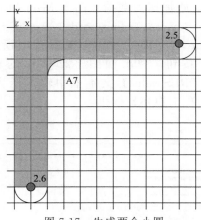
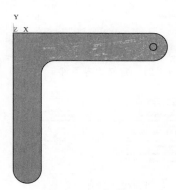

图 7-17　生成两个小圆　　　　　图 7-18　几何模型

(5) 网格划分

① 进行网络划分，选择 Main Menu＞Preprocessor＞Meshing＞Size Cntrls＞ManualSize＞Lines＞Picked Lines 命令，选择模型的外边线，单击【OK】按钮，弹出如图 7-19 所示的对话框。

② 在【Element edge length】文本框中输入"12.5"，单击【OK】按钮。再次选择 Main Menu＞Preprocessor＞Meshing＞Size Cntrls＞ManualSize＞Lines＞Picked Lines 命令，选择模型的小圆内边线，单击【OK】按钮，设置【Element edge length】文本框为"1"，然后单击【OK】按钮。

③ 选择 Main Menu＞Preprocessor＞Meshing＞Mesh＞Areas＞Free 命令，弹出图形选

取对话框,单击【Pick All】按钮,即可完成模型的网格划分,得到的网格如图 7-20 所示。

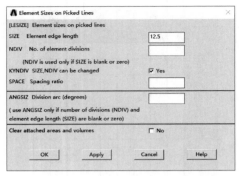

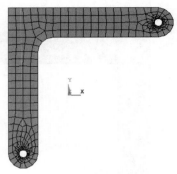

图 7-19 设置线的网络尺寸　　　　　图 7-20 网格划分结果

7.3.3 施加载荷

① 施加边界条件。选择 Main Menu＞Preprocessor＞Loads＞Define Loads＞Apply＞Structural＞Displacement＞On Lines 命令,选择模型的左边线,单击【OK】按钮,弹出如图 7-21 所示对话框。在【DOFs to be constrained】列表框中选择【All DOF】选项,然后单击【OK】按钮。

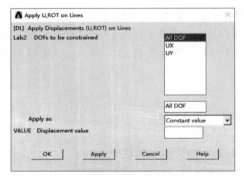

② 施加压力载荷。选择 Main Menu＞Preprocessor＞Loads＞Define Loads＞Apply＞Structural＞Pressure＞On Lines 命令,选择模型顶边线,单击【OK】按钮,弹出如图 7-22 所示的对话框。在【Load PRES value】文本框中输入压力值 "2.625e-3",单击【OK】按钮。

图 7-21 定义边界条件

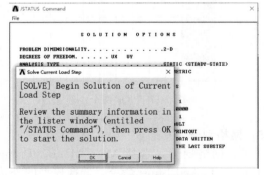

图 7-22 施加载荷　　　　　图 7-23 求解确认对话框

7.3.4 求解

选择 Main Menu＞Solution＞Solve＞Current LS 命令,弹出如图 7-23 所示的对话框。单击【OK】按钮,即开始求解。求解结束后,会弹出提示对话框。

7.3.5 查看结果

接下来就可进入后处理器查看结果。

(1) 查看变形

选择 Main Menu＞General Postproc＞Plot Results＞Deformed Shape，弹出【Plot Deformed Shape】对话框，单击【Def＋undef edge】，然后单击【OK】按钮，结果如图 7-24 所示。

(2) 查看应力

选择 Main Menu＞General Postproc＞Plot Results＞Contour Plot＞Nodal Solu，弹出【Contour Nodal Solution Data】对话框。在【Item to be contoured】列表框中依次选择 Nodal Solution＞Stress＞von Mises stress，单击【OK】按钮，结果如图 7-25 所示。

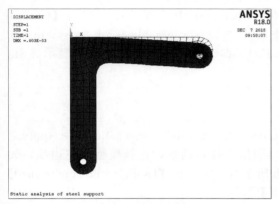

图 7-24　结构变形图

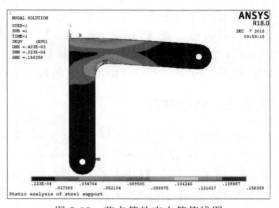

图 7-25　节点等效应力等值线图

7.4　轴对称结构静力分析实例——二维飞轮

7.4.1　问题提出

如图 7-26 (a) 所示为二维飞轮，要求对该飞轮进行结构静力分析。已知弹性模量取 $E=30\times10^6$ psi，泊松比 $\mu=0.3$，密度 $\rho=7.31\times10^{-4}$ (lb/in^3)；飞轮具有轴对称性，在分

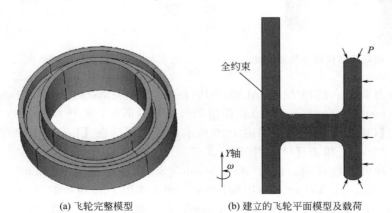

(a) 飞轮完整模型　　　　　　(b) 建立的飞轮平面模型及载荷

图 7-26　二维飞轮结构示意图

析时只要建立其平面模型，无需建立三维模型即可，如图 7-26(b) 所示。施加的载荷有：孔内径施加全约束；对一个飞轮局部表面施加压力载荷 P(200psi)；惯性载荷包括飞轮绕 Y 轴的角速度 $\omega=525\mathrm{rad/s}$ 以及飞轮的重力加速度（Y 向）$g=385.8\mathrm{in/s}^2$。

7.4.2 调出模型

① 复制随书资料"SourceFiles \ ch07 \ examples \ Wheel2D \ "中的文件到工作目录，启动 ANSYS，单击工具栏上的 按钮打开数据库文件 Wheel2DMesh.db。

② 定义工作文件名。选择 Utility Menu＞File＞Change Jobname 命令，弹出【Change Jobname】对话框，在【Enter new jobname】文本框中输入"Wheel2D_Static"，同时把【New log and error files】中的复选框选为【Yes】，并单击【OK】按钮。

③ 定义工作标题。选择 Utility Menu＞File＞Change Title 菜单命令，弹出【Change Title】对话框，在【Enter new title】文本框中输入"the static analysis of Axisymmetric wheel"，并单击【OK】按钮。单击 Utility Menu＞Plot＞Replot 命令，重绘图形显示界面，此时在视图窗口左下角会出现定义的标题名。

7.4.3 施加载荷

① 施加位移约束。选择 Main Menu＞Preprocessor＞Loads＞Define Loads＞Apply＞Structural＞Displacement＞On Lines 命令，弹出图形选择对话框，选择模型的左边线，如图 7-27 所示，单击【OK】按钮，弹出如图 7-28 所示对话框。在【DOFs to be constrained】列表框中选择【All DOF】选项，然后单击【OK】按钮。

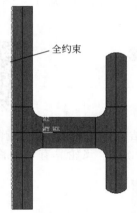
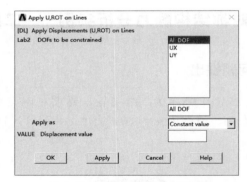

图 7-27 选取施加位移全约束的线　　图 7-28 定义边界条件对话框

② 施加压力载荷。选择 Main Menu＞Preprocessor＞Loads＞Define Loads＞Apply＞Structural＞Pressure＞On Lines 命令，弹出图形选择对话框，选择如图 7-29 所示箭头所指的边线，单击【OK】按钮，弹出如图 7-30 所示的对话框。在【Load PRES value】文本框中输入压力值"200"，单击【OK】按钮。

③ 施加角速度惯性载荷。选择 Main Menu＞Solution＞Define Loads＞Apply＞Structural＞Inertia＞Angular Velocity＞Global 命令，弹出如图 7-31 所示的【Apply Angular Velocity】对话框，在【Global Cartesian Y-comp】文本框中输入角速度"525"，单击【OK】按钮。

第 7 章 结构静力分析

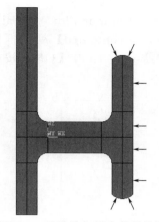

图 7-29 选取施加压力载荷的线

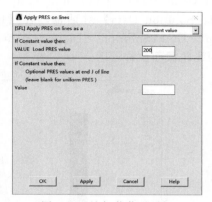

图 7-30 施加载荷对话框

④ 施加重力加速度惯性载荷。选择 Main Menu＞Solution＞Define Loads＞Apply＞Structural＞Inertia＞Gravity＞Global 命令，弹出如图 7-32 所示的【Apply（Gravitational）Acceleration】对话框，在【Global Cartesian Y-comp】文本框中输入加速度 "385.8"，单击【OK】按钮。

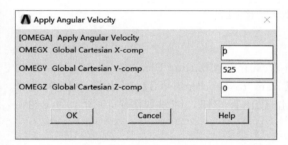

图 7-31 【Apply Angular Velocity】对话框

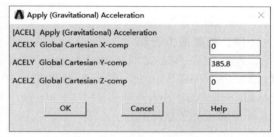

图 7-32 【Apply（Gravitational）Acceleration】对话框

7.4.4 求解

选择 Main Menu＞Solution＞Solve＞Current LS 命令，在弹出的对话框中单击【OK】按钮，即开始求解。求解结束后，会弹出提示对话框。

7.4.5 查看结果

（1）查看变形

选择 Main Menu＞General Postproc＞Plot Results＞Deformed Shape。弹出【Plot Deformed Shape】对话框，单击【Def＋undef edge】，然后单击【OK】按钮，结果如图 7-33 所示。

图 7-33 结构变形图

(2) 查看位移云图

选择 Main Menu＞General Postproc＞Plot Results＞Contour Plot＞Nodal Solu，弹出【Contour Nodal Solution Data】对话框。在【Item to be contoured】列表框中依次选择 Nodal Solution＞DOF Solution＞Displacement vector sum，单击【OK】按钮，结果如图 7-34 所示为飞轮截面位移云图。

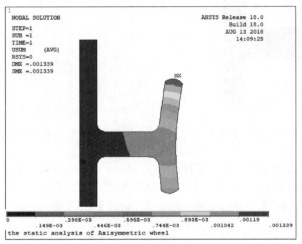

图 7-34　飞轮截面位移云图

(3) 查看应力云图

选择 Main Menu＞General Postproc＞Plot Results＞Contour Plot＞Nodal Solu，弹出【Contour Nodal Solution Data】对话框。在【Item to be contoured】列表框中依次选择 Nodal Solution＞Stress＞von Mises stress，单击【OK】按钮，结果如图 7-35 所示为飞轮截面 von Mises 应力云图。

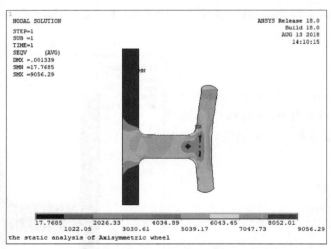

图 7-35　飞轮截面 von Mises 应力云图

(4) 查看径向和周向位移云图

① 设置输出结果坐标为柱坐标。选择 Main Menu＞General Postproc＞Option for Outp 命令，弹出如图 7-36 所示的【Option for Output】对话框，在下拉列表框【Results coord system】中选择【Global cylindric】选项，单击【OK】按钮。

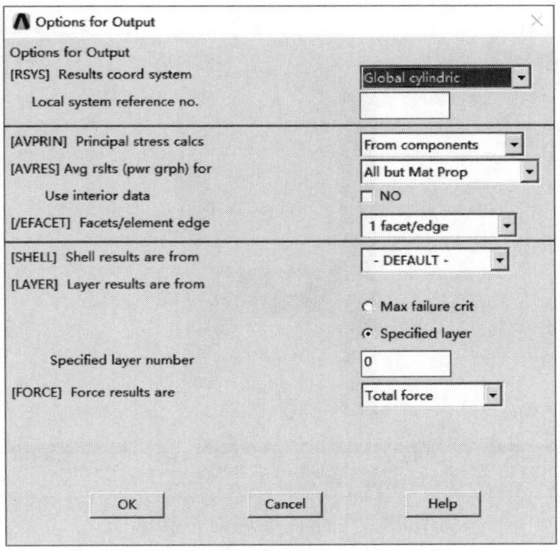

图 7-36 【Option for Output】对话框

② 显示径向位移云图。选择 Main Menu＞General Postproc＞Plot Results＞Contour Plot＞Nodal Solu 命令，弹出【Contour Nodal Solution Data】对话框，在【Item to be contoured】列表框中依次选择 Nodal Solution＞DOF Solution＞X-Component of displacement 命令，其他保持不变，单击【OK】按钮即可显示飞轮截面径向位移云图，如图 7-37 所示。

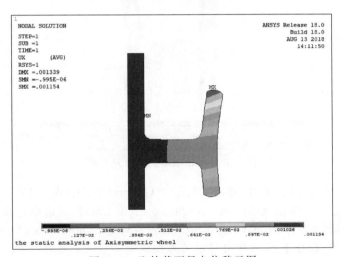

图 7-37 飞轮截面径向位移云图

③ 显示周向位移云图。选择 Main Menu＞General Postproc＞Plot Results＞Contour Plot＞Nodal Solu 命令，弹出【Contour Nodal Solution Data】对话框，在【Item to be contoured】列表框中依次选择 Nodal Solution＞DOF Solution＞Y-Component of displacement 命令，其他保持不变，单击【OK】按钮即可显示飞轮截面周向位移云图，如图 7-38 所示。

④ 显示径向应力云图。选择 Main Menu＞General Postproc＞Plot Results＞Contour Plot＞Nodal Solu 命令，弹出【Contour Nodal Solution Data】对话框，在【Item to be contoured】列表框中依次选择 Nodal Solution＞Stress＞X-Component of displacement 命令，

其他保持不变,单击【OK】按钮即可显示节点径向应力云图,如图 7-39 所示。

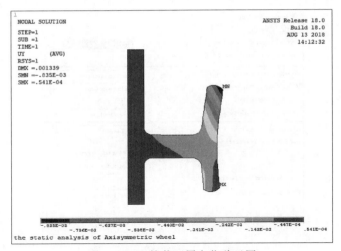

图 7-38 飞轮截面周向位移云图

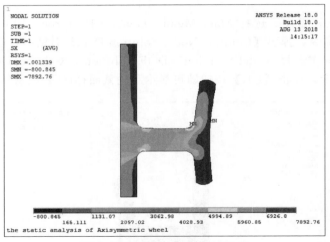

图 7-39 飞轮截面径向应力云图

⑤ 显示周向应力云图。选择 Main Menu>General Postproc>Plot Results>Contour Plot>Nodal Solu 命令,弹出【Contour Nodal Solution Data】对话框,在【Item to be contoured】列表框中依次选择 Nodal Solution>Stress>Y-Component of displacement 命令,其他保持不变,单击【OK】按钮即可显示节点周向应力云图,如图 7-40 所示。

(5) 查看位移和应力扩展云图。

① 绕 Y 方向完全扩展。选择 Utility Menu>PlotCtrls>Style>Symmetric Expansion>2D Axi-symmetric 命令,弹出【2D Axi-Symmetric Expansion】对话框,如图 7-41 所示,选择单选按钮【Full expansion】复选框,单击【OK】按钮。

② 显示位移扩展云图。选择 Main Menu>General Postproc>Plot Results>Contour Plot>Nodal Solu 命令,弹出【Contour Nodal Solution Data】对话框,在【Item to be contoured】列表框中依次选择 Nodal Solution>DOF Solution>Displacement vector sum 命令,其他保持不变,单击【OK】按钮,点击视图工具栏的 ⬢ 和 ⬤ 按钮,如图 7-42 所示为完全

扩展的节点位移云图。

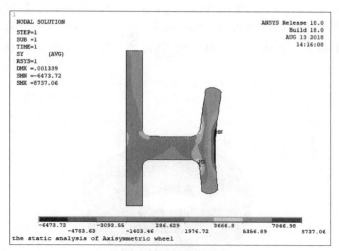

图 7-40 飞轮截面周向应力云图

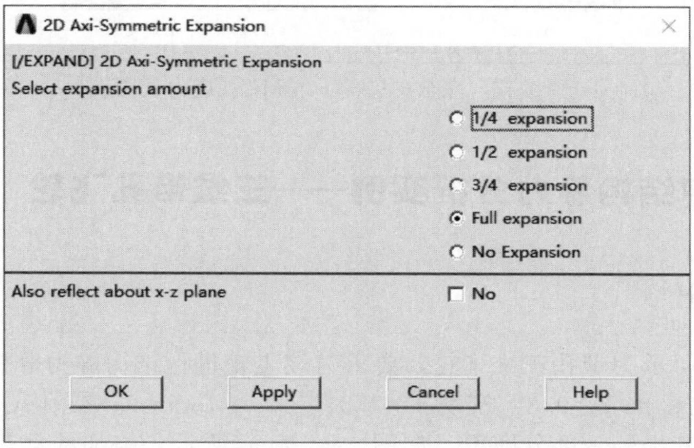

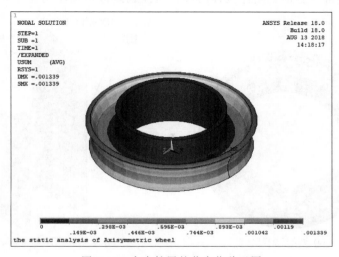

图 7-41 【2D Axi-Symmetric Expansion】对话框

图 7-42 完全扩展的节点位移云图

③ 显示 Von Mises 应力扩展云图。选择 Main Menu>General Postproc>Plot Results>Contour Plot>Nodal Solu 命令，弹出【Contour Nodal Solution Data】对话框，在【Item to be contoured】列表框中依次选择 Nodal Solution>Stress>von Mises stress 命令，其他保持不变，单击【OK】按钮，点击视图工具栏的 和 按钮，如图 7-43 所示为完全扩展的节点 von Mises 应力云图。

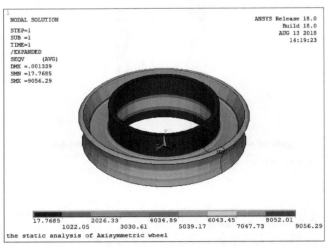

图 7-43 完全扩展的 von Mises 应力云图

7.5 周期对称结构静力分析实例——三维带孔飞轮

7.5.1 问题提出

如图 7-44(a) 所示为带孔三维飞轮，要求对该飞轮进行结构静力分析。已知弹性模量取 $E=30\times 10^6$ psi，泊松比 $\mu=0.3$，密度 $\rho=7.31\times 10^{-4}$ (lb/in^3)；带孔飞轮具有周期对称性，在分析时只要分析其中的一部分即可，如图 7-44（b）所示。施加的载荷有：两个侧面的对称约束；对一个关键点施加的刚体位移约束；惯性载荷包括飞轮角速度 $\omega=525$ rad/s（绕 Y

(a) 飞轮完整模型

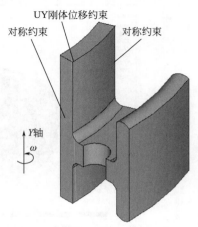

(b) 建立的周期对称模型及载荷

图 7-44 带孔三维飞轮结构示意图

轴）以及飞轮的重力加速度（Y 向）g＝385.8in/s²。

7.5.2 调出模型

① 复制随书资料 "SourceFiles \ ch07 \ examples \ Wheel3D \" 中的文件到工作目录，启动 ANSYS，单击工具栏上的 按钮打开数据库文件 Wheel3DMesh.db。

② 定义工作文件名。选择 Utility Menu＞File＞Change Jobname 命令，弹出【Change Jobname】对话框，在【Enter new jobname】文本框中输入 "Wheel3D _ Static"，同时把【New log and error files】中的复选框选为【Yes】，并单击【OK】按钮。

③ 定义工作标题。选择 Utility Menu＞File＞Change Title 菜单命令，弹出【Change Title】对话框，在【Enter new title】文本框中输入 "the static analysis of wheel3D"，并单击【OK】按钮。单击 Utility Menu＞Plot＞Replot 命令，重绘图形显示界面，此时在视图窗口左下角会出现定义的标题名。

7.5.3 施加载荷

① 施加对称约束。选择 Main Menu＞Solution＞Define Loads＞Apply＞Structural＞Displacement＞Symmetry B.C.＞On Areas 命令，弹出【Apply SYMM on Areas】对话框，选取如图 7-45 所示的对称面，单击【OK】按钮。

② 施加刚体位移约束。选择 Main Menu＞Solution＞Define Loads＞Apply＞Structural＞Displacement＞On Keypoints 命令，弹出一个拾取框，选择 48 号节点，单击【OK】按钮，在弹出的对话框中选择【UY】选项，单击【OK】按钮。

③ 施加角速度惯性载荷。选择 Main Menu＞Solution＞Define Loads＞Apply＞Structural＞Inertia＞Angular Velocity＞Global 命令，弹出如图 7-46 所示的【Apply Angular Velocity】对话框，在【Global Cartesian Y-comp】文本框中输入角速度 "525"，单击【OK】按钮。

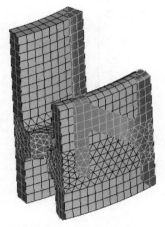

图 7-45　施加对称约束的表面

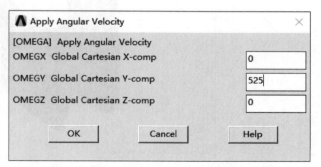

图 7-46　【Apply Angular Velocity】对话框

④ 施加重力加速度惯性载荷。选择 Main Menu＞Solution＞Define Loads＞Apply＞Structural＞Inertia＞Gravity＞Global 命令，弹出如图 7-47 所示的【Apply (Gravitational) Acceleration】对话框，在【Global Cartesian Y-comp】文本框中输入加速度 "385.8"，单击【OK】按钮。

7.5.4 求解

① 选择 PCG 求解器。选择 Main Menu>Solution>Analysis Type>Sol'n Controls 命令，弹出求解控制对话框，选择其中的【Sol'n Options】标签，如图 7-48 所示。在【Equation Solvers】单选框中选择【Pre-Condition CG】，单击【OK】按钮。

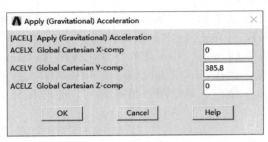

图 7-47 【Apply（Gravitational）Acceleration】对话框

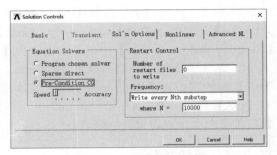

图 7-48 求解控制对话框

② 进行求解。选择 Main Menu>Solution>Solve>Current LS 命令，在弹出的对话框中单击【OK】按钮，即开始求解。求解结束后，会弹出提示对话框。

7.5.5 查看结果

(1) 查看变形

选择 Main Menu>General Postproc>Plot Results>Deformed Shape，弹出【Plot Deformed Shape】对话框，单击【Def＋undef edge】，然后单击【OK】按钮，结果如图 7-49 所示。

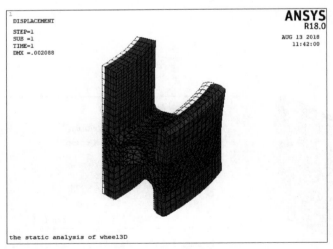

图 7-49 结构变形图

(2) 查看位移云图

选择 Main Menu>General Postproc>Plot Results>Contour Plot>Nodal Solu，弹出【Contour Nodal Solution Data】对话框。在【Item to be contoured】列表框中依次选择 Nodal Solution>DOF Solution>Displacement vector sum，单击【OK】按钮，如图 7-50 所

示为飞轮位移云图。

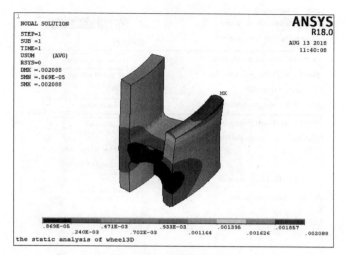

图 7-50　飞轮位移云图

(3) 查看应力云图

选择 Main Menu＞General Postproc＞Plot Results＞Contour Plot＞Nodal Solu，弹出【Contour Nodal Solution Data】对话框。在【Item to be contoured】列表框中依次选择 Nodal Solution＞Stress＞von Mises stress，单击【OK】按钮，如图 7-51 所示为飞轮 von Mises 应力云图。

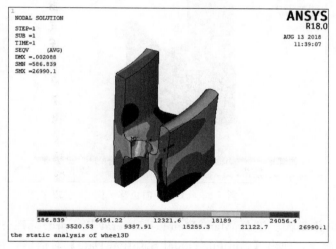

图 7-51　飞轮 von Mises 应力云图

(4) 查看径向和周向位移云图

① 设置输出结果坐标为柱坐标。选择 Main Menu＞General Postproc＞Option for Outp 命令，弹出如图 7-52 所示的【Option for Output】对话框，在下拉列表框【Results coord system】中选择【Global cylindric】，单击【OK】按钮。

② 显示径向位移云图。选择 Main Menu＞General Postproc＞Plot Results＞Contour Plot＞Nodal Solu 命令，弹出【Contour Nodal Solution Data】对话框，在【Item to be contoured】列表框中依次选择 Nodal Solution＞DOF Solution＞X-Component of displacement 命令，其他保持不变，单击【OK】按钮即可显示节点径向位移云图，如图 7-53 所示。

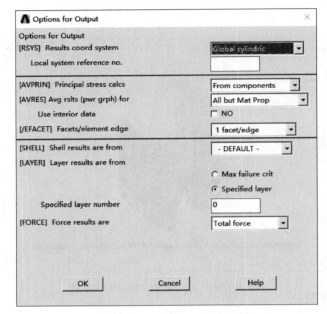

图 7-52 【Option for Output】对话框

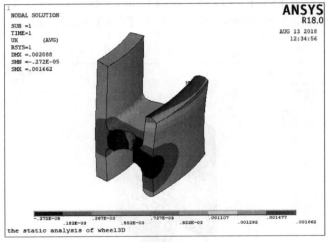

图 7-53 飞轮径向位移云图

③ 显示周向位移云图。选择 Main Menu＞General Postproc＞Plot Results＞Contour Plot＞Nodal Solu 命令，弹出【Contour Nodal Solution Data】对话框，在【Item to be contoured】列表框中依次选择 Nodal Solution＞DOF Solution＞Y-Component of displacement 命令，其他保持不变，单击【OK】按钮即可显示节点周向位移云图，如图 7-54 所示。

④ 显示径向应力云图。选择 Main Menu＞General Postproc＞Plot Results＞Contour Plot＞Nodal Solu 命令，弹出【Contour Nodal Solution Data】对话框，在【Item to be contoured】列表框中依次选择 Nodal Solution＞Stress＞X-Component of displacement 命令，其他保持不变，单击【OK】按钮即可显示节点径向应力云图，如图 7-55 所示。

⑤ 显示周向应力云图。选择 Main Menu＞General Postproc＞Plot Results＞Contour Plot＞Nodal Solu 命令，弹出【Contour Nodal Solution Data】对话框，在【Item to be contoured】列表框中依次选择 Nodal Solution＞Stress＞Y-Component of displacement 命令，

其他保持不变，单击【OK】按钮即可显示节点周向应力云图，如图 7-56 所示。

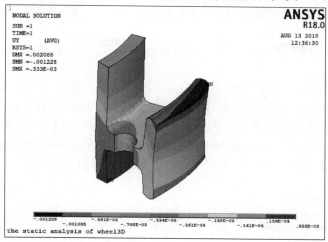

图 7-54　飞轮周向位移云图

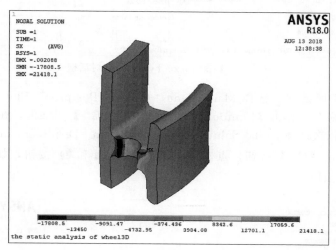

图 7-55　飞轮径向应力云图

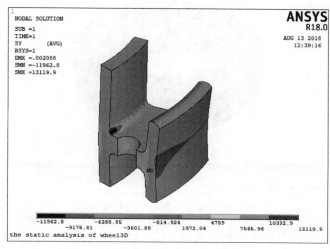

图 7-56　飞轮周向应力云图

(5) 查看位移和应力扩展云图

① 改变当前坐标系为全局柱坐标。选择 Utility Menu＞Work Plane＞Change Active CS to＞Global Cylindrical Y 命令。

② 平移工作平面到当前坐标系。选择 Utility Menu＞Work Plane＞Align WP to＞Active Coord Sys 命令。

③ 沿周向进行扩展。选择 Utility Menu＞PlotCtrls＞Style＞Symmetric Expansion＞User-Specified Expansion 命令，弹出【Expansion by values】对话框，如图 7-57 所示，在【No. of repetitions】文本框输入"16"，在【Type of expansion】下拉列表框中选择【Local Polar】选项，在【Repeat Pattern】下拉列表框中选择【Alternate Symm】选项，在【DX,DY,DZ Increments】文本框输入"22.5"，单击【OK】按钮。

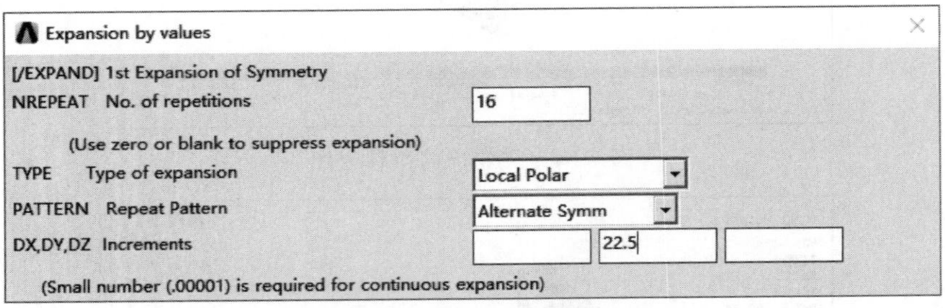

图 7-57 【Expansion by values】对话框

④ 显示位移扩展云图。选择 Main Menu＞General Postproc＞Plot Results＞Contour Plot＞Nodal Solu 命令，弹出【Contour Nodal Solution Data】对话框，在【Item to be contoured】列表框中依次选择 Nodal Solution＞DOF Solution＞Displacement vector sum 命令，其他保持不变，单击【OK】按钮，点击视图工具栏的 ⬢ 和 🔍 按钮，如图 7-58 所示为完全扩展的节点位移云图。

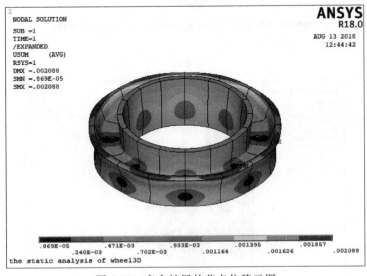

图 7-58 完全扩展的节点位移云图

⑤ 显示 von Mises 应力扩展云图。选择 Main Menu＞General Postproc＞Plot Results＞Contour Plot＞Nodal Solu 命令，弹出【Contour Nodal Solution Data】对话框，在【Item to be contoured】列表框中依次选择 Nodal Solution>Stress>von Mises stress 命令，其他保持不变，单击【OK】按钮，点击视图工具栏的 ⬢ 和 🔍 按钮，如图 7-59 所示为完全扩展 von Mises 应力云图。

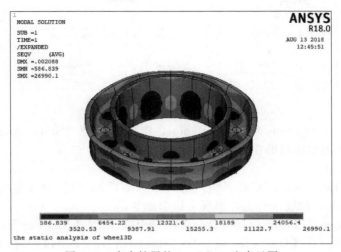

图 7-59 完全扩展的 von Mises 应力云图

7.6 任意三维结构静力分析实例——六角扳手

7.6.1 问题提出

如图 7-60 所示，对一个六方孔螺钉头用六角扳手（截面高度 10mm）进行结构静力分析。弹性模量取 $E=2.07\times10^{11}$Pa，泊松比 $\mu=0.3$；在端部作用 100N 的力，同时还作用向下的力 20N。分析扳手在这两种载荷作用下的应力密度。

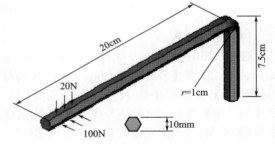

图 7-60 六角扳手示意图

7.6.2 建立模型

(1) 设置文件名和分析标题

单击菜单项 Utility Menu>File>Change Jobname，弹出【Change Jobname】对话框，在【Enter new jobname】文本框中输入文字 "Allen Wrench"，为本分析实例的数据库文件名。单击【OK】按钮，完成文件名的修改，如图 7-61 所示。

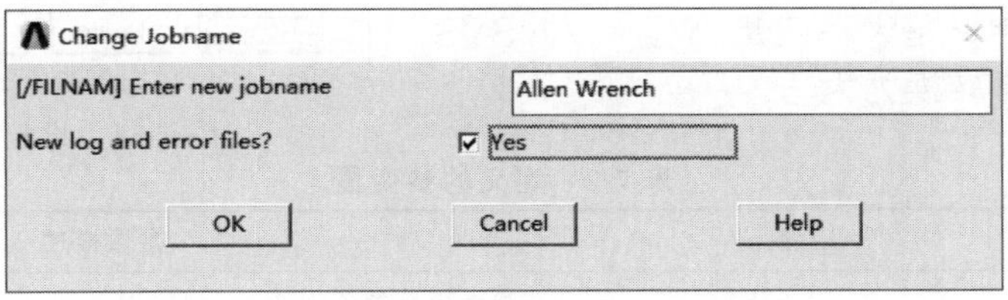

图 7-61 设定分析文件名

选择 Utility Menu＞File＞Change Title，弹出【Change Title】对话框，如图 7-62 所示。在【Enter new title】文本框中输入文字"Static Analysis of an Allen Wrench"，并单击【OK】按钮。

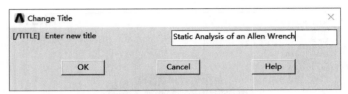

图 7-62 【Change Title】对话框

选取菜单项 Utility Menu＞Plot＞Replot，指定的标题"Static Analysis of An Allen Wrench"将显示在图形窗口的左下角。

(2) 设置单位

点击 ANSYS Input window 右下角，输入"/UNITS，SI"命令然后按回车。注意在 ANSYS Input window 的输入行上方出现了这个命令。

选择 Utility Menu＞Parameters＞Angular Units，出现【Angular Units for Parametric Functions】对话框。在【Units for angular-parametric functions】下拉菜单中选择【Degrees DEG】，然后单击【OK】按钮，如图 7-63 所示。

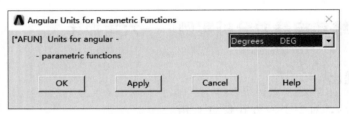

图 7-63 设定角度单位

(3) 定义参数

选择 Utility Menu＞Parameters＞Scalar Parameters。弹出【Scalar Parameters】对话框，在【Selection】文本框中输入"EXX＝2.07E11"，单击【Accept】按钮，ANSYS 生成并在数据库中存储 EXX 变量，EXX 变量的值为"2.07E11"。重复上述步骤直到将表 7-2 中的变量按格式全部输入完毕为止，如图 7-64 所示，单击【Close】按钮，然后在 ANSYS 工具条单击【SAVE_DB】按钮。

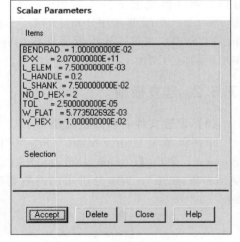

> **说明：**
> 不管输入时字母是大写还是小写，ANSYS 会将输入字母全部转换为大写。

图 7-64 设定角度单位

表 7-2 定义的参变量

参数变量名	数值	参数描述
EXX	2.07E11	弹性模量的值为 2.07×10^{11} Pa

续表

参数变量名	数值	参数描述
W_HEX	0.01	正六边形截面的高度为 0.01m
W_FLAT	W_HEX * TAN(30)	正六边形的边长为 0.0058 m
L_SHANK	0.075	扳手杆的长度(短端)为 0.075m
L_HANDLE	0.2	扳手柄的长度(长端)为 0.2m
BENDRAD	0.01	扳手柄与杆的过渡圆角半径为 0.01m
L_ELEM	0.0075	单元边长为 0.0075m
NO_D_HEX	2	截面每边的单元分划数为 2
TOL	25E-6	所选节点误差精度为 25×10^{-6} m

(4) 定义单元类型

选择 Main Menu＞Preprocessor＞Element Type＞Add/Edit/Delete 命令，弹出如图 7-65 所示的【Element Types】对话框。单击【Add...】按钮，出现【Library of Element Types】对话框，按如图 7-66 所示在左边选择【Solid】，在右边选择【Brick 8node 185】，单击【Apply】按钮定义为单元类型 1。在对话框右边选择【Quad 4node 182】，单击【OK】按钮定义为单元类型 2，并关闭对话框。在【Element Types】对话框中单击【Close】按钮，同时返回到第一步弹出的单元类型对话框，如图 7-67 所示。

图 7-65 【Element Types】对话框

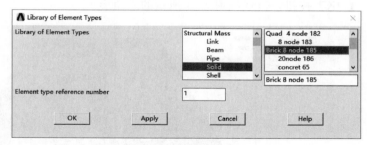

图 7-66 定义单元类型

(5) 定义材料特性

选择 Main Menu＞Preprocessor＞Material Props＞Material Models 命令，弹出如图 7-68 所示的【Define Material Model Behavior】对话框。

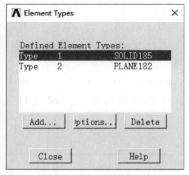

图 7-67 单元类型对话框

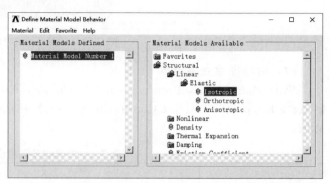

图 7-68 【Define Material Model Behavior】对话框

在右侧【Material Models Available】栏中选择 Structural＞Linear＞Elastic＞Isotropic 命令，弹出如图 7-69 所示的对话框。在【EX】文本框中输入字符"EXX"，在【PRXY】文本框中输入泊松比为"0.3"，然后单击【OK】按钮。完成后将在【Material Model Defined】对话框左侧出现"Material Model Number 1"，选择 Material＞Exit，退出【Define Material Model Behavior】对话框。

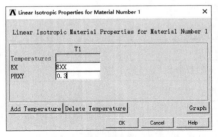

图 7-69　定义材料参数对话框

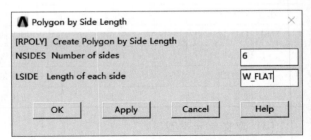

图 7-70　【Polygon by Side Length】对话框

（6）建立六角形截面

选择 Main Menu＞Preprocessor＞Modeling＞Create＞Areas＞Polygon＞By Side Legth 命令，出现如图 7-70 所示的【Polygon by Side Length】对话框，在【Number of sides】中输入"6"，在【Length of each side】文本框中输入正六边形的边长变量"W_FLAT"，单击【OK】按钮，出现如图 7-71 所示的六角形。

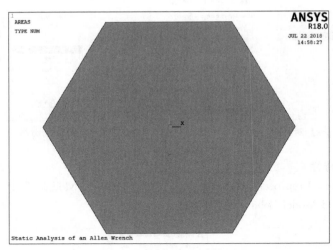

图 7-71　创建正六边形面积

（7）沿路径建立关键点

单击 Main Menu＞Preprocessor＞Modeling＞Create＞Keypoints＞In Active CS，弹出【Create Keypoint in Active Coordinate System】对话框，按表 7-3 内容输入相应关键点的坐标值。

表 7-3　创建的关键点坐标值

Keypoint number	X, Y, Z Location in active CS		
	X	Y	Z
7	0	0	0

续表

Keypoint number	X,Y,Z Location in active CS		
	X	Y	Z
8	0	0	—L_SHANK
9	0	L_HANDLE	—L_SHANK

(8) 沿路径建立线

选择菜单项 Utility Menu＞PlotCtrls＞Window Controls＞Window Options，出现【Window Options】对话框。在【Location of triad】下拉菜单中选【At top left】，单击【OK】按钮。

选择 Utility Menu＞PlotCtrls＞Pan Room Rotate，弹出【Pan-Zoom-Rotate】对话框，在此对话框中可以指定图形窗口的视角，也可以动态改变视角（将 Dynamic Mode 复选框选中，然后鼠标右键拖动图形是旋转，中键拖动图形是缩放和旋转，左键拖动图形是平移），以便于观察或者选取图形窗口中的图形。

单击【ISO】得到等轴侧视图，然后单击【Close】按钮，关闭对话框。

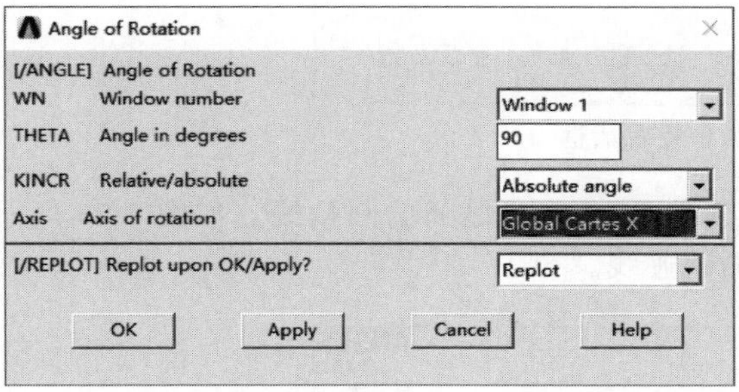

选择 Utility Menu＞PlotCtrls＞View Settings＞Angle of Rotation，弹出【Angle of Rotation】对话框，如图 7-72 所示，在文本框【Angle in degrees】中输入"90"。在【Axis of rotation】下拉列表框中选择【Global Cartes X】，单击【OK】按钮。

选择 Utility Menu＞PlotCtrls＞Numbering，弹出【Plot Numbering Controls】对话框，单击【Keypoint numbers】（关键点编号）复选框，打开关键点编号显示控制开关。单击【Line numbers】（线编号）复选框，打开线编号显示控制开关。单击【OK】按钮，关闭对话框。这时在图形窗口将显示出线和关键点的编号连同相应的线及关键点。

图 7-72 【Angle of Rotation】对话框

选择 Main Menu＞Preprocessor＞Modeling＞Create＞Lines＞Lines＞Straight Line，出现【Create Straight Line】拾取菜单。要求选择欲创建线的端点。此对话框要求通过指定线的两个端点创建线，可以通过输入两个端点的编号来创建线，也可以用鼠标在图形窗口中点取。

拾取关键点 7 和 8，在这两点间创建一条直线。拾取关键点 8 和 9，在这两点间创建一条直线。拾取关键点 4 和 1，在这两点间创建一条直线。

单击【OK】按钮。图 7-73 所示为所创建的直线。

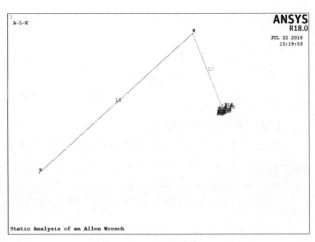

图 7-73 创建的直线

> **说明：**
> 拾取关键点时，可能需要通过【Pan-Zoom-Rotate】对话框改变视角以方便点取。

（9）创建从扳手杆到扳手柄的圆弧线

选择 Main Menu＞Preprocessor＞Modeling＞Create＞Lines＞Line Fillet，弹出【Line Fillet】拾取菜单。

拾取线 L_8 和 L_7，单击【OK】按钮。关闭选择对话框，弹出【Line Fillet】对话框，在【Fillet radius】文本框中输入圆角半径"BENDRAD"，如图 7-74 所示。

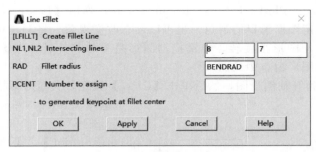

图 7-74　圆角线对话框

单击【OK】按钮，关闭选择对话框，创建出 L_8 和 L_7 之间的圆角线，如图 7-75 所示。在工具条中单击【SAVE_DB】保存所创建的轨迹线。

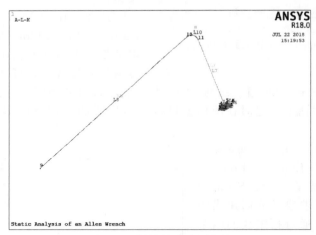

图 7-75　创建的过渡圆角线

（10）分割六角形截面

在这一步，要把六角形截面分割成两个四边形，以满足映射网格划分的需要。

> **说明：**
> 这一步也可以省略，但需注意六角形面的网格划分方法。

选择 Utility Menu＞PlotCtrls＞Numbering，弹出【Plot Numbering Controls】对话框，选择【Keypoint numbers】方框，单击【OK】按钮。

选择 Utility Menu>Plot>Areas。

选择 Main Menu>Preprocessor>Modeling>Operate>Booleans>Divide>With Options>Area by Line，弹出【Divide Area by Line】拾取菜单，拾取阴影的面，单击【OK】按钮。

选择 Utility Menu>Plot>Lines，拾取线 L_9，单击【OK】按钮。弹出【Divide Area by Line with Options】对话框，在【Subtracted lines will be drop down】菜单中选择【Kept】，单击【OK】按钮。

选择 Utility Menu>Select>Comp/Assembly>Create Component，出现【Create Component】对话框，输入"BOTAREA"作为组件名。在【Component is made of】菜单中，选择【Areas】，单击【OK】按钮。分割的六角形截面如图 7-76 所示。

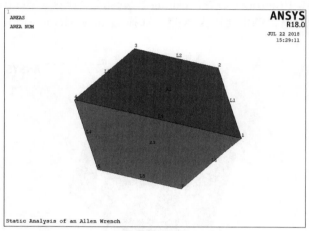

图 7-76　分割的六角形截面

(11) 设置网格密度

选择 Main Menu>Preprocessor>Meshing>Size Cntrls>ManualSize>Lines>Picked Lines，弹出【Element Size on Picked Lines】（在选定线上设置单元分划数）拾取菜单，在输入窗口中输入"1，2，6"。在拾取菜单中单击【OK】，弹出【Element Sizes on Picked Lines】对话框，如图 7-77 所示，在【No. of element divisions】中输入"NO_D_HEX"，单击【OK】按钮。

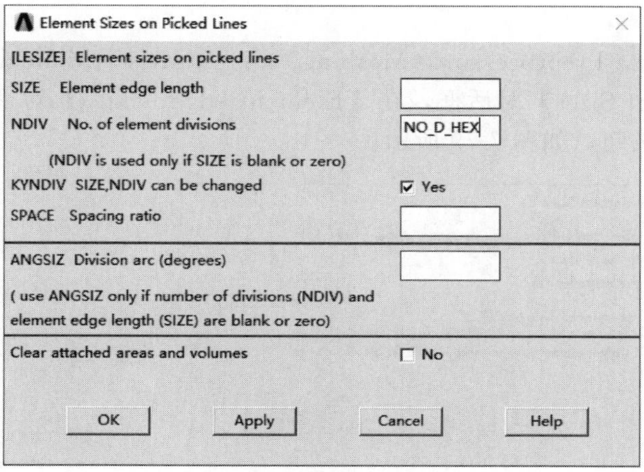

图 7-77　设定单元分划数对话框

(12) 设置截面网格的单元类型

在这一步，设置单元类型为 PLANE182，全部采用映射网格。

选择 Main Menu＞Preprocessor＞Modeling＞Create＞Elements＞Elem Attributes，弹出【Element Attributes】对话框，在【Element type number】下拉菜单中选择"2 PLANE182"，单击【OK】按钮。

选择 Main Menu＞Preprocessor＞Meshing＞Mesher Opts，弹出【Mesher Options】对话框，在【Mesher Type】域，单击【Mapped】按钮，然后单击【OK】按钮，弹出【Set Element Shape】对话框。单击【OK】按钮接受默认"Quad"。

在工具条中单击【SAVE_DB】。

(13) 建立截面网格

选择 Main Menu＞Preprocessor＞Meshing＞Mesh＞Areas＞Mapped＞3 or 4 sided，出现【Mesh Areas】拾取框，单击【Pick All】。选择 Utility Menu＞Plot＞Elements，结果如图 7-78 所示。

图 7-78 划分好的截面网格单元

(14) 拖拉 2D 网格成 3D 单元

选择 Main Menu＞Preprocessor＞Modeling＞Create＞Elements＞Elem Attributes，弹出【Element Attributes】对话框。在【Element type number】下拉框中选择"1 SOLID185"，单击【OK】按钮。

选择 Main Menu＞Preprocessor＞Meshing＞Size Cntrls＞ManualSize＞Global＞Size，弹出【Global Element Sizes】对话框，在【Element edge length】对话框中输入"L_ELEM"，单击【OK】按钮，如图 7-79 所示。

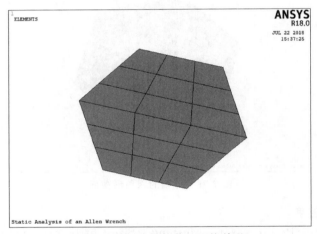

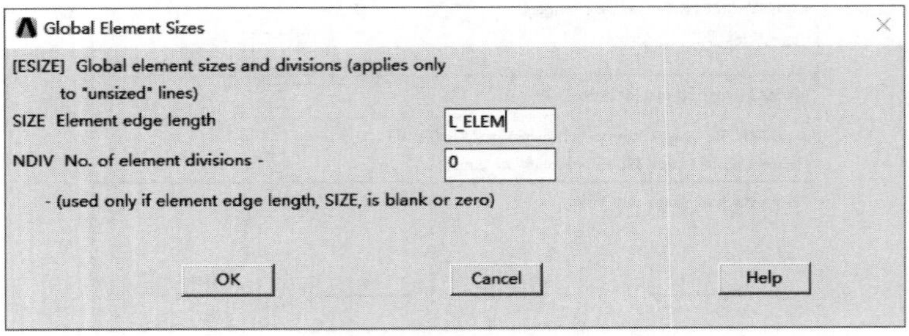

图 7-79 全局单元尺寸设置对话框

选择 Utility Menu>PlotCtrls>Numbering，勾选【Line numbers】方框，单击【OK】按钮。

选择 Utility Menu>Plot>Lines。

选择 Main Menu>Preprocessor>Modeling>Operate>Extrude>Areas>Along Lines。出现【Sweep Areas along Lines】拾取框，单击【Pick All】，出现第二个拾取框，在线 L_8、L_{10} 和 L_7 上按照顺序拾取。单击【OK】按钮，在图形窗口出现如图 7-80 所示的扳手 3D 实体模型。

选择 Utility Menu>Plot>Elements，出现如图 7-81 所示的扳手三维单元。

在工具条中单击【SAVE_DB】。

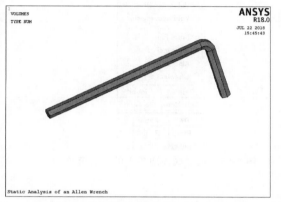

图 7-80　创建的扳手 3D 实体模型

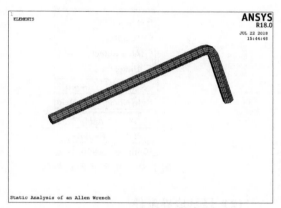

图 7-81　生成的扳手三维单元

(15) 选择 BOTAREA 组元和删除 2D 单元

选择 Utility Menu>Select>Comp/Assembly>Select Comp/Assembly，弹出【Select Component or Assembly】对话框，单击【OK】按钮接受默认选择的 BOTAREA 组元。

选择 Main Menu>Preprocessor>Meshing>Clear>Areas，弹出【Clear Areas】拾取菜单，单击【Pick All】。

选择 Utility Menu>Select>Everything。

选择 Utility Menu>Plot>Elements。

7.6.3　施加载荷

(1) 在扳手端部施加边界条件

选择 Utility Menu>Select>Comp/Assembly>Select Comp/Assembly，出现【Select Component or Assembly】对话框，单击【OK】按钮接受默认选择的 BOTAREA 组元。

选择 Utility Menu>Select>Entities，弹出【Select Entities】对话框。在顶部的下拉菜单中选择【Lines】，在第二个下拉菜单中选择【Exterior】，单击【Apply】按钮，如图 7-82 所示。在顶部的下拉菜单中选择【Nodes】，在第二个下拉菜单中选择【Attached to】，单击【Lines, all】方框选择它，如图 7-83 所示。单击【OK】按钮。

选择 Main Menu>Solution>Define Loads>Apply>Structural>Displacement>On Nodes，弹出【Apply U, ROT on Nodes】拾取框。单击【Pick All】按钮，出现【Apply U, ROT on Nodes】对话框，在【DOFs to be constrained】中选择【All DOF】。单击【OK】按钮。

选择 Utility Menu>Select>Entities，在顶部的下拉菜单中选择【Lines】，单击【Sele

All】按钮，然后按【Cancel】按钮。

图 7-82　选择底面边界线

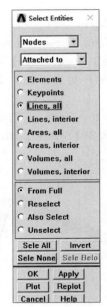

图 7-83　选择底面边界上的所有节点

（2）显示边界条件

选择 Utility Menu＞PlotCtrls＞Symbols，弹出【Symbols】（符号）设定对话框，如图 7-84 所示。

单击【All Applied BCs】（所有施加的边界）按钮。在【Surface Load Symbols】（面力符号）下拉框中选【Pressures】，在【Show pres and convect as】（显示压力和热流力）下拉框中选【Arrows】。

单击【OK】按钮。结束设定，关闭对话框，此对话框下部还有一些选项，需拖动对话框右侧的滚动条才能看到，有兴趣的读者可以自行研究。

显示的位移边界条件如图 7-85 所示。

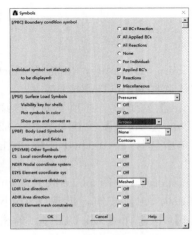

图 7-84　符号设定对话框

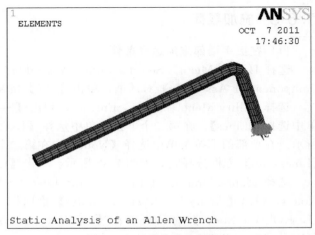

图 7-85　显示位移边界条件

(3) 在把手上施加压力载荷

在这一步，在把手上施加 100N 的力，代表手指施加的力。

选择 Utility Menu＞Select＞Entities，弹出【Select Entities】对话框。在顶部的下拉框中选【Areas】。在第二个下拉菜单中选择【By Location】，单击【Y coordinates】按钮。在【Min，Max】域，输入"BENDRAD，L_HANDLE"，然后单击【Apply】，单击【X coordinates】按钮。单击【Reselect】按钮，在【Min，Max】域，输入"W_FLAT/2，W_FLAT"，然后单击【Apply】。

在顶部的下拉框中选【Nodes】。在第二个下拉菜单中选择【Attached to】，单击【Areas, all】按钮，单击【From Full】按钮，单击【Apply】。

在第二个下拉菜单中选择【By Location】，单击【Y coordinates】按钮。单击【Reselect】按钮，在【Min，Max】域，输入"L_HANDLE＋TOL，L_HANDLE－(3.0＊L_ELEM)-TOL"，然后单击【OK】按钮。

单击 Utility Menu＞Plot＞Nodes，显示当前可操作的节点，即定义选择集中的节点。

选择 Utility Menu＞Parameters＞Get Scalar Data，弹出【Get Scalar Data】对话框。在左侧选【Model Data】，在右侧选【For selected set】，单击【OK】按钮。弹出【Get Data for Selected Entity Set】对话框，输入"minyval"作为定义的参数名。在左侧选【Current node set】，在右侧选【Min Y coordinate】，单击【Apply】按钮。

再一次单击【OK】按钮选择默认设置。弹出【Get Data for Selected Entity Set】对话框，输入"maxyval"作为定义的参数名。在左侧选【Current node set】，在右侧选【Max Y coordinate】，单击【OK】按钮。

选择 Utility Menu＞Parameters＞Scalar Parameters，弹出【Scalar Parameters】对话框，如图 7-86 所示。在对话框中可以看到刚刚提取的变量 MINYVAL 和 MAXYVAL。在【Selection】文本框中输入"PTORQ＝100/(W_HEX＊(MAXYVAL－MINYVAL))"，单击【Accept】按钮，然后单击【Close】按钮。

选择 Main Menu＞Solution＞Define Loads＞Apply＞Structural＞Pressure＞On Nodes，弹出【Apply PRES on Nodes】对话框。单击【Pick All】按钮，出现【Apply PRES on Nodes】对话框，在【Load PRES value】输入"PTORQ"，单击【OK】按钮。

单击 Utility Menu＞Select＞Everything，选择所有图元、节点和单元。

单击 Utility Menu＞Plot＞Elements，显示单元，结果如图 7-87 所示。

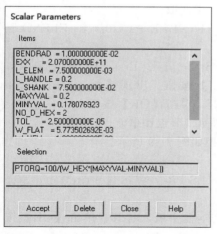

图 7-86 【Scalar Parameters】对话框

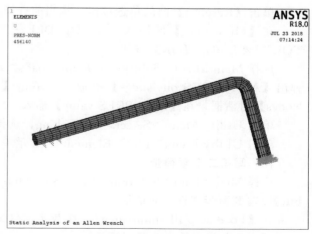

图 7-87 把手上施加的压力载荷和边界约束

在工具条中单击【SAVE_DB】。

(4) 写第一个载荷步

对于多载荷步分析，既可以定义一个载荷步，分析一个载荷步；也可以定义载荷步之后，将载荷步配置写入载荷步文件中，最后直接求解多载荷步。本实例采用后一种方法。

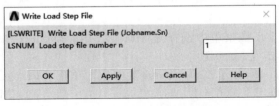

图 7-88 写载荷步文件对话框

选择 Main Menu＞Solution＞Load Step Opts＞Write LS File，弹出【Write Load Step File】（写载荷步文件）对话框，如图 7-88 所示。

在【Load step file number n】（载荷步文件编号）文本框中填入"1"。单击【OK】按钮，写入载荷步文件，关闭对话框。

(5) 定义向下的载荷

在这一步，将要在扳手手柄的端部再施加 20N 的向下的力，以模拟扳手在使用中的另一种状态。

单击 Utility Menu＞Parameters＞Scalar Parameters，弹出【Scalar Parameters】对话框。在【Selection】文本框中输入"PDOWN=20/(W_FLAT*(MAXYVAL-MINYVAL))"，定义变量"PDOWN"，并单击【Accept】按钮。单击【Close】按钮关闭对话框。

单击 Utility Menu＞Select＞Entities，弹出【Select Entities】对话框。

在最上方的下拉列表中选择【Areas】。

在第二个下拉列表中选择【By Location】（通过位置选取）。

单击【Z coordinates】单选按钮，单击【From Full】单选按钮。在【Min,Max】输入框中输入"-(L_SHANK+(W_HEX/2))"，表示选取 Z 坐标位于此位置的节点。

单击【Apply】按钮，将符合条件的节点构造成选择集。

在顶部的下拉框中选【Nodes】，在第二个下拉框中选择【Attached to】，单击【Areas, all】按钮，单击【Apply】。

在第二个下拉框中选择【By Location】，单击【Y coordinates】按钮。

单击【Reselect】前的单选按钮，从当前选择集中进一步选取。

在【Min,Max】域输入"L_HANDLE+TOL,L_HANDLE-(3.0*L_ELEM)-TOL"，然后单击【OK】按钮。

选择 Main Menu＞Solution＞Define Loads＞Apply＞Structural＞Pressure＞On Nodes，弹出【Apply PRES on Nodes】拾取框。单击【Pick All】按钮，出现【Apply PRES on Nodes】对话框，在【Load PRES value】输入"PDOWN"，单击【OK】按钮。

单击 Utility Menu＞Select＞Everything，选择所有图元、节点和单元。

单击 Utility Menu＞Plot＞Elements，显示单元，结果如图 7-89 所示。

(6) 写第二个载荷步

选择 Main Menu＞Solution＞Load Step Opts＞Write LS File，弹出【Write Load Step File】（写载荷步文件）对话框。

在【Load step file number n】（载荷步文件编号）文本框中填入"2"。单击【OK】按钮，写入载荷步文件，关闭对话框。

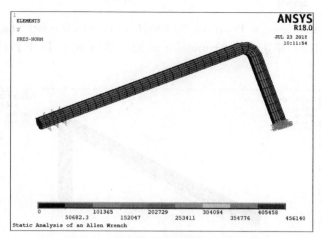

图 7-89 施加的压力载荷和边界约束

7.6.4 求解

利用前面定义的两个载荷步进行求解。单击 Main Menu＞Solution＞Solve＞From LS Files，弹出【Solve Load Step Files】（求解载荷步文件）对话框，如图 7-90 所示。

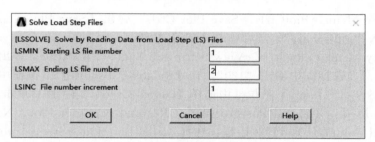

图 7-90 求解载荷步文件对话框

在【Starting LS file number】（开始载荷步文件编号）文本框中填入"1"。在【Ending LS file number】（结束载荷文件编号）文本框中填入"2"。单击【OK】按钮，ANSYS 将开始从编号为 1 的载荷步文件开始读入然后进行求解，直到指定结束编号的载荷步文件被读入并求解时完成求解。

7.6.5 查看结果

（1）读入第一个载荷步并检查结果

选择 Main Menu＞General Postproc＞Read Results＞First Set。

选择 Main Menu＞General Postproc＞List Results＞Reaction Solu，弹出【List Reaction Solution】对话框，单击【OK】按钮接受默认的所有项目。检查状态窗口的信息，然后单击【Close】按钮。

选择 Utility Menu＞PlotCtrls＞Symbols，弹出【Symbols】对话框。从【Boundary condition symbol】中单击【None】，单击【OK】按钮。

选择 Utility Menu＞PlotCtrls＞Style＞Edge Options，弹出【Edge Options】对话框。在【Element outlines for non-contour/contour plots】下拉框中选择【Edge Only/All】，单

击【OK】按钮。

选择 Main Menu＞General Postproc＞Plot Results＞Deformed Shape。弹出【Plot Deformed Shape】对话框。单击【Def＋undeformed】，然后单击【OK】按钮，结果如图 7-91 所示。

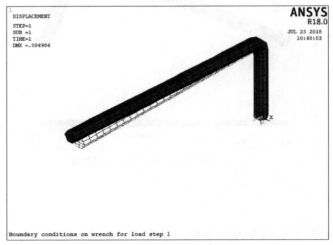

图 7-91　第一组载荷下的结构变形图

选择 Utility Menu＞PlotCtrls＞Save Plot Ctrls，弹出【Save Plot Controls】对话框。在选择框中输入"pldisp.gsa"，然后单击【OK】按钮。

选择 Utility Menu＞PlotCtrls＞View Settings＞Angle of Rotation，弹出【Angle of Rotation】对话框。在选择框中输入"120"，在【Relative/absolute】下拉框中选择【Relative angle】，在【Axis of rotation】下拉框中选择【Global Cartes Y】，然后单击【OK】按钮。

选择 Main Menu＞General Postproc＞Plot Results＞Contour Plot＞Nodal Solu，弹出【Contour Nodal Solution Data】对话框。选择 Nodal Solution＞Stress＞von Mises stress，单击【OK】按钮，结果如图 7-92 所示。

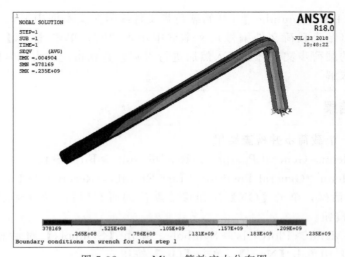

图 7-92　von Mises 等效应力分布图

选择 Utility Menu＞PlotCtrls＞Save Plot Ctrls，弹出【Save Plot Controls】对话框，

在选择框中输入"plnsol.gsa",单击【OK】按钮。

(2) 读入下一个载荷步并检查结果

选择 Choose menu path Main Menu>General Postproc>Read Results>Next Set。

选择 Choose menu path Main Menu>General Postproc>List Results>Reaction Solu,弹出【List Reaction Solution】对话框。

单击【OK】按钮接受默认的所有项目。

检查状态窗口的信息,然后单击【Close】按钮。

选择 Utility Menu>PlotCtrls>Restore Plot Ctrls,在选择框中输入"plnsol.gsa",单击【OK】按钮。

选择 Main Menu>General Postproc>Plot Results>Deformed Shape,弹出【Plot Deformed Shape】对话框,单击【Def+undeformed】,然后单击【OK】按钮,结果如图 7-93 所示。

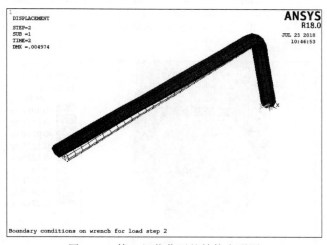

图 7-93　第二组载荷下的结构变形图

选择 Utility Menu>PlotCtrls>Save Plot Ctrls,弹出【Save Plot Controls】对话框。在选择框中输入"pldisp.gsa",然后单击【OK】按钮。

选择 Utility Menu>PlotCtrls>Restore Plot Ctrls,在选择框中输入"plnsol.gsa",单击【OK】按钮。

选择 Main Menu>General Postproc>Plot Results>Contour Plot>Nodal Solu,弹出【Contour Nodal Solution Data】对话框。在【Item to be contoured】列表框中依次选择 Nodal Solution>Stress>von Mises stress,单击【OK】按钮,结果如图 7-94 所示。

(3) 查看截面结果

选择 Utility Menu>WorkPlane>Offset WP by Increments,弹出【Offset WP tool】对话框,在【X,Y,Z Offsets】中输入"0,0,-0.067",单击【OK】按钮。

选择 Utility Menu>PlotCtrls>Style>Hidden Line Options,弹出【The Hidden-Line Options】对话框。在【Type of Plot】下拉框中选择【Capped hidden】,在【Cutting plane】下拉框中选择【Working plane】,单击【OK】按钮。

选择 Utility Menu>PlotCtrls>Pan-Zoom-Rotate,弹出【Pan-Zoom-Rotate】对话框。单击【WP】,把滑块拖到"10"。在【Pan-Zoom-Rotate】对话框中,按大黑点几次来放大横截面,结果如图 7-95 所示。

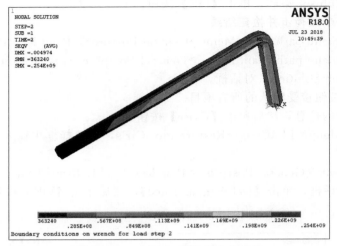

图 7-94　von Mises 等效应力分布图

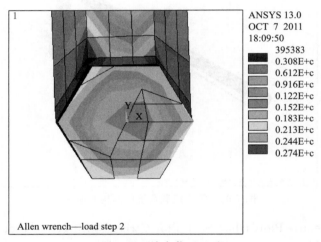

图 7-95　放大截面显示

本章小结

结构静力分析是有限元分析方法最常用的一个应用领域，本章介绍了结构静力学分析的基本概念及分析步骤，并通过实例详细介绍了平面问题静力分析、轴对称结构静力分析、周期对称结构静力分析及任意三维结构的静力分析，本章是前面章节介绍的技术的综合应用，也是本书的重点，需要读者通过实际操作重点掌握。

练 习 题

如图 7-96(a) 所示一油缸 1/4 的 3D 几何模型，其截面尺寸及载荷如图 7-96（b）所示，已知弹性模量取 $E=2.1\times10^5\mathrm{MPa}$，泊松比 $\mu=0.3$，油缸内孔中间部分受均布压力 $\sigma_0=100\mathrm{MPa}$，油缸外侧受均布压力 $\sigma_1=200\mathrm{MPa}$，油缸上下端面受到 UY 约束。要求根据模型特点，采用轴对称结构静力分析的方法计算油缸的变形、位移及应力分布情况。

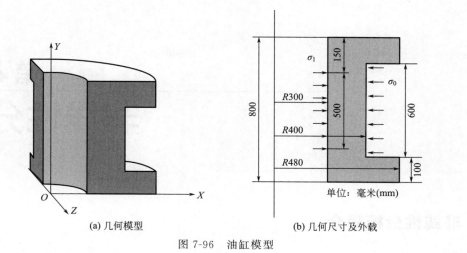

(a) 几何模型 (b) 几何尺寸及外载

图 7-96 油缸模型

第8章
非线性分析

8.1 非线性分析简介

8.1.1 结构非线性的定义

在日常生活中，会经常遇到结构非线性。例如，无论何时用订书针订书，金属订书针都将永久地弯曲成一个不同的形状，如图 8-1(a) 所示；如果在一个木制书架上放置重物，随着时间的迁移它将越来越下垂，如图 8-1(b) 所示；当在汽车或卡车上装货时，它的轮胎和下面路面间接接触将随货物重量的变化而变化，如图 8-1(c) 所示。如果将上面例子的所载荷变形曲线画出来，你将发现它们都显示了非线性结构的基本特征——结构刚度改变。

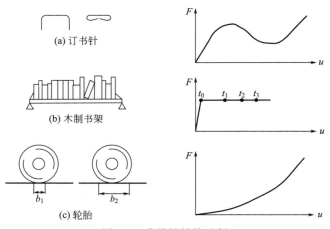

图 8-1 非线性结构示例

8.1.2 结构非线性的类型

引起结构非线性的原因很多，它可以被分成三种主要类型：状态变化、几何非线性和材料非线性。

（1）状态变化（包括接触）

许多普通结构表现出一种与状态相关的非线性行为。例如，一根只能拉伸的电缆可能是松的，也可能是绷紧的。轴承套可能是接触的，也可能是不接触的。冻土可能是冻结的，也可能是融化的。这些系统的刚度由于系统状态的改变而变化。状态改变也许和载荷直接相关

(例如在电缆情况中），也可能由某种外部原因引起（如在冻土中的紊乱热力学条件）。

接触是一种很普遍的非线性行为。接触是状态变化非线性中一个特殊而重要的子集。

（2）几何非线性

如果结构经受大变形，那么它几何形状的变化可能会引起结构的非线性响应。如图 8-2 所示的钓鱼竿，随着垂向载荷的增加，竿不断弯曲以至于力臂明显地减少，导致竿端显示出在较高载荷下不断增长的刚性。几何非线性的特点是大位移、大转动。

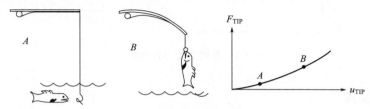

图 8-2 钓鱼竿体现的几何非线性

几何非线性问题是实际工程和生活中经常遇到的一种问题。构件变化的集合形状一般会引起结构的非线性响应。一般来说，随着位移增长，一个有限单元已移动的坐标可以以多种方式改变结构的刚度。这类问题总是非线性的，需要进行迭代获得一个有效的解。

（3）材料非线性

材料非线性的应力-应变关系是导致结构非线性行为的常见原因。许多因素可以影响材料的应力-应变性质，包括加载历史（如在弹-塑性响应情况下）、环境状况（如温度）、加载的时间总量（如在蠕变响应情况下）。

8.1.3 结构非线性的基本步骤

尽管非线性分析比线性分析变得更加复杂，但处理基本相同，只是在非线性分析的适当过程中添加了需要的非线性特性。

非线性分析处理流程主要由建立模型和划分网格、加载求解及后处理这三部分组成。

（1）建立模型和划分网格

非线性分析的建模过程与线性分析十分相似，只是非线性分析中可能包括特殊的单元或非线性材料性质。如果模型中包含大应变效应，应力-应变数据必须依据真实应力和真实应变表示。

（2）加载求解

此步操作需要定义分析类型和分析选项，指定载荷步选项并开始有限元分解。但是非线性求解经常需要求解多个载荷增量，且总是需要平衡迭代，因此它不同于线性求解。

（3）后处理

非线性分析的结果主要包括位移、应力、应变和反作用力。可以用通用后处理器 POST1 和时间历程后处理器 POST26 来查看这些结果。

8.2 几何非线性分析实例——悬臂梁

8.2.1 问题提出

如图 8-3 所示，一个矩形截面悬臂梁端部受一集中弯矩作用，梁的几何特性以及弯矩大小已经在图中标出，求梁的变形。这里，由于结构相对于几何尺寸的变形量较大，因此是一个几何非线性问题,要得到精确的解,必须使用 ANSYS 的大变形选项,载荷要逐步施加。

悬臂梁的材料性质参数:弹性模量 $E=3\times10^7\text{Pa}$;泊松比为 0.3。

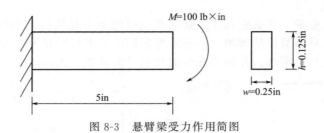

图 8-3 悬臂梁受力作用简图

8.2.2 建立模型

(1) 定义工作文件名及工作标题

① 定义工作文件名。选择 Utility Menu>File>Change Jobname 命令,弹出【Change Jobname】对话框,在【Enter new jobname】文本框中输入"Cantilever Beam",同时把【New log and error files】中的复选框选为【Yes】,并单击【OK】按钮。

② 定义工作标题。选择 Utility Menu>File>Change Title 菜单命令,弹出【Change Title】对话框。在【Enter new title】文本框中输入"NonLinear Analysis of Cantilever Beam",并单击【OK】按钮。单击 Utility Menu>Plot>Replot 命令,重绘图形显示界面,此时在视图窗口左下角会出现定义的标题名。

(2) 定义单元类型

① 选择 Main Menu>Preprocessor>Element Type>Add/Edit/Delete 命令,弹出【Element Type】对话框。单击【Add...】按钮,弹出如图 8-4 所示的【Library of Element Types】对话框。选择左侧文本框中的【Beam】选项,选择右侧文本框中的【2node 188】选项,然后单击【OK】按钮,关闭对话框。

② 设置单元截面属性。选择 Main Menu>Preprocessor>Sections>Beam>Common Sections 命令,弹出【Beam Tool】对话框,如图 8-5 所示,在文本框【B】中输入"0.25",在文本框【H】中输入"0.125"按钮,单击【OK】按钮。

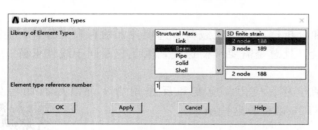

图 8-4 【Library of Element Types】对话框

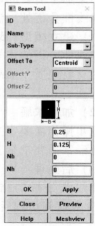

图 8-5 【Beam Tool】对话框

(3) 定义材料属性

① 从主菜单中选择 Main Menu>Preprocessor>Material Props>Material Models 命令,弹出如图 8-6 所示的【Define Material Model Behavior】对话框。

② 选择对话框右侧的 Structural>Linear>Elastic>Isotropic 命令,双击【Isotropic】选项,弹出如图 8-7 所示的【Linear Isotropic Properties for Material Number 1】对话框。

③ 在【EX】文本框中输入弹性模量"3e7",在【PRXY】文本框中输入泊松比"0.3",然后单击【OK】按钮。

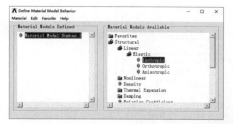

图 8-6 【Define Material Model Behavior】对话框

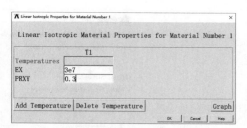

图 8-7 设置弹性模量和泊松比

(4) 建立几何模型及网格划分

① 创建关键点。选择 Main Menu＞Preprocessor＞Modeling＞Create＞Keypoints＞In Active CS 命令,弹出如图 8-8 所示的对话框。在【X,Y,Z Location in active CS】文本框中输入第 1 个关键点坐标"0,0,0",单击【Apply】按钮,继续输入第 2 个关键点坐标"5,0,0",如图 8-9 所示,单击【OK】按钮。

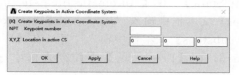

图 8-8 创建第 1 个关键点

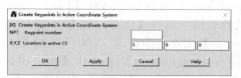

图 8-9 创建第 2 个关键点

② 创建直线。选择 Main Menu＞Preprocessor＞Modeling＞Create＞Lines＞Lines＞Straight Line 命令,弹出图形拾取框,分别选取两个关键点,建立悬臂梁直线。

③ 设置单元尺寸。选择 Main Menu＞Preprocessor＞Meshing＞Size Cntrls＞Manual Size＞Global＞Size 命令,弹出如图 8-10 所示的【Global Element Sizes】对话框,在文本框【Element edge length】输入单元尺寸数为"0.1",单击【OK】按钮。

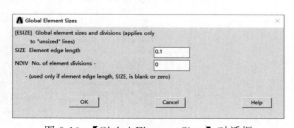

图 8-10 【Global Element Sizes】对话框

④ 进行网格划分。选择 Main Menu＞Preprocessor＞Meshing＞Mesh＞Lines 命令,弹出拾取框,单击【Pick All】按钮,单击【OK】按钮,完成网格划分。

8.2.3 施加载荷

① 施加固定位移约束。选择 Main Menu＞Solution＞Define Loads＞Apply＞Structural＞Displacement＞On Keypoints 命令,弹出拾取对话框,选取最左边关键点,弹出【Apply U,ROT on Lines】对话框,选择【All DOF】,单击【OK】按钮。

② 施加弯矩载荷。选择 Main Menu＞Solution＞Define Loads＞Apply＞Structural＞Force/Moment＞On Keypoints 命令,打开拾取对话框,选择最右边关键点,单击【OK】按钮,接着弹出如图 8-11 所示的【Apply F/M on KPs】对话框。在【Direction of force/

mom】下拉列表中选择【MZ】选项，在【Force/moment value】文本框中输入载荷值"−100"，单击【OK】按钮。

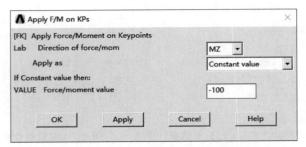

图 8-11 【Apply F/M on KPs】对话框

8.2.4 求解

① 求解控制设置。选择 Main Menu＞Solution＞Analysis Type＞Sol'n Controls 命令，将弹出【Solution Controls】对话框，如图 8-12 所示。在【Basic】选项卡中的【Analysis Options】下拉列表框中选择【Large Displacement Static】，在【Automatic time stepping】下拉列表框中选择【On】，在【Number of substeps】文本框中输入"100"，在【Max no. of substeps】文本框中输入"1000"，在【Min no. of substeps】文本框中输入"1"，在【Write Items to Results File】中选择【All solution items】，在【Frequency】下拉列表框中选择【Write every substep】，单击【OK】按钮。

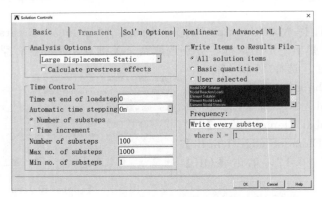

图 8-12 【Solution Controls】对话框

② 进行求解。选择 Main Menu＞Solution＞Solve＞Current LS 命令，会弹出【/STATUS Command】窗口和【Solve Current Load Step】对话框，单击【OK】按钮，则 ANSYS 开始求解，ANSYS 会显示非线性求解过程的收敛过程，如图 8-13 所示。求解完成后，出现求解完成提示对话框，单击【Close】按钮。

8.2.5 查看结果

① 查看位移。选择 Main Menu＞General Postproc＞Plot Results＞Contour Plot＞Nodal Solu 命令，弹出【Contour Nodal Solution Data】对话框，在【Item to be contoured】列表框中依次选择 Nodal Solution＞DOF Solution＞Y-Component of displacement 命令，其他保持不变，单击【OK】按钮即可显示 Y 向位移云图，如图 8-14 所示。

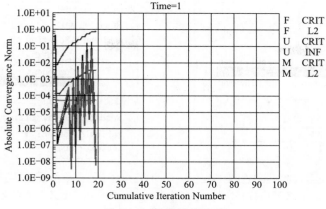

图 8-13　结果收敛显示

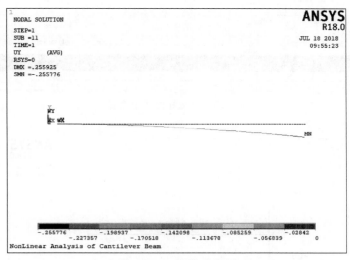

图 8-14　Y 向位移云图

② 查看变量曲线。进入时间历程后处理器。选择 Main Menu＞TimeHist Postpro 命令，弹出【Time History Variables】对话框。

定义右边节点位移变量 UY＿2。在【Time History Variables】对话框中点击 ➕ 按钮，弹出如图 8-15 所示的【Add Time-History Variable】对话框，选择 Nodal Solution＞DOF Solution＞Y-Component of displacement，单击【OK】按钮。弹出【Node for Data】拾取框，拾取右边节点，单击【OK】按钮，返回到【Time History Variables】对话框。

定义左边节点支座反力变量 FY＿3。在【Time History Variables】对话框中点击 ➕ 按钮，弹出如图 8-16 所示的【Add Time-History Variable】对话框，选择 Reaction Forces＞Y-Component of force，单击【OK】按钮。弹出【Node for Data】拾取框，拾取左边节点，单击【OK】按钮，返回到【Time History Variable】对话框。此时变量列表中显示建立的两个变量，如图 8-17 所示。

显示 UY＿2 与 FY＿3 变量曲线。按住 Ctrl 键，用鼠标选取 UY＿2 与 FY＿3 两个变量，在【Time History Variables】对话框中点击 📈 按钮，图形窗口显示两个变量的时间历程曲线，如图 8-18 所示。

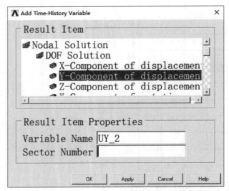

图 8-15 定义右节点 Y 向位移变量

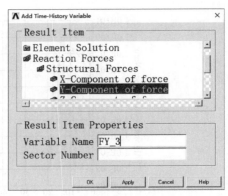

图 8-16 定义左节点支座反力变量

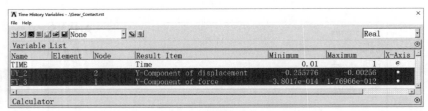

图 8-17 定义好的两个变量

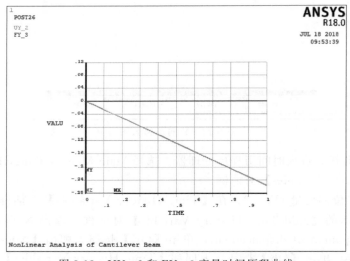

图 8-18 UY_2 和 FY_3 变量时间历程曲线

8.3 材料非线性分析实例——铆钉

  塑性是一种在某种给定载荷下，材料产生永久变形的材料特性，对大多的工程材料来说，当其应力低于比例极限时，应力-应变关系是线性的。另外，大多数材料在其应力低于屈服点时，表现为弹性行为，也就是说，当移走载荷时，其应变也完全消失。

  由于材料的屈服点和比例极限相差很小，因此在 ANSYS 程序中，假定它们相同。在应力-应变曲线中,低于屈服点的叫作弹性部分,超过屈服点的叫作塑性部分,也叫作应变强化部分。塑性分析中考虑了塑性区域的材料特性。

当材料中的应力超过屈服点时,塑性被激活(也就是说,有塑性应变发生)。而屈服应力本身可能是下列某个参数的函数:温度;应变率;以前的应变历史;侧限压力;其他参数。

本节通过对铆钉的冲压进行压力分析,来介绍 ANSYS 塑性问题的分析过程。

8.3.1 问题提出

为了考查铆钉在冲压时,发生多大变形,对铆钉进行分析。
铆钉如图 8-19 所示。

铆钉圆柱高度:10mm。
铆钉圆柱外径:6mm。
铆钉内孔孔径:3mm。
铆钉下端球径:15mm。
弹性模量:$E=2.06\times10^{11}$MPa。
泊松比:0.3。
铆钉材料的应力应变关系见表 8-1。

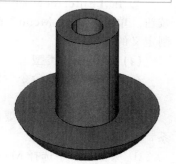

图 8-19 铆钉模型

表 8-1 应力应变关系

应变	0.003	0.005	0.007	0.009	0.011	0.02	0.2
应力/MPa	618	1128	1317	1466	1510	1600	1610

8.3.2 建立模型

建立模型包括新建并设置工作目录路径;设定分析作业名和标题;定义单元类型和实常数;定义材料属性;建立几何模型;划分有限元网格。具体步骤如下。

(1)新建工作目录、更改工作目录路径

① 新建工作目录。新建一个工作目录,目录名为"rivet"。

② 更改工作目录路径。选择 File>Change Directory 命令,弹出对话框,选择刚才建立的工作目录,单击【OK】按钮即可。

(2)修改工作文件名

① 启动 ANSYS,选择 File>Change Jobname 命令,弹出如图 8-20 所示的【Change Jobname】对话框。

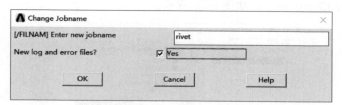

图 8-20 【Change Jobname】对话框

② 在【Enter new jobname】文本框中输入"rivet",同时把【New log and error files】中的复选框选为【Yes】,并单击【OK】按钮。

(3) 设定分析标题

① 选择 File＞Change Title 菜单命令，弹出如图 8-21 所示的【Change Title】对话框。

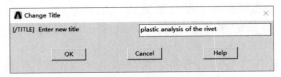

图 8-21 【Change Title】对话框

② 在【Enter new title】文本框中输入"plastic analysis of the rivet"，并单击【OK】按钮。单击 Utility Menu＞Plot＞Replot 重绘图形显示界面，此时在视图窗口左下角会出现刚定义的标题名。

(4) 定义单元类型

在命令窗口输入命令"ET,1,SOLID45"，回车后添加单元类型 SOLID45。

(5) 定义材料属性

塑性问题分析除了需要定义材料的弹性模量和泊松比外，还需定义材料的应力应变关系，具体步骤如下：

① 从主菜单中选择 Main Menu＞Preprocessor＞Material Props＞Material Models 命令，弹出如图 8-22 所示的【Define Material Model Behavior】对话框。

② 选择对话框右侧的 Structural＞Linear＞Elastic＞Isotropic 命令，双击【Isotropic】选项，弹出如图 8-23 所示的【Linear Isotropic Properties for Material Number 1】对话框。在【EX】文本框中输入弹性模量"2.06e11"，在【PRXY】文本框中输入泊松比"0.3"，然后单击【OK】按钮。

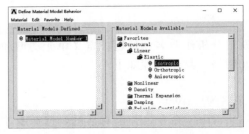

图 8-22 【Define Material Model Behavior】对话框

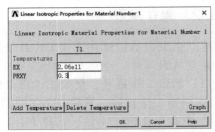

图 8-23 【Linear Isotropic Properties for Material Number 1】对话框

③ 回到【Define Material Model Behavior】对话框后，依次单击 Structural＞Nonlinear＞Elastic＞Multilinear Elastic 命令，如图 8-25 所示。

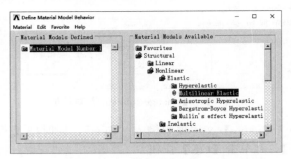

图 8-24 【Define Material Model Behavior】对话框

④ 打开定义材料应力应变对话框，单击【Add Point】按钮，增加材料关系点，分别输入材料的关系点，如图 8-25 所示。可以单击【Graph】按钮，在视图窗口中显示材料的关系曲线，如图 8-26 所示。直接关闭对话框。至此，材料参数设置完毕。

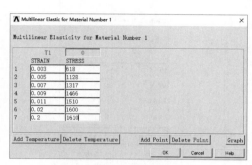

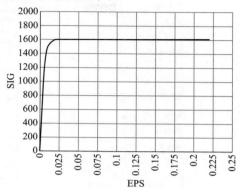

图 8-25 设置材料应力应变关系　　　　　图 8-26 材料应力应变关系曲线

（6）建立实体模型

① 创建一个球。选择 Main Menu＞Preprocessor＞Modeling＞Create＞Volumes＞Sphere＞Solid Sphere 命令，弹出如图 8-27 所示的对话框。在文本框【WP Y】中输入"3"，在文本框【Radius】中输入半径"7.5"，单击【OK】按钮。

② 旋转工作平面 90°。选择 Utility Menu＞WorkPlane＞Offset WP by Increments 命令，弹出【Offset WP】对话框如图 8-28 所示，拖动【Degrees】滚动条值至 90，点击 按钮，使得工作平面逆时针旋转 90°。

③ 用工作平面切割球。选择 Main Menu＞Preprocessor＞Modeling＞Operate＞Booleans＞Divide＞Area by WrkPlane 命令，弹出拾取框，点击【Pick All】按钮。

④ 删除上半球。选择 Main Menu＞Preprocessor＞Modeling＞Delete＞Volumes and Below 命令，选择上半个球，单击【OK】按钮。分割结果如图 8-29 所示。

⑤ 创建圆柱体。选择 Main Menu＞Preprocessor＞Modeling＞Create＞Volumes＞Cylinder＞Solid Cylinder 命令，弹出如图 8-30 所示的对话框。在文本框【Radius】中输入半径"3"，在文本框【Depth】中输入"-10"，单击【OK】按钮。

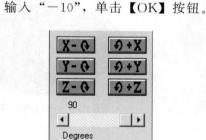

图 8-27 输入球的参数　　图 8-28 旋转工作平面　　图 8-29 切割后的球

⑥ 平移工作平面。选择 Utility Menu＞WorkPlane＞Offset WP to＞XYZ Locations 命令，弹出如图 8-31 所示的对话框。在文本框中输入"0,10,0"，单击【OK】按钮。

⑦ 创建圆柱体孔。选择 Main Menu＞Preprocessor＞Modeling＞Create＞Volumes＞Cylinder＞Solid Cylinder 命令，弹出如图 8-32 所示的对话框。在文本框【Radius】中输入

半径"1.5",在文本框【Depth】中输入"4",单击【OK】按钮。

图 8-30 输入圆柱体的参数　　图 8-31 平移工作平面　　图 8-32 输入圆柱体的参数

⑧ 布尔运算。选择 Main Menu＞Preprocessor＞Modeling＞Operate＞Booleans＞Subtract＞Volumes 命令,拾取大圆柱体,单击【OK】按钮,再拾取小圆柱体,单击【OK】按钮。选择 Main Menu＞Preprocessor＞Modeling＞Operate＞Booleans＞Add＞Volumes 命令,在拾取对话框中点击【Pick All】按钮,生成如图 8-33 所示的几何模型。

(7) 建立网格模型

选择 Main Menu＞Preprocessor＞MeshTool,将智能网格划分器（Smart Size）设定勾选为"on",同时将滑动码设置为"2"。确认【MeshTool】的各项为:【Volumes】、【Tet】、【Free】,点击【MeshTool】中的【Mesh】按钮,在弹出对话框中点击【Pick All】,得到如图 8-34 所示的网格模型。

图 8-33 铆钉几何模型　　　　　图 8-34 铆钉网格模型

8.3.3 施加载荷

(1) 对球面施加全位移约束

选择 Main Menu＞Solution＞Define Loads＞Apply＞Structural＞Displacement＞on Areas 命令,弹出【Apply U,ROT on Areas】对话框,拾取下半个球面,单击【OK】按钮,弹出如图 8-35 所示的对话框,选择【All DOF】作为约束自由度,单击【OK】按钮。

(2) 对环面施加定值位移载荷

选择 Main Menu>Solution>Define Loads>Apply>Structural>Displacement>on Areas 命令，弹出【Apply U, ROT on Areas】对话框，拾取圆柱体上圆环面，单击【OK】按钮，弹出如图 8-36 所示的对话框，选择【UY】作为约束自由度，在文本框【Displacement value】中输入"0.2"，单击【OK】按钮。

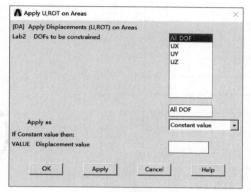

图 8-35　施加位移全约束

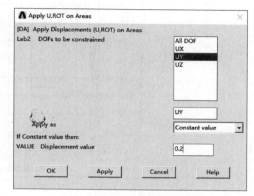

图 8-36　施加位移载荷

8.3.4　求解

(1) 求解控制设置

选择 Main Menu>Solution>Analysis Type>Sol'n Controls 命令，将弹出【Solution Controls】对话框，如图 8-37 所示。在【Basic】选项卡中的【Frequency】下拉列表框中选择【Write every Nth substep】，在【Write Items to Results File】中选择【All solution items】，在【Time at end of locastep】文本框中输入"1"，在【Number of substeps】文本框中输入"20"，在【Max no. of substeps】文本框中输入"25"，在【Min no. of substeps】文本框中输入"1"，单击【OK】按钮。

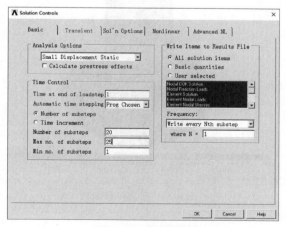

图 8-37　求解控制

(2) 进行求解

选择 Main Menu>Solution>Solve>Current LS 命令，会弹出【/STATUS Command】

窗口和【Solve Current Load Step】对话框，单击【OK】按钮，则 ANSYS 开始求解，ANSYS 会显示非线性求解过程的收敛过程，如图 8-38 所示。求解完成后，出现求解完成提示对话框，单击【Close】按钮。

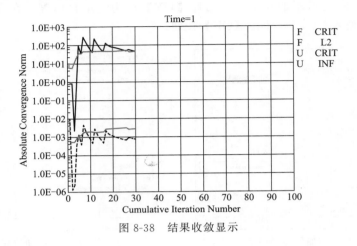

图 8-38　结果收敛显示

8.3.5　查看结果

（1）查看位移

选择 Main Menu＞General Postproc＞Plot Results＞Contour Plot＞Nodal Solu 命令，弹出【Contour Nodal Solution Data】对话框，在【Item to be contoured】列表框中依次选择 Nodal Solution＞DOF Solution＞Y-Component of displacement 命令，其他保持不变，单击【OK】按钮即可显示 Y 向位移云图，如图 8-39 所示。

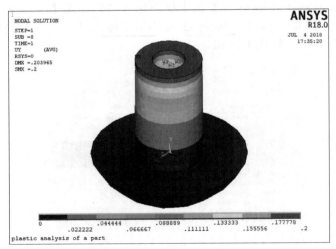

图 8-39　Y 向位移云图

（2）查看应变

选择 Main Menu＞General Postproc＞Plot Results＞Contour Plot＞Nodal Solu 命令，弹出【Contour Nodal Solution Data】对话框，如图 8-40 所示，在【Item to be contoured】列表框中依次选择 Total Mechanical Strain＞von Mises total mechanical strain 命令，其他保

持不变，单击【OK】按钮即可显示 von Mises 应变云图，如图 8-41 所示。

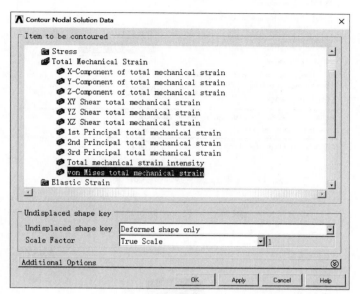

图 8-40 【Contour Nodal Solution Data】对话框

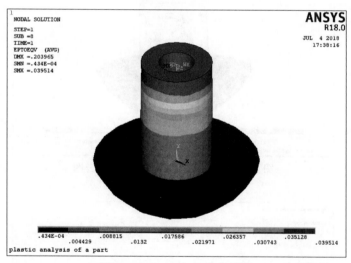

图 8-41 von Mises 应变云图

(3) 查看截面

选择 Utility Menu＞PlotCtrls＞Style＞Hidden Line Options 命令，打开【Hidden-Line Options】对话框，如图 8-42 所示，在下拉列表框【Type of Plot】中选择【Capped hidden】选项，在下拉列表框【Cutting plane is】中选择【Normal to view】选项，单击【OK】按钮，图形窗口显示截面的 von Mises 应变云图，如图 8-43 所示。

(4) 查看动画

选择 Utility Menu＞PlotCtrls＞Animate＞Mode Shape 命令，弹出如图 8-44 所示的对话框，选择【DOF solution】和【UY】，单击【OK】按钮，图形窗口将对铆钉 Y 向位移进行动态显示，如图 8-45 所示。

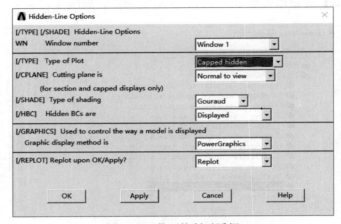

图 8-42 截面控制对话框

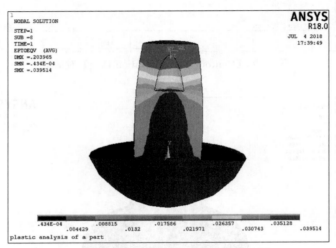

图 8-43 铆钉截面 von Mises 应变云图

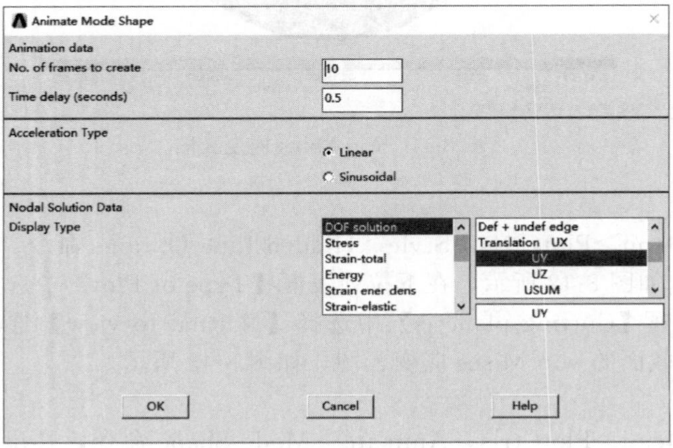

图 8-44 设置动画显示

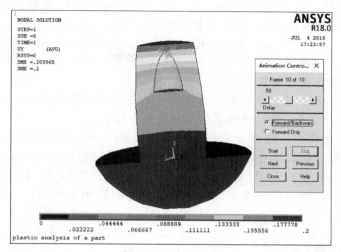

图 8-45 动画显示

8.4 状态非线性分析实例——齿轮接触分析

8.4.1 问题提出

一对啮合的齿轮在工作时产生接触,分析其接触位置、面积和接触力的大小。

啮合齿轮模型如图 8-46 所示,已知:齿顶直径为 48mm;齿根直径为 30mm;齿数为 10;厚度为 4mm;弹性模量为 2.06×10^{11} MPa;摩擦因数为 0.3;中心距为 40mm。

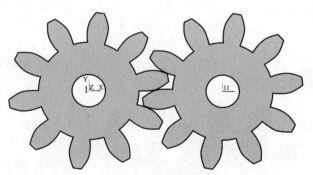

图 8-46 啮合齿轮模型

8.4.2 建立模型

(1) 定义工作文件名及工作标题

① 调出单个齿轮模型。复制随书资料 "SourceFiles \ ch08 \ examples \ GearContact \ " 中的 gear.db 文件到工作目录,启动 ANSYS,单击工具栏上的按钮打开数据库文件 gear.db。

② 定义工作文件名。选择 Utility Menu>File>Change Jobname 命令,弹出【Change Jobname】对话框,在【Enter new jobname】文本框中输入 "GearContact",同时把【New log and error files】中的复选框选为【Yes】,并单击【OK】按钮。

③ 定义工作标题。选择 Utility Menu＞File＞Change Title 菜单命令，弹出【Change Title】对话框。在【Enter new title】文本框中输入"the contact analysis of gear"，并单击【OK】按钮。单击 Utility Menu＞Plot＞Replot 命令，重绘图形显示界面，此时在视图窗口左下角会出现定义的标题名。

(2) 建立一对啮合齿轮模型

① 激活坐标系为全局直角坐标系。选择 Utility Menu＞WorkPlane＞Change Active CS to＞Global Cartesian 命令，激活坐标系为全局直角坐标系。

② 复制齿轮截面模型。选择 Main Menu＞Preprocessor＞Modeling＞Copy＞Areas 命令，在弹出图形拾取对话框中点击【Pick All】按钮，弹出如图 8-47 所示的【Copy Areas】对话框。在【Number of copies】文本框中输入复制的数量"2"，在【X-offset in active CS】文本框中输入当前活动坐标系中的 X 增量"40"，单击【OK】按钮，生成第 2 个齿轮，如图 8-48 所示。

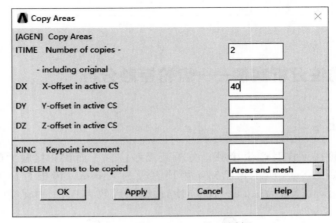

图 8-47 【Copy Areas】对话框

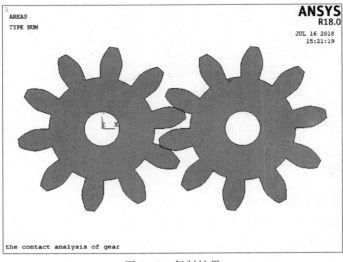

图 8-48 复制结果

③ 建立局部柱坐标并激活。选择 Utility Menu＞WorkPlane＞Local Coordinate Systems＞

Create Local CS＞At Specifited Loc 命令，弹出【Create CS at Location】对话框，如图 8-49 所示，在文本框中输入局部坐标原点"40,0,0"，点击【OK】按钮，弹出【Create Local CS at Specifited Location】对话框，如图 8-50 所示，在下拉列表框【Type of coordinate system】选择【Cylindrical 1】选项，其他保持不变，点击【OK】按钮。

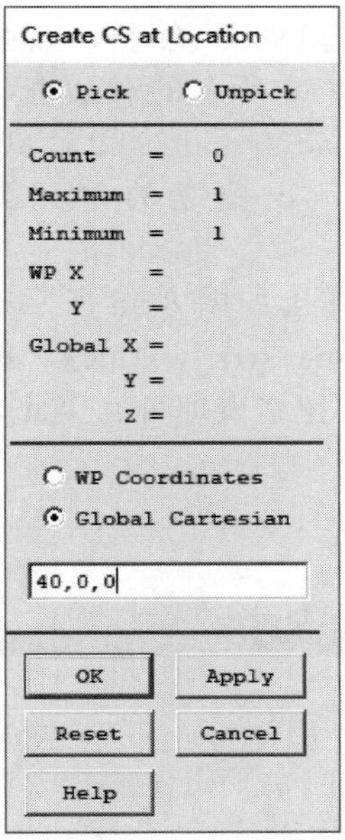

图 8-49 【Create CS at Location】对话框

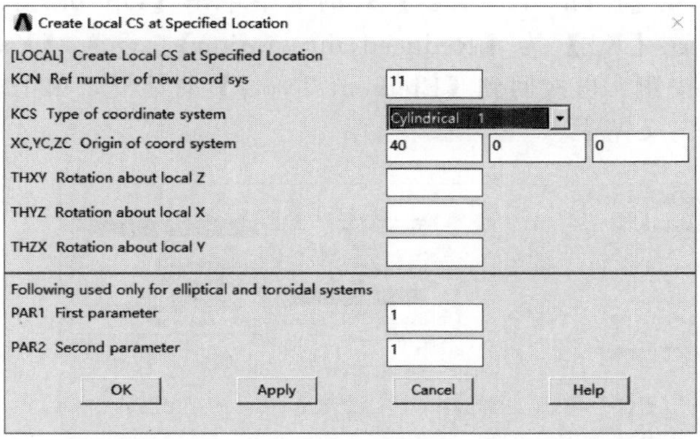

图 8-50 【Create Local CS at Specifited Location】对话框

激活坐标系为局部柱坐标。选择 Utility Menu＞WorkPlane＞Change Active CS to＞Specifited Coord Sys 命令，激活坐标系为局部柱坐标。

④ 旋转第 2 个齿轮。选择 Main Menu＞Preprocessor＞Modeling＞Move/Modify＞Areas 命令，弹出图形拾取对话框，选取第 2 个齿轮，弹出如图 8-51 所示的【Move Areas】对话框。在【Y-offset in active CS】文本框中输入当前活动坐标系中的 X 增量"－1.8"，单击【OK】按钮，则第 2 个齿轮旋转到与第 1 个齿轮啮合的位置，如图 8-52 所示。

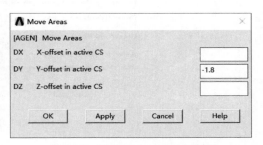

图 8-51 【Move Areas】对话框

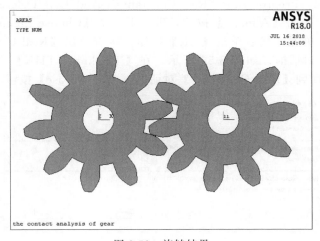

图 8-52 旋转结果

(3) 定义单元类型

① 选择 Main Menu＞Preprocessor＞Element Type＞Add/Edit/Delete 命令，在弹出的【Element Types】对话框中单击【Add...】按钮，弹出如图 8-53 所示的对话框。在对话框左侧的列表中选择【Solid】，在右侧的列表框中选择【Quad 4 node 182】，单击【OK】按钮回到【Element Types】对话框，如图 8-54 所示显示出建立的单元类型 PLANE182。

② 在【Element Types】对话框中单击【Options...】按钮，弹出如图 8-55 所示对话框，设置【K1】为【Reduced integration】，设置【K3】为【Plane strs w/thk】，单击【OK】按钮。再次回到【Element Types】对话框，单击【Close】按钮结束即可。至此，单元类型定义完毕。

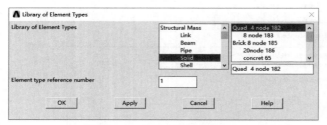 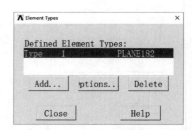

图 8-53　单元类型库对话框　　　　　　　图 8-54　定义的单元类型

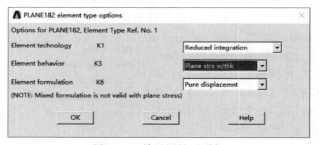

图 8-55　单元属性对话框

(4) 定义单元实常数

选择 Main Menu＞Preprocessor＞Real Constants＞Add/Edit/Delete 命令，弹出【Real Constants】对话框，点击【Add...】按钮，进入下一个【Choose Element Type】对话框，选择【PLANE182】单元，然后单击【OK】按钮。接着弹出【Real Constant Set Number 1, for PLANE182】对话框，如图 8-56 所示。在【Thickness THK】文本框中输入"4"，单击【OK】按钮，回到【Real Constants】对话框，单击【Close】按钮。

图 8-56　【Real Constant Set Number 1，for PLANE182】对话框

(5) 定义材料属性

① 定义弹性模量和泊松比。选择 Main Menu＞Preprocessor＞Material Props＞Material Models 命令，弹出【Define Material Model Behavior】对话框，如图 8-57 所示。依次选择 Structural＞Linear＞Elastic＞Isotropic 命令，表示将材料属性设置为各向同性的线弹性材料，最后双击【Isotropic】命令。接着弹出如图 8-58 所示的【Linear Isotropic Material Properties for Material Number 1】对话框。在【EX】文本框中输入弹性模量"2.06e11"，在【PRXY】文本框中输入泊松比"0.3"，单击【OK】按钮。

② 定义摩擦因数。回到定义材料特性对话框，如图 8-59 所示，选择 Structural＞Friction Coefficient，弹出如图 8-60 所示的对话框，输入摩擦因数"0.3"，然后单击【OK】按钮确认。再次回到定义材料特性对话框，选择 Material＞Exit 关闭对话框。

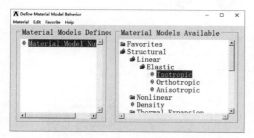

图 8-57 【Define Material Model Behavior】对话框

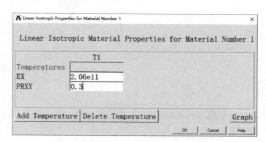

图 8-58 【Linear Isotropic Material Properties for Material Number 1】对话框

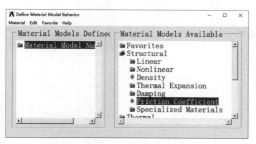

图 8-59 定义材料特性对话框

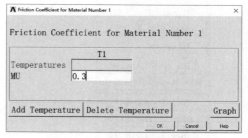

图 8-60 设置摩擦因数对话框

(6) 进行网格划分

选择 Main Menu＞Preprocessor＞MeshTool，弹出【MeshTool】对话框，选择【Free】网格划分方式，单元形状为【Quad】，点击【MeshTool】中的【Mesh】，在弹出的图 3-120 所示菜单中点击【Pick All】，划分好的啮合齿轮有限元模型如图 8-61 所示。

(7) 定义接触对

① 定义目标面节点组 node1。选择 Utility Menu＞Select＞Entities 命令，弹出如图 8-62 所示的实体选择对话框。在选择对象下拉列表框中选择【Lines】选项，在选择方式的下拉列表框中选择【By Num/Pick】选项，选择【From Full】单选钮选项，单击【Apply】按钮，选择齿轮 1 与齿轮 2 接触的齿廓线，如图 8-63 所示，单击【OK】按钮。

回到实体选择对话框，在选择对象下拉列表框中选择【Nodes】选项，在选择方式的下拉列表框中选择【Attached to】选项，分别选择【Lines，all】和【From Full】单选钮选项，如图 8-64 所示，单击【Apply】按钮。

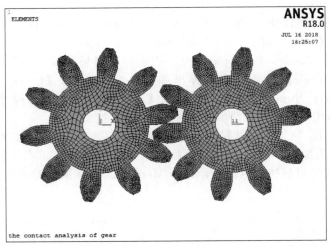

图 8-61　网格划分结果

 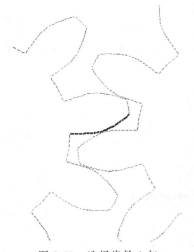 

图 8-62　选择线构造选择集　　图 8-63　选择齿轮 1 与齿轮 2 接触的齿廓线　　图 8-64　选择节点构造选择集

选择 Utility Menu>Select>Comp/Assembly>Create Component 命令，弹出如图 8-65 所示的【Create Component】对话框，在【Component name】文本框中输入"node1"，单击【OK】按钮，建立好齿轮 1 的目标面节点组 node1。

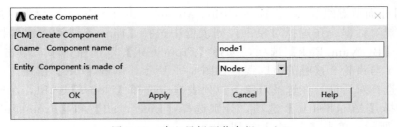

图 8-65　建立目标面节点组 node1

② 定义接触面节点组 node2。选择 Utility Menu＞Select＞Everything 命令。然后按照上面相同的步骤，建立齿轮 2 接触面节点组 node2。

③ 建立齿轮接触对。点击工具条中的接触定义向导按钮 ，如图 8-66 所示。会弹出如图 8-67 所示的接触向导管理对话框。点击工具条中 按钮，将打开定义接触向导对话框，如图 8-68 所示，首先定义目标面，在对话框中选择【NODE1】，单击【Next】，接着弹出另一对话框，如图 8-69 所示，此时定义接触面，在对话框中选择【NODE2】，单击【Next】，弹出如图 8-70 所示的对话框，点击【Create】按钮，建立接触对后，会弹出接触对创建成功提示框，如图 8-71 所示，单击【Finish】按钮，回到接触对管理器，显示创建好的接触对，如图 8-72 所示，同时视图窗口也会图形显示创建的接触对，结果如图 8-73 所示。

图 8-66　接触定义向导按钮

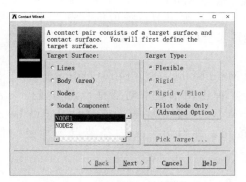

图 8-67　定义接触对向导管理器

图 8-68　接触向导对话框（1）

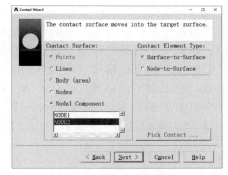

图 8-69　接触向导对话框（2）

图 8-70　接触向导对话框（3）

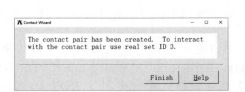

图 8-71　接触对创建成功提示框

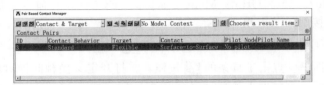 

图 8-72　创建好的齿轮接触对　　　　图 8-73　接触对图形显示

8.4.3　施加载荷

(1) 建立第 1 个齿轮内径节点选择集

选择 Utility Menu>Select>Entities 命令，弹出实体选择对话框。在选择对象下拉列表框中选择【Lines】选项，在选择方式的下拉列表框中选择【By Num/Pick】选项，选择【From Full】单选钮选项，单击【Apply】按钮，选择齿轮 1 内径的 4 段圆弧，单击【OK】按钮。

回到实体选择对话框，在选择对象下拉列表框中选择【Nodes】选项，在选择方式的下拉列表框中选择【Attached to】选项，分别选择【Lines，all】和【From Full】单选钮选项，单击【Apply】按钮。

(2) 旋转齿轮 1 内径节点的节点坐标为柱坐标

激活坐标系为全局柱坐标系。选择 Utility Menu>WorkPlane>Change Active CS to>Global Cylindrical 命令，激活坐标系为全局柱坐标系。

将节点坐标系旋转到当前活动坐标系的方向。选择 Main Menu>Preprocessor>Modeling>Create>Nodes>Rotate Node CS>To Active CS。弹出节点拾取框，点击【Pick All】按钮，将齿轮 1 内径的所有节点的节点坐标都旋转与全局柱坐标一致。

(3) 对第 1 个齿轮内径节点施加位移约束

对齿轮 1 内径节点施加径向位移约束。选择 Main Menu>Solution>Define Loads>Apply>Structural>Displacement>On Nodes 命令，弹出图形选取对话框，点击【Pick All】按钮，弹出如图 8-74 所示的【Apply U，ROT on Nodes】对话框，在【DOFs to be constrained】列表框中选择【UX】，单击【OK】按钮，即对齿轮 1 内径节点施加径向位移约束。

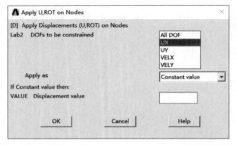 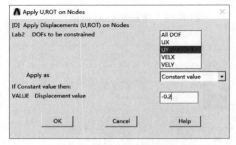

图 8-74　【Apply U，ROT on Nodes】对话框　　　　图 8-75　施加周向位移约束

对齿轮 1 内径节点施加周向位移约束。选择 Main Menu>Solution>Define Loads>Apply>Structural>Displacement>On Nodes 命令，弹出图形选取对话框，点击【Pick All】按钮，弹出【Apply U，ROT on Nodes】对话框，在【DOFs to be constrained】列表框中选择【UY】，在【Displacement value】文本框中输入"-0.2"，单击【OK】按钮，对

齿轮 1 内径节点施加径向位移约束，如图 8-75 所示。选择 Utility Menu＞Select＞Everything 命令，选择 Utility Menu＞Plot＞Nodes 命令，约束结果如图 8-76 所示。

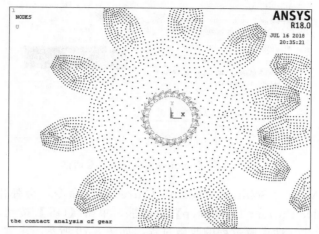

图 8-76　对第 1 个齿轮内径节点施加位移约束结果

(4) 对第 2 个齿轮内径节点施加位移约束

选择 Main Menu＞Solution＞Define Loads＞Delete＞Structural＞Displacement＞On Lines 命令，选择齿轮 2 内径的 4 段圆弧，单击【OK】按钮。弹出【Apply U, ROT on Nodes】对话框，在【DOFs to be constrained】列表框中选择【All DOF】，单击【OK】按钮，即对齿轮 2 内径节点施加径向位移约束，如图 8-77 所示。

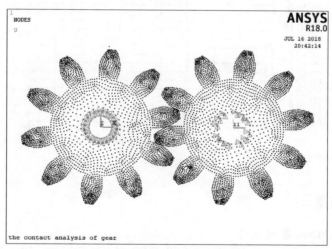

图 8-77　对两个齿轮内径节点施加位移约束结果

8.4.4　求解

① 求解控制设置。选择 Main Menu＞Solution＞Analysis Type＞Sol'n Controls 命令，将弹出【Solution Controls】对话框，如图 8-78 示。在【Basic】选项卡中的【Analysis Options】下拉列表框中选择【Large Displacement Static】，在【Time at end of loadstep】文本框输入"1"，在【Number of substeps】文本框中输入"20"。

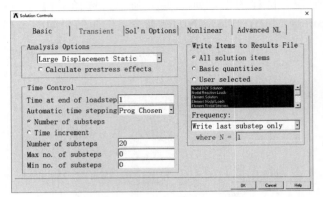

图 8-78 【Solution Controls】对话框

② 选择 Main Menu＞Solution＞Solve＞Current LS 命令，会弹出【/STATUS Command】窗口和【Solve Current Load Step】对话框，单击【OK】按钮，则 ANSYS 开始求解，ANSYS 会显示非线性求解过程的收敛过程，如图 8-79 所示。求解完成后，出现求解完成提示对话框，单击【Close】按钮。

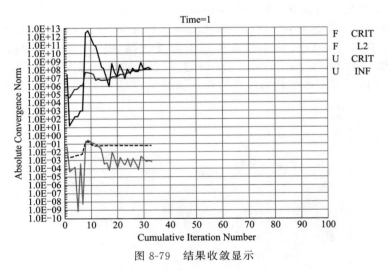

图 8-79 结果收敛显示

8.4.5 查看结果

(1) 查看 von Mises 等效应力

选择 Main Menu＞General Postproc＞Plot Results＞Contour Plot＞Nodal Solu，弹出【Contour Nodal Solution Data】对话框。在【Item to be contoured】列表框中依次选择 Nodal Solution＞Stress＞von Mises stress，单击【OK】按钮。齿轮 von Mises 等效应力云图如图 8-80 所示。

(2) 查看接触应力

选择 Main Menu＞General Postproc＞Plot Results＞Contour Plot＞Nodal Solu，弹出【Contour Nodal Solution Data】对话框。在【Item to be contoured】列表框中依次选择 Nodal Solution＞Contact＞Contact pressure，如图 8-81 所示，单击【OK】按钮。齿轮接触应力如图 8-82 所示。

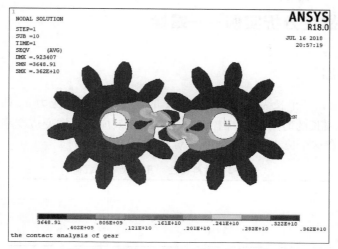

图 8-80　齿轮 von Mises 等效应力云图

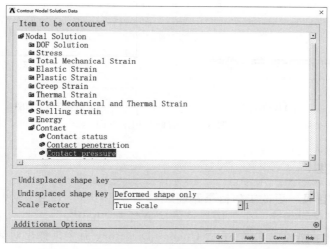

图 8-81　【Contour Nodal Solution Data】对话框

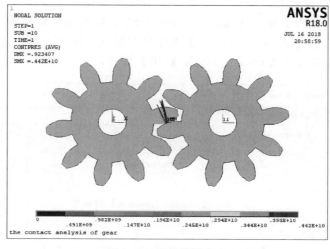

图 8-82　齿轮接触应力

8.5 非线性蠕变分析实例——螺栓

8.5.1 问题提出

如图 8-83 所示,一个长为 l,截面积为 A 的螺栓,受到预应力 σ_0 的作用。该螺栓在高温 T_0 下放置一段很长的时间 t_1。螺栓的材料有蠕变效应,其蠕变应变率为 $d\varepsilon/dt = k\sigma^n$,见表 8-2。下面求解在这个应力松弛的过程中螺栓的应力 σ。

表 8-2 材料属性、几何尺寸及载荷

材料属性	几何尺寸	载荷
$E = 30 \times 10^6 \text{psi}$ $n = 7$ $k = 4.8 \times 10^{-30} \text{h}^{-1}$	$l = 10 \text{in}$ $A = 1 \text{in}^2$	$\sigma_0 = 1000 \text{psi}$ $T_0 = 900°\text{F}$

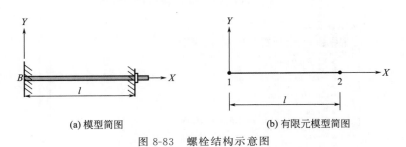

(a) 模型简图   (b) 有限元模型简图

图 8-83 螺栓结构示意图

8.5.2 建立模型

(1) 新建工作目录、更改工作目录路径。

① 新建工作目录。新建一个工作目录,目录名为"bolt"。

② 更改工作目录路径。选择 File>Change Directory 命令,弹出对话框,选择刚才建立的工作目录,单击【OK】按钮即可。

(2) 修改工作文件名

启动 ANSYS,选择 File>Change Jobname 命令,弹出如图 8-84 所示的【Change Jobname】对话框。在【Enter new jobname】文本框中输入"bolt",同时把【New log and error files】中的复选框选为【Yes】,并单击【OK】按钮。

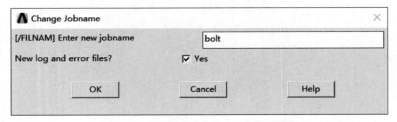

图 8-84 【Change Jobname】对话框

(3) 设定分析标题

选择 File>Change Title 菜单命令,弹出如图 8-85 所示的【Change Title】对话框。输入

"STRESS RELAXATION OF A BOLT DUE TO CREEP",并单击【OK】按钮。单击 Utility Menu>Plot>Replot 重绘图形显示界面,此时在视图窗口左下角会出现刚定义的标题名。

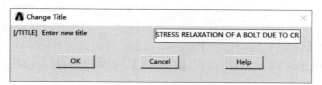

图 8-85 【Change Title】对话框

(4) 定义单元类型

选择 Main Menu>Preprocessor>Element Type>Add/Edit/Delete 命令,弹出【Element Type】对话框,单击【Add...】按钮,按如图 8-86 所示选中 LINK180 节点,然后单击【OK】按钮,关闭对话框。

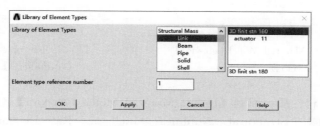

图 8-86 定义单元类型

(5) 定义截面属性

① 从主菜单中选择 Main Menu>Preprocessor>Sections>Link>Add 命令,弹出如图 8-87 所示的【Add Link Section】对话框,在文本框中输入"1",单击【OK】按钮。

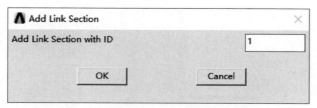

图 8-87 【Add Link Section】对话框

② 弹出如图 8-88 所示的对话框,在【Link area】文本框中输入"1",点击【OK】按钮,关闭对话框。

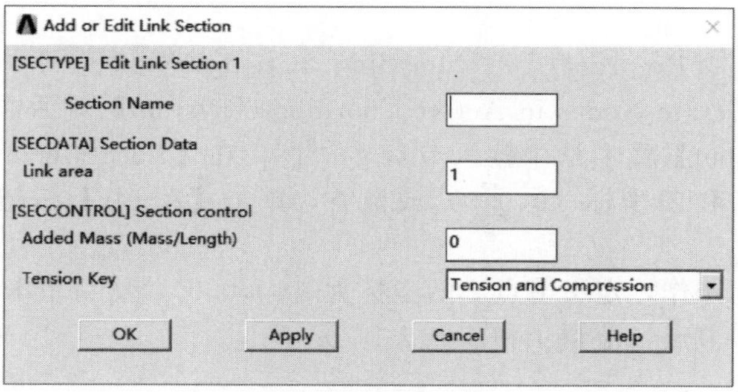

图 8-88 设置截面属性

(6) 定义材料属性

① 定义线性材料性质。从主菜单中选择 Main Menu>Preprocessor>Material Props>Material Models 命令，弹出如图 8-89 所示的【Define Material Model Behavior】对话框。选择对话框右侧的 Structural>Linear>Elastic>Isotropic 命令，双击【Isotropic】选项，弹出如图 8-90 所示的【Linear Isotropic Properties for Material Number 1】对话框。在【EX】文本框中输入弹性模量"3E+007"，在【PRXY】文本框中输入泊松比"0.3"，然后单击【OK】按钮。

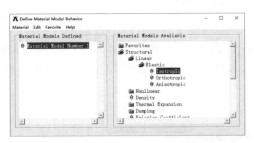 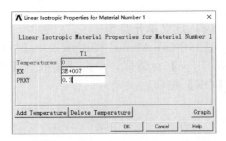

图 8-89　【Define Material Model Behavior】对话框　　　图 8-90　【Linear Isotropic Properties for Material Number 1】对话框

② 定义蠕变材料性质。回到【Define Material Model Behavior】对话框，如图 8-91 所示，选择对话框右侧的 Structural>Nonlinear>Inelastic>Rate Dependent>Creep>Creep only>Mises Potential>Implicit>1：Strain Hardening（Primary）命令，弹出如图 8-92 所示的【Creep Table】对话框。在【C1】文本框中输入弹性模量"4.8E-30"，在【C2】文本框中输入泊松比"7"，单击【OK】按钮。选择菜单路径 Matrial>Exit，退出材料定义窗口。

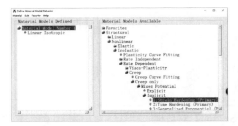 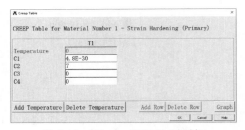

图 8-91　【Define Material Model Behavior】对话框　　　图 8-92　【Creep Table】对话框

(7) 建立有限元模型

① 定义节点。

选择 Main Menu>Preprocessor>Modeling>Create>Nodes>In Active CS 命令，弹出如图 8-93 所示的【Create Nodes in Active Coordinate System】对话框。

在【Node Number】文本框中输入节点号"1"，在【Location in active CS】文本框中分别输入节点 X、Y 和 Z 坐标（0,0,0）或留空，单击【Apply】按钮，即可生成所要的节点 1。

重复上述步骤的操作，定义节点 2 的坐标为（10,0,0），然后单击【OK】按钮。

至此生成了两个节点：节点 1 和节点 2。

② 定义单元。

选择 Main Menu>Preprocessor>Modeling>Create>Elements>Auto Numbered>

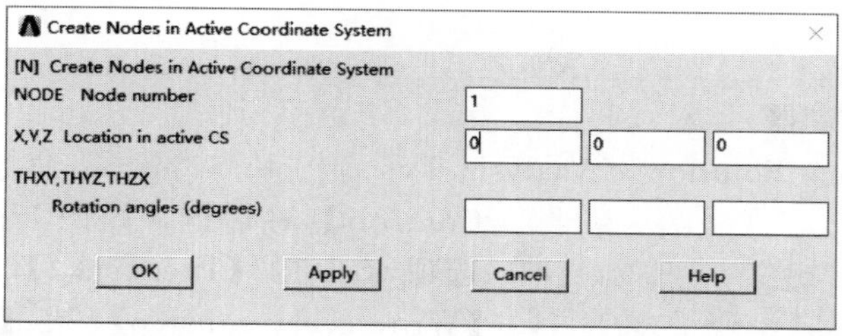

图 8-93 【Create Nodes in Active Coordinate System】对话框

Thru Nodes 命令，弹出图形选取对话框。

用鼠标在视图窗口中依次选择节点 1 和 2，然后单击【OK】按钮，即生成单元 1，如图 8-94 所示。

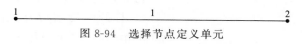

图 8-94 选择节点定义单元

8.5.3 施加载荷

① 施加初始应变。由于 ANSYS18.0 不支持菜单施加初始应变，故可以在命令窗口输入以下命令流：

INIS,SET,DTYP,EPEL　　　　　　! 设置施加的初始数据为应变；
INIS,DEFI,1,ALL,ALL,ALL,1/30000　　! 施加初始应变 $\varepsilon=\sigma_0,E=1/30000$。

② 设置环境温度。选择 Main Menu>Solution>Define Loads>Setting>Uniform TEMP 命令，弹出【Uniform Temperature】对话框，如图 8-95 所示，输入温度"900"，单击【OK】按钮。

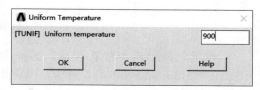

图 8-95 【Uniform Temperature】对话框

③ 施加位移约束。选择 Main Menu>Solution>Define Loads>Apply>Structural>Displacement>on Nodes 命令，单击【Pick All】按钮，弹出如图 8-96 所示的对话框，选择【All DOF】作为约束自由度，单击【OK】按钮。

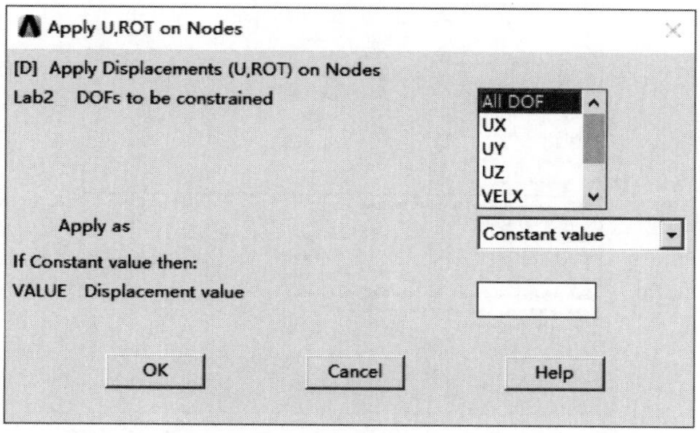

图 8-96 【Apply U，ROT on Nodes】对话框

8.5.4 求解

(1) 设置求解控制器

选择 Main Menu＞Solution＞Analysis Type＞Sol'n Controls 命令，将弹出【Solution Controls】对话框，如图 8-97 所示。在【Basic】选项卡中的【Frequency】下拉列表框中选择【Write every substep】，在【Time at end of loadstep】文本框中输入"1000"，在【Automatic time stepping】下拉列表框中选择【Off】，在【Number of substeps】文本框中输入"100"，单击【OK】按钮。

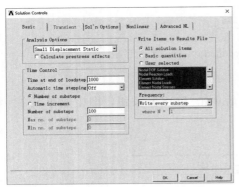

图 8-97 【Solution Controls】对话框

(2) 设置其他求解选项

① 打开蠕变效应开关。选择 Main Menu＞Solution＞Load Step Opts＞Nonlinear＞Strn Rate Effect 命令，弹出如图 8-98 所示【Creep Option】对话框，选中【Strain Rate Effect】单选钮，单击【OK】按钮。

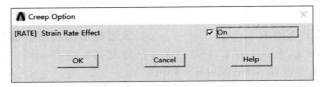

图 8-98 【Creep Option】对话框

② 设置载荷形式为阶跃载荷。选择 Main Menu＞Solution＞Load Step Opts＞Time/Frequenc＞Time and Substep 命令，可弹出如图 8-99 所示的【Time and Substep Options】对话框。在【Stepped or ramped b.c.】单选列表框中选择阶跃加载（Stepped）模式，其他选项保持不变，单击【OK】按钮。

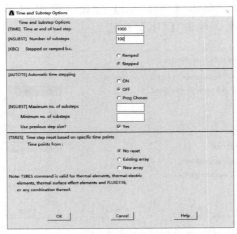

图 8-99 【Time and Substep Options】对话框

③ 设置输出控制选项。选择 Main Menu＞Solution＞Load Step Opts＞Solu Printout 命

令，弹出如图 8-100 所示的【Solution Printout Controls】对话框，选择【Every Nth substp】单选按钮，在文本框【Value of N】中输入"10"，单击【OK】按钮。

选择 Main Menu>Solution>Load Step Opts>DB/Results File 命令，弹出如图 8-101 所示的【Controls for Database and Results File Writing】对话框，选择【Every substp】单选按钮，单击【OK】按钮。

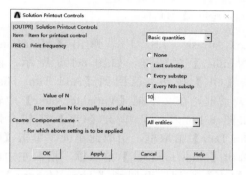

图 8-100　【Solution Printout Controls】对话框

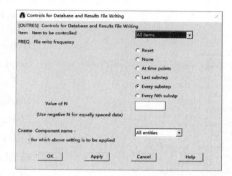

图 8-101　【Controls for Database and Results File Writing】对话框

（3）执行求解

选择 Main Menu>Solution>Solve>Current LS 命令，会弹出【/STATUS Command】窗口和【Solve Current Load Step】对话框，单击【OK】按钮，则 ANSYS 开始求解，ANSYS 会显示求解追踪曲线，如图 8-102 所示。求解完成后，出现求解完成提示对话框，单击【Close】按钮。

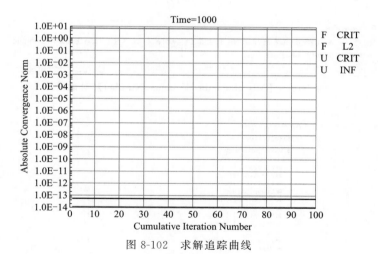

图 8-102　求解追踪曲线

8.5.5　查看结果

① 进入时间历程后处理器。选择 Main Menu>TimeHist Postpro 命令，弹出【Time History Variables】对话框，如图 8-103 所示。

② 定义单元应力变量。在【Time History Variables】对话框中点击 ╋ 按钮，弹出如图 8-104 所示的【Add Time-History Variable】对话框，选择 Element Solution>Miscellaneous

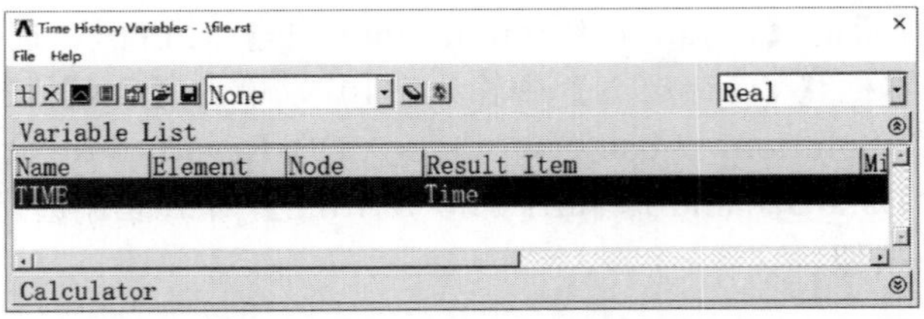

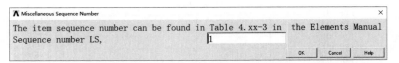

图 8-103 【Time History Variables】对话框

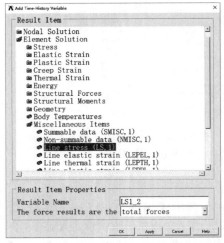

图 8-104 【Add Time-History Variable】对话框

Items > Line stress (LS, 1), 弹出【Miscellaneous Sequence Number】对话框, 如图 8-105 所示, 输入"1", 单击【OK】按钮。返回到【Add Time-History Variable】对话框, 在文本框【Variable Name】中输入"SIG", 如图 8-106 所示, 单击【OK】按钮, 弹出【Element for Data】拾取框, 拾取此单元, 单击【OK】按钮, 又弹出【Node for Data】拾取框, 拾取左边的节点, 单击【OK】按钮, 返回到【Time History Variables】对话框, 此时变量列表中多了一项 SIG 变量, 如图 8-107 所示。

③ 绘制变量曲线。在【Time History Variables】对话框中点击 按钮, 屏幕显示变量 SIG 随时间变化的曲线, 如图 8-108 所示。点击 按钮, 屏幕将弹出对话框, 列表显示变量 SIG 随时间变化的数据, 如图 8-109 所示。

图 8-105 【Miscellaneous Sequence Number】对话框

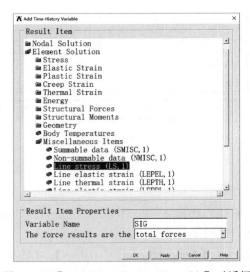

图 8-106 【Add Time-History Variable】对话框

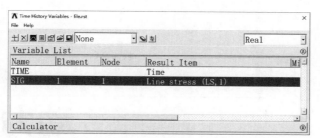

图 8-107 【Time History Variables】对话框

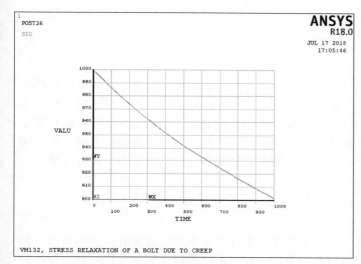

图 8-108 量 SIG 随时间
变化的曲线

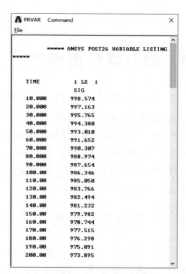

图 8-109 列表显示变量
SIG 随时间变化

本章小结

本章介绍了包括几何非线性、材料非线性、状态非线性等非线性问题类型的基本概念及分析步骤，并以实例详细讲解了用 ANSYS 对每种分析类型的解题过程，这些实例需要读者通过实际操作逐渐熟悉和掌握。

第 9 章 动力学分析

9.1 动力学分析概述

在实际工程结构的设计工作中，动力学设计和分析是必不可少的一部分。几乎现代的所有工程结构都面临着动力问题。在航空航天、船舶、汽车等行业，动力学问题更加突出，在这些行业中将会接触大量的旋转结构（例如：轴、轮盘等结构）。这些结构一般来说在整个机械中占有极其重要的地位。它们的损坏大部分都是由于共振导致较大振动应力引起的。同时由于处于旋转状态，它们所受外界激振力比较复杂，更要求对这些关键部分进行完整的动力学设计与分析。

9.1.1 动力学分析简介

通常动力学分析的工作主要由系统的动力特性分析（即求解结构的固有频率和振型）和系统在受到一定载荷时的动力响应分析两部分构成。根据系统的特性可分为线性动力分析和非线性动力分析两类。根据载荷随时间变化的关系可以分为稳态动力分析和瞬态动力分析。

9.1.2 动力学分析类型

ANSYS 提供了强大的动力分析工具，可以很方便地进行各类动力分析问题，主要动力分析类型如下。

① 模态分析用于确定设计中的结构或机器部件的振动特性（固有频率和振型）。它也是更详细的动力学分析的起点。

② 谐波响应分析是用于分析持续的周期载荷在结构系统中产生的持续的周期响应（谐响应），以及确定线性结构承受随时间按正弦（简谐）规律变化的载荷时稳态响应的一种技术。这种分析技术只是计算结构的稳态受迫振动，发生在激励开始时的瞬态振动不在谐响应分析中考虑。谐响应分析是一种线性分析，但也可以分析有预应力的结构。

③ 瞬态动力分析（亦称时间历程分析）是用于确定承受随时间变化载荷结构的动力学响应的一种方法，可以用瞬态动力学分析确定结构在静载荷、瞬态载荷和简谐载荷的随意组合作用下随时间变化的位移、应变、应力及力。载荷和时间的相关性使得惯性力和阻尼作用比较重要。

④ 谱分析是一种将模态分析的结果与一个已知的谱联系起来计算模型的位移和应力的分析技术。谱分析替代时间历程分析，主要用于确定结构对随机载荷或随时间变化载荷（如地震、风载、海洋波浪、喷气发动机推力、火箭发动机振动等）的动力响应情况。谱是谱值与频率的关系曲线，它反映了时间历程载荷的强度和频率信息。

9.2 模态分析

模态分析可以确定一个结构的固有频率和振型，同时也可以作为其他更详细的动态分析的起点，例如瞬时动态分析、谐波响应分析和谱分析等。

9.2.1 模态分析简介

模态分析是用来确定结构振动特性的一种技术，这些振动特性包括：固有频率、振型、振型参与系数（即在特定方向上某个振型在多大程度上参与了振动）等。模态分析是所有动态分析类型的最基础的内容。如果要进行谐波响应分析或瞬时动态分析，固有频率和振型也是必要的。

模态分析假定结构是线性的。任何非线性特性（如塑性单元）即使定义了也将被忽略。模态提取是用来描述特征值和特征向量计算的术语，在 ANSYS 中模态提取的方法有 6 种：Block Lanczos 法（分块兰索斯法）、Subspace 法（子空间法）、PCG Lanczos 法（条件共轭梯度兰索斯法）、Reduced 法（缩减法）、Unsymmetric 法（不对称法）和 Damped 法（阻尼法）。使用何种模态提取方法主要取决于模型大小（相对于计算机的计算能力而言）和具体的应用场合。

9.2.2 模态分析步骤

模态分析的过程由 4 个主要步骤组成：①建模；②选择分析类型和分析选项；③施加边界条件并求解；④评价结果。

（1）建模

这一步的操作主要在预处理器（PREP7）中进行，包括定义单元类型、单元实常数、材料参数及几何模型。建模过程中需要注意以下两点。

- 必须定义密度（DENS）。
- 只能使用线性单元和线性材料，非线性性质将被忽略。

建模过程的典型命令流如下：

```
/PREP7
ET,…
MP,EX,…
MP,DENS,…
! 建立几何模型
…
! 划分网格
…
```

（2）选择分析类型和分析选项

这一步要选择模态分析类型、选择模态提取选项和模态扩展选项等。选择模态分析类型，可选择 Main Menu＞solution＞Analysis Type＞New Analysis 命令，在弹出的【New Analysis】对话框中选择【Modal】单选按钮即可，如图 9-1 所示。

选择模态提取选项的步骤如下。

① 选择 Main Menu＞solution＞Analysis Type＞Analysis Options 命令，弹出如图 9-2 所示的【Modal Analysis】对话框。

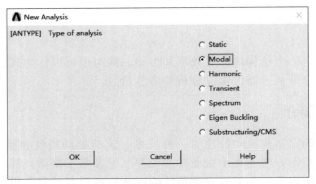

图 9-1 选择模态分析类型

② 在【Mode extraction method】单选列表框中选择适当的模型提取方法,建议大多数情况下选择【Block Lanczos】法。在【No. of modes to extract】文本框中输入模态(振动)提取数目,选择【Reduced】法时不需要指定。设置好后单击【OK】按钮即可。

进行模态扩展的操作为:选择 Main Menu>solution>Analysis Type>Analysis Options 命令,在【Modal Analysis】对话框中,选中【Expand mode shapes】后面的【Yes】复选框,在【No. of modes to expand】文本框中输入扩展模态的数目(建议和模态提取数目相等)即可。

说明:

模态扩展在下列几种情况下是必须的:①要在后处理中观察振型;②计算单元应力;③进行后继的频谱分析。

图 9-2 所示【Modal Analysis】对话框中的其他选项还有:
- 【Use lumped mass approx?】是否使用集中质量矩阵。
- 【Incl prestress effects?】预应力效应。

选择分析类型的典型命令流如下。

```
MODOPT,…            !选择分析类型;
MXPAND,…            !模态扩展。
LUMPM,OFF or ON
PSTRES,OFF or ON
ALPHAD,…
BETAD,…
DMPRAT,…
```

(3) 施加边界条件并求解

这一步主要是施加边界条件(包括位移约束和外部体载荷)并求解计算。

施加边界条件的操作基本上和静力分析相同。需要注意的是,因为振动被假定为自由振动,所以外部载荷将被忽略,ANSYS 程序形成的载荷向量可以在随后的模态叠加分析中使用。

求解时通常采用一个载荷步;有时为了研究不同位移约束的效果,可以采用多步载荷。例如,对称边界条件采用一个载荷步,反对称边界条件采用另一个载荷步。选择 Main Menu>solution>Solve>Current LS 命令或输入命令"SOLVE"即可开始求解。

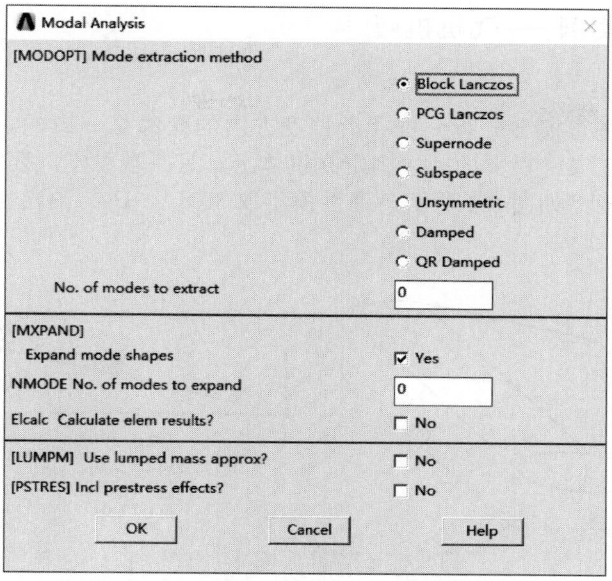

图 9-2　【Modal Analysis】对话框

(4) 评价结果

这一步的操作主要在通用后处理器（POST1）中进行。可以列表显示结构的固有频率、图形显示振型、显示模态应力等。显示固有频率可选择 Main Menu>General Postproc>Results Summary 命令，将列表显示各个模态，每个模态都保存在单独的子步中，如图 9-3 所示。

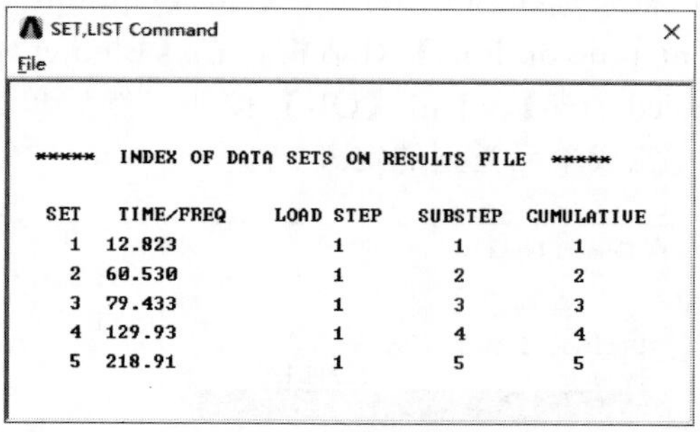
SET,LIST Command

File

***** INDEX OF DATA SETS ON RESULTS FILE *****

SET	TIME/FREQ	LOAD STEP	SUBSTEP	CUMULATIVE
1	12.823	1	1	1
2	60.530	1	2	2
3	79.433	1	3	3
4	129.93	1	4	4
5	218.91	1	5	5

图 9-3　显示固有频率

观察振型可先选择 Main Menu>General Postproc>Read Results>First Set 或者 Main Menu>General Postproc>Plot Results>Deformed Shape 命令，将显示当前模态。

选择 Utility Menu>PlotCtrls>Animate>Mode Shape 命令，可显示振型动画。

如果在选择分析选项时激活了单元应力计算选项，则可以得到模态应力。应力值并没有实际意义，但如果振型是相对于单位矩阵归一的，则可以在给定的振型中比较不同点的应力，从而发现可能存在的应力集中。评价结果的典型命令如下：

```
/POST1
SET,1,1              ! 选择第一模态;
ANMODE,10,.05        ! 动画 10 帧,帧间间隔 0.05s;
SET,1,2              ! 第二模态;
ANMODE,10,.05
SET,1,3              ! 第三模态;
ANMODE,10,.05
...
PLNSOL,S,EQV         ! 显示 Mises 应力。
```

9.2.3 模态分析实例——飞机机翼

(1) 问题描述

对一个飞机机翼进行模态分析。机翼沿长度方向的轮廓是一致的，横截面由直线的样条曲线定义。机翼的一端固定在机体上，另一端悬空。要求分析得到机翼的模态自由度。机翼几何模型如图9-4所示，弹性模量取 38×10^3 Pa，泊松比 0.3，密度为 8.3×10^{-5} kg/m³。

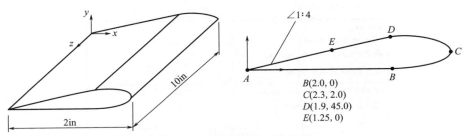

图 9-4 机翼几何模型示意图

(2) GUI 操作步骤

① 定义单元类型。选择 Main Menu>Preprocessor>Element Type>Add/Edit/Delete 命令，定义两种单元类型 PLANE182 和 SOLID185，如图 9-5 所示。在【Element Types】对话框中选择 SOLID185，点击【Options...】按钮，弹出如图 9-6 所示的【SOLID185 element type options】对话框，在【Element technology K2】下拉列表框选择【Simple Enhanced Strn】，单击【OK】按钮，然后单击【Close】按钮，关闭【Element Types】对话框，完成单元类型的定义。

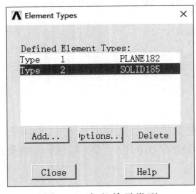

图 9-5 定义单元类型

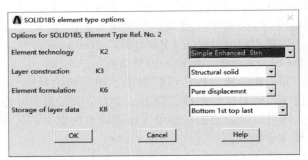

图 9-6 【SOLID185 element type options】对话框

② 定义材料参数。选择 Main Menu>Preprocessor>Material Props>Material Models 命令，依次双击 Structural>Linear>Isotropic 命令，弹出如图 9-7 所示的对话框。在【EX】文本框中输入"38000"，在【PRXY】文本框中输入"0.3"，然后单击【OK】按钮。

③ 再次选择 Main Menu>Preprocessor>Material Props>Material Models 命令，依次选择 Structural>Density 命令，弹出如图 9-8 所示的对话框。在【DENS】文本框中输入材料密度值"8.3e-5"，然后单击【OK】按钮。

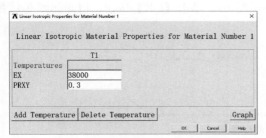

图 9-7 定义弹性模量和泊松比对话框

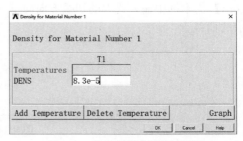

图 9-8 定义材料密度对话框

④ 下面建立几何模型。选择 Main Menu＞Preprocessor＞Modeling＞Create＞Keypionts＞In Active CS 命令创建关键点 (0,0,0)，在弹出的对话框中的【X,Y,Z Location in active CS】文本框中分别输入关键点的 X,Y,Z 坐标为"0,0,0"，然后点击【Apply】按钮完成该关键点的建立。

⑤ 重复④的操作，创建其他关键点：(2,0,0)、(2.3,0.2,0)、(1.9,0.45,0) 和 (1,0.25,0)。得到如图 9-9 所示的模型。

图 9-9 生成的关键点

⑥ 选择 Main Menu＞Preprocessor＞Modeling＞Create＞Lines＞Lines＞Straight Line 命令，用鼠标在图形视窗中依次选择关键点 1 和 2，连接成直线。用同样的方法连接关键点 1 和 5 生成另一条直线，如图 9-10 所示。

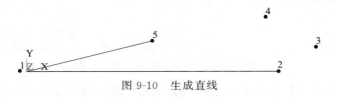

图 9-10 生成直线

⑦ 选择 Main Menu＞Preprocessor＞Modeling＞Create＞Lines＞Splines＞Options＞Spline thru KPs 命令，依次选择关键点 2、3、4 和 5，然后单击【OK】按钮，弹出如图 9-11 所示的对话框。

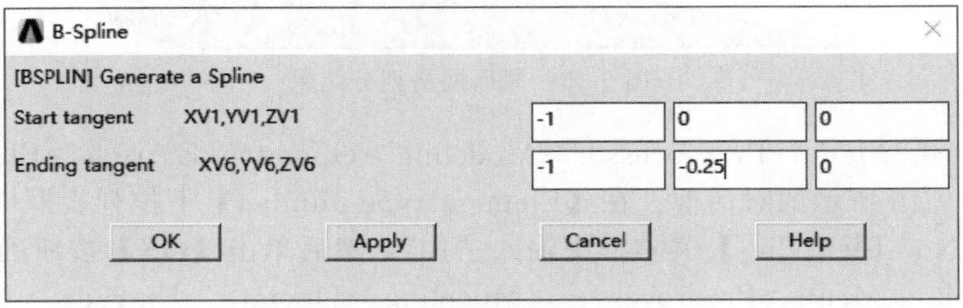

图 9-11 设置样条曲线对话框

⑧ 在【Start tangent】文本框中输入起点的切线方向向量 (-1,0,0)；在【Ending tangent】文本框中输入终点的切线方向向量（-1,-0.25,0）。单击【OK】按钮，得到如图 9-12 所示的曲线。

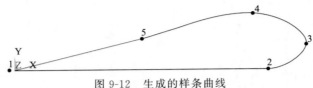

图 9-12　生成的样条曲线

⑨ 选择 Main Menu＞Preprocessor＞Modeling＞Create＞Areas＞Arbitrary＞By Lines 命令，然后选中机翼的边线，单击【OK】按钮，即可生成机翼的截面，如图 9-13 所示。

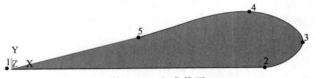

图 9-13　生成截面

⑩ 下面进行网格划分。选择 Main Menu＞Preprocessor＞Meshing＞Mesh Tool 命令，接着选择【MeshTool】窗口中【Size Controls】栏里【Global】旁边的【Set】按钮，会弹出单元尺寸设置对话框，如图 9-14 所示。在【Element edge length】文本框中输入"0.25"，并单击【OK】按钮。

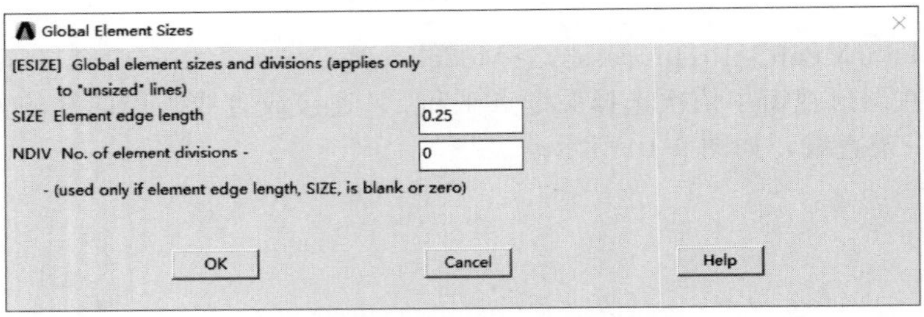

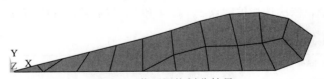

图 9-14　总体单元尺寸设置对话框

⑪ 单击【MeshTool】窗口中的【Mesh】按钮，选择图形视窗中生成的机翼截面，单击【OK】按钮，可对面进行网格划分，如图 9-15 所示。

图 9-15　截面网格划分结果

⑫ 选择 Main Menu＞Preprocessor＞Modeling＞Operate＞Extrude＞Elem Ext Opts 命令，弹出如图 9-16 所示的对话框。在【Element type number】下拉列表框中选择【2 SOLID185】，在【No. Elem divs】文本框中输入"10"，然后单击【OK】按钮确认。

⑬ 选择 Main Menu＞Preprocessor＞Modeling＞Operate＞Extrude＞Areas＞By XYZ Offset 命令，弹出图形选取对话框，用鼠标选中刚才划分好的机翼截面，单击【OK】按钮，弹出如图 9-17 所示的对话框。

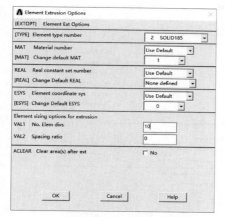

图 9-16 单元延伸设置对话框

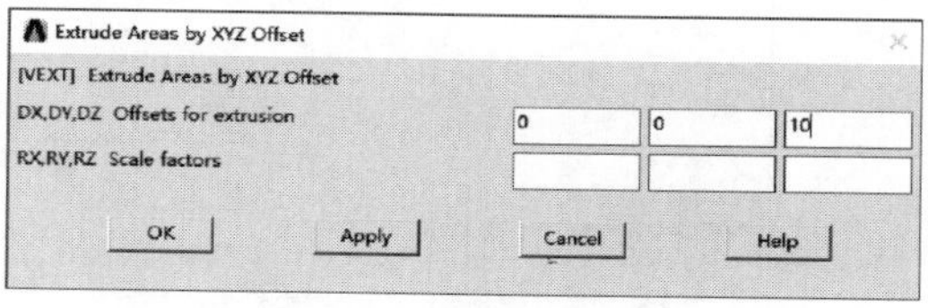

图 9-17 单元延伸对话框

⑭ 在【Offsets for extrusion】文本框中输入"0""0"和"10",表示沿 Z 轴方向延伸 10 个单位,单击【OK】按钮可完成网格划分操作。单击右侧工具栏中的 和 按钮,切换到三维视角,如图 9-18 所示。

⑮ 下面进行求解的相关设置。选择 Main Menu>Solution>Analysis Type>New Analysis 命令,弹出【New Analysis】对话框,如图 9-19 所示。选择【Modal】单选按钮,然后单击【OK】按钮。

图 9-18 机翼三维网格模型

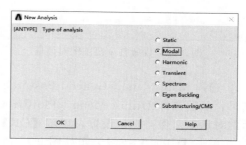

图 9-19 【New Analysis】对话框

⑯ 选择 Main Menu>Solution>Define Loads>Apply>Structural>Displacement>On Areas 命令,弹出图形选取对话框,然后用鼠标选择机翼任一个端面,单击【OK】按钮,弹出如图 9-20 所示的对话框。在【DOFs to be contrained】列表框中选择【All DOF】选项,然后单击【OK】按钮。

⑰ 选择 Main Menu>Solution>Analysis Type>Analysis Options 命令,弹出【Modal Analysis】对话框,如图 9-21 所示。在【Mode extraction method】单选列表框中选择【Block Lanczos】单选按钮,在【No. of modes to extract】文本框中输入"5",在【No. of modes to expand】文本框中输入"5",单击【OK】按钮。

⑱ 接着弹出如图 9-22 所示的对话框。该对话框的功能是设定起止频率,此例中保持默认,单击【OK】按钮即可。

⑲ 下面进行求解。选择 Main Menu>Solution>Solve>Current LS 命令,开始计算。计算结束后,会弹出一个确认对话框,单击【Close】按钮即可。

⑳ 下面进行后处理。选择 Main Menu>General Postproc>Results Summary 命令,将弹出列表显示模态计算结果对话框,如图 9-23 所示。

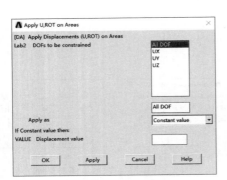

图 9-20 施加面约束对话框

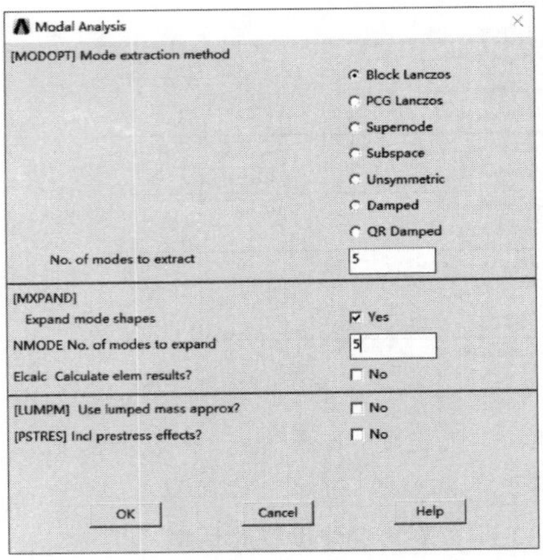

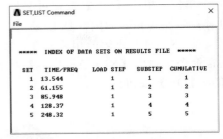

图 9-21 【Modal Analysis】对话框

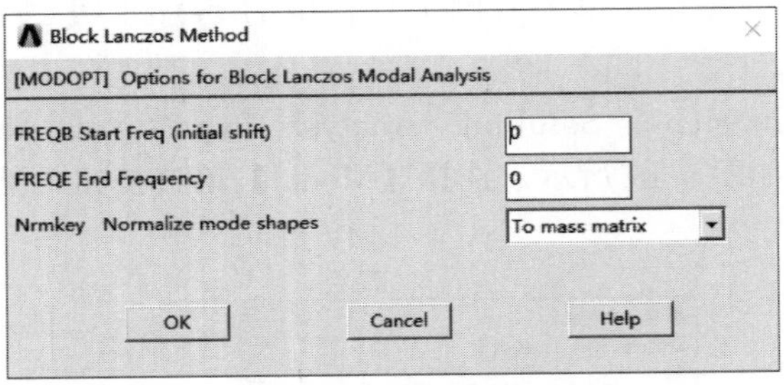

图 9-22 设置频率范围图对话框

图 9-23 模态计算结果对话框

㉑ 选择 Main Menu＞General Postproc＞Read Results＞First Set 命令，读取第一模态的结果，然后选择 Utility Menu＞PlotCtrls＞Animate＞Mode Shape 命令，弹出如图 9-24 所示的对话框。保持默认设置，单击【OK】按钮可显示一阶模态的响应动画。

㉒ 单击【Close】按钮关闭如图 9-25 所示的动画控制对话框。接着选择 Main Menu＞General Postproc＞Read Results＞Next Set 命令，读取下一阶模态数据，重复上一步操作可显示模态动画。如此继续，可查看生成 5 个模态的响应动画（详细 GUI 操作及命令流见随书资料 "SourceFiles \ ch09 \ examples \ Modal \ "）。

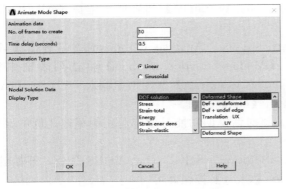

图 9-24 动画显示模态结果对话框

图 9-25 动画控制对话框

9.3 谐波响应分析

为了确保结构能够经受住各种不同频率的正弦体载荷（如以不同速度运行的发动机等），探测共振响应，并在必要时避免其发生，就需要进行谐波响应分析。

9.3.1 谐波响应分析简介

谐波响应分析主要是用于分析持续的周期体载荷在结构系统中产生的持续周期响应，以及确定线性结构承受随时间按正弦规律变化的体载荷时的模态响应。谐波响应分析是一种线性技术，但是也可以对有预应力的结构进行分析计算。

在 ANSYS 中进行谐波响应分析主要可采用 3 种方法进行求解计算：Full 法（完全法）、Reduced 法（缩减法）和 Mode Superposition 法（模态叠加法）。

以上 3 种方法各有优缺点，但是在进行谐波响应分析时，它们存在着共同的使用局限。即所有施加的体载荷必须随着时间按正弦规律变化，且必须有相同的频率。另外，三种方法均不适合用于计算瞬态效应，不允许有非线性特性存在。这些局限可以通过进行瞬态动力分析来克服，这时应将简谐体载荷表示为有时间历程的体载荷函数。

9.3.2 谐波响应分析步骤

和其他动力分析类似，进行谐波响应分析的步骤也可以分为以下 4 步：建模；选择分析类型及选项；施加体载荷并求解以及查看结果。下面分别进行简单介绍。

（1）建模

这一步的操作主要在预处理器（PREP7）中进行，包括定义单元类型、单元实常数、材料参数及几何模型。和其他分析类似，不再详述。注意只能用线性单元，且只要输入密度就可以了。

（2）选择分析类型及选项

这一步主要是选择分析类型及谐波响应分析的一些选项设置。

选择谐波响应分析类型，可选择 Main Menu＞Solution＞Analysis Type＞New Analysis 命令，在弹出的【New Analysis】对话框中选择【Harmonic】单选按钮即可。

进行分析选项设置，可选择 Main Menu＞Solution＞Analysis Type＞Analysis Options 命令，弹出如图 9-26 所示的【Harmonic Analysis】对话框。

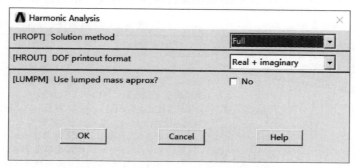

图 9-26 【Harmonic Analysis】对话框

• 【Solution method】用于从 3 种求解方法中选择一种适合的方法。

- 【DOF printout format】用于确定在输出文件 Jobname.out 中谐波响应分析的位移解如何列出。
- 【Use lumped mass approx?】用于指定采用默认的质量矩阵形成方式还是使用集中质量矩阵逼近。一般推荐在大多数应用中采用默认形成方式。

(3) 施加体载荷并求解

谐波响应分析假定所施加的所有体载荷随时间按简谐规律变化，因此指定一个完成的体载荷需要输入如图 9-27 所示的三条信息：幅值（Amplitude）、相位角（Phase Angle）和强制频率范围（Forcing Frequency Range）。其含义如下。

- 幅值（Amplitude）：指体载荷的最大值。
- 相位角（Phase Angle）：指体载荷滞后或领先于参考时间的量度。在复平面上，相位角是以实轴为起始的角度。相位角不能直接输入，而是应该使用加载命令的 VALUE 和 VALUE2 来指定有相位角体载荷的实部和虚部。
- 强制频率范围（Forcing Frequency Range）：指简谐体载荷的频率范围。

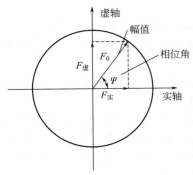

图 9-27　体载荷信息示意图

求解可选择 Main Menu＞Solution＞Solve＞Current LS 命令。

(4) 查看结果

谐波响应分析的结果将存储在 Jobname.rst 文件中，所以数据在解答所对应的强制频率处按简谐规律变化。如果在结构中定义了阻尼，响应将与体载荷异步，所有结果将是复数形式，并以实部和虚部存储。如果施加的是异步体载荷，同样也会产生复数结果。

通常查看结果的顺序是首先使用 POST26 找到零阶强制频率，然后用 POST1 在这些临界强制频率处处理整个模型。

9.3.3　谐波响应分析实例——电动机工作台系统

(1) 问题描述

此实例需要确定一个工作台-电动机系统的谐响应，如图 9-28 所示为其简化模型，工作台包括 1 个台面和 4 个桌腿，材料为 A3 钢，电动机简化为台面中心的一个质点，试确定系统中当质量 m 上施加简谐力（F_x 和 F_z）时结构的位移响应，假设强制频率范围为：0～10Hz，选定求解频率间隔为 10/10＝1Hz，求解绘制幅频特性关系曲线。相关的参数见表 9-1。

表 9-1　材料属性、几何尺寸及载荷

材料属性	几何尺寸	载荷
弹性模量 E：2×10^{11}MPa 泊松比 γ：0.3 密度 ρ：7.8×10^3kg/m³ 电动机质量 m：100kg	台面尺寸： 　长度：2m 　宽度：1m 　厚度：0.02m 桌腿尺寸： 　横截面宽度 B：0.01m 　横截面高度 H：0.02m 　桌腿高度：1m	F_x：100N F_z：100N （F_z 相对于 F_x 落后 90°相位角）

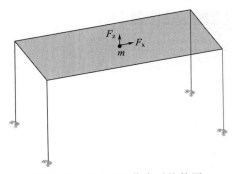

图 9-28　电动机工作台系统简图

(2) GUI 操作步骤

① 设置工作目录路径，定义工作文件名，设置

工作标题。

新建工作目录"Harmonic"。选择 Utility Menu>File>Change Directory 命令，设置刚才建立"Harmonic"为当前工作目录。

选择 Utility Menu>File>Change Jobname 命令，弹出【Change Jobname】对话框，如图 9-29 所示，在【Enter new jobname】文本框中输入"Harmonic"，同时把【New log and error files】中的复选框选为【Yes】，并单击【OK】按钮。

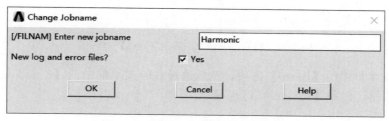

图 9-29 【Change Jobname】对话框

选择 Utility Menu>File>Change Title 菜单命令，弹出如图 9-30 所示的【Change Title】对话框。在【Enter new title】文本框中输入"harmonic response of the motor working table"，并单击【OK】按钮。单击 Utility Menu>Plot>Replot 命令，重绘图形显示界面，此时在视图窗口左下角会出现定义的标题名。

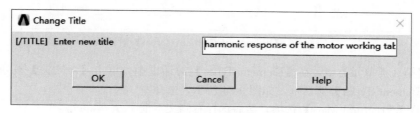

图 9-30 【Change Title】对话框

② 设置参数。选择 Utility Menu>Parameters>Scalar Parameters 命令，弹出【Scalar Parameters】对话框，如图 9-31 所示，在【Seclection】文本框中输入"WIDTH=1"，单击【Accept】按钮。输入"LENGTH=2，HIGH=-1，MASS_HIG=0.1"，单击【Accept】按钮后单击【Close】按钮。

③ 定义单元类型

• 设置第 1 类单元类型。选择 Main Menu>Preprocessor>Element Type>Add /Edit/Delete 命令，弹出【Element Types】对话框。单击【Add...】按钮，接着弹出如图 9-32 所示的【Library of Element Types】对话框。选择左侧文本框中的【Shell】选项，然后选择右侧文本框中的【3D 4node 181】选项，单击【Apply】按钮，回到【Element Types】对话框。

• 设置第 2 类单元类型。在【Element Types】对话框中，单击【Add...】按钮，接着弹出【Library of Element Types】对话框，如图 9-33 所示

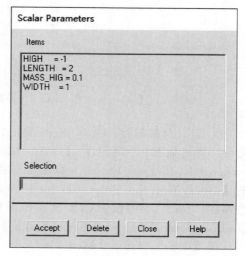

图 9-31 【Scalar Parameters】对话框

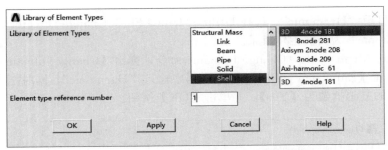

图 9-32 【Library of Element Types】对话框

示,选择左侧文本框中的【Beam】选项,然后选择右侧文本框中的【2 node 188】选项,单击【Apply】按钮,回到【Element Types】对话框。

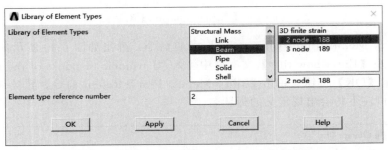

图 9-33 【Library of Element Types】对话框

- 设置第 3 类单元类型。在【Element Types】对话框中,单击【Add...】按钮,接着弹出【Library of Element Types】对话框,如图 9-34 所示,选择左侧文本框中的【Structural Mass】选项,然后选择右侧文本框中的【3D mass 21】选项,单击【Apply】按钮,回到【Element Types】对话框,如图 9-35 所示。

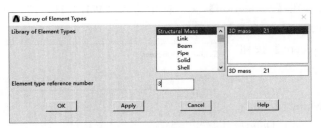

图 9-34 【Library of Element Types】对话框

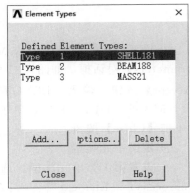

图 9-35 【Element Types】对话框

④ 定义材料属性。选择 Main Menu＞Preprocessor＞Material Props＞Material Models 命令,弹出如图 9-36 所示的【Define Material Model Behavior】对话框。选择对话框右侧的 Structural＞Linear＞Elastic＞Isotropic 命令,双击【Isotropic】选项,弹出如图 9-37 所示的【Linear Isotropic Properties for Material Number 1】对话框。在【EX】文本框中输入弹性模量 "2e11",在【PRXY】文本框中输入泊松比 "0.3",然后单击【OK】按钮,回到【Define Material Model Behavior】对话框。

在【Define Material Model Behavior】对话框中,选择对话框右侧的 Structural＞Density 命令,弹出如图 9-38 所示的【Density for Material Number 1】对话框,在【DENS】文

本框中输入密度"7800",单击【OK】按钮,关闭【Define Material Model Behavior】对话框,至此,材料参数设置完毕。

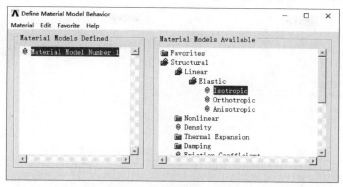

图 9-36 【Define Material Model Behavior】对话框

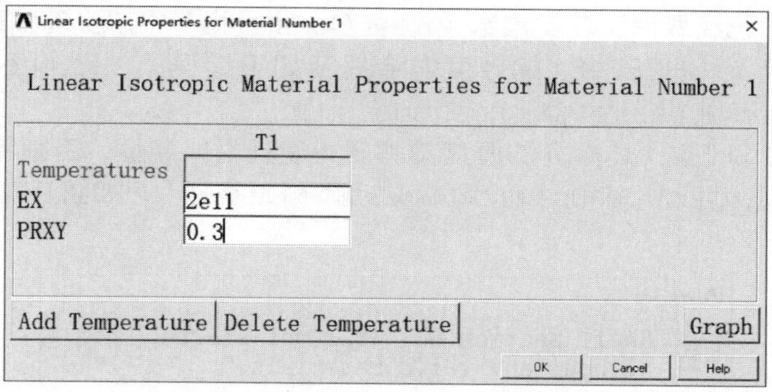

图 9-37 【Linear Isotropic Properties for Material Number 1】对话框

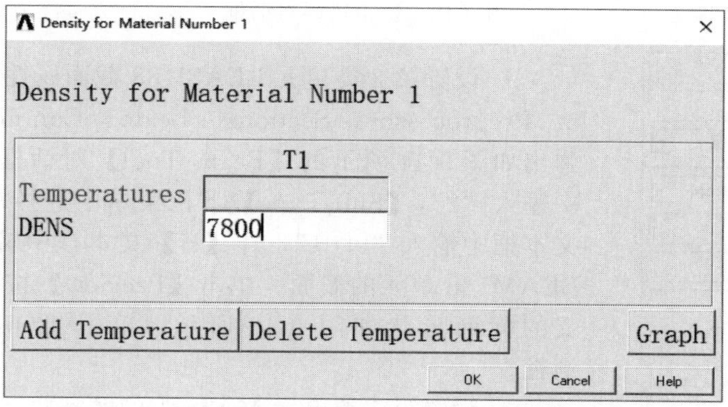

图 9-38 【Density for Material Number 1】对话框

⑤ 定义单元实常数及截面属性
- 定义第 1 类单元 SHELL 181 截面属性。选择 Main Menu>Preprocessor>Sections>Shell>Lay up>Add/Edit 命令,弹出如图 9-39 所示的【Create and Modify Shell Sections】对话框。在【Thickness】文本框中输入"0.02",定义 SHELL181 单元的厚度。单击【OK】按钮,关闭对话框。

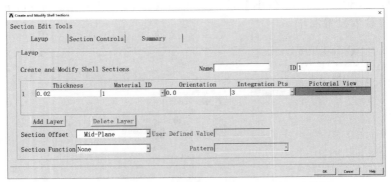

图 9-39 【Create and Modify Shell Sections】对话框

> **说明:**
>
> 在 ANSYS 中对薄板进行分析时,若使用 SHELL181 单元需要给曲面定义厚度。在新版的 ANSYS 中已经取消了在实常数(Real Constants)中定义 SHELL181 单元的厚度,在实常数中定义 SHELL181 的厚度时会提示如下错误:"Real constants for the SHELL181 element type are no longer supported."。
> 注意:在设置 SHELL181 单元的厚度前需要先设置材料属性,否则将提示如下错误:"Shell Section GUI will not startup without any valid materials.",如图 9-40 所示。

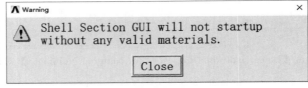

图 9-40 提示错误对话框

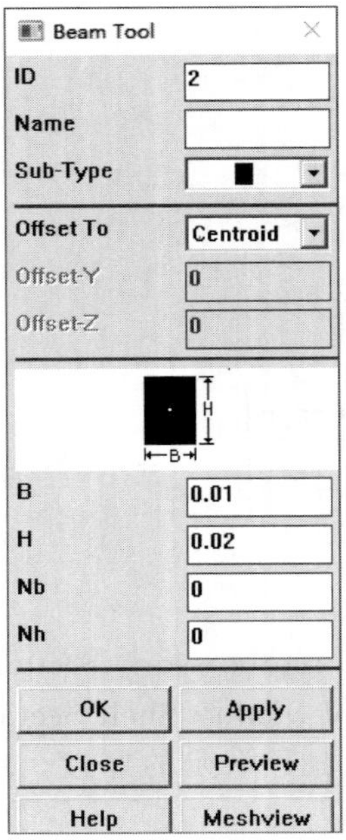

- 设置第 2 类单元 BEAM188 截面属性。选择 Main Menu>Preprocessor>Sections>Beam>Common Sections 命令,弹出如图 9-41 所示的【Beam Tool】对话框。在文本框【ID】中输入"2",【Sub-Type】下拉菜单中选择矩形截面,在【B】文本框中输入"0.01",在【H】文本框中输入"0.02",定义 BEAM188 单元的截面。单击【Preview】按钮,屏幕显示所定义的截面形状如图 9-42 所示。单击【OK】按钮,关闭对话框。

- 设置第 3 类单元 MASS21 的实常数。选择 Main Menu>Preprocessor>Real Constants>Add/Edit/Delete 命令,弹出如图 9-43 所示的【Real Constants】对话框。单击【Real Constants】对话框中的【Add...】按钮,进入下一个【Choose Element Type】对话框,选择【MASS21】单元,然后单击【OK】按钮。弹出【Real Constant Set Number 1, for MASS21】对话框,如图 9-44 所示,在【MASSZ】文本框中输入"100",单击【OK】按钮,回到【Real Constants】对话

图 9-41 【Beam Tool】对话框

框,单击【Close】按钮。

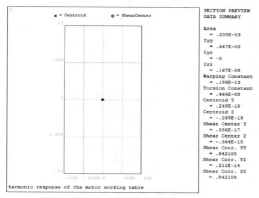

图 9-42 定义的梁截面形状预览

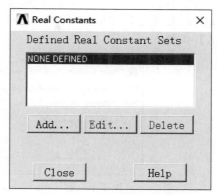

图 9-43 【Real Constants】对话框

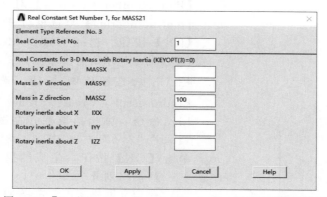

图 9-44 【Real Constant Set Number 1,for MASS21】对话框

⑥ 建立几何模型

• 生成矩形。选择 Main Menu＞Preprocessor＞Modeling＞Create＞Areas＞Rectangle＞By Dimensions 命令,弹出如图 9-45 所示的【Create Rectangle by Dimensions】对话框。在【X-coordinates】文本框中分别输入"0"和"length";在【Y-coordinates】文本框中分别输入"0"和"width",单击【OK】按钮。

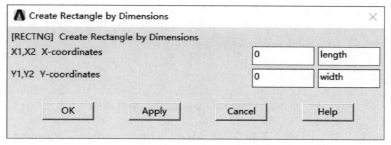

图 9-45 【Create Rectangle by Dimensions】对话框

• 生成关键点。选择 Main Menu＞Preprocessor＞Modeling＞Create＞Keypoints＞In Active CS 命令,弹出如图 9-46 所示的【Create Keypoints in Active Coordinate System】对话框。以当前激活坐标系为参照系,在文本框【Keypoint number】中输入关键点编号"5",

在文本框【Location in active CS】中输入关键点的坐标值"0""0""high",然后单击【Apply】按钮,则5号关键点被创建。重复上述步骤分别生成关键点6:"length""0""high";关键点7:"length""width""high";关键点8:"0""width""high";最后单击【OK】按钮。

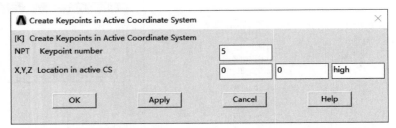

图 9-46 【Create Keypoints in Active Coordinate System】对话框

• 生成工作台四个脚柱直线。选择 Utility Menu＞PlotCtrls＞Numbering 命令,弹出【Plot Number Controls】对话框,选择【Keypoint numbering】复选框打开关键点编号,单击【OK】按钮。选择 Utility Menu＞Plot＞MultiPlots 命令显示所有类型图元;在右侧的视图工具栏点击 按钮和 按钮。选择 Main Menu＞Preprocessor＞Create＞Lines＞Lines＞Straight Line 命令,弹出拾取框,在图形窗口拾取编号"1,5""2,6""3,7""4,8"的4组关键点,单击【OK】按钮,生成结果如图9-47所示。

⑦ 网格划分

• 定义网格密度。选择 Main Menu＞Preprocessor＞Meshing＞Size Cntrls＞Manual Size＞Global＞Size,弹出如图9-48所示【Global Element Sizes】对话框,在文本框【Element edge length】输入定义尺寸"0.1",单击【OK】按钮。

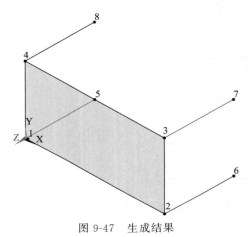

图 9-47 生成结果

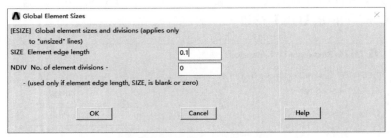

图 9-48 【Global Element Sizes】对话框

• 生成 Shell181 单元网格。选择 Main Menu＞Preprocessor＞Meshing＞Mesh Attributes＞Default Attribs,弹出如图9-49所示的【Meshing Attributes】对话框,确定【Element type number】选择框设置为【1 SHELL181】单元,【Section number】选择框选择【1】号截面,单击【OK】按钮,关闭对话框。选择 Main Menu＞Preprocessor＞Meshing＞Mesh＞Areas＞Free 命令,弹出图形选取对话框,选中矩形面,单击【OK】按钮,生成的

网格如图 9-50 所示。

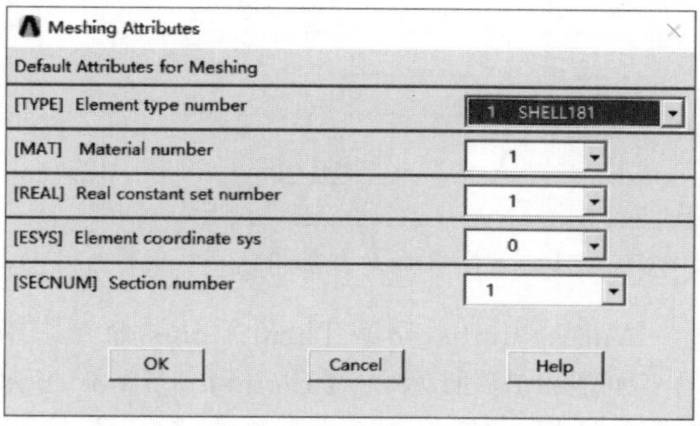

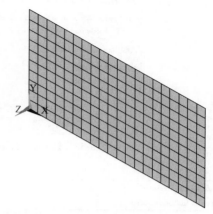

图 9-49 【Meshing Attributes】对话框

图 9-50 生成的网格

- 生成 Beam188 单元网格。选择 Main Menu>Preprocessor>Meshing>Mesh Attributes>Default Attribs，弹出如图 9-51 所示的【Meshing Attributes】对话框，确定【Element type number】选择框为【2 BEAM188】单元，【Section number】选择框为【2】号截面，单击【OK】按钮，关闭对话框。选择 Main Menu>Preprocessor>Meshing>Mesh>Lines 命令，弹出图形选取对话框，用鼠标在图形视窗中选择工作台 4 个脚柱线，编号分别为 L_5、L_6、L_7 和 L_8，单击【OK】按钮，结果如图 9-52 所示。

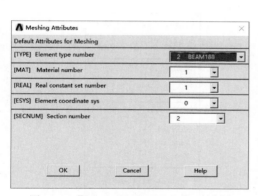

图 9-51 【Meshing Attributes】对话框

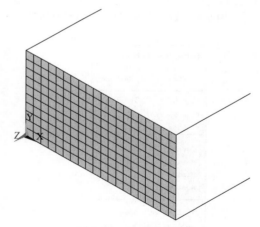

图 9-52 生成的网格

- 生成节点。选择 Main Menu>Preprocessor>Modeling>Create>Nodes>In Active CS 命令，弹出如图 9-53 所示的【Create Nodes in Active Coordinate System】对话框。在文本框【Node number】中输入 "500"，在文本框【X, Y, Z Location in active CS】中输入 "length/2" "width/2" "mass_hig"，单击【OK】按钮。
- 选择节点单元。选择 Main Menu>Preprocessor>Meshing>Mesh Attributes>Default Attribs，弹出如图 9-54 所示的【Meshing Attributes】对话框，确定【Element type number】选择框为【3 MASS21】单元，【Real constant set number】选择框为【1】，【Section number】选择框为【No Section】，单击【OK】按钮，关闭对话框。
- 直接生成单元。选择 Main Menu>Preprocessor>Modeling>Create>Elements>

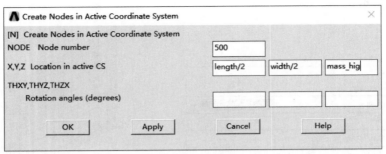

图 9-53 【Create Nodes in Active Coordinate System】对话框

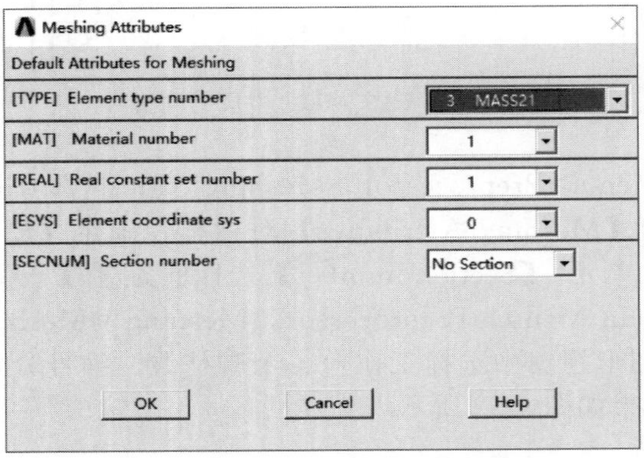

图 9-54 【Meshing Attributes】对话框

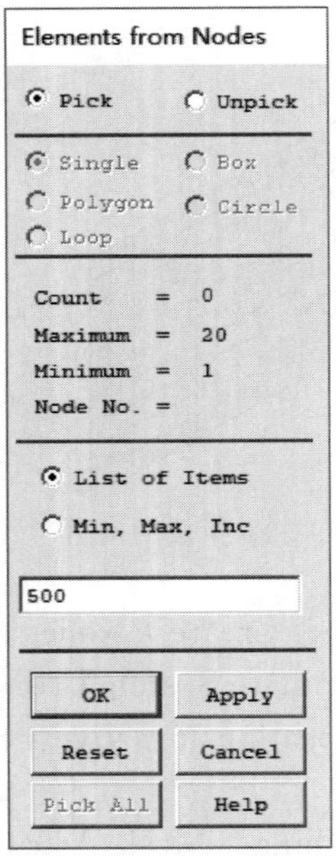

Auto Numbered＞Thru Nodes 命令，弹出如图 9-55 所示的【Elements from Nodes】对话框，输入"500"，单击【OK】按钮。

• 指定钢化区域。选择 Main Menu＞Preprocessor＞Coupling/Ceqn＞Rigid Region 命令，弹出拾取框，拾取编号为 500 的质量节点，如图 9-56 所示，单击【OK】按钮。在编号为 500 的节点附近继续拾取编号为 136、138、154 和 156 的节点，单击【OK】按钮，弹出【Constraints Equation for Rigid Region】对话框，如图 9-57 所示，单击【OK】按钮，生成结果如图 9-58 所示。

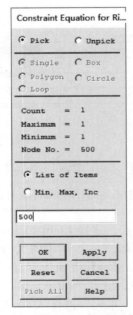

图 9-55 【Elements from Nodes】对话框　　图 9-56 【Constraints Equation for Rigid Region】拾取框

⑧ 模态分析

• 设置分析类型。选择 Main Menu＞Solution＞Analysis Type＞New Analysis 命令，

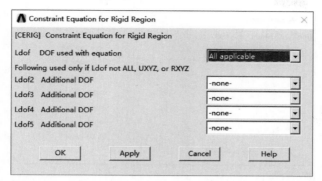

图 9-57 【Constraints Equation for Rigid Region】对话框

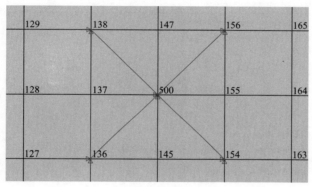

图 9-58 生成结果

弹出【New Analysis】对话框,如图 9-59 所示。选择【Modal】单选按钮,然后单击【OK】按钮。

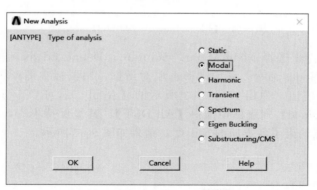

图 9-59 【New Analysis】对话框

- 设置模态分析方法。选择 Main Menu>Solution>Analysis Type>Analysis Options 命令,弹出【Modal Ansysis】对话框,如图 9-60 所示。在【Mode extraction method】单选列表框中选择【Block Lanczos】单选按钮,在【No. of modes to extract】文本框中输入"10",在【No. of modes to expand】文本框中输入"10",单击【OK】按钮。接着弹出如图 9-61 所示的【Block Lanczos Method】对话框。该对话框的功能是设定起止频率,此例中保持默认,单击【OK】按钮即可。

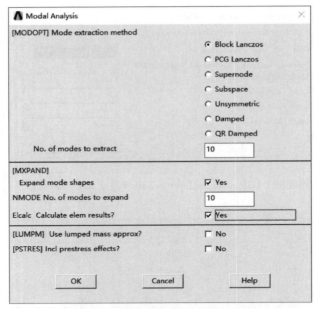

图 9-60 【Modal Ansysis】对话框

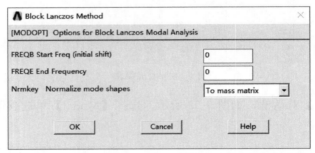

图 9-61 【Block Lanczos Method】对话框

- 施加约束条件。选择 Main Menu＞Solution＞Define Loads＞Apply＞Structural＞Displacement＞On Nodes 命令，弹出图形选取对话框，用鼠标在图形视窗中选择四根梁的端部，单击【OK】按钮，弹出如图 9-62 所示的【Apply U，ROT on KPs】对话框。在【DOFs to be constrained】列表框中选中【All DOF】，其他保持不变，然后单击【OK】按钮，即对四个关键点约束了各方向的自由度，结果如图 9-63 所示。

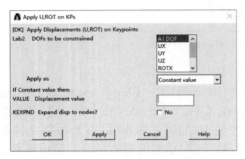

图 9-62 【Apply U，ROT on KPs】对话框

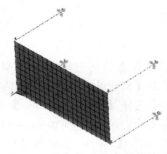

图 9-63 施加位移约束条件结果

- 进行求解。选择 Main Menu＞Solution＞Solve＞Current LS 命令，开始计算。计算结束后，会弹出一个确认对话框，单击【Close】按钮即可。

⑨ 谐响应分析

- 设置分析类型。选择 Main Menu＞Solution＞Analysis Type＞New Analysis 命令，弹出【New Analysis】对话框，如图 9-64 所示。选择【Harmonic】单选按钮，即选择谐响应分析类型，然后单击【OK】按钮。

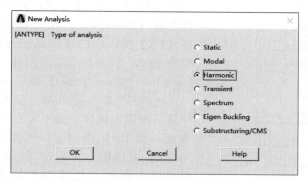

图 9-64 【New Analysis】对话框

- 设置载荷步选项。选择 Main Menu＞Solution＞Load Step Opts＞Time/Frequenc＞Freq&Substeps 命令，弹出如图 9-65 所示的【Harmonic Frequency and Substep Options】对话框。在【Harmonic freq range】文本框中输入"0"和"10"，在【Number of substeps】文本框中输入"10"，单击【OK】按钮。

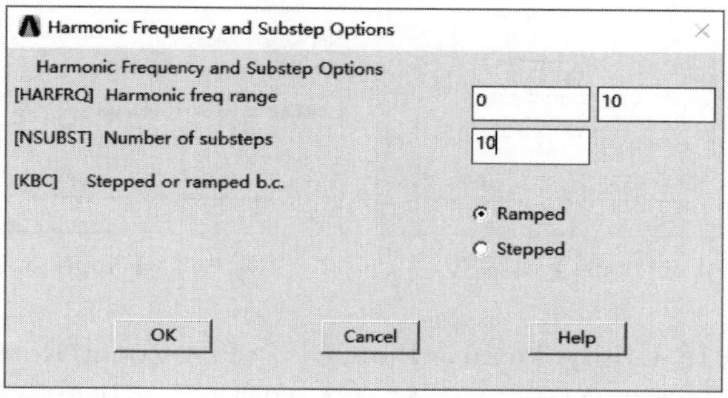

图 9-65 【Harmonic Frequency and Substep Options】对话框

- 设置质量矩阵阻尼。选择 Main Menu＞Solution＞Load Step Opts＞Time/Frequenc＞Damping 命令，弹出如图 9-66 所示的【Damping Specifications】对话框，在【Mass matrix

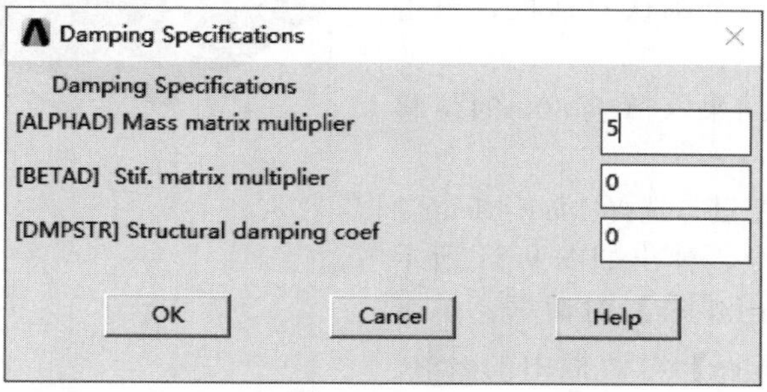

图 9-66 【Damping Specifications】对话框

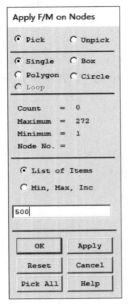

图 9-67 【Apply F/M on Nodes】拾取框

multiplier】文本框中输入"5",单击【OK】按钮。

• 施加 X 方向载荷。选择 Main Menu>Solution>Define Loads>Apply>Structural>Force/Moment>On Nodes 命令,弹出图形拾取对话框,输入节点编号"500",如图 9-67 所示,或用鼠标在图形视窗中选中节点 500,然后单击【OK】按钮,弹出如图 9-68 所示的【Apply F/M on Nodes】对话框。接着在【Direction of force/mom】下拉列表框中选择【FX】选项,在【Real part of force/mom】文本框中输入"100",然后单击【Apply】按钮返回【Apply F/M on Nodes】对话框。

• 施加 Z 方向载荷。输入节点编号"500"或用鼠标在图形视窗中选中节点 500,然后单击【OK】按钮,弹出如图 9-69 所示的【Apply F/M on Nodes】对话框。接着在【Direction of force/mom】下拉列表框中选择【FZ】选项,在【Real part of force/mom】和【Image part of force/mom】文本框中分别输入"0"和"100",然后单击【OK】按钮。

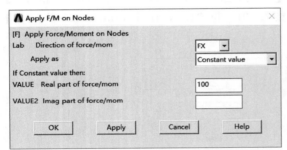

图 9-68 【Apply F/M on Nodes】对话框

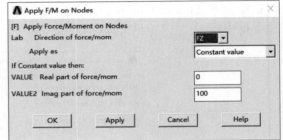

图 9-69 【Apply F/M on Nodes】对话框

• 转换视角。选择 Utility Menu>PlotCtrls>Pan/Zoom/Rotate 命令,弹出【Pan/Zoom/Rotate】工具栏。选中【Dymamic Mode】复选框,按住鼠标右键在屏幕内拖动,图形随之旋转,如图 9-70 所示。

⑩ 进行求解。选择 Main Menu>Solution>Solve>Current LS 命令,开始计算。计算结束后,会弹出一个确认对话框,单击【Close】按钮即可。

⑪ POST26 查看结果(节点 500 的位移时间历程结果)

• 设置 UX 位移变量。选择 Main Menu>TimeHist Postpro 命令,弹出如图 9-71 所示的【Time History Variables】对话框。单击【Time History Variables】对话框中的 ![+] 按钮,将弹出如图 9-72 所示的【Add Time-His-

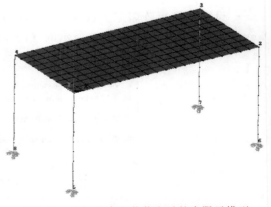

图 9-70 施加约束和载荷之后的有限元模型

tory Variable】对话框。在【Result Item】列表框中选择 Nodal Solution>DOF Solution>X-Component of displacement 以后，在【Result Item Properties】选项组中将出现一个文本框，程序已自动为变量定义了一个名字"UX_2"，如无需修改，单击【OK】按钮确认。弹出【Node for Data】节点拾取对话框，如图 9-73 所示，输入节点编号"500"，或移开【Time History Variables】对话框，选中模型中 500 的节点，单击拾取对话框【OK】按钮，回到变量定义对话框，此时显示出刚才定义的变量 UX_2 信息。

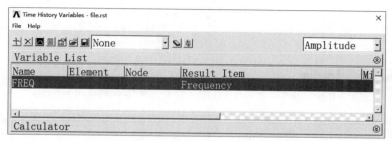

图 9-71 【Time History Variables】对话框

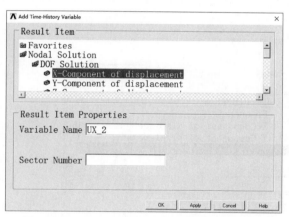

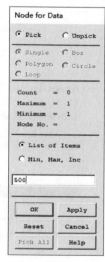

图 9-72 【Add Time-History Variable】对话框　　图 9-73 【Node for Data】节点拾取对话框

• 设置 UY 位移变量。在【Time History Variables】对话框中单击 ✚ 按钮，将弹出如图 9-74 所示的【Add Time-History Variable】对话框。在【Result Item】列表框中选择 Nodal Solution>DOF Solution>Y-Component of displacement 以后，在【Result Item Properties】选项组中将出现一个文本框，程序已自动为变量定义了一个名字"UY_3"，如无需修改，单击【OK】按钮确认。弹出【Node for Data】节点拾取对话框，输入节点编号"500"，或移开【Time History Variables】对话框，选中模型中 500 的节点，单击拾取对话框【OK】按钮，回到变量定义对话框，此时显示出刚才定义的变量 UY_3 信息。

• 设置 UZ 位移变量。选择 Main Menu>TimeHist Postpro 命令，弹出如图 9-71 所示的【Time History Variables】对话框。单击【Time History Variables】对话框中的 ✚ 按钮，将弹出如图 9-75 所示的【Add Time-History Variable】对话框。在【Result Item】列

表框中选择 Nodal Solution > DOF Solution > Z-Component of displacement 以后，在【Result Item Properties】选项组中将出现一个文本框，程序已自动为变量定义了一个名字"UZ_4"，如无需修改，单击【OK】按钮确认。弹出【Node for Data】节点拾取对话框，输入节点编号"500"，或移开【Time History Variables】对话框，选中模型中 500 的节点，单击拾取对话框【OK】按钮，回到变量定义对话框，此时显示出已经定义的变量 UX_2、UY_3、UZ_4 和 FREQ 的信息，如图 9-76 所示。

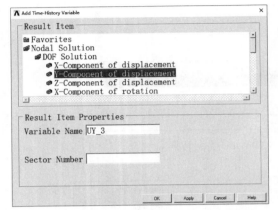

图 9-74 【Add Time-History Variable】对话框

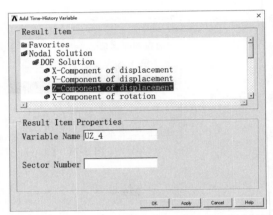

图 9-75 【Add Time-History Variable】对话框

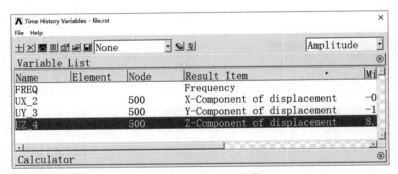

图 9-76 变量定义结果

- 位移时间历程曲线显示。在【Time History Variables】对话框中，按住 Ctrl 键，选择变量 UX_2、UY_3、UZ_4，如图 9-77 所示，然后单击 按钮，即可在图形视窗中显

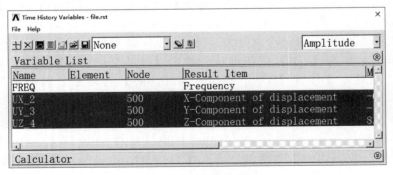

图 9-77 选择结果项目

示变量的变化曲线，如图 9-78 所示。其中，X 轴为时间变量 FREQ，Y 轴为显示的变量数据。

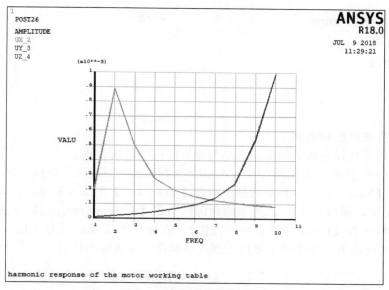

图 9-78 位移时间曲线图

9.4 瞬态动力分析

瞬态动力分析是确定随时间变化载荷（例如爆炸）作用下结构响应的技术。它需要输入一个作为时间函数的体载荷，可以输出随时间变化的位移和其他的导出量，如应力和应变等。

9.4.1 瞬态动力分析简介

瞬态动力分析可以应用在以下设计中。
- 承受各种冲击载荷的结构，如汽车的门和缓冲器、建筑框架以及悬挂系统等。
- 承受各种随时间变化载荷的结构，如桥梁、地面移动装置以及其他机器部件。
- 承受撞击和颠簸的家庭和办公设备，如移动电话、笔记本电脑和吸尘器等。

ANSYS 允许在瞬态动力分析中包括各种类型的非线性，如大变形、接触、塑性等。求解瞬态运动方程主要有两种解法：模态叠加法和直接积分法。

9.4.2 瞬态动力分析步骤

瞬态动力分析主要由以下几步组成：建模；选择分析类型和选项；定义边界条件和初始条件；施加时间历程载荷并求解；查看结果。

(1) 建模

这一步的操作主要在预处理器（PREP7）中进行，包括定义单元类型、单元实常数、材料参数及几何模型。建模过程中需要注意以下两点。
- 瞬态动力分析允许各种非线性。
- 必须输入密度（DENS）。

建模过程的典型命令流如下。

```
/PREP7
ET,…
MP,EX,…
MP,DENS,…
! 建立几何模型
…
! 划分网格
…
```

(2) 选择分析类型和选项

这一步主要是选择分析类型及瞬态动力分析的一些选项设置。

选择模态分析类型，可选择 Main Menu＞Solution＞Analysis Type＞New Analysis 命令，在弹出的【New Analysis】对话框中选择【Transient】单选按钮即可，如图 9-79 所示。单击【OK】按钮，弹出如图 7-80 所示的对话框。在【Solution method】单选列表框中选择适当的解法，默认为【Full】（完整矩阵方法）。它允许大应变、应力硬化、Newton-Raphson 解法等非线性选项。该选项主要用于细长梁和薄壁壳或波的传播。

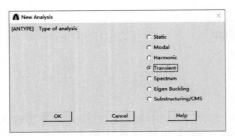

图 9-79 选择瞬态动力分析

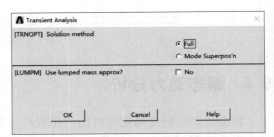

图 9-80 【Transient Analysis】对话框

选择 Main Menu＞Solution＞Analysis Type＞Sol'n Controls 命令，将弹出如图 9-81 所示的【Solution Controls】对话框。打开【Transient】选项卡，将显示瞬态动力分析的一些选项，主要包括【Full Transient Options】（全瞬态选项）、【Damping Coefficients】（阻尼系数）和【Time Integration】（积分时间步长）选项。

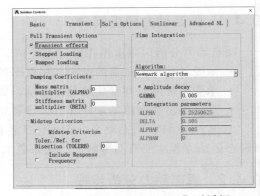

图 9-81 【Solution Controls】对话框

选择分析类型和选项的典型命令如下。

```
TRNOPT,FULL
NLGEOM,…
SSTIFS,…
NROPT,…
LUMPM,…
EQSLV,…
```

(3) 定义边界条件和初始条件

边界条件为体载荷或在整个瞬态过程中一直为常数的条件，如固定点约束、对称条件和重力等；初始条件是指时间 $t=0$ 时刻的条件，默认的初始条件为零值。

用户可选择 Main Menu＞Solution＞Define Loads＞Apply＞Initial Condit'n＞Define 命令来施加初始条件。该操作适用于在整个物体上施加非零的初始位移或速度。本节后面的实例分析中将用到此命令，不再详述。

定义边界条件和初始条件的典型命令流如下。

```
DK,…                   ! 或 D 或 DSYM
DL,…
DA,…
ACEL,…
OMEGA,…
NSEL,…
IC,…                   ! 定义初始条件
```

(4) 施加时间历程体载荷并求解

时间历程体载荷是随时间变化的体载荷，主要有两种施加方法：列表输入法和多体载荷施加法。

列表输入法允许用户定义随时间变化的表（数组参数），采用此表作为体载荷。此方法对于同时有几种不同的体载荷，而每种体载荷又同时有自己的时间历程时非常方便。

此方法的曲线命令流如下。

```
! 首先定义载荷-时间数组
*DIM,FORCE,TABLE,5,1,,TIME     ! 表数组
FORCE(1,0)= 0,0.5,1,1.01,1.5   ! 时间值
FORCE(1,0)= 0,22.5,10,0,0      ! 体载荷值
! 将力数组定义到指定的节点上
NSEL,…                         ! 选择指定的节点
F,ALL,FZ,%FORCE%               ! 在所有选择节点上定义表载荷
NSEL,ALL
…
```

多体载荷步施加法允许用户在单个的体载荷步中施加体载荷-时间曲线中的一段体载荷，不必使用数组参数，只需施加每段体载荷并且求解该体载荷步或者将其写入一个体载荷步文件。本节后面的实例分析中将用此方法，不再详述。

(5) 查看结果

瞬时动态分析生成的结果将被保存在文件 Jobname.rst 中，可以用时间历程后处理器（POST26）和通用后处理器（POST1）得到如下结果。

- 绘制结构中某些特殊点的结果-时间曲线。
- 确定临界时间点。
- 查看临界时间点时整个结构的结果。

9.4.3 瞬态动力分析实例——电动机工作台系统

(1) 问题描述

此实例模型与9.3.3的模型相同，但载荷不同，本例在如图9-82所示的工作台台面上施加随时间变化的均布压力载荷，压力随实际变化曲线如图9-83所示，试确定结构瞬态位移响应曲线。

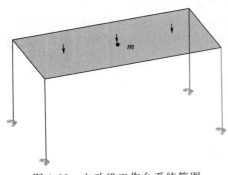
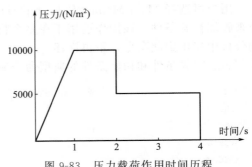

图 9-82　电动机工作台系统简图　　　　图 9-83　压力载荷作用时间历程

(2) GUI 操作步骤

① 调出所需的有限元模型。复制随书资料 "SourceFiles \ ch09 \ examples \ transient" 中的文件到工作目录，启动 ANSYS，单击工具栏上的 按钮打开数据库文件 working tablemesh. db。

② 设置工作目录路径，定义工作文件名，设置工作标题。

新建工作目录 "transient"。选择 Utility Menu＞File＞Change Directory 命令，设置刚才建立的 "transient" 为当前工作目录。

选择 Utility Menu＞File＞Change Jobname 命令，弹出【Change Jobname】对话框，在【Enter new jobname】文本框中输入 "transient"，同时把【New log and error files】中的复选框选为【Yes】，并单击【OK】按钮。

选择 Utility Menu＞File＞Change Title 菜单命令，弹出【Change Title】对话框。在【Enter new title】文本框中输入 "transient analysis of the motor working table"，并单击【OK】按钮。单击 Utility Menu＞Plot＞Replot 命令，重绘图形显示界面，此时在视图窗口左下角会出现定义的标题名。

③ 设置分析类型。选择 Main Menu＞Solution＞Analysis Type＞New Analysis 命令，弹出【New Analysis】对话框，如图 9-84 所示。选择【Transient】单选按钮，然后单击【OK】按钮。在弹出的【Transient Analysis】对话框中选择【Full】单选按钮，如图 9-85 所示，单击【OK】按钮。

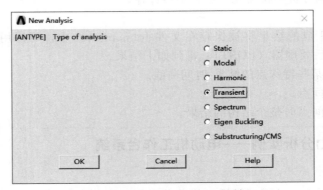

图 9-84　【New Analysis】对话框

④ 设置质量矩阵阻尼。选择 Main Menu＞Solution＞Load Step Opts＞Time/Frequenc＞Damping 命令，弹出如图 9-86 所示的【Damping Specifications】对话框，在【Mass matrix

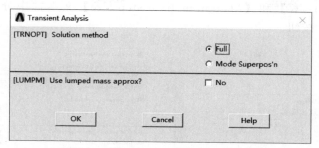

图 9-85 【Transient Analysis】对话框

multiplier】文本框中输入"5",单击【OK】按钮。

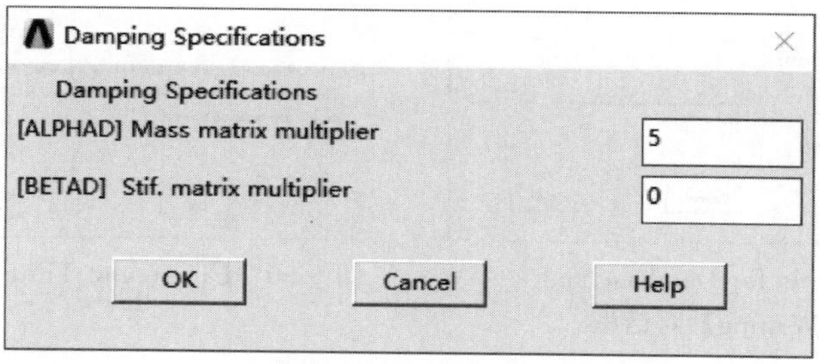

图 9-86 【Damping Specifications】对话框

⑤ 施加约束条件。选择 Main Menu>Solution>Define Loads>Apply>Structural>Displacement>On Nodes 命令,弹出图形选取对话框,用鼠标在图形视窗中选择四根梁的端部,单击【OK】按钮,弹出如图 9-87 所示的【Apply U,ROT on KPs】对话框。在【DOFs to be constrained】列表框中选中【All DOF】,其他保持不变,然后单击【OK】按钮,即对四个关键点约束了各方向的自由度,结果如图 9-88 所示。

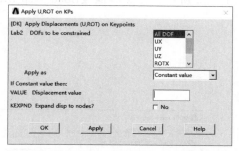

图 9-87 【Apply U,ROT on KPs】对话框

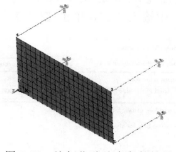

图 9-88 施加位移约束条件结果

⑥ 结果文件的设置。选择 Main Menu>Preprocessor>Loads>Load Step Opts>Output Ctrls>DB/Results File 命令,弹出如图 9-89 所示的【Controls for Database and Results File Writing】对话框。选择【Every substep】单选按钮,然后单击【OK】按钮。

⑦ 设置第 1 个载荷步。选择 Main Menu>Solution>Load Step Opts>Time/Frequenc>Time-Time Step 命令,可弹出如图 9-90 所示的【Time and Time Step Options】对话框。在【Time at end of load step】文本框中输入终止载荷步时间"1",在【Time step size】文本框中输入时间步大小"0.2",在【Stepped or ramped b. c.】单选列表框中选择逐步加载(Ramped)模式,在【Automatic time steping】单选列表框中选择【ON】单选按钮,在

【Minimum time step size】和【Maximum time step size】文本框中分别输入"0.05"和"0.5",单击【OK】按钮。

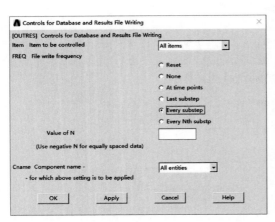

图 9-89 【Controls for Database and Results File Writing】对话框

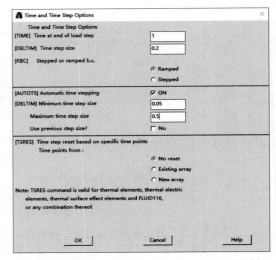

图 9-90 【Time and Time Step Options】对话框

⑧ 施加第 1 个载荷步的载荷。选择 Main Menu＞Solution＞Define Loads＞Apply＞Structural＞Pressure＞On Areas 命令对面施加表面载荷。在弹出的拾取对话框中单击【Pick All】按钮,弹出如图 9-91 所示的【Apply PRES on areas】对话框。在【Apply PRES on areas as a】下拉列表中选择【Constant value】选项,在【Load PRES value】文本框中输入载荷值"10000",单击【OK】按钮即可。

⑨ 写入第 1 个载荷步。选择 Main Menu＞Solution＞Load Step Opts＞Write LS File 命令,弹出【Write Load Step File】对话框,如图 9-92 所示,在文本框【Load step file number n】中输入"1",单击【OK】按钮。

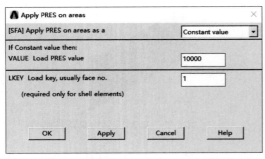

图 9-91 【Apply PRES on areas】对话框

图 9-92 【Write Load Step File】对话框

⑩ 设置第 2 个载荷步。选择 Main Menu＞Solution＞Load Step Opts＞Time/Frequenc＞Time-Time Step 命令,弹出【Time and Time Step Options】对话框。在【Time at end of load step】文本框中输入终止载荷步时间"2",在【Time step size】文本框中输入时间步大小"0.2",在【Stepped or ramped b.c.】单选列表框中选择逐步加载(Stepped)模式,在【Automatic time steping】单选列表框中选择【ON】单选按钮,单击【OK】按钮。

⑪ 施加第 2 个载荷步的载荷。选择 Main Menu＞Solution＞Define Loads＞Apply＞

Structural>Pressure>On Areas 命令对面施加表面载荷。在弹出的拾取对话框中单击【Pick All】按钮，弹出【Apply PRES on areas】对话框。在【Apply PRES on areas as a】下拉列表中选择【Constant value】选项，在【Load PRES value】文本框中输入载荷值"10000"，单击【OK】按钮即可。

⑫ 写入第 2 个载荷步。选择 Main Menu>Solution>Load Step Opts>Write LS File 命令，弹出【Write Load Step File】对话框，在文本框【Load step file number n】中输入"2"，单击【OK】按钮。

⑬ 设置第 3 个载荷步。选择 Main Menu>Solution>Load Step Opts>Time/Frequenc>Time-Time Step 命令，弹出【Time and Time Step Options】对话框。在【Time at end of load step】文本框中输入终止载荷步时间"4"，在【Time step size】文本框中输入时间步大小"0.2"，在【Stepped or ramped b. c.】单选列表框中选择逐步加载（Stepped）模式，在【Automatic time steping】单选列表框中选择【ON】单选按钮。

⑭ 施加第 3 个载荷步的载荷。选择 Main Menu>Solution>Define Loads>Apply>Structural>Pressure>On Areas 命令对面施加表面载荷。在弹出的拾取对话框中单击【Pick All】按钮，弹出【Apply PRES on areas】对话框。在【Apply PRES on areas as a】下拉列表中选择【Constant value】选项，在【Load PRES value】文本框中输入载荷值"5000"，单击【OK】按钮即可。

⑮ 写入第 3 个载荷步。选择 Main Menu>Solution>Load Step Opts>Write LS File 命令，弹出【Write Load Step File】对话框，在文本框【Load step file number n】中输入"3"，单击【OK】按钮。

⑯ 设置第 4 个载荷步。选择 Main Menu>Solution>Load Step Opts>Time/Frequenc>Time-Time Step 命令，弹出【Time and Time Step Options】对话框。在【Time at end of load step】文本框中输入终止载荷步时间"6"，在【Time step size】文本框中输入时间步大小"0.2"，在【Stepped or ramped b. c.】单选列表框中选择逐步加载（Stepped）模式，在【Automatic time steping】单选列表框中选择【ON】单选按钮。

⑰ 施加第 4 个载荷步的载荷。选择 Main Menu>Solution>Define Loads>Apply>Structural>Pressure>On Areas 命令对面施加表面载荷。在弹出的拾取对话框中单击【Pick All】按钮，弹出【Apply PRES on areas】对话框。在【Apply PRES on areas as a】下拉列表中选择【Constant value】选项，在【Load PRES value】文本框中输入载荷值"0"，单击【OK】按钮即可。

⑱ 写入第 4 个载荷步。选择 Main Menu>Solution>Load Step Opts>Write LS File 命令，弹出【Write Load Step File】对话框，在文本框【Load step file number n】中输入"4"，单击【OK】按钮。

⑲ 求解计算。选择 Main Menu>Solution>Solve>From LS Files 命令，弹出如图 9-93 所示的【Solve Load Step Files】对话框。在【Starting LS file number】、【Ending LS file number】和【File number increment】文本框中分别输入"1""4"和"1"，单击【OK】按钮即可。

说明：

每个载荷步求解完成均出现【Solution is done】对话框，要在 4 个载荷步求解完成后退出求解器。

⑳ 定义时域变量。选择 Main Menu>TimeHist Postpro 命令，弹出如图 9-94 所示的

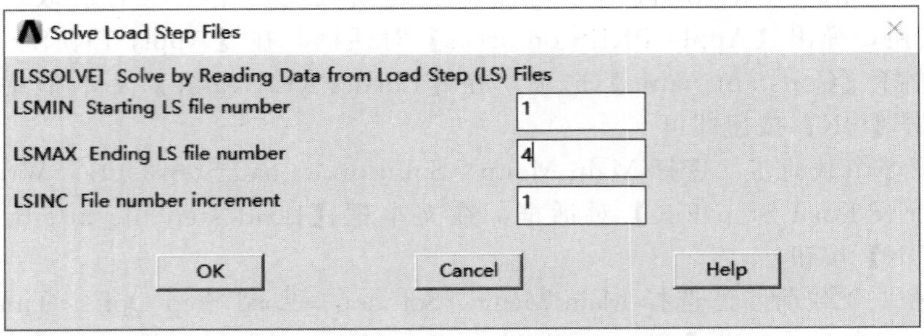

图 9-93 【Solve Load Step Files】对话框

【Time History Variables】对话框。单击【Time History Variables】对话框中的 ➕ 按钮，将弹出如图 9-95 所示的【Add Time-History Variable】对话框。在【Result Item】列表框中选择 Nodal Solution＞DOF Solution＞Z-Component of displacement 以后，在【Result Item Properties】选项组中将出现一个文本框，程序已自动为变量定义了一个名字"UZ_2"，如无需修改，单击【OK】按钮确认。弹出【Node for Data】节点拾取对话框，输入节点编号"500"，如图 9-96 所示，单击拾取对话框【OK】按钮，回到变量定义对话框。

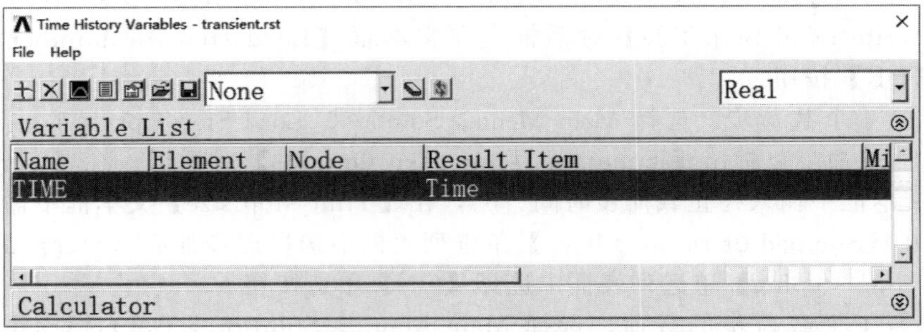

图 9-94 【Time History Variables】对话框

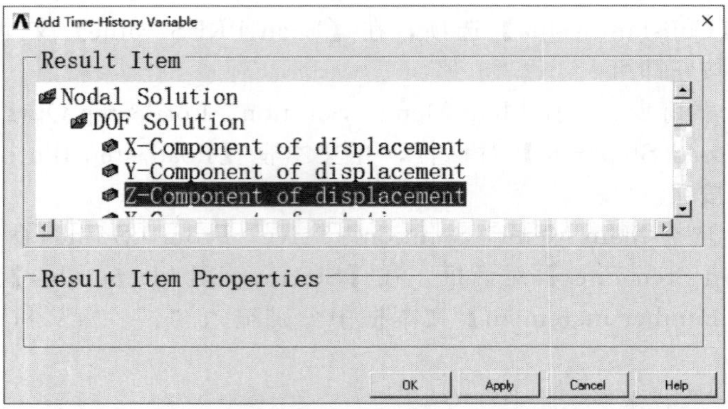

图 9-95 【Add Time-History Variable】对话框

㉑ 位移时间历程曲线显示。在【Time History Variables】对话框中，选择变量 UZ_2，然后单击 按钮，即可在图形视窗中显示变量的变化曲线，如图 9-97 所示。其中，X 轴为时间变量 TIME，Y 轴为显示的变量数据。

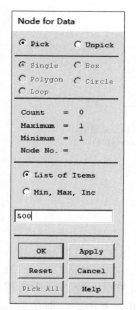

图 9-96 【Node for Data】对话框

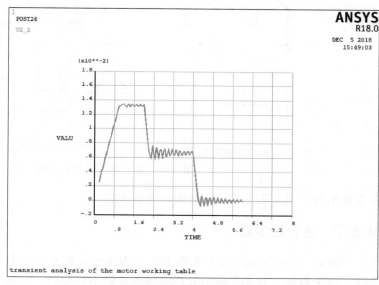

图 9-97 位移时间历程曲线

9.5 谱分析

谱分析是一种将模态分析的结果与一个已知的谱联系起来计算结构位移和应力的分析技术。它主要用于时间-历程分析，以便确定结构对随机载荷或随时间变化载荷的动力响应情况，如地震、飓风、海洋波浪、火箭发动机振动等。

9.5.1 谱分析简介

谱是谱值和频率的关系曲线，反映了时间-历程载荷的强度和频率之间的关系。谱分析主要有以下 3 种形式。

• 响应谱：包括单点响应谱（Single-Point Response Spectrum，SPRS）和多点响应谱（Multi-Point Response Spectrum，MPRS）；

• 动力设计方法（Dynamic Design Analysis Method，DDAM）；

• 功率谱密度（Power Spectral Density，PSD）。

一个响应谱代表单自由系统对一个时间-历程载荷函数的最大响应，它是一个响应与频率的关系曲线，其中响应可以是位移、速度、加速度或力等。

单点响应谱可以在模型的一个点集上定义不同的响应谱曲线，如图 9-98(a) 所示；多点响应谱可以在模型不同的点集上定义不同的响应谱曲线，如图 9-98(b) 所示。

动态设计方法是一种用于分析船用装备抗振性的技术，它所使用的谱是从美国海军研究实验报告（NRL-1396）中一系列经验公式和振动设计表中得来的。

功率谱密度是结构对随机动力载荷的概率统计。用于随机振动分析，是功率谱密度-频率的关系曲线。功率谱密度有位移功率谱密度、速度功率谱密度、加速度功率谱密度、力功率谱密度等形式。与响应谱分析相似，随机振动分析也可以是单点的或多点的。在单点随机振动分析时，要求在结构的一个点集上指定一个功率谱密度；在多点随机振动分析时，则要

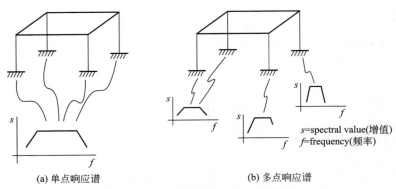

图 9-98　单点响应谱和多点响应谱

求在模型的不同点集上指定不同的功率谱密度。

9.5.2　谱分析步骤

下面对 ANSYS18.0 谱分析的基本步骤做个简单介绍，主要介绍单点响应谱分析的求解步骤，限于篇幅，其他三种谱分析求解步骤就不做介绍，不同之处可参考相关帮助命令。

完整的单点响应谱分析主要有以下 6 个步骤：建模；获得模态解；获得谱分析解；扩展模态；合并模态以及观察结果。

（1）建模

单点响应谱分析的建模过程与其他分析类型的建模过程是类似的，主要包括定义单元类型、单元实常数、材料性质、建立几何模型以及划分有限元网格等基本步骤。

对于单点响应谱分析，需要注意两点：

① 分析中只允许线性行为，任何非线性特性均作为线性处理。

② 谱分析的材料可以是线性的、各向同性或者正交各向异性的、恒定的或者与温度相关的。分析中必须指定材料的弹性模量（EX）和密度（DENS）。

（2）计算模态解

结构的固有频率和模态振型是谱分析所必需的数据，在进行谱分析求解前需要先计算模态解，具体操作可以参考模态分析一节，这里需要说明几点：

① 模态提取方法必须采用 Block Lanczos 法、Subspace 法和 Reduced 法，其他提取方法在谱分析中不能采用。

② 所提取的模态数应足以表征在感兴趣的频率范围内结构所具有的响应。

③ 如果采用 GUI 菜单操作，在模态设置对话框打开了【Expand mode shapes】选项，将在模态分析中进行扩展操作，否则扩展操作将在谱分析求解之后进行。

④ 如果模态提取方法选择 Reduced 法，必须在施加激励的位置定义主自由度。

（3）谱分析求解

首先进入 ANSYS 求解器，设置分析类型为 Spectrum。然后依次设置分析选项、设置激励选项、定义激励谱曲线、设置阻尼和谱分析求解。

（4）扩展模态

扩展模态需要激活模态扩展选项，操作命令为：Main Menu＞Solution＞Load Step Opts＞ExpansionPass＞Single Expand＞Expand Modes。

（5）合并模态

合并模态作为一个独立的求解阶段，包括以下步骤。

① 进入求解器　GUI：Main Menu>Solution。
② 定义分析类型　GUI：Main Menu>Solution>Analysis Type>New Analysis。
③ 选择模态合并方法　对于单点响应谱分析，ANSYS 13.0 提供了 5 种模态合并方法：Square Root of Sum of Squares（SRSS）；Complete Quadratic Combination（CQC）；Double Sum（DSUM）；Grouping（GRP）；Naval Research Laboratory Sum（NRLSUM）；Rosenblueth（ROSE）。
④ 开始求解　GUI：Main Menu>Solution>Solve>Current LS。
⑤ 退出求解器　GUI：Main Menu>Finish。

(6) 观察结果

首先进入通用后处理器 POST1，需要选择菜单 Utility Menu>File>Read Input from 命令，读入 Jobname.mcom 文件。

有关后处理的具体操作在前面章节中已作了具体介绍，这里不再重复。

9.5.3 谱分析实例——简支梁结构

(1) 问题描述

如图 9-99 所示的简支梁系统，两支撑端受到垂直方向的运动，该运动由地震位移谱决定，响应谱见表 9-2。试求节点位移、作用反力及最大弯曲应力 σ_{max}。

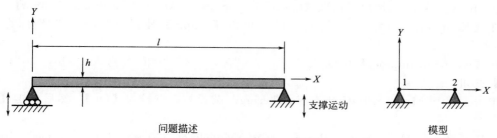

图 9-99　两端带垂直运动的简支梁结构示意图

材料参数如下。
$E = 30 \times 10^6$ psi；$m = 0.2(1b \cdot s^2/in)$。

简支梁结构尺寸如下：
$I = (1000/3) in^4$；$A = 273.9726 in^2$；$l = 240 in$；$h = 14 in$。

表 9-2　响应谱

频率/Hz	位移/in
0.1	0.44
10.0	0.44

(2) GUI 操作步骤

① 建立工作目录，修改文件名和设定分析标题。新建工作目录"spectrum"。选择 Utility Menu>File>Change Directory 命令，设置该目录为当前工作目录。

选择 Utility Menu>File>Change Jobname 命令，弹出【Change Jobname】对话框，如图 9-29 所示，在【Enter new jobname】文本框中输入"cantilever spectrum"，同时把【New log and error files】中的复选框选为【Yes】，并单击【OK】按钮。

选择 Utility Menu>File>Change Title 菜单命令，在【Enter new title】文本框中输入

"SEISMIC RESPONSE OF A BEAM STRUCTURE",并单击【OK】按钮。

② 定义单元类型。选择 Main Menu＞Preprocessor＞Element Type＞Add /Edit/Delete 命令,弹出【Element Types】对话框。单击【Element Types】对话框中的【Add...】按钮,弹出【Library of Element Types】对话框。选择左侧文本框中的【Structural Beam】选项,然后选择右侧文本框中的【2 Node 189】选项,单击【OK】按钮。

③ 定义梁的截面属性。定义任意截面形状的梁的截面属性,可以采用在命令窗口输入以下命令流:

```
SECT,1,BEAM,ASEC
    SECD,273.9726,(1000/3),,(1000/3),,1E-6  ! A= 273.9726in², I= (1000/3) in⁴,H= 14in。
```

④ 定义材料参数。选择 Main Menu＞Preprocessor＞Material Props＞Material Models 命令,弹出【Define Material Model Behavior】对话框。选择对话框右侧的 Structural＞Linear＞Elastic＞Isotropic 命令,并双击【Isotropic】选项,接着弹出【Linear Isotropic Properties for Material Number 1】对话框。在【EX】文本框中输入弹性模量"30E6",在【PRXY】文本框中输入泊松比"0.3",然后单击【OK】按钮。双击【Density】选项,在弹出的对话框中输入密度"73E-5"。回到【Define Material Model Behavior】对话框后,直接关闭对话框。至此,材料参数设置完毕。

⑤ 创建几何模型。选择菜单命令 Main Menu＞Preprocessor＞Modeling＞Create＞Keypoints＞In Active CS,弹出对话框【Create Keypoints in Active Coordinate System】。

在【Keypoint number】中输入"1",单击【Apply】使得"X,Y,Z"坐标为"0,0,0"。

在【Keypoint number】中输入"2",在"X,Y,Z"中依次输入"240,0,0",单击【OK】按钮。

单击 Utility Menu＞PlotCtrls＞Numbering,设置关键点号为【On】,然后单击【OK】按钮。

选择菜单命令 Main Menu＞Preprocessor＞Modeling＞Create＞Lines＞Lines＞Straight Line,选择关键点"1"和关键点"2",创建直线 L_1,单击【OK】按钮,如图 9-100 所示。

图 9-100　创建的几何模型

⑥ 划分网格。设置网格大小。选择 Main Menu＞Preprocessor＞Meshing＞Size Cntrls＞ManualSize＞Global＞Size。弹出如图 9-101 所示的【Global Element Sizes】对话框。在【No. of element divisions】中输入"8",定义全局单元尺寸。

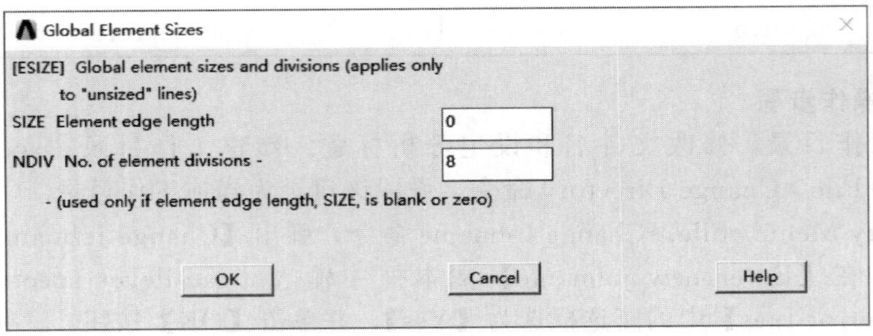

图 9-101　【Global Element Sizes】对话框

- 分配实体网格属性。选择菜单命令 Main Menu>Preprocessor>Meshing>Mesh Attributes>All Lines，弹出如图 9-102 所示的对话框，单击【OK】按钮。
- 进行网格划分。选择菜单命令 Main Menu>Preprocessor>Meshing>Mesh>Lines，在弹出的对话框中选择【Pick All】，关闭选择按钮。

⑦ 设置边界条件。选择菜单命令 Main Menu>Solution>Define Loads>Apply>Structural>Displacement>On Nodes，弹出对话框选择梁左边端点，单击【OK】按钮。弹出【Apply U，ROT on Nodes】对话框，在下拉菜单【DOFs to be constrained】中选择【UY】，如图 9-103 所示，单击【OK】按钮。

按上述步骤选择梁右边端点，在下拉菜单【DOFs to be constrained】中选择【UX】和【UY】，如图 9-104 所示，单击【OK】按钮。

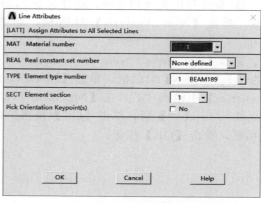

图 9-102 线属性对话框

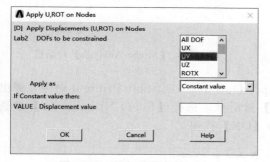

图 9-103 施加边界条件（1）

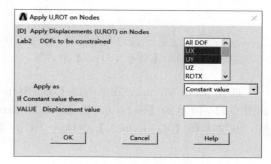

图 9-104 施加边界条件（2）

选择 Main Menu>Solution>Define Loads>Apply>Structural>Displacement>Symmetry B. C.>On Nodes 命令，弹出如图 9-105 所示的【Apply SYMM on Nodes】对话框，在【Symm surface is normal to】下拉框中选【Z-axis】，单击【OK】按钮。图 9-106 为施加边界条件后的简支梁。

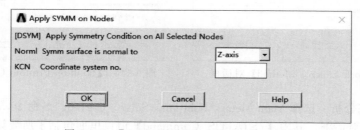

图 9-105 【Apply SYMM on Nocles】对话框

图 9-106 施加边界条件后的简支梁

⑧ 设置分析类型和选项。选择命令 Main Menu>Solution>Analysis Type>New Analysis，弹出【New Analysis】对话框，如图 9-107 所示，单选【Modal】并单击【OK】按钮。

选择 Main Menu>Solution>Analysis Type>Analysis Options，弹出如图 9-108 所示的【Modal Analysis】对话框，单选【Block Lanczos】作为模态提取方法，在【No. of modes to extract】中输入"3"，在【No. of modes to expand】中输入"3"，勾选单选框【Calculate elem results?】后，单击【OK】按钮。弹出如图 9-109 所示的【Block Lanczos Method】对话框，单击【OK】按钮。

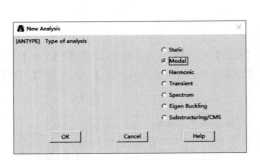

图 9-107 【New Analysis】对话框

图 9-108 【Modal Analysis】对话框

选择 Main Menu>Solution>Load Step Opts>OutPut Ctrls>Solu Printout 命令，弹出如图 9-110 所示的【Solution Printout Controls】对话框，选择【Every Nth substep】单选框，在文本框【Value of N】中输入"1"，单击【OK】按钮。

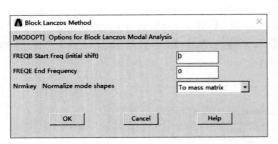

图 9-109 【Block Lanczos Method】对话框

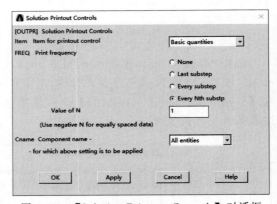

图 9-110 【Solution Printout Controls】对话框

⑨ 求解模态分析。选择 Main Menu>Solution>Solve>Current LS 命令，弹出【Solve Current Load Step】对话框。其中【/STATUS Command】窗口里面包括了所要计算模型的求解信息，须仔细检查。单击【Solve Current Load Step】对话框中的【OK】按钮，程序开始计算。计算完毕后，会出现提示信息【Solution is done】，单击【Close】按钮关闭即可。

⑩ 提取 1 阶频率。选择 Utility Menu>Parameters>Get Scalar Data… 命令，弹出如图 9-111 所示的【Get Scalar Data】对话框，在左边选择框中选择【Results data】选项，在右边选择框中选择【Modal results】选项，单击【OK】按钮。弹出如图 9-112 所示的【Get Modal

Results】对话框，在文本框【Name of parameter to be defined】中输入"FREQ1"，在选择框【Modal data to be retrieved】中选择【Frequency FREQ】选项，单击【OK】按钮。

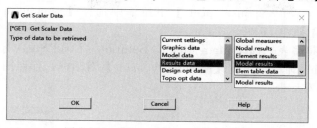

图 9-111　【Get Scalar Data】对话框

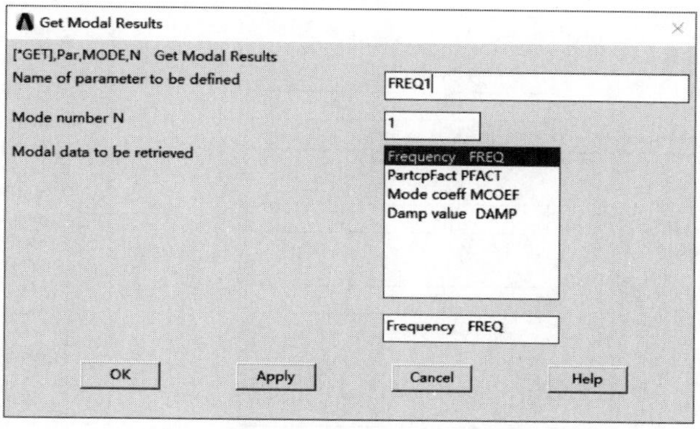

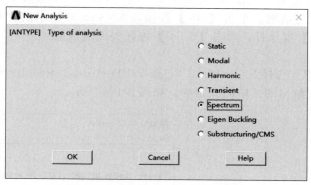

图 9-112　【Get Modal Results】对话框

⑪ 建立谱分析

• 定义分析类型。选择命令 Main Menu＞Solution＞Analysis Type＞New Analysis，弹出【New Analysis】对话框，如图 9-113 所示，选中【Spectrum】并单击【OK】按钮。需要注意的是，在弹出新分析类型窗口时，同时会弹出如图 9-114 所示的警告窗口，单击【Close】按钮即可。

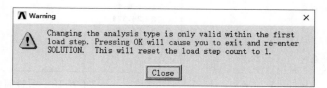

图 9-113　【New Analysis】对话框

图 9-114　定义分析类型报警窗口

- 设置单点响应频谱。选择命令 Main Menu>Solution>Load Step Opts>Spectrum>Single Point>Settings，弹出如图 9-115 所示的对话框【Settings for Single-Point Response Spectrum】。在【Type of response spectr】下拉框中选择【Seismic displac】，在【Coordinates of point】中输入"0,1,0"。

⑫ 定义谱值和频率表。选择 Main Menu>Solution>Load Step Opts>Spectrum>Single Point>Freq Table 命令，出现【Frequency Table】对话框，参照图 9-116 进行设置，单击【OK】按钮关闭对话框。

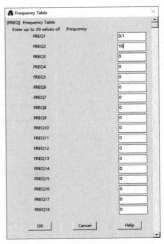

图 9-115　单点响应频谱设置　　　　图 9-116　频率列表对话框

选择 Main Menu>Solution>Load Step Opts>Spectrum>Single Point>Spectr Values 命令，弹出【Spectrum Values-Damping Ratio】对话框，单击【OK】按钮默认设置。

接着弹出如图 9-117 所示的【Spectrum Values】对话框，按图中所示进行相关设置，单击【OK】按钮关闭对话框。

⑬ 谱分析求解。选择 Main Menu>Solution>Solve>Current LS 命令，弹出【Solve Current Load Step】对话框，单击【OK】按钮，ANSYS 开始求解计算，求解结束后，出现【Solution is done】提示框，单击【Close】按钮关闭对话框。

⑭ 后处理分析

- 查看固有频率。选择 Main Menu>General Postproc>Results Summary 命令，ANSYS 显示窗口显示求解出的三阶固有频率，如图 9-118 所示。

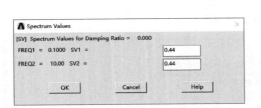

图 9-117　【Spectrum Values】对话框

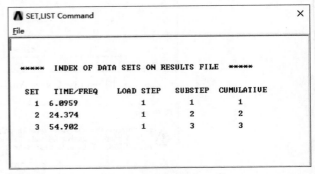

图 9-118　求解摘要显示

- 提取模态系数。选择 Utility Menu＞Parameters＞Get Scalar Data... 命令，弹出如图 9-119 所示的【Get Scalar Data】对话框，在左边选择框中选择【Results data】选项，在右边选择框中选择【Modal results】选项，单击【OK】按钮。弹出如图 9-120 所示的【Get Modal Results】对话框，在文本框【Name of parameter to be defined】中输入"MCOEF1"，在选择框【Modal data to be retrieved】中选择【Mode coeff MCOEF】选项，单击【OK】按钮。

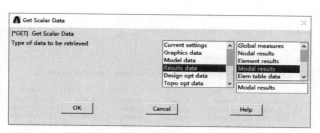

图 9-119 【Get Scalar Data】对话框

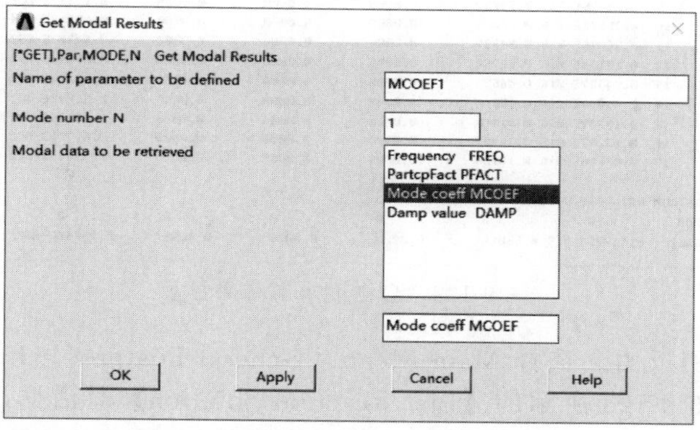

图 9-120 【Get Modal Results】对话框

- 读取 1 阶模态计算结果。选择 Main Menu＞General Postproc＞Read Results＞By Load Step 命令，弹出如图 9-121 所示的【Read Results by Load Step Number】对话框。在文本框【Scale factor】中输入提取的变量"MCOEF1"，单击【OK】按钮。

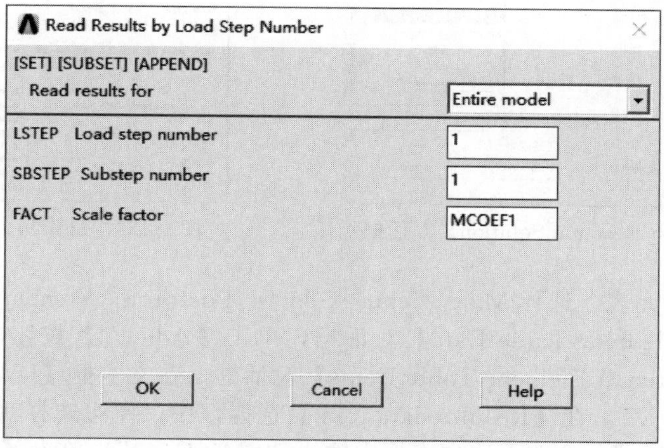

图 9-121 【Read Results by Load Step Number】对话框

• 列表显示节点位移。选择 Main Menu＞General Postproc＞List Results＞Nodal Solution 命令，弹出【List Nodal Solution】对话框，选择 Nodal Solution＞DOF Solution＞Displacement vector sum，单击【OK】按钮，ANSYS 显示窗口出现如图 9-122 所示的自由度求解结果。

PRNSOL Command

File

PRINT DOF NODAL SOLUTION PER NODE

***** POST1 NODAL DEGREE OF FREEDOM LISTING *****

LOAD STEP= 1 SUBSTEP= 1
FREQ= 6.0959 LOAD CASE= 0

THE FOLLOWING DEGREE OF FREEDOM RESULTS ARE IN THE NODAL COORDINATE SYSTEMS

NODE	UX	UY	UZ	ROTX	ROTY	ROTZ
1	-0.84781E-016	0.0000	0.0000	0.0000	0.0000	0.73288E-002
2	0.0000	0.0000	0.0000	0.0000	0.0000	-0.73288E-002
3	-0.22883E-016	0.10928	0.0000	0.0000	0.0000	0.71875E-002
4	0.12746E-015	0.21437	0.0000	0.0000	0.0000	0.67709E-002
5	-0.15886E-016	0.31119	0.0000	0.0000	0.0000	0.60933E-002
6	-0.12823E-015	0.39610	0.0000	0.0000	0.0000	0.51822E-002
7	0.93733E-016	0.46573	0.0000	0.0000	0.0000	0.40714E-002
8	0.23404E-016	0.51752	0.0000	0.0000	0.0000	0.28046E-002
9	-0.14775E-015	0.54937	0.0000	0.0000	0.0000	0.14297E-002
10	-0.95892E-016	0.56016	0.0000	0.0000	0.0000	0.69712E-014
11	-0.36096E-016	0.54937	0.0000	0.0000	0.0000	-0.14297E-002
12	0.13134E-015	0.51752	0.0000	0.0000	0.0000	-0.28046E-002
13	-0.94637E-016	0.46573	0.0000	0.0000	0.0000	-0.40714E-002
14	-0.43078E-016	0.39610	0.0000	0.0000	0.0000	-0.51822E-002
15	-0.18387E-016	0.31119	0.0000	0.0000	0.0000	-0.60933E-002
16	0.13287E-015	0.21437	0.0000	0.0000	0.0000	-0.67709E-002
17	0.42676E-016	0.10928	0.0000	0.0000	0.0000	-0.71875E-002

MAXIMUM ABSOLUTE VALUES

NODE	0	0	0	0	0	0
VALUE	-0.14775E-015	0.56016	0.0000	0.0000	0.0000	-0.73288E-002

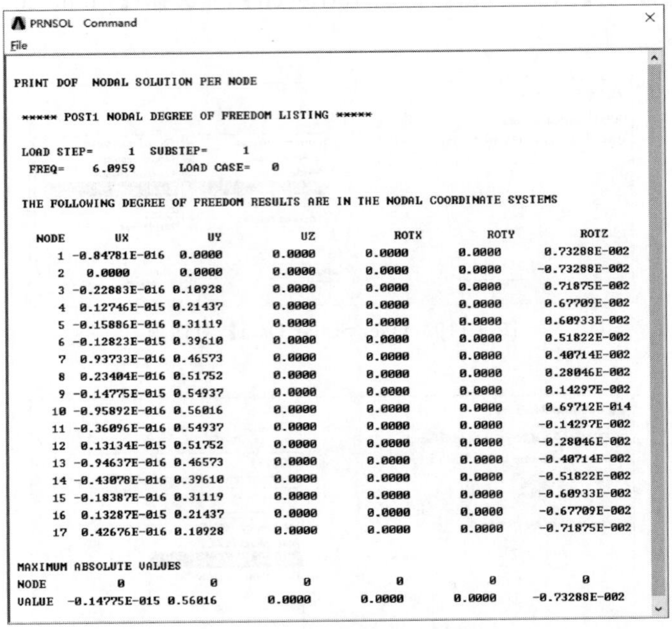

图 9-122 自由度求解结果显示

• 列表显示作用反力。选择 Main Menu＞General Postproc＞List Results＞Reaction Solu 命令，弹出如图 9-123 所示的【List Reaction Solution】对话框，在【Lab Item to be listed】列表框中选择【All struc forc F】，单击【OK】按钮，ANSYS 显示窗口显示如图 9-124 所示的反作用力求解结果。

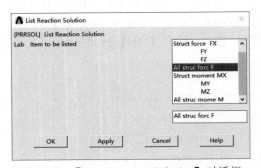

图 9-123 【List Reaction Solution】对话框

PRRSOL Command

File

PRINT F REACTION SOLUTIONS PER NODE

***** POST1 TOTAL REACTION SOLUTION LISTING *****

LOAD STEP= 1 SUBSTEP= 1
FREQ= 6.0959 LOAD CASE= 0

THE FOLLOWING X,Y,Z SOLUTIONS ARE IN THE NODAL COORDINATE SYSTEMS

NODE	FX	FY	FZ
1		-12554.	0.0000
2	-0.19045E-007	-12554.	0.0000
3			0.0000
4			0.0000
5			0.0000
6			0.0000
7			0.0000
8			0.0000

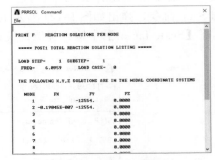

图 9-124 反作用力求解结果显示

• 定义弯矩单元表。选择 Main Menu＞General Postproc＞Element Table＞Define Table 命令，弹出【Element Table Data】对话框，单击【Add...】按钮，弹出如图 9-125 所示的【Define Additional Element Table Items】对话框，在文本框【User label for item】中输入“MOMENT_Z”，在【Results data item】选择框中，左边选择【By sequence num】，右上边选择【SMISC,】，在右下边文本框中输入“SMISC，3”，单击【OK】按钮，弹出如图 9-126 所示的【Element Table Data】对话框，显示定义好的弯矩单元表 MOMENT_Z。

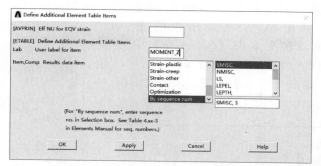

图 9-125 【Define Additional Element Table Items】对话框

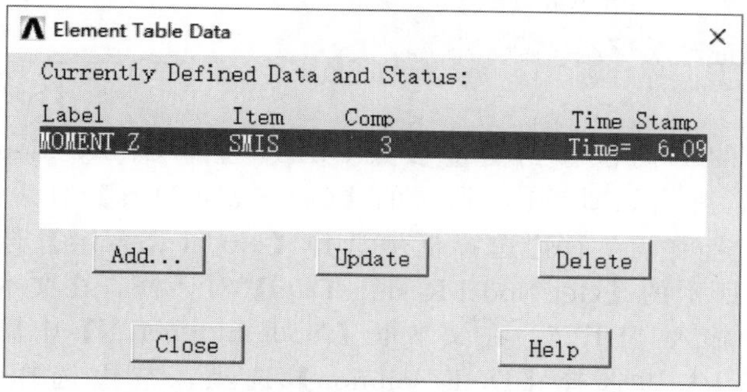

图 9-126 【Element Table Data】对话框

- 提取单元 5 的弯矩到变量参数 MZ。选择 Utility Menu>Parameters>Get Scalar Data... 命令，弹出如图 9-127 所示的【Get Scalar Data】对话框，在左边选择框中选择【Results data】选项，在右边选择框中选择【Elem table data】选项，单击【OK】按钮。弹出如图 9-128 所示的【Get Element Table Data】对话框，在文本框【Name of parameter to be defined】中输入"MZ"，在文本框【Element number N】中输入"5"，单击【OK】按钮。

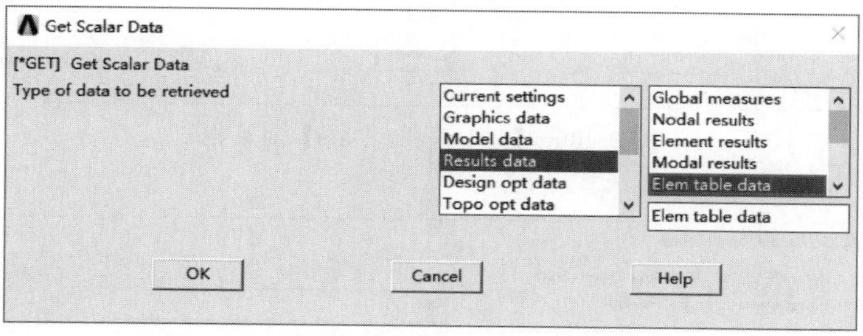

图 9-127 【Get Scalar Data】对话框

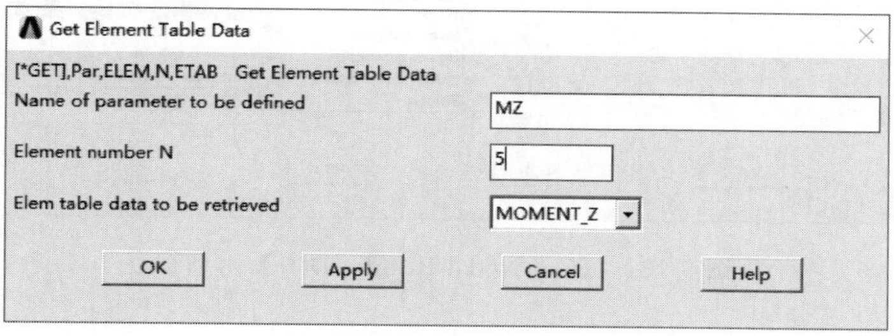

图 9-128 【Get Element Table Data】对话框

- 定义最大弯曲应力变量参数 STRSS。选择 Utility Menu＞Parameters＞Scalar Parameters...命令，弹出如图 9-129 所示的【Scalar Parameters】对话框，在文本框【Selection】中输入"STRSS=(-1*MZ*(HEIGHT/2))/(1000/3)"，点击【Accept】按钮，单击【Close】按钮，关闭对话框。

> **说明：**
> 最大弯曲应力 σ_{max} = - MZ · y_{max} / IZZ
> 式中　MZ——弯矩（单元 5 的弯矩）；
> 　　　y_{max}——为梁横截面距离中心最小 Y 坐标（y_{max} = HEIGHT/2）；
> 　　　IZZ——惯性矩（IZZ= 1000/3）。

图 9-129　【Scalar Parameters】对话框

- 提取节点 10 的 Y 向位移到变量参数 DEF。选择 Utility Menu＞Parameters＞Get Scalar Data...命令，弹出如图 9-130 所示的【Get Scalar Data】对话框，在左边选择框中选择【Results data】选项，在右边选择框中选择【Nodal Results】选项，单击【OK】按钮。弹出如图 9-131 所示的【Get Nodal Results Data】对话框，在文本框【Name of parameter to be defined】中输入"DEF"，在文本框【Node number N】中输入"10"，在选择结果数据的列表框中，左边选择【DOF solution】选项，右边选择【UY】选项，单击【OK】按钮。

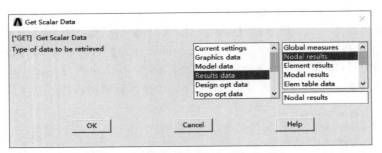

图 9-130　【Get Scalar Data】对话框

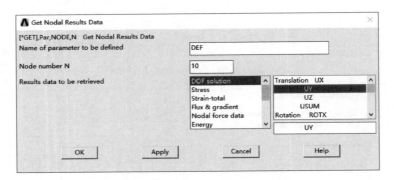

图 9-131　【Get Nodal Results Data】对话框

- 显示频率、位移、最大弯曲应力变量值。选择 Utility Menu＞Parameters＞Scalar

Parameters... 命令，弹出如图 9-132 所示的【Scalar Parameters】对话框，显示 1 阶频率、位移、最大弯曲应力变量值。

⑮ 比较结果。如表 9-3 所示为精确解与 ANSYS 近似解进行比较，其中比例为 ANSYS 解与精确解的比值。

表 9-3 精确解与 ANSYS 近似解比较

项目	精确解	ANSYS 解	比例
f/H_z	6.0979	6.09594	1.000
DEF/in	0.56000	0.56016	1.000
σ_{max}/psi	20158.	20399.0159	1.012

图 9-132 【Scalar Parameters】对话框

本章小结

本章介绍了结构动力学分析，包括模态分析、谐响应分析、瞬态动力学分析及谱分析的基本概念及分析步骤，并以实例详细讲解了用 ANSYS 对每种分析的解题过程，其中，模态分析和谐响应分析是本章重点，瞬态动力学分析和谱分析是本章难点，需要读者通过实际操作逐渐熟悉和掌握。

练 习 题

如图 9-133 所示的两自由度振动系统，在质量块 m_1 上作用一谐振力 $F_1 \sin\omega t$，试确定每一个质量块的振幅 X_i 和相位角 φ_i。

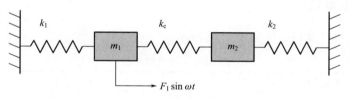

图 9-133 振动系统结构示意

材料参数如下。

质量：$m_1 = m_2 = 0.5\text{lb}$；

刚度系数：$k_1 = k_2 = k_c = 200\text{lbf/in}$；

施加体载荷：$F_1 = 200\text{lbf}$。

弹簧长度可以任意选择，并且只是用来确定弹簧的方向。沿着弹簧的方向，在质量块上选择两个主自由度。频率的范围 $0 \sim 7.5\text{Hz}$，其解间隔值为 $7.5/30 = 0.25\text{Hz}$。用时间历程后处理器 POST26 观察幅值频率响应关系。

第 10 章 热分析

热力学分析用于计算一个系统或部件的温度分布及其他热物理参数,如热量的获取或损失、热梯度、热流密度(热通量)等。热分析在许多工程应用中扮演重要角色,如内燃机、涡轮机、换热器、管路系统、电子元件等。

ANSYS 热力学分析基于能量守恒原理的热平衡方程,用有限元法计算各节点的温度,并导出其他热物理参数。在 ANSYS/Multiphysics、ANSYS/Mechanical、ANSYS/Thermal、ANSYS/FLOTRAN、ANSYS/ED 五种产品中均包含热分析功能,其中 ANSYS/FLOTRAN 不含相变热分析。

10.1 热分析基础知识

要进行热力学分析需要用户具有热力学分析的基础知识,本节简单回顾一下热力学分析的基础知识。已经掌握了这部分知识的读者可以跳过本节的学习。

10.1.1 符号与单位

ANSYS 提供的符号与单位如表 10-1 所示。

表 10-1 符号与单位

项目	英制单位	国际单位	换算关系	ANSYS 代号
长度	ft	m	$1\text{ft}=0.3048\text{m}$	
	in	m	$1\text{in}=0.0254\text{m}$	
时间	s	s	—	
质量	lb	kg	$1\text{lb}=0.45359237\text{kg}$	
温度	°F	℃	$t/°F = \frac{5}{9}(t/℃ - 32)$	
力	lbf	N	$1\text{lbf}=0.138255\text{N}$	
能量(热量)	Btu	J	$1\text{Btu}=1055.06\text{J}$	
功率(热流率)	Btu/h	W	$1\text{Btu/h}=1055.06\text{W}$	
热流密度	Btu/(h·ft²)	W/m²	$1\text{Btu/(h·ft}^2)=3.1536\text{W/m}^2$	
生热速率	Btu/(h·ft³)	W/m³	$1\text{Btu/(h·ft}^3)=10.3497\text{W/m}^3$	
热导率	Btu/(h·ft·°F)	W/(m·K)	$1\text{Btu/(h·ft}^2\cdot°F)=1.7307\text{W/(m·K)}$	KXX
对流传热系数	Btu/(h·ft²·°F)	W/(m²·K)	$1\text{Btu/(h·ft}^2\cdot°F)=5.678\text{W/(m}^3\cdot\text{K)}$	HF
密度	lb/ft³	kg/m³	$1\text{lb/ft}^3=16.0185\text{kg/m}^3$	DENS
比热容	Btu/(lb·°F)	J/(kg·K)	$1\text{Btu/(lb·°F)}=4186.8\text{J/(kg·K)}$	C
焓	Btu/ft³	J/m³	$1\text{Btu/ft}^3=\text{J/m}^3$	ENTH

10.1.2 传热学经典理论

热力学分析遵循热力学第一定律,即能量守恒定律,其描述如下。

对于一个封闭的系统（没有质量的流入或流出）有

$$Q - W = \Delta U + \Delta KE + \Delta PE$$

式中 Q——热量；

W——做功；

ΔU——系统内能；

ΔKE——系统动能；

ΔPE——系统势能；

对于大多数工程传热问题：$\Delta KE = \Delta PE = 0$；

通常考虑没有做功：$W = 0$，则 $Q = \Delta U$；

对于稳态热分析：$Q = \Delta U = 0$，即流入系统的热量等于流出的热量；

对于瞬态热分析：$q = dU/dt$，即流入或流出的热传递速率 q 等于系统内能的变化。

10.1.3 热传递方式

ANSYS热力学分析包括热传导、热对流及热辐射三种热传递方式。

(1) 热传导

热传导可以定义为完全接触的两个物体之间或一个物体的不同部分之间由于温度梯度而引起的内能的交换。热传导遵循傅里叶定律：$q'' = -k \dfrac{dT}{dx}$，式中 q'' 为热流密度（W/m^2），k 为热导率 [$W/(m \cdot ℃)$]，负号表示热量流向温度降低的方向。

(2) 热对流

热对流是指固体的表面与它周围接触的流体之间，由于温差的存在引起的热量的交换。热对流可以分为两类：自然对流和强制对流。热对流用牛顿冷却方程来描述：$q'' = h(T_S - T_B)$。式中，h 为对流换（传）热系数（或称膜传热系数、给热系数、膜系数等），T_S 为固体表面的温度，T_B 为周围流体的温度。

(3) 热辐射

热辐射指物体发射电磁能，并被其他物体吸收转变为热的热量交换过程。物体温度越高，单位时间辐射的热量越多。热传导和热对流都需要有传热介质，而热辐射无须任何介质。实质上，在真空中的热辐射效率最高。

在工程中通常考虑两个或两个以上物体之间的辐射，系统中每个物体同时辐射并吸收热量。它们之间的净热量传递可以用斯蒂芬-波尔兹曼方程来计算：$q = \varepsilon \sigma A_1 F_{12}(T_1^4 - T_2^4)$。式中，$q$ 为热流率，ε 为辐射率（黑度），σ 为斯蒂芬-波尔兹曼常数，约为 $5.67 \times 10^{-8} W/(m^2 \cdot K^4)$，$A_1$ 为辐射面1的面积，F_{12} 为由辐射面1到辐射面2的形状系数，T_1 为辐射面1的绝对温度，T_2 为辐射面2的绝对温度。由上式可以看出，包含热辐射的热分析是高度非线性的。

除了前面提到的三种热传递方式外，ANSYS热分析还可以解决一些诸如相变（熔融与凝固）、内部热生成（如焦耳热）等的特殊问题。例如，可使用热质点单元MASS71模拟随温度变化的内部热生成。

10.1.4 热分析类型

ANSYS热分析类型主要包括以下三类，本章将分别介绍。

(1) 稳态热分析

如果系统的净热流率为 0，即流入系统的热量加上系统自身产生的热量等于流出系统的热量：$q_{流入}+q_{生成}-q_{流出}=0$，则系统处于热稳态。在稳态热分析中任一节点的温度都不随时间变化。稳态热分析的能量平衡方程为（以矩阵形式表示）

$$[K]\{T\}=\{Q\}$$

式中　$[K]$——传导矩阵，包含热导率、对流传热系数及辐射率和形状系数；

　　　$\{T\}$——节点温度向量；

　　　$\{Q\}$——节点热流率向量，包含热生成。

ANSYS 利用模型几何参数、材料热性能参数以及所施加的边界条件，生成 $[K]$、$\{T\}$ 以及 $\{Q\}$。

(2) 瞬态热分析

瞬态传热过程是指一个系统的加热或冷却过程。在这个过程中系统的温度、热流率、热边界条件以及系统内能随时间都有明显变化。根据能量守恒原理，瞬态热平衡可以表达为（以矩阵形式表示）

$$[C]\{\dot{T}\}+[K]\{T\}=\{Q\}$$

式中　$[K]$——传导矩阵，包含热导率、对流传热系数及辐射率和形状系数；

　　　$[C]$——比热矩阵，考虑系统内能的增加；

　　　$\{T\}$——节点温度向量；

　　　$\{\dot{T}\}$——温度对时间的导数；

　　　$\{Q\}$——节点热流率向量，包含热生成。

(3) 耦合分析

耦合分析是指在有限元分析过程中考虑两种或多种工程学科（物理场）的交叉作用和相互影响（耦合）。例如压电分析考虑了结构和电场的相互作用，它主要解决由于所施加的位移载荷引起的电压分布问题，反之亦然。其他耦合分析还有热-应力耦合分析、热-电耦合分析、流体-结构耦合分析、磁-热耦合分析和磁-结构耦合分析等，本章以热应力耦合分析进行介绍。

10.2 稳态热分析

10.2.1 稳态热分析的定义

稳态传热用于分析稳定的热载荷对系统或部件的影响。通常在进行瞬态热分析以前进行稳态热分析，用于确定初始温度分布。

稳态热分析可以通过有限元计算确定由于稳定的热载荷引起的温度、热梯度、热流率、热流密度等参数。

10.2.2 热分析单元

在 ANSYS 中，热分析涉及的单元有大约 40 种，其中纯粹用于热分析的有 15 种，如表 10-2～表 10-7 所示，其他为耦合单元，如表 10-8 所示。

表 10-2　2D Solid 单元

单元	维度	形状特点	自由度
PLANE35	2D	三边形,6 节点	温度（每个节点）

续表

单元	维度	形状特点	自由度
PLANE55	2D	四边形,4 节点	温度（每个节点）
PLANE75	2D	谐单元,4 节点	温度（每个节点）
PLANE77	2D	四边形,8 节点	温度（每个节点）
PLANE78	2D	谐单元,8 节点	温度（每个节点）

表 10-3 3D Solid 单元

单元	维度	形状特点	自由度
SOLID70	3D	六面体,8 节点	温度（每个节点）
SOLID87	3D	四面体,10 节点	温度（每个节点）
SOLID90	3D	六面体,20 节点	温度（每个节点）
SOLID278	3D	六面体,8 节点	温度（每个节点）
SOLID279	3D	六面体,20 节点	温度（每个节点）

表 10-4 辐射杆单元

单元	维度	形状特点	自由度
LINK31	2D 或 3D	直线,2 节点	温度（每个节点）

表 10-5 传导杆单元

单元	维度	形状特点	自由度
LINK33	3D	直线,2 节点	温度（每个节点）

表 10-6 对流杆单元

单元	维度	形状特点	自由度
LINK34	3D	直线,2 节点	温度（每个节点）

表 10-7 壳单元

单元	维度	形状特点	自由度
SHELL131	3D	四边形,4 节点	多值温度（每个节点）
SHELL132	3D	四边形,8 节点	多值温度（每个节点）

表 10-8 耦合单元

单元	维度	形状特点	自由度
PLANE13	2D	热-结构耦合；4 节点	温度,结构位移,电势,磁矢量势
FLUID116	3D	热-流耦合；2 节点或 4 节点	温度,压力
SOLID5	3D	热-结构耦合,热-电耦合；8 节点	温度,结构位移,电势,磁标量势
SOLID98	3D	热-结构耦合,热-电耦合；10 节点	温度,结构位移,电势,磁矢量势
LINK68	3D	热-电耦合；2 节点	温度,电势
SHELL157	3D	热-电耦合；4 节点	温度,电势
TARGE169	2D	目标面单元	温度,结构位移,电势

续表

单元	维度	形状特点	自由度
TARGE170	3D	目标面单元	温度,结构位移,电势
CONTA171	2D	面-面接触单元;2节点	温度,结构位移,电势
CONTA172	2D	面-面接触单元;3节点	温度,结构位移,电势
CONTA173	3D	面-面接触单元;4节点	温度,结构位移,电势
CONTA174	3D	面-面接触单元;8节点	温度,结构位移,电势
CONTA175	2D/3D	点-面接触单元;1节点	温度,结构位移,电势
PLANE222	2D	热-结构耦合;4节点	温度,结构位移
PLANE223	2D	热-结构耦合,热-电耦合,结构-热电耦合,热-压电耦合,热-磁耦合,热-电-磁耦合,热-扩散耦合,热-电-扩散耦合,结构-热-扩散耦合,结构-热-电-扩散耦合;8节点	温度,结构位移,电势,磁矢量势,浓度
SOLID226	3D	热-结构耦合,热-电耦合,结构-热电耦合,热-压电耦合,热-扩散耦合,热-电-扩散耦合,结构-热-扩散耦合,结构-热-电-扩散耦合;20节点	温度,结构位移,电势,浓度
SOLID227	3D	热-结构耦合,热-电耦合,结构-热电耦合,热-压电耦合,热-扩散耦合,热-电-扩散耦合,结构-热-扩散耦合,结构-热-电-扩散耦合;10节点	温度,结构位移,电势,浓度

10.2.3 稳态热分析基本过程

ANSYS稳态热分析可分为三个步骤:建模、施加载荷并计算、查看结果。

(1) 建模

- 确定工作文件名、工作标题与单位。
- 进入PREP7前处理,定义单元类型,设定单元选项。
- 定义单元实常数。
- 定义材料热性能参数,对于稳态传热,一般只需定义导热参数,它可以是恒定的,也可以随温度变化。
- 创建几何模型并划分网格。

(2) 施加载荷并计算

这一步主要是在求解模块(SOLU)中进行,包括定义分析类型、确定分析选项、施加载荷及载荷步等。

定义分析类型,可选择 Main Menu>Solution>Analysis Type>New Analysis 命令,弹出如图10-1所示的对话框。在【Type of analysis】单选框中选中【Steady-State】按钮,单击【OK】按钮即可。

确认分析选项,可选择 Main Menu>Solution>Analysis Type>Analysis Options 命令,弹出【Static or Steady-State Analysis】对话框,如图10-2所示。在【Newton-Raphson option】下拉列表框中选择牛顿-辛普森算法(当进行非线性分析时才需设置)求解器;在

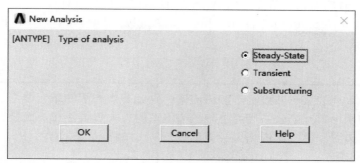

图 10-1 定义分析类型对话框

【Equation solver】下拉列表框中选择求解器;在【Temperature difference】文本框中输入绝对零度值,在进行热辐射分析时,要将目前的温度值换算为绝对温度。如果使用的温度单位是摄氏度,此值应设定为"273",如果使用的是华氏度,则为"460"。

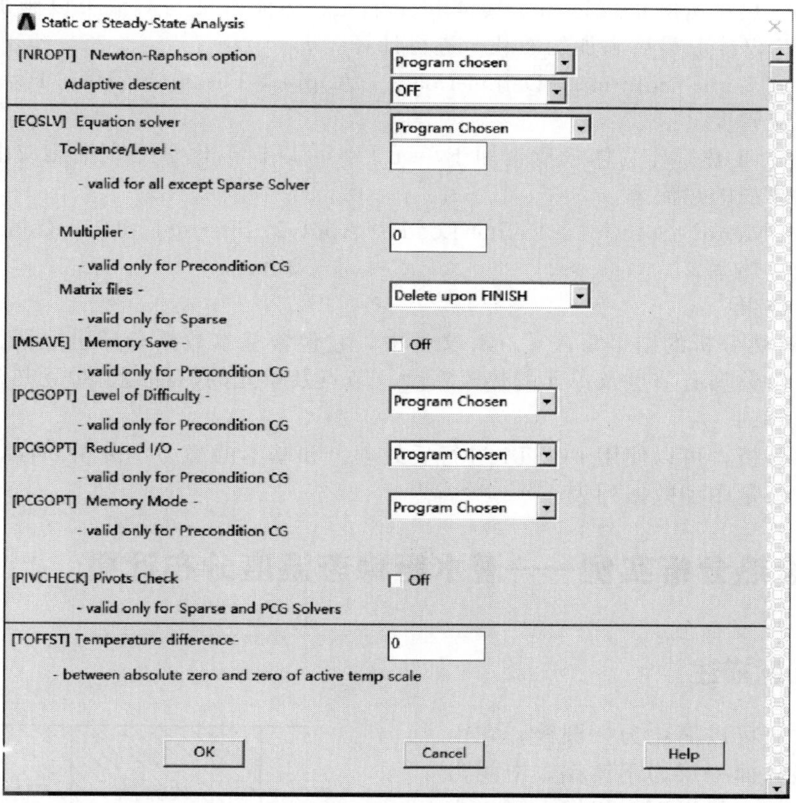

图 10-2 【Static or Steady-State Analysis】对话框

可以直接在实体模型或单元模型上施加 5 种载荷(边界条件)。

① 恒定温度。恒定温度通常作为自由度约束施加于温度已知的边界上。选择 Main Menu>Solution>Define Loads>Apply>Thermal>Temperature 命令,在节点上施加温度边界条件。

② 热流率。热流率作为节点集中载荷,主要用于线单元模型中(通常线单元模型不能施加对流或热流密度载荷),如果输入的值为正,代表热流流入节点,即单元获取热量。如

果温度与热流率同时施加在一节点上则 ANSYS 读取温度值进行计算。

选择 Main Menu>Solution>Define Loads>Apply>Thermal>Heat Flow 命令，可在节点上施加热流率。

> **注意：**
> 如果在实体单元的某一节点上施加热流率，则此节点周围的单元要密一些，在两种热导率差别很大的两个单元的公共节点上施加热流率时，尤其要注意。此外，尽可能使用热生成或热流密度边界条件，这样结果会更精确些。

③ 对流。对流边界条件作为面载荷施加于实体的外表面，计算与流体的热交换，它仅可施加于实体和壳模型上，对于线模型，可以通过对流线单元 LINK34 考虑对流。选择 Main Menu>Solution>Define Loads>Apply>Thermal>Convection 命令，可在节点上施加对流。

④ 热流密度。热流密度也是一种面载荷。当通过单位面积的热流率已知或通过 FLOTRAN CFD 计算得到时，可以在模型相应的外表面施加热流密度。如果输入的值为正，代表热流流入单元。热流密度也仅适用于实体和壳单元。热流密度与对流可以施加在同一外表面，但 ANSYS 仅读取最后施加的面载荷进行计算。

选择 Main Menu>Solution>Define Loads>Apply>Thermal>Heat Flux 命令，可在节点上施加热流密度。

⑤ 生热率。生热率作为体载荷施加于单元上，可以模拟化学反应生热或电流生热。它的单位是单位体积的热流率。

选择 Main Menu>Solution>Define Loads>Apply>Thermal>Heat Generat 命令，可在节点上施加生热率。

(3) 查看结果

ANSYS 将热分析的结果写入 *.rth 文件中，它包含基本数据和导出数据。基本数据为节点温度；导出数据有节点及单元的热流密度、节点及单元的热梯度、单元热流率和节点的反作用热流率等。

对于稳态分析，可以使用 POST1 进行后处理。和基本的静力学分析一样，它也可以输出等值线图、矢量图和数据列表。

10.3 稳态热分析实例——潜水艇稳态温度分布计算

10.3.1 问题描述

某一潜水艇可以简化为一圆筒，它由三层组成，最外面一层为不锈钢，中间为玻璃纤维隔热层，最里面为铝层，筒内为空气，筒外为海水，求内外壁面温度及温度分布。沿垂直于圆筒轴线作横截面，得到一圆环，取其中 1°进行分析，如图 10-3 所示。

基本参数如表 10-9 所示。

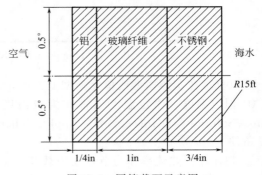

图 10-3 圆筒截面示意图

表 10-9　圆筒基本参数

几何参数	热导率/Btu·h^{-1}·ft^{-1}·℉$^{-1}$	边界条件
筒外径：30ft 总壁厚：2in 不锈钢壁厚：0.75in 玻纤层壁厚：1in 铝层壁厚：0.25in 筒长：200ft	不锈钢：8.27 玻纤：0.028 铝：117.4	空气温度：70℉ 海水温度：44.5℉ 空气对流传热系数：2.5Btu/(h·ft^2·℉) 海水对流传热系数：80Btu/(h·ft^2·℉)

10.3.2　建立模型

(1) 建立工作目录、定义工作文件名及工作标题

① 新建工作目录。新建一个工作目录，目录名为"submarine"。

② 更改工作目录路径。选择 File>Change Directory 命令，弹出对话框，选择刚才建立的工作目录，单击【OK】按钮即可。

③ 修改工作文件名。选择 File>Change Jobname 命令，弹出【Change Jobname】对话框，输入文件名"submarine"。

④ 定义工作标题。选择 Utility Menu>File>Change Title，定义分析标题为"Steady-state thermal analysis of submarine"。

⑤ 在命令流窗口中输入"/UNITS, BFT"，并按 Enter 键，定义单位制。

(2) 定义单元类型及材料属性

① 定义单元类型。选择 Main Menu>Preprocessor>Element Types>Add/Edit/Delete 命令，定义二维热单元 PLANE55，如图 10-4 所示。

② 建立材料并设置属性。选择 Main Menu>Preprocessor>Material Props>Material Model 命令，弹出如图 10-5 所示的对话框。在右侧列表框中依次双击 Thermal>Conductivity>Isotropic，接着弹出如图 10-6 所示的对话框，在【KXX】文本框中输入不锈钢的热导率"8.27"，单击【OK】按钮，创建不锈钢材料。同样步骤，分别定义玻璃纤维和铝的热导率为"0.082"和"117.4"，如图 10-7 所示。

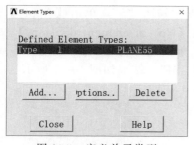

图 10-4　定义单元类型

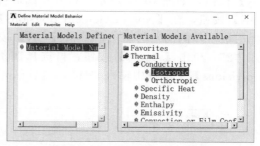

图 10-5　定义材料参数对话框

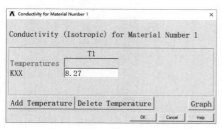

图 10-6　设置热导率对话框

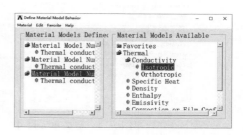

图 10-7　定义好的热导率

(3) 建立几何模型

① 建立不锈钢单位角度环形截面。选择 Main Menu＞Preprocessor＞Modeling＞Create＞Areas＞Circle＞By Dimensions，弹出如图10-8所示的对话框，在【RAD1】后面输入"15"，在【RAD2】后面输入"15－(0.75/12)"，在【THETA1】后面输入"－0.5"，在【THETA2】文本框中输入"0.5"，单击【Apply】按钮。

② 建立玻璃纤维和铝的单位角度环形截面。接着在【RAD1】文本框中输入"15－(0.75/12)"，在【RAD2】文本框中输入"15－(1.75/12)"，单击【Apply】按钮；接着在【RAD1】文本框中输入"15－(1.75/12)"，在【RAD2】文本框中输入"15－2/12"，单击【OK】按钮确认。得到如图10-9所示的模型。

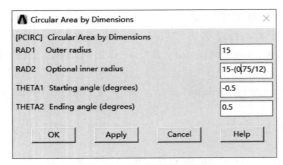

图 10-8 生成圆面对话框

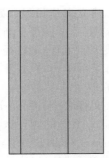

图 10-9 生成的面

③ 布尔运算。选择 Main Menu＞Preprocessor＞Modeling＞Operate＞Booleans＞Glue＞Areas 命令，弹出图形选取对话框，单击【Pick All】按钮，将把所有的面粘在一起。

(4) 网格划分

① 设置网格尺寸。选择 Main Menu＞Preprocessor＞Meshing＞Size Cntrls＞ManualSize＞Lines＞Picked Lines 命令，弹出图形选取对话框，在图形视窗中选择不锈钢层（右侧面）短边，单击【OK】按钮，在【No. of element divisions】文本框中输入"4"，单击【Apply】按钮，如图10-10所示。接着在图形视窗中选择玻璃纤维层（中间面）的短边，单击【OK】按钮，在【No. of element divisions】文本框中输入"5"，单击【Apply】按钮；再选择铝层（左侧面）的短边，单击【OK】按钮，在【No. of element divisions】文本框中输入"2"，单击【Apply】按钮；再选择四条长边，单击【OK】按钮，在【No. of element divisions】文本框中输入"16"，然后单击【OK】按钮。结果如图10-11所示。

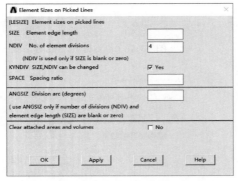

图 10-10 定义单元尺寸

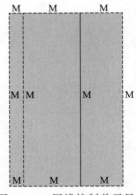

图 10-11 用线控制单元尺寸

② 分配各截面网格属性。选择 Main Menu>Preprocessor>Meshing>Mesh Attributes>Picked Areas 命令，弹出图形选取对话框，选择不锈钢层，单击【OK】按钮，然后在【MAT】文本框中选择【1】选项，单击【Apply】按钮；接着选择玻璃纤维层，单击【OK】按钮，然后在【MAT】文本框下拉列表框中选择【2】选项，单击【Apply】按钮；再选择铝层，单击【OK】按钮，在【MAT】文本框下拉列表框中选择【3】选项，最后单击【OK】按钮确认。

③ 进行网格划分。选择 Main Menu>Preprocessor>Meshing>Mesh>Areas>Mapped>3 or 4 sided 命令，弹出图形选取对话框，单击对话框中的【Pick All】按钮，将得到如图 10-12 所示的网格。

10.3.3 施加载荷

① 施加海水对流。选择 Main Menu>Solution>Define Loads>Apply>Thermal>Convection>On Lines 命令，弹出图形选取对话框，选择不锈钢的外壁，单击【OK】按钮，弹出如图 10-13 所示的对话框。在【Film coefficient】文本框中输入"80"，在【Bulk temperature】文本框中输入"44.5"，单击【OK】按钮。

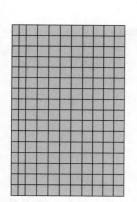
图 10-12 网格划分结果

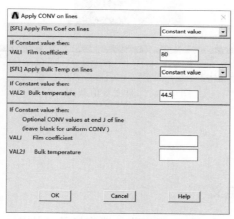
图 10-13 施加载荷

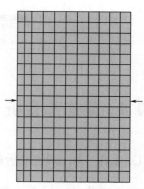
图 10-14 施加载荷后的模型

② 施加空气对流。重复上一步操作，选择铝层内壁，单击【OK】按钮，接着在【Film coefficient】文本框中输入"2.5"，在【Bulk temperature】文本框中输入"70"，单击【OK】按钮。结果如图 10-14 所示。

10.3.4 求解

选择 Main Menu>Solution>Solve>Current LS 命令，在弹出的对话框中单击【OK】按钮开始计算。结束后会弹出如图 10-15 所示的提示对话框，单击【Close】按钮关闭。

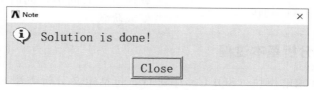
图 10-15 结束提示对话框

10.3.5 查看结果

选择 Main Menu＞General Postproc＞Plot Results＞Contour Plot＞Nodal Solu 命令，在弹出的对话框中选择 Nodal Solution＞DOF Solution＞Nodal Temperature，然后单击【OK】按钮，将得到如图 10-16 所示的温度等值线图。

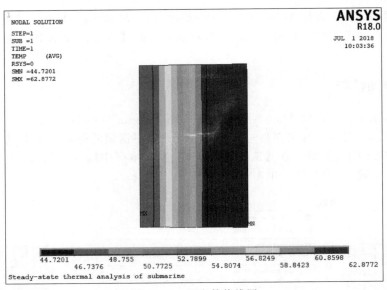

图 10-16　温度等值线图

10.4　瞬态热分析

10.4.1　瞬态热分析的定义

瞬态热分析用于计算一个系统随时间变化的温度场及其他热参数。在工程上一般用瞬态热分析计算温度场，并将之作为热载荷进行应力分析。

瞬态热分析的基本步骤与稳态热分析相似。主要的区别是瞬态热分析中的载荷是随时间变化的。为了表达随时间变化的载荷，首先必须将载荷-时间曲线分为载荷步。载荷-时间曲线中的每一个拐点为一个载荷步，如图 10-17 所示。对于每一个载荷步，必须定义载荷值及时间值，同时必须选择载荷步为渐变或阶跃。

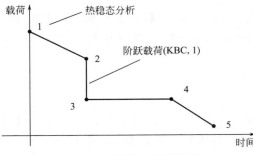

图 10-17　载荷-时间曲线图

10.4.2　瞬态热分析基本过程

这一步主要是在求解模块（SOLU）中进行，包括定义分析类型、确定瞬态初始条件、设置荷载步选项、施加载荷、后处理等。

(1) 指定分析类型

定义分析类型，可选择 Main Menu>Solution>Analysis Type>New Analysis 命令，弹出如图 10-18 所示的对话框。在【Type of analysis】单选框中选中【Transient】单选按钮，单击【OK】按钮即可。

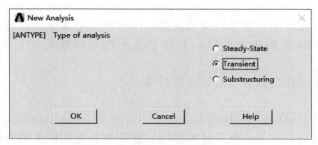

图 10-18　定义分析类型对话框

(2) 建立初始条件

瞬态热分析的初始条件来自对应的一个稳态计算结果，或者直接为所有节点设定初始温度。

① 设置均匀的初始温度。

如果已知模型起始时的环境温度，可用下面的方法来设定所有节点的初始温度。

命令：TUNIF；

GUI：Main Menu>Solution>Loads>Settings>Uniform Temp。

在弹出的如图 10-19 所示的对话框中输入温度值即可。

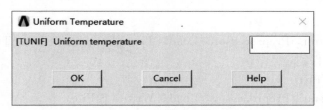

图 10-19　定义初始温度场

如果不在对话框中输入数据，则默认为参考温度，参考温度的值默认为零，可以如下设定参考温度。

命令：TREF；

GUI：Main Menu>Solution>Loads>Settings>Reference Temp。

> **注意：**
>
> 设定均匀的初始温度，与下面的设定节点温度（自由度）不同。

命令：D；

GUI：Main Menu>Solution>Loads>Apply>Thermal>On Nodes。

初始均匀温度仅对分析的第一个子步有效；而设定节点温度将使节点温度在整个瞬态分析过程等于指定值，除非通过下列方法删除此约束。

命令：DDELE；

GUI：Main Menu>Solution>Loads>Delete>Thermal Temperature>On Nodes。

② 设置非均匀的初始温度。

在瞬态热分析（不是稳态热分析）中，可以指定一个和一组初始温度不均匀的节点，方法如下。

命令：IC；

GUI：Main Menu>Solution>Loads>Apply>Initial Condit'n>Define。

还可以对某些节点设定非均匀的初始温度，同时再设定其他节点的初始温度为均匀初始温度。要做到这点，只需要在为选择的节点定义不均匀温度之前，先定义均匀的温度就行了。

用以下命令可显示具有非均匀初始温度的节点。

命令：ICLIST；

GUI：Main Menu>Preprocessor>Loads>Apply>Initial Condit'n>List Picked。

如果初始温度场是不均匀的且又是未知的，就必须首先做稳态热分析确定初始条件，步骤如下。

- 指定相应的稳态分析荷载，如温度约束、对流换热等。
- 关闭瞬态效应。

命令：TIMINT，OFF，THERRM；

GUI：Main Menu>Preprocessor>Load>Time/Frequenc>Time-Time Integration。

- 定义通常较小的一个时间值（如：1×10^{-6} s）。

命令：TIME；

GUI：Main Menu>Preprocessor>Load>Time/Frequenc>Time-Time Step。

- 定义斜坡或阶跃载荷，如果使用斜坡载荷，则就必须考虑相应的时间内产生的温度梯度效应。

命令：KBC；

GUI：Main Menu>Preprocessor>Load>Time/Frequenc>Time-Time Step。

- 写载荷步文件。

命令：LSWRITE；

GUI：Main Menu>Preprocessor>Load>Write LS File。

对于第二个载荷步，要记住删除所有固定温度边界条件，除非能够判断那些节点上的温度确实在整个瞬态分析过程中都保持不变。同时，记住执行 TIMINT，ON，THERM 命令以打开瞬态效应。更多的细节，请见 ANSYS Commands Reference 中对 D、DDELE、LSWRITE、SF、TIME 和 TIMINT 等命令的详细描述。

(3) 设置荷载步选项并加载

载荷步选项和非线性分析类似，需要设置每个载荷步的子步数或载荷增量。每个载荷步需要多个载荷子步。时间步长的大小关系到计算的精度。步长越小，计算精度越高，同时计算的时间越长。根据线性传导热传递，可以按如下公式估计初始时间步长：

$$ITS = \delta^2/4\alpha$$

式中，δ 为沿热流方向热梯度最大处的单元的长度，α 为导温系数，它等于热导率除以密度与比热容的乘积（$\alpha = k/\rho c$）。

> 🛠 说明：
>
> 如果载荷在这个载荷步是恒定的，需要设为阶跃选项；如果载荷值随时间线性变化，则要设定为渐变选项。

对于非线性分析，有时还需要设置迭代次数、自动时间步长和时间积分效果等。

（4）后处理

对于瞬态热分析查看结果主要在通用后处理器（POST1）和时间历程后处理器（POST26）中进行。

在通用后处理器中可以读取某一时间点的结果，如果设定的时间点不在任何一个子步的时间点上，ANSYS 会进行线性插值。还可以读取某一载荷步的结果，然后用等值线图的形式显示结果。在时间历程后处理器可以得到某一变量随时间变化的曲线等。

（5）相变问题

ANSYS 热分析最强大的功能之一就是可以分析相变问题，例如凝固或熔化等。含有相变问题的热分析是一个非线性的瞬态问题。相变问题需要考虑熔融潜热，即在相变过程吸收或释放的热量。ANSYS 通过定义材料的焓随温度变化来考虑熔融潜热（图 10-20）。

焓的单位是 J/m³，是密度与比热容的乘积对温度的积分：

$$H = \int \rho c(T) dT$$

求解相变问题，应当设定足够小的时间步长，并将自动时间步长设置为【ON】选项。尽量选用低阶的热单元，例如 PLANE55 或 SOLID70。如果必须选用高阶单元，请将单元选用 KEYOPT(1) 设置为【1】选项。

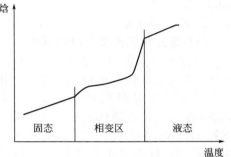

图 10-20 相变示意图

有时线性搜索将有助于加速相变问题的求解，可选择 Main Menu＞Solution＞Analysis Type＞Sol'n Controls＞Nonlinear 命令。

10.5 瞬态热分析实例——浇铸过程砂箱温度变化分析

10.5.1 问题描述

一钢铸件及其砂模的横截面尺寸如图 10-21 所示。初始条件铸钢的温度为 2875°F，砂模的温度为 80°F；砂模外边界的对流边界条件：对流传热系数 0.014Btu/(hr·in²·°F)，空气温度 80°F。求 3h 后铸钢及砂模的温度分布。

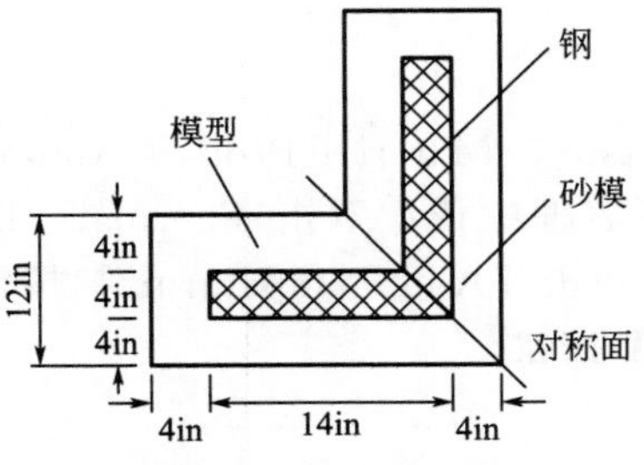

砂模的热物理性能如下所示：

热导率（KXX）：0.025Btu/(h·in·°F)。

密度（DENS）：0.254lb/in³。

比热容（C）：0.28Btu/(lb·°F)。

铸钢的热物理性能如表 10-10 所示。

图 10-21 钢铸件示意图

表 10-10 铸钢的热物理性能

物理量	单位	0°F	2643°F	2750°F	2875°F
热导率	Btu/(h·in·°F)	1.44	1.54	1.22	1.22
焓	Btu/in³	0	128.1	163.8	174.2

10.5.2 建立模型

(1) 建立工作目录、定义工作文件名及工作标题

① 新建工作目录。新建一个工作目录，目录名为"cast"。

② 更改工作目录路径。选择 File＞Change Directory 命令，弹出对话框，选择刚才建立的工作目录，单击【OK】按钮即可。

③ 修改工作文件名。选择 File＞Change Jobname 命令，弹出【Change Jobname】对话框，输入文件名"cast"。

④ 定义工作标题。选择 Utility Menu＞File＞Change Title，定义分析标题为"Casting Solidification"。

⑤ 在命令流窗口中输入"/UNITS，BFT"，并按 Enter 键，定义单位制。

(2) 定义单元类型及材料属性

① 定义单元类型。选择 Main Menu＞Preprocessor＞Element Types＞Add/Edit/Delete 命令，定义二维热单元 PLANE55，如图 10-22 所示。

② 定义 1 号砂模材料。选择 Main Menu＞Preprocessor＞Material Props＞Material Model 命令，在右侧列表框中依次双击 Thermal＞Conductivity＞Isotropic，定义砂模的热导率（KXX）为"0.025"。接着双击 Thermal＞Specific heat 选项，弹出如图 10-23 所示的对话框。在【C】文本框中输入比热容"0.28"，单击【OK】按钮。然后双击 Thermal＞Density 选项，弹出如图 10-24 所示的对话框。在【DENS】中输入砂模的密度"0.054"，单击【OK】按钮确认。

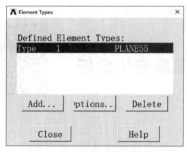

图 10-22　定义单元类型

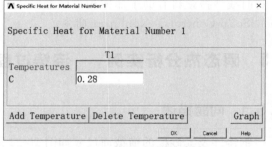

图 10-23　定义砂模比热容

③ 定义 2 号钢模材料

- 定义钢模焓值。再次选择 Main Menu＞Preprocessor＞Material Props＞Material Model 命令，选择 File＞New Model 命令，然后在右侧列表框中依次双击 Thermal＞Enthalpy，弹出【Enthalpy for Material Number 2】对话框，单击【Add Temperature】按钮，可增加温度值。按图 10-25 设置钢模的温度表，单击【OK】按钮。

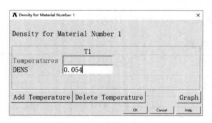

图 10-24　定义砂模密度

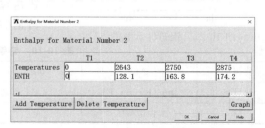

图 10-25　定义钢模温度表

• 定义钢模热导率。再在【Define Material Model Behavior】对话框中依次双击右侧列表框中的 Thermal＞Conductivity＞Isotropic 选项，弹出【Conductivity for Material Number 2】对话框，按图 10-26 进行设置后，单击【OK】按钮。

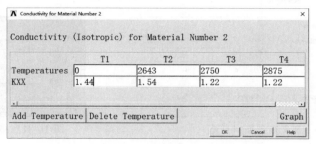

图 10-26　定义钢模热导率表

④ 至此材料参数定义完毕，如图 10-27 所示。

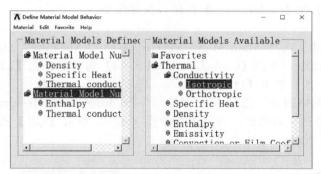

图 10-27　定义的材料参数

（3）建立几何模型

① 选择 Main Menu＞Preprocessor＞Modeling＞Create＞Keypoints＞In Active CS 命令，按以下坐标定义 4 个关键点：（0，0，0）、（22，0，0）、（10，12，0）和（0，12，0）。结果如图 10-28 所示。

② 选择 Main Menu＞Preprocessor＞Modeling＞Create＞Areas＞Arbitrary＞Through KPs 命令，弹出图形选取对话框。依次选择关键点 1、2、3 和 4，单击【OK】按钮确认。得到如图 10-29 所示的面。

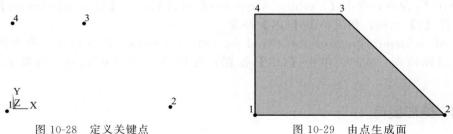

图 10-28　定义关键点　　　　图 10-29　由点生成面

③ 选择 Main Menu＞Preprocessor＞Modeling＞Create＞Areas＞Rectangle＞By Dimensions 命令，弹出如图 10-30 所示的对话框。在【X-coordinates】文本框中输入"4"和"22"，在【Y-coordinates】文本框中输入"4"和"8"，然后单击【OK】按钮。

④ 选择 Main Menu>Preprocessor>Modeling>Operate>Booleans>Overlap>Areas 命令，弹出图形选取对话框，单击对话框中的【Pick All】按钮，得到如图 10-31 所示的 3 个面。

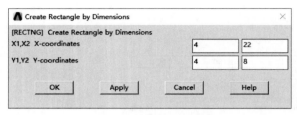

图 10-30 定义矩形面对话框

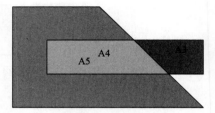

图 10-31 布尔运算得到的面

⑤ 选择 Main Menu>Preprocessor>Modeling>Delete>Areas and Below 命令，弹出图形选取对话框，选择面 3，单击【OK】按钮，即要删除多余的面，如图 10-32 所示。

⑥ 单击工具栏上的【SAVE_DB】按钮，保存模型。

(4) 网格划分

① 设置网格尺寸。选择 Main Menu>Preprocessor>Meshing>Size Cntrls>Manual-Size>Global>Size 命令，弹出【Global Element Sizes】对话框，在【Element edge length】文本框中输入"1"，然后单击【OK】按钮。

② 对砂模进行网格划分。选择 Main Menu>Preprocessor>Meshing>Mesh>Areas>Free 命令，弹出图形选取对话框，然后选择砂模（A_5），单击【OK】按钮，完成砂模的网格划分，如图 10-33 所示。

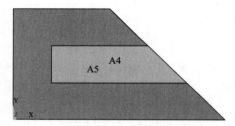

图 10-32 删除多余的面

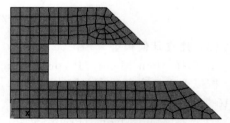

图 10-33 对砂模进行网格划分

③ 对钢模进行网格划分。选择 Main Menu>Preprocessor>Meshing>Mesh Attributes>Default Attribs 命令，弹出【Meshing Attributes】对话框，在【Material number】下拉列表框中选择【2】选项，然后单击【OK】按钮。

选择 Main Menu>Preprocessor>Meshing>Mesh>Areas>Free 命令，弹出图形选取对话框，选择铸钢（A_4），单击【OK】按钮，完成铸钢的网格划分。结果如图 10-34 所示。

10.5.3 施加载荷

① 设置分析类型。选择 Main Menu>Solution>Analysis Type>New Analysis 命令，弹出【New Analysis】对话框，选择【Transient】单选按钮，单击【OK】按钮确认。接着弹出如图 10-35 所示的对话框，保持默认即可。

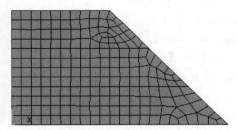

图 10-34　网格划分结果

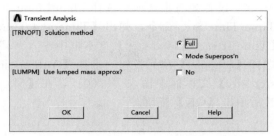

图 10-35　【Transient Analysis】对话框

② 选择钢模节点。选择 Unility Menu＞Select＞Entities 命令，弹出实体选择对话框，选择【Element】、【By Attributes】、【Material num】，在文本框中输入"2"，如图 10-36 所示，然后单击【Apply】按钮，接着选择【Nodes】、【Attached to】、【Elements】，单击【OK】按钮。

③ 施加初始温度。选择 Main Menu＞Solution＞Define Loads＞Apply＞Initial Condit'n＞Define 命令，单击【Pick All】按钮，弹出如图 10-37 所示的对话框，在【DOF to be specified】下拉列表框中选择"TEMP"，在【Intial value of DOF】文本框中输入"2875"，然后单击【OK】按钮。

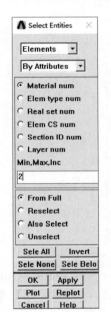

图 10-36　实体选择对话框

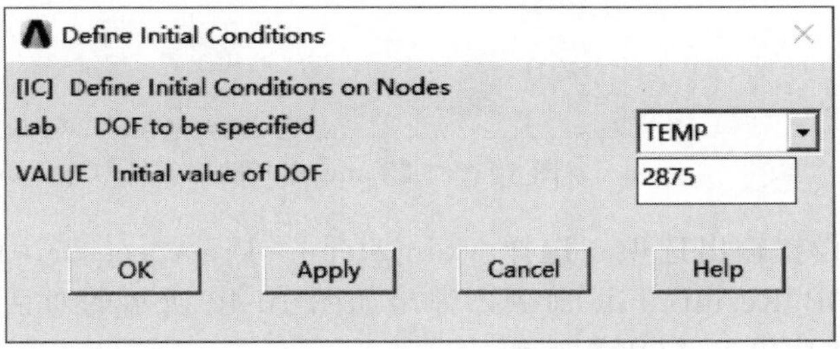

图 10-37　定义初始温度对话框

④ 选择砂模节点。选择 Utility Menu＞Select＞Entities 命令，弹出实体选择对话框，选择【Nodes】，单击【Invert】按钮。

⑤ 施加初始温度。再次选择 Main Menu＞Solution＞Define Loads＞Apply＞Initial Condit'n＞Define 命令，弹出图形选取对话框，单击【Pick All】按钮，在【Define Initial Conditions】对话框中设置初始温度为"80"，单击【OK】按钮。

⑥ 选择 Utility Menu＞Select＞Everything 命令，选择所有实体。然后选择 Utility Menu＞Plot＞Lines 命令，显示模型线，如图 10-38 所示。

⑦ 施加对流载荷。选择 Main Menu＞Solution＞Define Loads＞Apply＞Thermal＞Convection＞On Lines 命令，弹出图形选取对话框，选择砂模边界 L_1、L_3 和 L_4，单击【OK】按钮。在【Film coefficient】文本框中输入"0.014"，在【Bulk temperature】文本框中输入"80"，然后单击【OK】按钮。

图 10-38　模型线

⑧ 设置载荷步选项。选择 Main Menu>Solution>Load Step Opts>Time/Frequenc>Time-Time Step 命令，弹出【Time and Time Step Options】对话框，如图 10-39 所示。在【Time at end of load step】文本框中输入"3"，在【Time step size】文本框中输入"0.01"，选择【Stepped】单元按钮，选择【Automatic time steping】为【ON】，在【Minimum time step size】文本框中输入"0.001"，在【Maximum time step size】文本框中输入"0.25"，然后单击【OK】按钮。

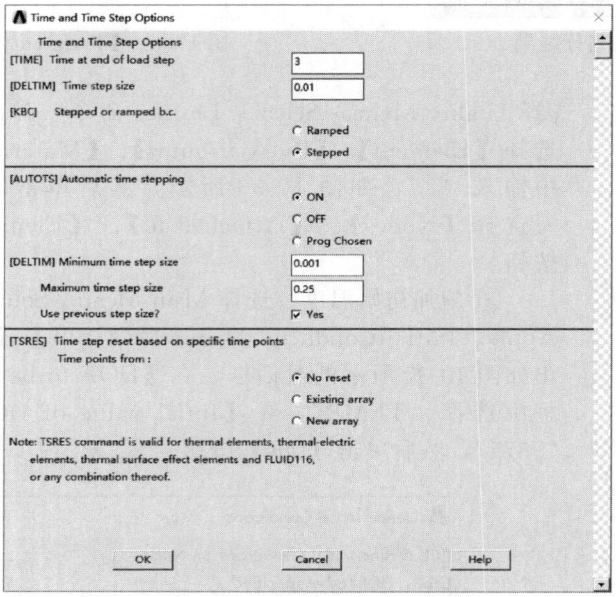

图 10-39 【Time and Time Step Options】对话框

⑨ 设置输出选项。选择 Main Menu>Preprocessor>Loads>Load Step Opts>Output Ctrls>DB/Results File 命令，弹出如图 10-40 所示的对话框。选择【Every substep】单选按钮，然后单击【OK】按钮。

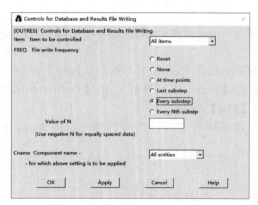

图 10-40 结果输出选项对话框

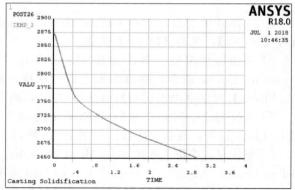

图 10-41 温度随时间变化的曲线

10.5.4 求解

选择 Main Menu>Solution>Solve>Current LS 命令，进行求解。

10.5.5 查看结果

选择 Main Menu＞TimeHist Postproc 命令，弹出【Time Histroty Variable】对话框，单击➕按钮定义节点 23 的温度结果为变量。选中此变量，单击📈按钮，显示变量随时间变化的曲线，如图 10-41 所示。

10.6 热应力分析

当一个结构加热或冷却时，会发生膨胀或收缩。如果结构各部分之间膨胀收缩程度不同，和结构的膨胀、收缩受到限制，就会产生热应力。

10.6.1 热应力分析的方法

ANSYS 提供三种进行热应力分析的方法：
- 在结构应力分析中直接定义节点的温度。如果所有节点的温度已知，则可以通过命令直接定义节点温度。节点温度在应力分析中作为体载荷，而不是节点自由度。
- 间接法。首先进行热分析，然后将求得的节点温度作为体载荷施加在结构应力分析中。
- 直接法。使用具有温度和位移自由度的耦合单元，同时得到热分析和结构应力分析的结果。

如果节点温度已知，适合第一种方法。但节点温度一般是不知道的。对于大多数问题，推荐使用第二种方法——间接法。因为这种方法可以使用所有热分析的功能和结构分析的功能。如果热分析是瞬态的，只需要找出温度梯度最大的时间点，并将此时间点的节点温度作为荷载施加到结构应力分析中去。如果热和结构的耦合是双向的，即热分析影响结构应力分析，同时结构变形又会影响热分析（如大变形、接触等），则可以使用第三种直接法——使用耦合单元。此外只有第三种方法可以考虑其他分析领域（电磁、流体等）对热和结构的影响。

10.6.2 间接法进行热应力分析的步骤

（1）热分析

选择热单元，可以使用热分析的所有功能，包括传导、对流、辐射和表面效应单元等，进行稳态或瞬态热分析。但要注意划分单元时要充分考虑结构分析的要求。例如，在有可能有应力集中地方的网格要密一些。如果进行瞬态分析，在后处理中要找出热梯度最大的时间点或载荷步。

（2）结构热应力分析

① 重新进入前处理，将热单元转换为相应的结构单元。

可以使用菜单进行转换：Main Menu＞Preprocessor＞Element Type＞Switch Element Type，选择【Thermal to Structual】。

表 10-11 是热单元与结构单元的对应表。但要注意设定相应的单元选项。例如热单元的轴对称不能自动转换到结构单元中，需要手工设置一下。在命令流中，可将原热单元的编号重新定义为结构单元，并设置相应的单元选项。

② 设置结构分析类型，定义结构分析中的材料属性（如弹性模量、泊松比以及线胀系数等）以及前处理细节，如节点耦合、约束方程等。

表 10-11 热单元及相应的结构单元

热单元	结构单元	热单元	结构单元
MASS71	MASS21	SOLID70	SOLID185
LINK33	LINK180	SOLID87	SOLID187
PLANE35	PLANE2	SOLID90	SOLID186
PLANE55	PLANE182	SOLID278	SOLID185
PLANE75	PLANE25	SOLID279	SOLID186
PLANE77	PLANE183	SHELL131	SHELL181
PLANE78	PLANE83	SHELL132	SHELL281

③ 删除热载荷，如对流等。

④ 读入热分析中的节点温度，GUI：Solution＞Load Apply＞Temperature＞From Thermal Analysis。输入或选择热分析的结果文件名 *.rth。如果热分析是瞬态的，则还需要输入热梯度最大时的时间点或载荷步。节点温度是作为体载荷施加的，可通过 Utility Menu＞List＞Load＞Body Load＞On all nodes 列表输出。

⑤ 施加结构分析载荷，如位移边界条件、Pressure 等。

⑥ 进行求解、后处理。

10.6.3 直接法进行热应力分析的步骤

直接法的步骤与单纯热分析类似，只是在设置单元、材料、载荷、边界条件时要考虑结构。定义单元类型时一定要选用耦合单元，表 10-12 列出 ANSYS 中用于热结构耦合分析的单元及其说明。

表 10-12 用于热结构耦合分析的单元及其说明

单元	形状特点	产生效果	分析类型
SOLID5	四面体	热弹性（热应力）	Static Full Transient
PLANE13	四边形		
SOLID98	六面体		
PLANE222	4 节点四边形	热弹性（热应力和压热效应） 热塑性	Static Full Harmonic Full Transient
PLANE223	8 节点四边形		
SOLID226	六面体		
SOLID227	四面体		

10.7 热应力分析实例——冷却栅管热应力分布计算

10.7.1 问题描述

本实例确定一个冷却栅管的温度场分布及位移和应力分布。如图 10-42(a) 所示，一个轴对称的冷却栅管，管内为热流体，管外为空气，冷却栅管材料为不锈钢，热导率为 25.96W/(m·℃)，弹性模量为 1.93×10^9 MPa，线胀系数为 1.62×10^{-5} ℃$^{-1}$，泊松比为 0.3，管内压力为 6.89MPa，管内流体温度为 250℃，对流传热系数为 249.23W/(m^2·℃)，外界流体（空气）温度为 39 ℃，对流传热系数为 62.3 W/(m²·℃)，试求解其温度和应力分布。

假定冷却栅管无限长，根据冷却栅管结构的对称性特点可以构造出的有限元分析简化模型如图 10-42(b) 所示，其上下边界承受边界约束，管内承受均布压力。

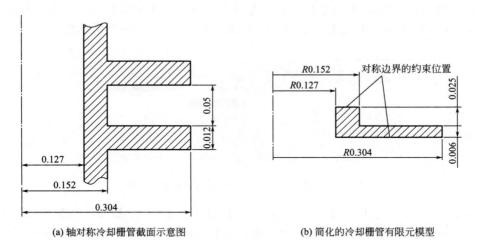

(a) 轴对称冷却栅管截面示意图　　　(b) 简化的冷却栅管有限元模型

图 10-42　冷却栅管示意图

10.7.2　间接法

10.7.2.1　热分析

(1) 定义工作文件名及工作标题

① 定义工作文件名。选择 Utility Menu＞File＞Change Jobname 命令，弹出【Change Jobname】对话框，在【Enter new jobname】文本框中输入"Pipe_IndirectionMethod"，同时把【New log and error files】中的复选框选为【Yes】，并单击【OK】按钮。

② 定义工作标题。选择 Utility Menu＞File＞Change Title 菜单命令，弹出【Change Title】对话框。在【Enter new title】文本框中输入"the thermal analysis of pipe"，并单击【OK】按钮。单击 Utility Menu＞Plot＞Replot 命令，重绘图形显示界面，此时在视图窗口左下角会出现定义的标题名。

③ 指定分析类型。选择 Main Menu＞Preferences 命令，弹出如图 10-43 所示的对话框，

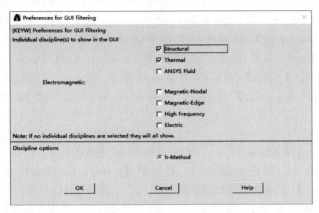

图 10-43　【Preferences for GUI Filtering】对话框

选择【Structural】和【Thermal】按钮选项，单击【OK】按钮。

(2) 定义单元类型及材料属性

① 定义单元类型。选择 Main Menu＞Preprocessor＞Element Type＞Add /Edit/Delete 命令，弹出【Element Types】对话框。单击【Add...】按钮，弹出如图 10-44 所示的【Library of Element Types】对话框。选择左侧文本框中的【Solid】选项，选择右侧文本框中的【8node 77】选项，单击【OK】按钮，回到【Element Types】对话框。

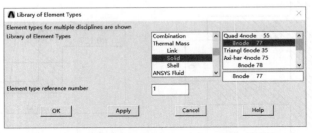

图 10-44 【Library of Element Types】对话框

② 设置单元选项。单击【Element Types】对话框上面的【Options】按钮，弹出如图 10-45 所示的【PLANE77 element type options】对话框。在【Element behavior】的下拉列表框中选择【Axisymmetric】选项，并单击【OK】按钮，回到【Element Types】对话框，单击【Close】按钮。

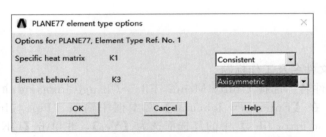

图 10-45 【PLANE77 element type options】对话框

③ 设置材料属性。选择 Main Menu＞Preprocessor＞Material Props＞Material Models 命令，弹出【Define Material Model Behavior】对话框。选择对话框右侧的 Structural＞Linear＞Elastic＞Isotropic 命令，双击【Isotropic】选项，弹出如图 10-46 所示的【Linear Isotropic Properties for Material Number 1】对话框。在【EX】文本框中输入弹性模量"1.93e11"，在【PRXY】文本框中输入泊松比"0.3"，然后单击【OK】按钮，回到【Define Material Model Behavior】对话框。选择对话框右侧的 Thermal＞Conductivity＞Isotropic 命令，双击【Isotropic】选项，弹出如图 10-47 所示的【Conductivity for Material Number 1】对话框。在【KXX】文本框中输入热导率"25.96"，单击【OK】按钮，回到【Define Material Model Behavior】对话框，选择 Material＞Exit 命令，关闭对话框，完成材料属性的设置。

(3) 建立几何模型

① 创建矩形面。选择 Main Menu＞Preprocessor＞Modeling＞Create＞Areas＞Rectangle＞By Dimensions 命令，弹出如图 10-48 所示的【Create Rectangle by Dimensions】对话框。在【X-coordinates】文本框中分别输入"0.127"和"0.152"的 X 坐标；在【Y-coordinates】文本框中分别输入"0"和"0.025"的 Y 坐标，单击【Apply】按钮。继续在【X-coordinates】文本框中分别输入"0.127"和"0.304"的 X 坐标；在【Y-coordinates】文本框中分别输入"0"和"0.006"的 Y 坐标，如图 10-49 所示，单击【OK】按钮，生成结果如图 10-50 所示。

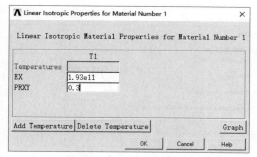

图 10-46 【Linear Isotropic Properties for Material Number 1】对话框

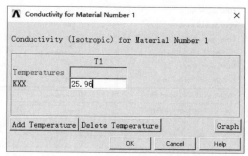

图 10-47 【Conductivity for Material Number 1】对话框

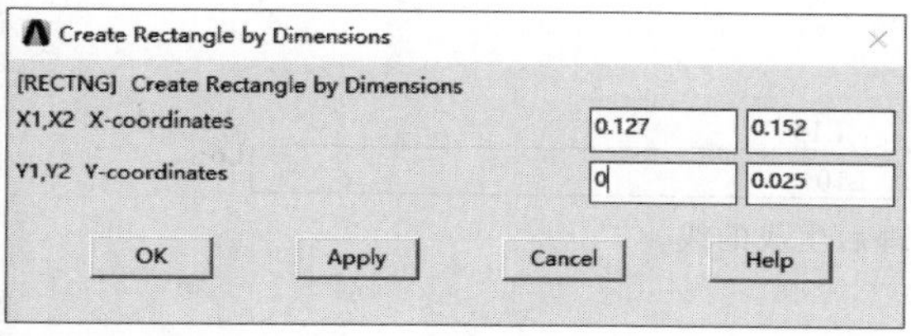

图 10-48 【Create Rectangle by Dimensions】对话框（1）

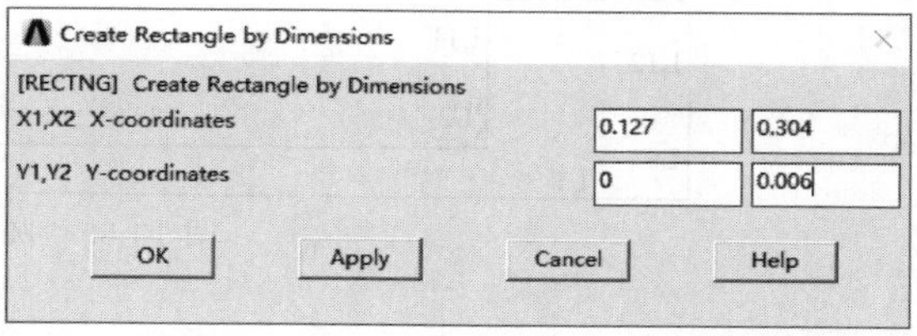

图 10-49 【Create Rectangle by Dimensions】对话框（2）

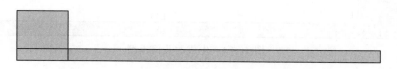

图 10-50 生成的矩形面

② 布尔运算。选择 Main Menu＞Preprocessor＞Modeling＞Operate＞Booleans＞Add＞Areas，弹出拾取对话框，单击【Pick All】按钮。

③ 打开线编号。选择 Utility Menu＞PlotCtrls＞Numbering 命令，弹出【Plot Numbering Controls】对话框，如图 10-51 所示，选择【Line numbers】复选框为【On】，单击【OK】按钮。

④ 线倒角。选择 Main Menu＞Preprocessor＞Modeling＞Create＞Lines＞Line Fillet 命令，弹出图形选取对话框，用鼠标在图形视窗中选择 11 和 13 两条线，然后单击【OK】按钮，接着弹出图 10-52 所示的对话框。在【Fillet radius】文本框中输入倒角半径"0.005"，单击【OK】按钮。

⑤ 显示线。选择 Utility Menu＞Plot＞Lines 命令，生成结果如图 10-53 所示。

⑥ 生成面。选择 Main Menu＞Preprocessor＞Modeling＞Create＞Areas＞Arbitrary＞By Line 命令，弹出图形选取对话框，在图形视窗中选择编号为 2、5 和 4 的线，单击【OK】按钮。

⑦ 布尔运算。选择 Main Menu＞Preprocessor＞Modeling＞Operate＞Booleans＞Add＞Areas，弹出拾取对话框，单击【Pick All】按钮，生成结果如图 10-54 所示。

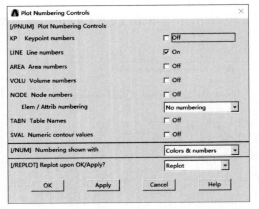

图 10-51 【Plot Numbering Controls】对话框

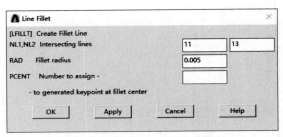

图 10-52 【Line Fillet】对话框

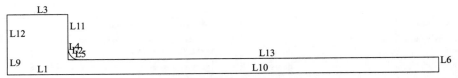

图 10-53 圆角处理后生成的线

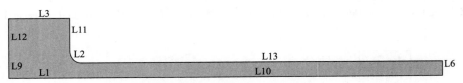

图 10-54 生成的几何模型

⑧ 保存几何模型。选择 Utility Menu＞File＞Save as，弹出对话框，输入文件名"Pipe_geom"，单击【OK】按钮。

(4) 生成有限元模型

① 显示工作平面。选择 Utility Menu＞WorkPlane＞Display Working Plane 命令。

② 打开关键点编号。选择 Utility Menu＞PlotCtrls＞Numbering 命令，弹出【Plot Numbering Controls】对话框，选择【Keypoint numbers】复选框为【Off】，单击【OK】按钮。

③ 平移工作平面。选择 Utility Menu＞WorkPlane＞Offset WP to＞Keypoints 命令，弹出拾取框，拾取编号为 5 的关键点，单击【OK】按钮。

④ 旋转工作平面。选择 Utility Menu＞WorkPlane＞Offset WP by Increments 命令，弹出【Offset WP】对话框，如图 10-55 所示，在【XY,YZ,ZX Angles】文本框中输入"0,90"，单击【OK】按钮。

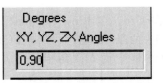

图 10-55 部分【Offset WP】对话框

⑤ 面分解。选择 Main Menu＞Preprocessor＞Modeling＞Operate＞Booleans＞Divide＞Area by WrkPlane 命令，弹出拾取框，单击【Pick All】按钮。

⑥ 打开面的编号。生成结果如图 10-56 所示。

⑦ 平移工作平面。选择 Utility Menu＞WorkPlane＞Offset WP to＞Keypoints 命令，

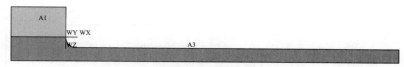

图 10-56　第 1 次面分解结果

弹出拾取框，拾取编号为 10 的关键点，单击【OK】按钮。

⑧ 旋转工作平面。选择 Utility Menu＞WorkPlane＞Offset WP by Increments 命令，弹出【Offset WP】对话框，如图 10-57 所示，在【XY,YZ,ZX Angles】文本框中输入"0,0,90"，单击【OK】按钮。

⑨ 面分解。选择 Main Menu＞Preprocessor＞Modeling＞Operate＞Booleans＞Divide＞Area by Wrk-Plane 命令，弹出拾取框，单击【Pick All】按钮，生成结果如图 10-58 所示。

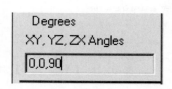

图 10-57　部分【Offset WP】对话框

图 10-58　第 2 次面分解结果

⑩ 调整工作平面。选择 Utility Menu＞WorkPlane＞Align WP with＞Global Cartesian，使得工作平面与世界坐标重合。

⑪ 平移工作平面。选择 Utility Menu＞WorkPlane＞Offset WP to＞Keypoints 命令，弹出拾取框，拾取编号为 3 的关键点，单击【OK】按钮。

⑫ 平移并旋转工作平面。选择 Utility Menu＞WorkPlane＞Offset WP by Increments 命令，弹出【Offset WP】对话框，在【X,Y,Z Offsets】文本框中输入"－0.006,0,0"，在【XY,YZ,ZX Angles】文本框中输入"0,0,90"，单击【OK】按钮。

⑬ 面分解。选择 Main Menu＞Preprocessor＞Modeling＞Operate＞Booleans＞Divide＞Area by WrkPlane 命令，弹出拾取框，单击【Pick All】按钮，生成结果如图 10-59 所示。

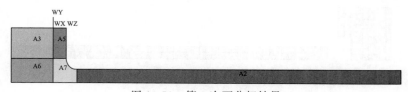

图 10-59　第 3 次面分解结果

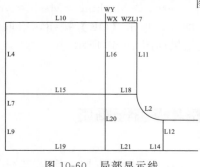

图 10-60　局部显示线

⑭ 线相加。选择 Utility Menu＞Plot＞Lines 命令，显示线。选择 Main Menu＞Preprocessor＞Modeling＞Operate＞Booleans＞Add＞Lines 命令，弹出拾取框，拾取编号为 14 和 21 两条线，如图 10-60 所示，单击【OK】按钮后弹出【Add Lines】对话框，如图 10-61 所示，单击【Apply】按钮，回到拾取框，选择编号为 7 和 9 两条线，单击【OK】按钮，生成结果如图 10-62 所示。

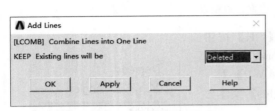
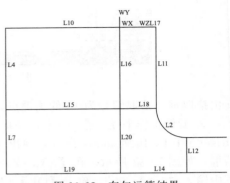

图 10-61 【Add Lines】对话框 　　图 10-62 布尔运算结果

⑮ 保存分解的几何模型。选择 Utility Menu＞File＞Save as，弹出对话框，输入文件名 "Pipe _ div _ geom"，单击【OK】按钮。

⑯ 设置单元尺寸。选择 Main Menu＞Preprocessor＞Meshing＞Size Cntrls＞Manual Size＞Global＞Size 命令，弹出如图 10-63 所示的【Global Element Sizes】对话框，在文本框【Element edge length】输入单元尺寸为 "0.003"，单击【OK】按钮。

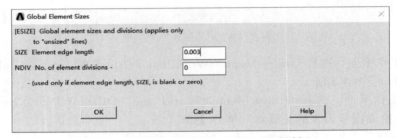

图 10-63 【Global Element Sizes】对话框

⑰ 映射网格划分。选择 Main Menu＞Preprocessor＞Meshing＞Mesh＞Areas＞Mapped＞3 or 4 sided 命令弹出拾取框，拾取编号为 2、3、5 和 6 的面，单击【OK】按钮，生成结果如图 10-64 所示。

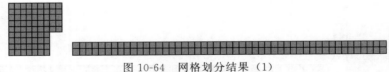

图 10-64 网格划分结果（1）

⑱ 对 A_7 进行映射网格划分。选择 Main Menu＞Preprocessor＞Meshing＞Mesh＞Areas＞Mapped＞Bycorners 命令弹出拾取框，拾取编号为 7 的面，单击【OK】按钮，拾取编号为 5、10、13 和 11 的关键点，单击【OK】按钮，生成结果如图 10-65 所示。

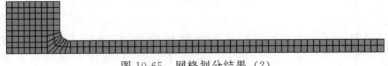

图 10-65 网格划分结果（2）

⑲ 保存网格结果。选择 Utility Menu＞File＞Save as，弹出对话框，输入文件名

"Pipe_mesh",单击【OK】按钮。

(5) 施加载荷及求解

① 施加对流载荷。选择 Main Menu>Solution>Define Loads>Apply>Thermal>Convection>On Lines 命令,弹出图形选取对话框,选择编号为 11、2、13 和 6 的线,单击【OK】按钮。此时弹出【Apply CONV on lines】对话框,如图 10-66 所示,在【Film coefficent】文本框中输入 "62.3",在【Bulk temperature】文本框中输入 "39",然后单击【OK】按钮。再次选择 Main Menu>Solution>Define Loads>Apply>Thermal>Convection>On Lines 命令,弹出图形选取对话框,选择编号为 4 和 7 的线,单击【OK】按钮。

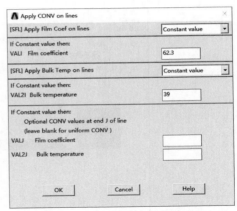

图 10-66 【Apply CONV on lines】对话框

此时弹出【Apply CONV on lines】对话框,在【Film coefficent】文本框中输入 "249.23",在【Bulk temperature】文本框中输入 "250",然后单击【OK】按钮,结果如图 10-67 所示。选择 Utility Menu>File>Save as,弹出对话框,输入文件名 "Pipe_load",单击【OK】按钮。

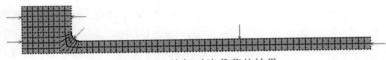

图 10-67 施加对流载荷的结果

② 求解。选择 Main Menu>Solution>Solve>Current LS 命令,会弹出【/STATUS Command】求解相关信息文本框和【Solve Current Load Step】对话框,单击【OK】按钮,则 ANSYS 有限元求解将启动,求解结束后显示【Solution is done】对话框,单击【OK】按钮,选择 File>Close。

③ 保存计算结果。选择 Utility Menu>File>Save as,弹出对话框,输入文件名 "Pipe_Thermal",单击【OK】按钮。

(6) 后处理

① 绘制温度分布云图。选择 Main Menu>General Postproc>Plot Results>Contour Plot>Nodal Solu 命令,弹出【Contour Nodal Solution Data】对话框,如图 10-68 示。在【Item to be contoured】列表框中依次选择 Nodal Solution>DOF Solution>Nodal Temperature 命令,其他保持不变,单击【OK】按钮即可显示冷却栅管温度分布云图,如图 10-69 所示。

② 绘制热流量分布云图。选择 Main Menu>General Postproc>Plot Results>Contour Plot>Nodal Solu 命令,弹出【Contour Nodal Solution Data】对话框,如图 10-70 所示。在【Item to be contoured】列表框中依次选择 Nodal Solution>Thermal Flux>Thermal flux vector sum 命令,其他保持不变,单击【OK】

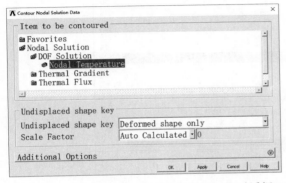

图 10-68 【Contour Nodal Solution Data】对话框

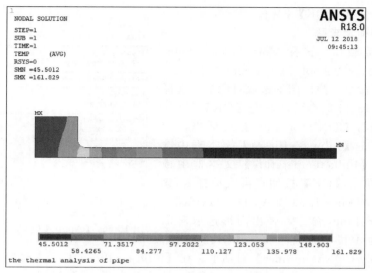

图 10-69 冷却栅管温度分布云图

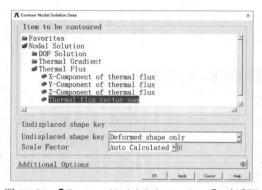

图 10-70 【Contour Nodal Solution Data】对话框

按钮即可显示冷却栅管热流量分布云图，如图 10-71 所示。

③ 绘制热梯度分布云图。选择 Main Menu>General Postproc > Plot Results > Contour Plot>Nodal Solu 命令，弹出【Contour Nodal Solution Data】对话框，如图 10-72 所示。在【Item to be contoured】列表框中依次选择 Nodal Solution>Thermal Gradient>Thermal gradient vector sum 命令，其他保持不变，单击【OK】按钮即可显示冷却栅管热梯度分布云图，如图 10-73 所示。

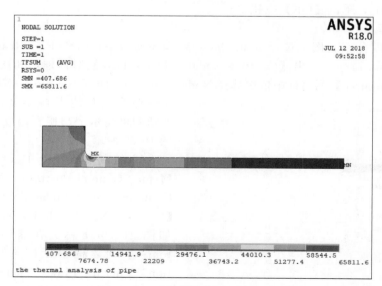

图 10-71 冷却栅管热流量分布云图

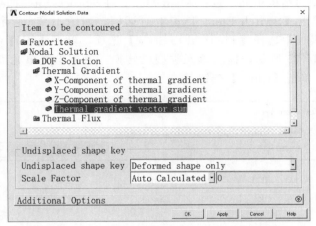

图 10-72 【Contour Nodal Solution Data】对话框

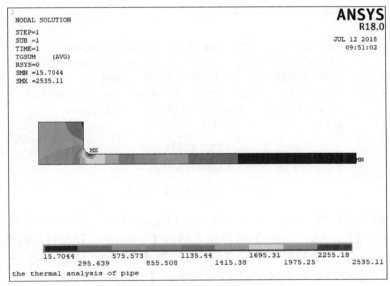

图 10-73 冷却栅管热梯度分布云图

10.7.2.2 热应力分析

(1) 改变工作标题和分析类型

① 改变工作标题。选择 Utility Menu＞File＞Change Title 菜单命令，弹出【Change Title】对话框。在【Enter new title】文本框中输入"the thermal stress analysis of pipe"，并单击【OK】按钮。单击 Utility Menu＞Plot＞Replot 命令，重绘图形显示界面，此时在视图窗口左下角会出现定义的标题名。

② 改变分析类型。选择 Main Menu＞Preferences 命令，弹出【Preferences for GUI Filtering】对话框。选择【Structural】和【Thermal】按钮选项，单击【OK】按钮。

(2) 转换单元类型及重新定义材料属性

① 删除对流边界。选择 Main Menu＞Solution＞Define Loads＞Delete＞All Load Data＞All SolidMod Lds 命令，弹出对话框后，单击【OK】按钮，则施加在实体上的所有载荷均被删除。

② 转换单元类型为结构单元。选择 Main Menu＞Preprocessor＞Element Type＞Switch Elem Type 命令，弹出【Switch Elem Type】对话框，如图 10-74 所示，在【Change element type】下拉列表框中选择【Thermal to Struc】选项，单击【OK】按钮，弹出【Warning】对话框，如图 10-75 所示，提示单元类型已转换，要求检查单元类型及单元选项、实常数和材料编号等，单击【Close】按钮。

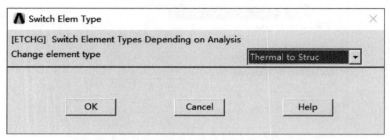

图 10-74 【Switch Elem Type】对话框

图 10-75 【Warning】对话框

③ 设置单元为轴对称。选择 Main Menu＞Preprocessor＞Element Type＞Add/Edit/Delete 命令，弹出【Element Types】对话框，单击【Option...】按钮，弹出【PLANE183 element type options】对话框，如图 10-76 所示，在【Element behavior】下拉列表框中选择【Axisymmetric】选项，单击【OK】按钮，单击【Close】按钮。

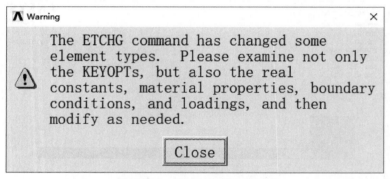

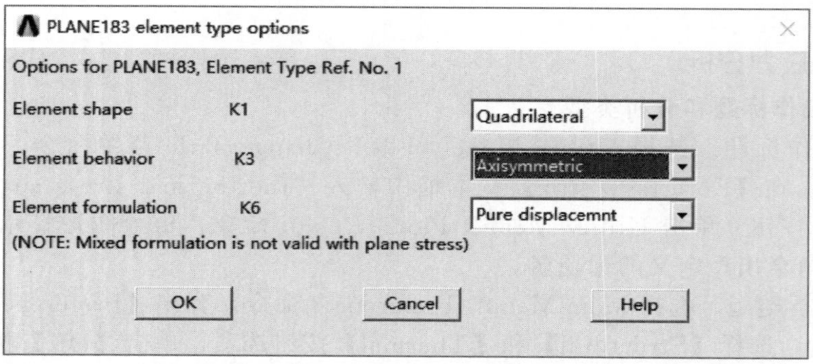

图 10-76 【PLANE183 element type options】对话框

④ 设置材料属性。选择 Main Menu＞Preprocessor＞Material Props＞Material Models 命令，弹出【Define Material Model Behavior】对话框，如图 10-77 所示。在右侧列表框中

依次选择 Structural＞Thermal Expansion＞Secant Coefficient＞Isotropic 命令，并双击【Isotropic】，弹出【Thermal Expansion Secant Coefficient for Material Number 1】对话框，如图 10-78 所示，在【ALPX】文本框输入"1.62e－5"，单击【OK】按钮，选择 Material＞Exit 命令，完成材料属性设置。

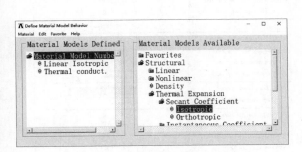
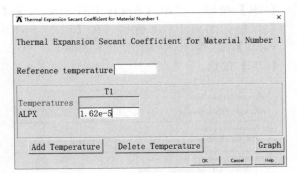

图 10-77　【Define Material Model Behavior】对话框　　　　图 10-78　【Thermal Expansion Secant Coefficient for Material Number 1】对话框

⑤ 双击【Isotropic】，将弹出如图 3-12 所示的【Linear Isotropic Properties for Material Number 1】对话框。在【EX】文本框中输入弹性模量"2e11"，在【PRXY】文本框中输入泊松比"0.3"。

(3) 施加结构分析载荷及求解

① 施加对称边界约束。选择 Main Menu＞Solution＞Define Loads＞Apply＞Structural＞Displacement＞Symmetry B.C.＞On Lines 命令，弹出【Apply SYMM on Lines】对话框，选取编号为 19、14 和 8 的线，单击【Apply】按钮，选取 10、17，单击【OK】按钮。选择 Utility Menu＞Plot＞Lines 命令，施加的对称边界约束如图 10-79 所示。

图 10-79　施加的对称边界约束

② 施加节点温度值。选择 Solution＞Load Apply＞Temperature＞From Thermal Analysis 命令，弹出【Apply TEMP from Thermal Analysis】对话框，如图 10-80 所示，点击【Browse...】按钮，选择热分析结果文件"Pipe_Thermal.rth"，单击【OK】按钮。

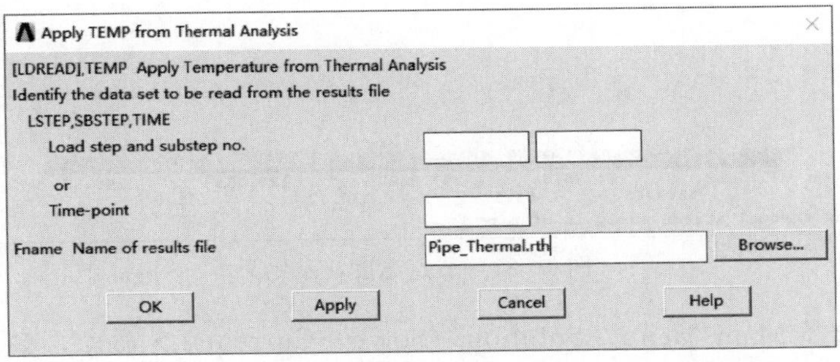

图 10-80　【Apply TEMP from Thermal Analysis】对话框

③ 在管的内壁施加面载荷。选择 Main Menu＞Solution＞Define Loads＞Apply＞Structural＞Pressure＞On Lines 命令，弹出拾取对话框，拾取编号为 4、7 的线，单击【OK】按钮，弹出【Apply PRES on lines】对话框，如图 10-81 所示，在【Load PRES value】文本框中输入"6.89e6"，单击【OK】按钮。

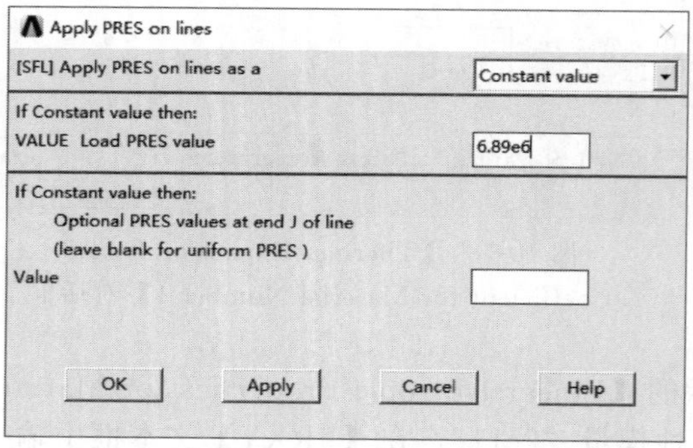

图 10-81 【Apply PRES on lines】对话框

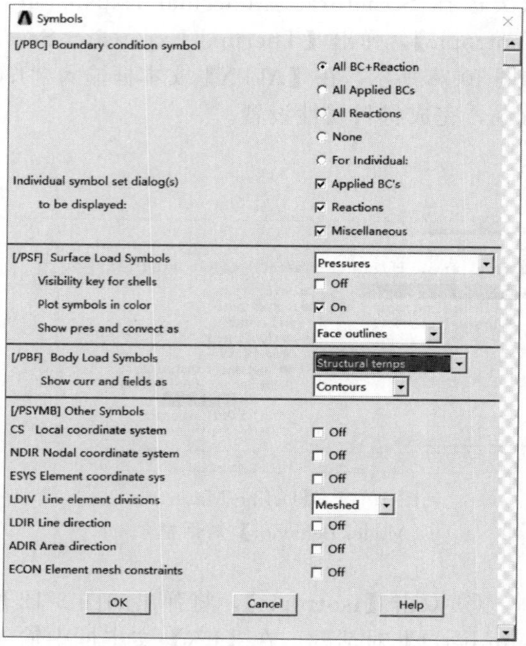

图 10-82 【Symbols】对话框

④ 显示节点温度体载荷。选择 Utility Menu＞PlotCtrls＞Symbols 命令，弹出【Symbols】对话框，如图 10-82 所示，在【Body Load Symbols】下拉列表框中选取【Structural temps】选项，单击【OK】按钮，选择 Utility Menu＞Plot＞Element 命令，节点温度显示如图 10-83 所示。

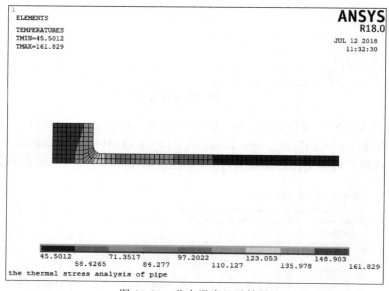

图 10-83 节点温度显示结果

⑤ 求解。选择 Main Menu＞Solution＞Solve＞Current LS 命令，会弹出【/STATUS Command】求解相关信息文本框和【Solve Current Load Step】对话框，单击【OK】按钮，

则 ANSYS 有限元求解将启动，求解结束后显示【Solution is done】对话框，单击【OK】按钮，选择 File＞Close。

⑥ 保存计算结果。选择 Utility Menu＞File＞Save as，弹出对话框，输入文件名"Pipe_Thermal stress"，单击【OK】按钮。

（4）普通后处理

① 显示变形的形状。选择 Main Menu＞General Postproc＞Plot Results＞Deformed Shape 命令，弹出如图 10-84 所示的绘制变形图【Plot Deformed Shape】对话框。选择【Def＋undeformed】单选按钮，单击【OK】按钮，结果如图 10-85 所示。

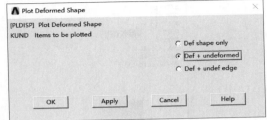

图 10-84 【Plot Deformed Shape】对话框

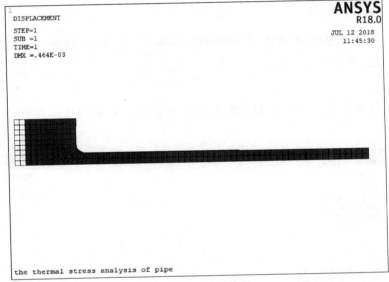

图 10-85 变形结果

② 显示位移云图。选择 Main Menu＞General Postproc＞Plot Results＞Contour Plot＞Nodal Solu 命令，弹出【Contour Nodal Solution Data】对话框，如图 10-86 所示。在【Item to be contoured】列表框中依次选择 Nodal Solution＞DOF Solution＞Displacement vector sum 命令，在下拉列表框【Undisplaced shape key】中选择【Deformed shape with undeformed edge】选项，其他保持不变，单击【OK】按钮即可显示节点位移云图，如图 10-87 所示。

③ 显示 von Mises 应力云图。选择 Main Menu＞General Postproc＞Plot Results＞Contour Plot＞Nodal Solu 命令，弹出【Contour Nodal Solution Data】对话框，在【Item to be contoured】列表框中依次选择 Nodal Solution＞Stress＞von Mises stress 命令，在下拉列表框【Undisplaced shape key】中选择【Deformed shape with undeformed

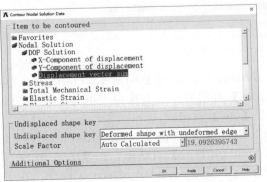

图 10-86 【Contour Nodal Solution Data】对话框

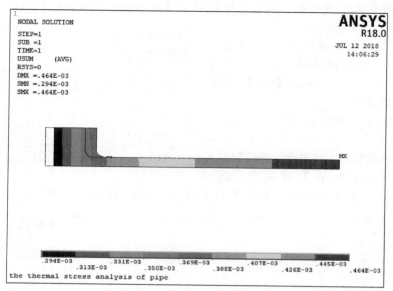

图 10-87 节点位移云图

edge】选项，其他保持不变，单击【OK】按钮即可显示节点 vou Mises 应力云图，如图 10-88 所示。

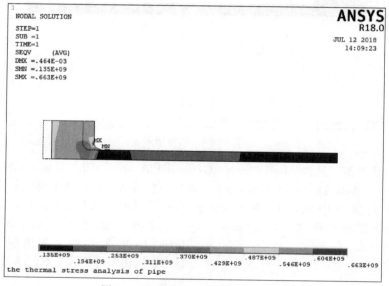

图 10-88 节点 von Mises 应力云图

④ 设置输出结果坐标为柱坐标。选择 Main Menu＞General Postproc＞Option for Outp 命令，弹出如图 10-89 所示的【Option for Output】对话框，在下拉列表框【Results coord system】中选择【Global cylindric】选项，单击【OK】按钮。

⑤ 显示径向应力云图。选择 Main Menu＞General Postproc＞Plot Results＞Contour Plot＞Nodal Solu 命令，弹出【Contour Nodal Solution Data】对话框，在【Item to be contoured】列表框中依次选择 Nodal Solution＞Stress＞X-Component of stress 命令，在下拉列表框【Undisplaced shape key】中选择【Deformed shape with undeformed edge】选项，

其他保持不变，单击【OK】按钮即可显示节点径向应力云图，如图10-90所示。

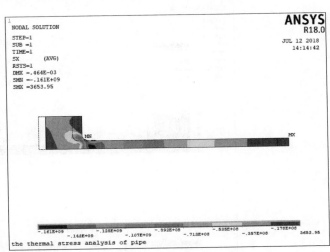

图 10-89 【Option for Output】对话框　　图 10-90 节点径向应力云图

⑥ 显示周向应力云图。选择 Main Menu＞General Postproc＞Plot Results＞Contour Plot＞Nodal Solu 命令，弹出【Contour Nodal Solution Data】对话框，在【Item to be contoured】列表框中依次选择 Nodal Solution＞Stress＞Y-Component of stress 命令，在下拉列表框【Undisplaced shape key】中选择【Deformed shape with undeformed edge】选项，其他保持不变，单击【OK】按钮即可显示节点周向应力云图，如图10-91所示。

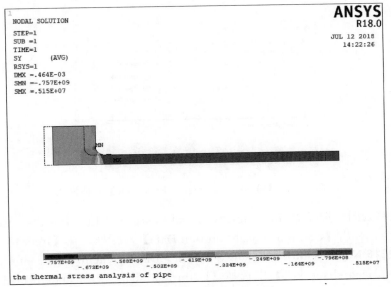

图 10-91 节点周向应力云图

⑦ 显示轴向应力云图。选择 Main Menu＞General Postproc＞Plot Results＞Contour Plot＞Nodal Solu 命令，弹出【Contour Nodal Solution Data】对话框，在【Item to be contoured】列表框中依次选择 Nodal Solution＞Stress＞Z-Component of stress 命令，在下拉列表框【Undisplaced shape key】中选择【Deformed shape with undeformed edge】选项，其他保持不变，单击【OK】按钮即可显示节点轴向应力云图，如图10-92所示。

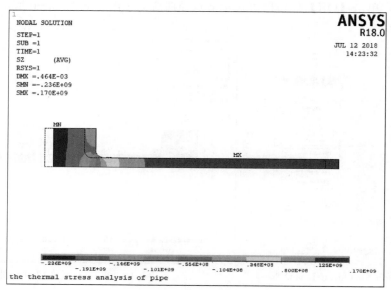

图 10-92 节点轴向应力云图

(5) 扩展后处理

① 绕 Y 方向扩展 1/4。选择 Utility Menu>PlotCtrls>Style>Symmetric Expansion>2D Axi-Symmetric 命令,弹出【2D Axi-Symmetric Expansion】对话框,如图 10-93 所示,选择单选按钮【1/4 expansion】和【Also reflect about x-z plane】复选框,单击【OK】按钮。

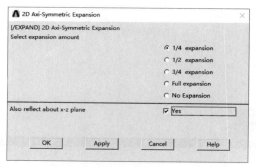

图 10-93 【2D Axi-Symmetric Expansion】对话框

② 显示位移云图。选择 Main Menu>General Postproc>Plot Results>Contour Plot>Nodal Solu 命令,弹出【Contour Nodal Solution Data】对话框,在【Item to be contoured】列表框中依次选择 Nodal Solution>DOF Solution>Displacement vector sum 命令,在下拉列表框【Undisplaced shape key】中选择【Deformed shape with undeformed edge】选项,其他保持不变,单击【OK】按钮,点击视图工具栏的 ◎ 和 ◎ 按钮,如图 10-94 所示为扩展 1/4 的节点位移云图。

③ 显示 von Mises 应力云图。选择 Main Menu>General Postproc>Plot Results>Contour Plot>Nodal Solu 命令,弹出【Contour Nodal Solution Data】对话框,在【Item to be contoured】列表框中依次选择 Nodal Solution>Stress>von Mises stress 命令,在下拉列表框【Undisplaced shape key】中选择【Deformed shape with undeformed edge】选项,其他

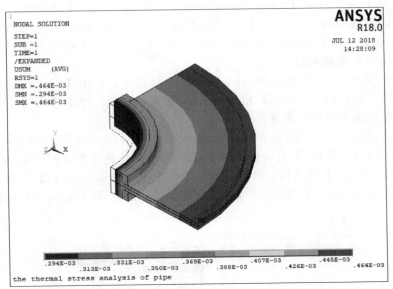

图 10-94　扩展 1/4 的节点位移云图

保持不变，单击【OK】按钮，点击视图工具栏的 ⬛ 和 🔍 按钮，如图 10-95 所示为扩展 1/4 的节点 von Mises 应力云图。

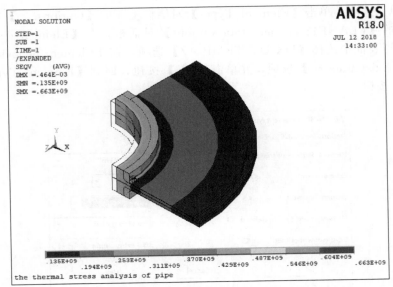

图 10-95　扩展 1/4 的节点 von Mises 应力云图

10.7.3　直接法

(1) 定义工作文件名及工作标题

① 定义工作文件名。选择 Utility Menu＞File＞Change Jobname 命令，弹出【Change Jobname】对话框，在【Enter new jobname】文本框中输入 "Pipe_directionMethod"，同时把【New log and error files】中的复选框选为【Yes】，并单击【OK】按钮。

② 定义工作标题。选择 Utility Menu>File>Change Title 菜单命令，弹出【Change Title】对话框。在【Enter new title】文本框中输入"the thermal stress analysis of pipe"，并单击【OK】按钮。单击 Utility Menu>Plot>Replot 命令，重绘图形显示界面，此时在视图窗口左下角会出现定义的标题名。

③ 指定分析类型。选择 Main Menu>Preferences 命令，弹出【Preferences for GUI Filtering】对话框。选择【Structural】和【Thermal】按钮选项，单击【OK】按钮。

(2) 定义单元类型及材料属性

① 定义单元类型。选择 Main Menu>Preprocessor>Element Type>Add /Edit/Delete 命令，弹出【Element Types】对话框。单击【Add...】按钮，弹出如图 10-96 所示的【Library of Element Types】对话框。选择左侧文本框中的【Couple Field】选项，选择右侧文本框中的【Vector Quad 13】选项，单击【OK】按钮，回到【Element Types】对话框。

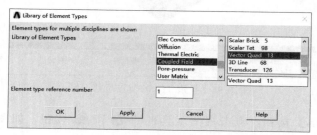

图 10-96　【Library of Element Types】对话框

② 设置单元选项。单击【Element Types】对话框上面的【Options...】按钮，弹出如图 10-97 所示的【PLANE13 element type options】对话框。在【Element degrees of freedom】的下拉列表框中选择【UX UY TEMP AZ】选项，在【Element behavior】的下拉列表框中选择【Axisymmetric】选项，并单击【OK】按钮，回到【Element Types】对话框，单击【Close】按钮。

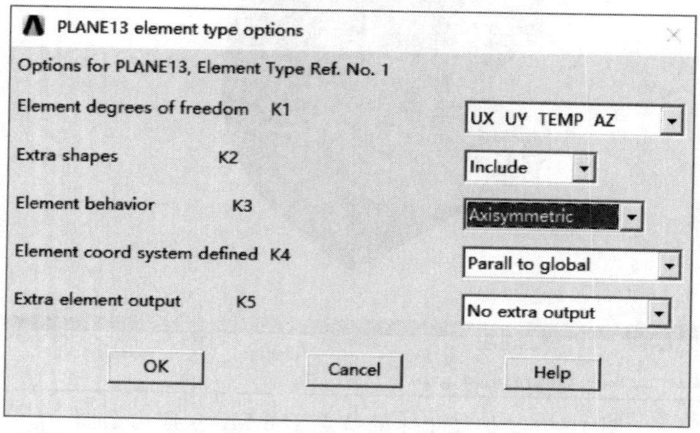

图 10-97　【PLANE13 element type options】对话框

③ 设置材料属性。选择 Main Menu>Preprocessor>Material Props>Material Models 命令，弹出【Define Material Model Behavior】对话框。选择对话框右侧的 Structural>Linear>Elastic>Isotropic 命令，双击【Isotropic】选项，弹出如图 10-98 所示的【Linear Isotropic Properties for Material Number 1】对话框。在【EX】文本框中输入弹性模量"1.93e11"，在【PRXY】文本框中输入泊松比"0.3"，然后单击【OK】按钮，回到【Define Material Model Behavior】对话框。

在右侧列表框中依次选择 Structural＞Thermal Expansion＞Secant Coefficient＞Isotropic 命令，并双击，弹出【Thermal Expansion Secant Coefficient for Material Number 1】对话框，如图 10-99 所示，在【ALPX】文本框输入线胀系数"1.62e-5"，单击【OK】按钮，回到【Define Material Model Behavior】对话框。

选择对话框右侧的 Thermal＞Conductivity＞Isotropic 命令，双击【Isotropic】选项，弹出如图 10-100 所示的【Conductivity for Material Number 1】对话框。在【KXX】文本框中输入热导率"25.96"，单击【OK】按钮，回到【Define Material Model Behavior】对话框，选择 Material＞Exit 命令，关闭对话框，完成材料属性的设置。

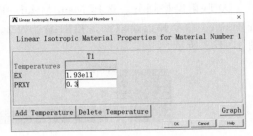

图 10-98 【Linear Isotropic Properties for Material Number 1】对话框

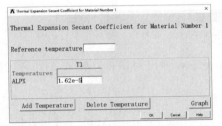

图 10-99 【Thermal Expansion Secant Coefficient for Material Number 1】对话框

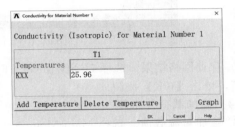

图 10-100 【Conductivity for Material Number 1】对话框

(3) 生成有限元模型

① 调出几何模型。选择 Utility Menu＞File＞Resume from... 命令，弹出【Resume Database】对话框，选择模型文件"Pipe_div_geom.db"，单击【OK】按钮。调出几何模型，如图 10-101 所示。

图 10-101 调出的几何模型

② 设置单元尺寸。选择 Main Menu＞Preprocessor＞Meshing＞Size Cntrls＞Manual Size＞Global＞Size 命令，弹出如图 10-102 所示的【Global Element Sizes】对话框，在文本框【Element edge length】输入单元尺寸为"0.003"，单击【OK】按钮。

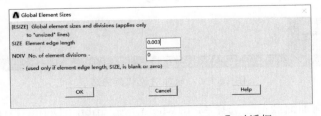

图 10-102 【Global Element Sizes】对话框

③ 映射网格划分。选择 Main Menu>Preprocessor>Meshing>Mesh>Areas>Mapped>3 or 4 sided 命令弹出拾取框，拾取编号为 2、3、5 和 6 的面，单击【OK】按钮，生成结果如图 10-103 所示。

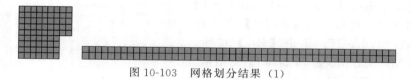

图 10-103　网格划分结果（1）

④ 对 A_7 进行映射网格划分。选择 Main Menu>Preprocessor>Meshing>Mesh>Areas>Mapped>Bycorners 命令弹出拾取框，拾取编号为 7 的面，单击【OK】按钮，拾取编号为 5、10、13 和 11 的关键点，单击【OK】按钮，生成结果如图 10-104 所示。

图 10-104　网格划分结果（2）

⑤ 保存网格结果。选择 Utility Menu>File>Save as，弹出对话框，输入文件名"Pipe_mesh"，单击【OK】按钮。

(4) 施加载荷并求解

① 施加对流载荷。选择 Main Menu>Solution>Define Loads>Apply>Thermal>Convection>On Lines 命令，弹出图形选取对话框，选择编号为 11、2、13 和 6 的线，单击【OK】按钮。此时弹出【Apply CONV on lines】对话框，如图 10-105 所示，在【Film coeffect】文本框中输入"62.3"，在【Bulk temperature】文本框中输入"39"，然后单击【OK】按钮。再次选择 Main Menu>Solution>Define Loads>Apply>Thermal>Convection>On Lines 命令，弹出图形选取对话框，选择编号为 4 和 7 的线，单击【OK】按钮。此时弹出【Apply CONV on lines】对话框，在【Film coefficent】文本框中输入"249.23"，在【Bulk temperature】文本框中输入"250"，然后单击【OK】按钮，结果如图 10-106 所示。选择 Utility Menu>File>Save as，弹出对话框，输入文件名"Pipe_load"，单击【OK】按钮。

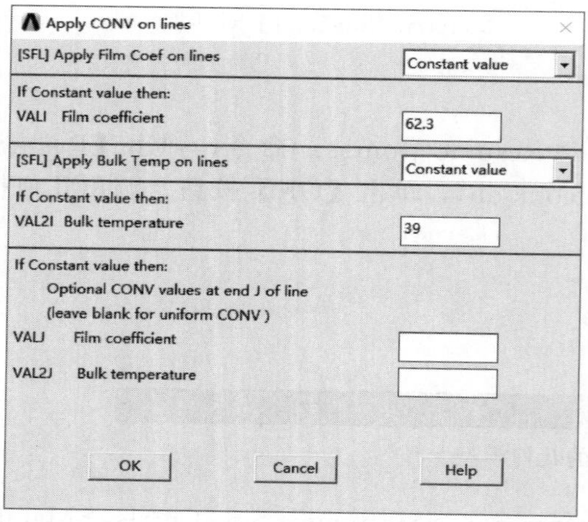

图 10-105　【Apply CONV on lines】对话框

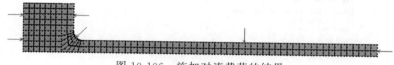

图 10-106　施加对流载荷的结果

② 在管的内壁施加面载荷。选择 Main Menu>Solution>Define Loads>Apply>Structural>Pressure>On Lines 命令，弹出拾取对话框，拾取编号为 4、7 的线，单击【OK】按钮，弹出【Apply PRES on lines】对话框，如图 10-107 所示，在【Load PRES value】文本框中输入"6.89e6"，单击【OK】按钮。

③ 施加对称边界约束。选择 Main Menu>Solution>Define Loads>Apply>Structural>Displacement>Symmetry B. C.>On Lines 命令，弹出【Apply SYMM on lines】对话框，选取编号为 19、14 和 8 的线，单击【Apply】按钮，选取 10、17，单击【OK】按钮。选择 Utility Menu>Plot>Lines 命令，施加的对称边界约束如图 10-108 所示。

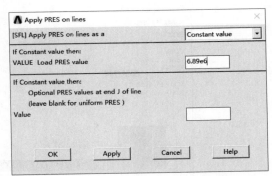

图 10-107 【Apply PRES on lines】对话框

图 10-108 施加的对称边界约束

④ 求解。选择 Main Menu>Solution>Solve>Current LS 命令，会弹出【/STATUS Command】求解相关信息文本框和【Solve Current Load Step】对话框，单击【OK】按钮，则 ANSYS 有限元求解将启动，求解结束后显示【Solution is done】对话框，单击【OK】按钮，选择 File>Close。

⑤ 保存计算结果。选择 Utility Menu>File>Save as，弹出对话框，输入文件名"Pipe_Thermal stress"，单击【OK】按钮。

(5) 后处理

① 绘制温度分布云图。选择 Main Menu>General Postproc>Plot Results>Contour Plot>Nodal Solu 命令，弹出【Contour Nodal Solution Data】对话框，如图 10-109 所示。在【Item to be contoured】列表框中依次选择 Nodal Solution>DOF Solution>Nodal Temperature 命令，其他保持不变，单击【OK】按钮即可显示冷却栅管温度分布云图，如图 10-110 所示。

② 显示位移云图。选择 Main Menu>General Postproc>Plot Results>Contour Plot>Nodal Solu 命令，弹出【Contour Nodal Solution Data】对话框，如图 10-111 所示。在【Item to be contoured】列表框中

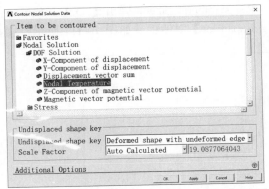

图 10-109 【Contour Nodal Solution Data】对话框

依次选择 Nodal Solution>DOF Solution>Displacement vector sum 命令，在下拉列表框【Undisplaced shape key】中选择【Deformed shape with undeformed edge】选项，其他保持不变，单击【OK】按钮即可显示节点位移云图，如图 10-112 所示。

③ 显示 von Mises 应力云图。选择 Main Menu>General Postproc>Plot Results>Contour Plot>Nodal Solu 命令，弹出【Contour Nodal Solution Data】对话框，在【Item to be

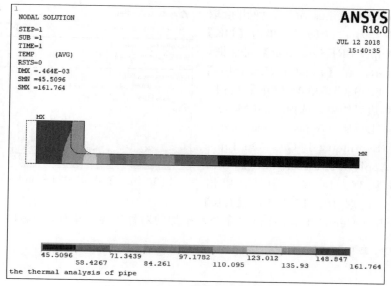

图 10-110 冷却栅管温度分布云图

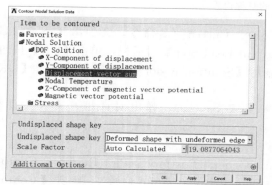

图 10-111 【Contour Nodal Solution Data】对话框

contoured】列表框中依次选择 Nodal Solution＞Stress＞von Mises stress 命令，在下拉列表框【Undisplaced shape key】中选择【Deformed shape with undeformed edge】选项，其他保持不变，单击【OK】按钮即可显示节点 von Mises 应力云图，如图 10-113 所示。

（6）扩展后处理

① 绕 Y 方向扩展 1/4。选择 Utility Menu＞PlotCtrls＞Style＞Symmetric Expansion＞2D Axi-symmetric 命令，弹出【2D Axi-Symmetric Expansion】对话框，如图 10-114 所示，选择

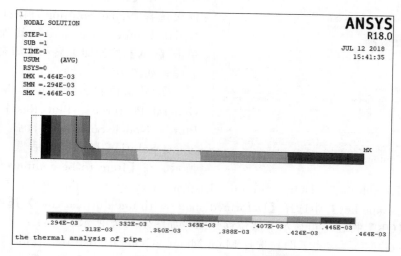

图 10-112 节点位移云图

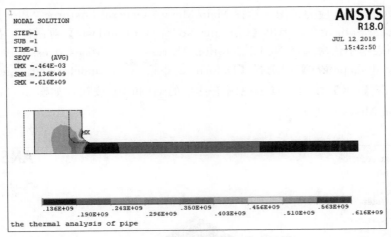

图 10-113 节点 von Mises 应力云图

单选按钮【1/4 expansion】和【Also reflect about x-z plane】复选框，单击【OK】按钮。

② 显示位移云图。选择 Main Menu>General Postproc>Plot Results>Contour Plot>Nodal Solu 命令，弹出【Contour Nodal Solution Data】对话框，在【Item to be contoured】列表框中依次选择 Nodal Solution>DOF Solution>Displacement vector sum 命令，在下拉列表框【Undisplaced shape key】中选择【Deformed shape with undeformed edge】选项，其他保持不变，单击【OK】按钮，点击视图工具栏的 按钮，如图 10-115 所示为扩展 1/4 的节点位移云图。

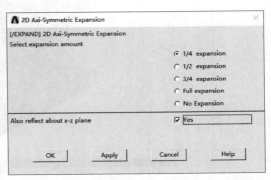

图 10-114 【2D Axi-Symmetric Expansion】对话框

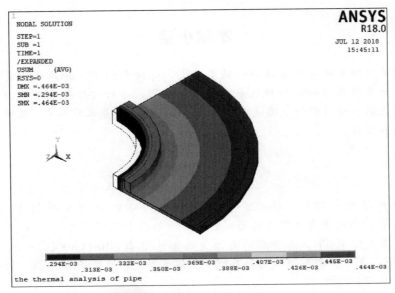

图 10-115 扩展 1/4 的节点位移云图

③ 显示 von Mises 应力云图。选择 Main Menu>General Postproc>Plot Results>Contour Plot>Nodal Solu 命令，弹出【Contour Nodal Solution Data】对话框，在【Item to be contoured】列表框中依次选择 Nodal Solution>Stress>von Mises stress 命令，在下拉列表框【Undisplaced shape key】中选择【Deformed shape with undeformed edge】选项，其他保持不变，单击【OK】按钮，点击视图工具栏的 和 按钮，如图 10-116 所示为扩展 1/4 的节点 von Mises 应力云图。

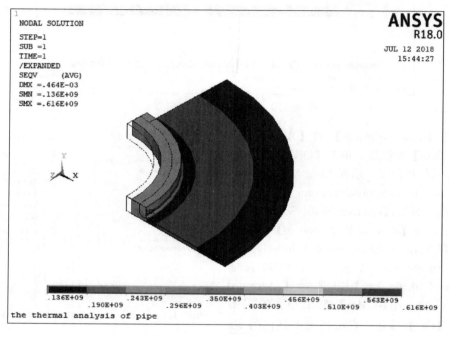

图 10-116　扩展 1/4 的节点 von Mises 应力云图

本章小结

本章在简单介绍了热分析基础知识的基础上，详细介绍了三种热分析类型：稳态热分析、瞬态热分析及热应力耦合分析的基本概念与步骤，并针对每种分析类型举例分析。其中，稳态和瞬态热分析的操作步骤是本章重点，热应力分析是本章难点，需要读者通过实际操作逐渐熟悉和掌握。

练 习 题

一圆筒形的罐有一接管，罐外径为 3ft，壁厚为 0.2ft，接管外径为 0.5ft，壁厚为 0.1ft，罐与接管的轴线垂直且接管远离罐的端部，如图 10-117 所示。

罐内流体温度为 450℉，与罐壁的对流传热系数为 250But/(h·ft^2·℉)，接管内流体的温度为 100℉，与管壁的对流换热系数随管壁温度而变。接管与罐为同一种材料，它的热物理性能如表 10-13 所示。

表 10-13 材料属性

属性	单位	数值				
温度	°F	70	200	300	400	500
密度	lb/in³	0.285	0.285	0.285	0.285	0.285
热导率	Btu/(h·ft·°F)	8.35	8.90	9.35	9.8	10.23
比热容	Btu/(lb·°F)	0.113	0.117	0.119	0.122	0.125
对流传热系数[①]	Btu/(h·ft²·°F)	426	405	352	275	221

① 接管内壁对流传热系数。

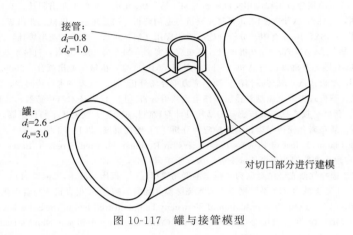

图 10-117 罐与接管模型

求罐与接管的温度分布。

参 考 文 献

[1] 胡国良,任继文,龙铭. ANSYS 13.0 有限元分析实用基础教程 [M]. 北京:国防工业出版社,2012.
[2] 胡国良,任继文. ANSYS 11.0 有限元分析入门与提高 [M]. 北京:国防工业出版社,2009.
[3] 邓凡平. ANSYS 10.0 有限元分析自学手册 [M]. 北京:人民邮电出版社,2007.
[4] 李黎明. ANSYS 有限元分析实用教程 [M]. 北京:清华大学出版社,2005.
[5] 吕建国,胡仁喜,康士廷. ANSYS 15.0 机械与结构有限元分析从入门到精通 [M]. 北京:机械工业出版社,2015.
[6] 倪栋. 通用有限元分析 ANSYS 7.0 实例精解 [M]. 北京:电子工业出版社,2003.
[7] Saeed Moaveni. 有限元分析——ANSYS 理论与应用 [M]. 欧阳宇,王崧,等译. 北京:电子工业出版社,2003.
[8] Daryl L. Logan. 有限元方法基础教程 [M]. 第 3 版. 伍义生,吴永礼,等译. 北京:电子工业出版社,2003.
[9] 张朝晖. ANSYS 12.0 结构分析工程应用实例解析 [M]. 第 3 版. 北京:机械工业出版社,2010.
[10] 王金龙,王清明,王伟章. ANSYS 12.0 有限元分析与范例解析 [M]. 北京:机械工业出版社,2010.
[11] 王富耻,张朝晖. ANSYS 10.0 有限元分析理论与工程应用 [M]. 北京:电子工业出版社,2006.
[12] 王庆五,左昉,胡仁喜. ANSYS 10.0 机械设计高级应用实例 [M]. 第 2 版. 北京:机械工业出版社,2006.
[13] 张洪信,管殿柱. 有限元基础理论与 ANSYS 11.0 应用 [M]. 北京:机械工业出版社,2009.
[14] 任继文,成佐明. 平板式汽车氧传感器冷启动热应力耦合场分析 [J]. 仪表技术与传感器,2014(7).
[15] 任继文,徐雅琦. 平板式极限电流型氧传感器热应力数值分析 [J]. 仪表技术与传感器,2015(2).
[16] 任继文,蔡福兵. 新型平板式汽车氧传感器的结构设计与数值模拟 [J]. 仪表技术与传感器,2016(7).
[17] 任继文,汪金虎. 某双离合变速器齿轮的接触应力分析 [J]. 现代机械. 2015(4).
[18] RenJiwen, Dong Lianjie. Effect of Process Parameters on Residual Thermal Stress in Laser Sintering Process [C]. ISMR,第三届"现代铁路创新与可持续发展"国际学术研讨会,2012.
[19] 任继文,殷金菊. 选择性激光烧结金属粉末瞬态温度场模拟 [J]. 机床与液压,2012(1).
[20] 任继文,刘建书. 工艺参数对 316 不锈钢粉末激光烧结温度场的影响 [J]. 组合机床与自动化加工技术,2010(8).
[21] Jiwen Ren, Jianshu Liu, Jinju Yin Simulation of Transient Temperature Field in the Selective Laser Sintering Process of W/Ni Powder Mixture [C]. The 2010 International Conference on Intelligent Nondestructive Detection & Information Processing Technology (INDIP2010).
[22] 任继文,刘建书. 扫描路径对激光烧结温度场的影响 [J]. 机床与液压,2010(10).
[23] Jiwen Ren, Honghai Zhang, Sheng Liu, et al. Simulations and Modeling of Planar Amperometric Oxygen Sensors [J]. Sensors and Actuators B. 2007,123(1).
[24] 李志刚,胡国良,贾慧芳,张文亮. 基于有限元分析的大型回转窑等载同轴优化 [J]. 机械科学与技术,2014,33(8).
[25] 胡国良,胡爱闽,王雪军,王成国. MT-2 型重载货车缓冲器数值仿真与试验研究 [J]. 机床与液压,2010,38(7).
[26] 胡国良,高志刚. 水力自摆移动式消防水炮结构设计及数值模拟分析研究 [J]. 机床与液压,2012,40(15).
[27] 胡国良,梁炬星. PSY30 型煤矿用消防水炮的数值模拟 [J]. 煤矿机械,2010,31(1).
[28] 胡国良,梁炬星. 可折叠移动式消防水炮的数值模拟及实验分析 [J]. 液压与气动,2010(4).
[29] 胡国良,梁炬星. 水力自摆式消防水炮的设计及流场仿真 [J]. 机床与液压,2010,38(11).
[30] 胡国良,陈伟刚. PS100 型固定式消防水炮水力学性能研究 [J]. 机械设计与制造,2010(11).
[31] 胡国良,高志刚. 移动式消防水炮水力自摆系统设计及动态特性分析 [J]. 液压与气动,2011(10).
[32] 龙铭,胡国良,王少龙. 局部磁场作用下磁流变弹性体夹层梁振动特性研究 [J]. 机械设计与制造,2013(10).